Frank Sirocko (Hg.)

Wetter, Klima, Menschheitsentwicklung

Verzeichnis der Autoren

Kurzviten der Autoren befinden
sich am Ende des Bandes.

Frank Sirocko
Olaf Jöris
Detlef Gronenborn
Hartwig Löhr
Karen David-Sirocko
Rainer Schreg
Martin Street
Heini Wernli
Kurt W. Alt
Niels Bleicher
Markus Diehl
Stephan Dietrich
Frank Dreher
Markus Egg
Angelika Hunold
Sabine Gaudzinski-Windheuser
Bernd Kromer
Rouwen Lehné
Hans Nortmann
Christopher Pare
Stephan Pfahl
Martin Schönfelder
Klemens Seelos

Frank Sirocko (Hg.)

Wetter, Klima, Menschheitsentwicklung

Von der Eiszeit bis ins 21. Jahrhundert

Umschlaggestaltung: Stefan Schmid, Stuttgart, unter der Verwendung von Abbildungen von ullstein bild – fotofeeling.com, ullstein bild – KPA und picture-alliance/akg-images.

Die Deutsche Nationalbibliothek verzeichnet diese Publikation in der Deutschen Nationalbibliografie; detaillierte bibliografische Daten sind im Internet über http://dnb.d-nb.de abrufbar.

Die Herausgabe des Werkes wurde durch die Vereinsmitglieder der WBG ermöglicht.
Redaktion: Christiane Martin, Köln
Layout und Satz: schreiberVIS, Seeheim
Gedruckt auf säurefreiem und alterungsbeständigem Papier
Printed in Germany

Besuchen Sie uns im Internet: www.theiss.de

ISBN 978-3-8062-2268-5

Inhalt

Zum Geleit

Eine leistungsfähige Wissenschaft, Forschung und Technologie sind der Motor für Innovation und damit die Zukunftsfähigkeit eines Landes. Die kontinuierliche Generierung von Wissen wird durch die räumliche Nähe sowie die rege Kooperation und den Austausch zwischen der Johannes Gutenberg-Universität (JGU) Mainz, einer der forschungsstärksten Universitäten im Lande, und dem Römisch-Germanischen Zentralmuseum (RGZM) als international renommierter Forschungseinrichtung begünstigt.

Dabei ist die Rekonstruktion der sich ständig wandelnden Natur beziehungsweise – ab dem Aufkommen des Menschen – der „Umwelt" die Aufgabe verschiedener naturwissenschaftlicher Disziplinen. So sind für die Geistes- und Kulturwissenschaften die dabei erzielten Ergebnisse die Voraussetzung, noch einen Schritt weiter zu gehen und die Wechselwirkungen zwischen Menschen und „Umwelt" zu untersuchen. Auf dem Feld der Umweltarchäologie und -geschichte, einer faszinierenden, noch relativ neuen Forschungsrichtung, kommt man freilich nur in enger Zusammenarbeit mit einer Reihe von verschiedenen Fachdisziplinen zu brauchbaren Ergebnissen. Dass diese gerade in der Zeit fundamentaler Veränderungen unserer modernen Welt von herausragender Bedeutung sind, versteht sich von selbst. Umso wichtiger ist die praktische Kooperation, die der vorliegende Band auf eindrucksvolle Weise demonstriert: Er spannt den Bogen von der Einwanderung des modernen Menschen vor 40.000 Jahren bis zu den Wetterextremen des 21. Jahrhunderts und veranschaulicht die enge Beziehung zwischen Wetter, Klima und Menschheitsentwicklung. Neu dabei ist die grundlegende Erkenntnis, dass sich gesellschaftliche Krisen vor allem in den Jahren einer schwachen Sonne konzentrieren beziehungsweise mit Vulkanausbrüchen zusammengehen. Es zeichnet sich ab, dass in den Jahren schwacher Sonnenintensität die Sommer kalt und feucht sind und dass das Getreide nicht reif wird. Passiert das über mehrere Jahre hinweg, sind Hunger, Auswanderung, Konflikte und Seuchen die Folge. Dieses Muster lässt sich regelhaft von dem Neolithikum bis in die Kleine Eiszeit verfolgen.

Die vorliegende Studie dokumentiert nicht nur die an der JGU sowie am RGZM geleistete Arbeit, sie belegt auch, wie wissenschaftliche Kreativität durch interdisziplinären Austausch noch beflügelt werden kann. Das bedeutet: weg von konventionellen, individuellen und einzelwissenschaftlichen Forschungstätigkeiten hin zum breiter angelegten, fächerübergreifenden Forschen, zu mehr Verständnis und schließlich hin zum interessierten Bürger. So wird nicht nur geschichtliches und geologisches Faktenwissen vermittelt, sondern die bewusste Auseinandersetzung mit Wissen und seiner Verortung gefördert.

Mainz, im Februar 2009

Universitätsprofessor Dr. Georg Krausch
Präsident
Johannes Gutenberg-Universität Mainz

Universitätsdozent Dr. Falko Daim
Generaldirektor
Römisch-Germanisches Zentralmuseum

Danksagung

Die Idee zu diesem Buch ergab sich aus der Zusammenarbeit mehrerer Arbeitsgruppen an verschiedenen Instituten der Johannes Gutenberg-Universität Mainz, die im Rahmen des „Forschungszentrums Erdsystemwissenschaften“ in den Jahren 2005–2008 durch das Land Rheinland-Pfalz gefördert worden sind, um in Mainz einen geowissenschaftlichen Forschungsschwerpunkt aufzubauen. Für die großzügige finanzielle Unterstützung des Buchprojektes möchte ich der Leitung der Johannes Gutenberg-Universität, insbesondere Prof. Steve Foley als Koordinator des Forschungszentrums, sehr herzlich danken. Dank geht auch an die „Stiftung Rheinland-Pfalz für Innovation“, die für die Auswertung der Sedimentkerne umfangreiche finanzielle Mittel bereitgestellt hat.

Die Verknüpfung von Daten aus Klimaarchiven in der Region mit den von der archäologischen Landesaufnahme durchgeführten Grabungen versprach neue Erkenntnisse zu einem interdisziplinären Thema, das auch gut öffentlichkeitswirksam aufgearbeitet werden kann. Schnell zeigten sich aber die grundlegenden Schwierigkeiten in der Zusammenarbeit der geisteswissenschaftlich und naturwissenschaftlich orientierten Teilgruppen. Während die Naturwissenschaftler in langen kontinuierlichen Zeitreihen denken, konzentrieren sich die Archäologen und Historiker auf einzelne Fundplätze, Kulturen und kurze Zeitabschnitte. Um in diesem Buch einen lückenlosen Überblick über die 40.000 Jahre seit Einwanderung des modernen Menschen nach Europa zu gewinnen und die Entwicklungen auch überregional zu dokumentieren, wuchs die Anzahl der Kapitel und Autoren schnell an. Letztendlich waren dann 23 Autoren involviert, die zu vielen Themen natürlich auch unterschiedliche Arbeitsansätze und Interpretationen hatten.

Ein wichtiger Schritt war die Übernahme der Veröffentlichung durch die Wissenschaftliche Buchgesellschaft (WBG) und den Theiss Verlag. Damit lagen klare Vorgaben zum Umfang von Text und Abbildungen vor. Es war für die Wissenschaftler nicht immer leicht zu akzeptieren, dass viele interessante Forschungsergebnisse nur im Ansatz skizziert werden konnten oder sogar wegfallen mussten. Letztendlich waren die formalen Vorgaben aber wahrscheinlich der wichtigste Schritt, um zu einem ausgewogenen und dennoch in sich schlüssigen Gesamtwerk zu kommen. Ich möchte dem Verlag und allen Autoren sehr herzlich danken, dass sie solch einen arbeitsintensiven Schreibprozess mitgetragen haben.

Viele, zum Teil unveröffentlichte Fotos der archäologischen Objekte wurden von Museen, Behörden und Privatpersonen großzügig zur Verfügung gestellt. Dank geht insbesondere an: Archäologisches Landesmuseum Schleswig; Bildarchiv des Forschungsbereiches Altsteinzeit des Römisch-Germanischen Zentralmuseums, Mainz; Forschungsbereich Vulkanologie, Archäologie und Technikgeschichte des Römisch-Germanischen Zentralmuseums Mainz/Mayen; Museum für die Archäologie des Eiszeitalters, Schloss Monrepos, Neuwied; Deutsche Presse-Agentur; Französisches Ministerium für Kultur und Kommunikation, Regionaldirektion für Kulturangelegenheiten – Region Rhône-Alpes; Regionale Abteilung für Archäologie, Landesmedienzentrum Koblenz; LVR-Landesmuseum Bonn; Landesmuseum Württemberg; Museum Folkwang Essen; NASA; Rheinisches Amt für Denkmalpflege; Rheinisches Landesmuseum Trier; Senckenbergische Naturforschende Gesellschaft; Stiftung Rheinland-Pfalz für Innovation; Südtiroler Archäologiemuseum; UFZ – Helmholtz-Zentrum für Umweltforschung; Ulmer Museum, Archäologische Sammlung; Universitätsbibliothek Heidelberg und University Museum of Zoology Cambridge.

Kernfotos, Landschaftsaufnahmen und auch einige archäologische Objekte wurden von unserem Fotografen Thomas Hartmann, Taunusstein, ansprechend ins Bild gesetzt.

Saskia Rudert und Stephanie Grimm übernahmen mit viel Sorgfalt die notwendige Überprüfung der Literaturangaben und Abbildungsverweise. Alle Abbildungen wurden von Petra Sigl grafisch überarbeitet und im Layout angeglichen, sodass sich nunmehr auch das optische Erscheinungsbild weitgehend einheitlich darstellt.

Die Angleichung der sprachlichen Struktur und der formalen Vollständigkeiten übernahmen Karen David-Sirocko und Christiane Martin, die mit umfangreichen Lektoratsarbeiten den Texten den notwendigen Feinschliff gaben.

Ohne Thomas, Saskia, Stephie, Petra, Karen und Christiane hätte dieses Buch nie entstehen können. Ihnen allen meinen herzlichen Dank für die Mitarbeit an diesem Projekt.

Mainz, 19.12.2008
Frank Sirocko

Einführung

In diesem Buch wird die Entwicklung des modernen Menschen in Mitteleuropa seit der Einwanderung vor 40.000 Jahren im Kontext der Klima- und Wetterbedingungen der jeweiligen Zeit betrachtet. Wetter- und Klimarekonstruktionen werden dabei aus Sedimenten der Maarseen in der Eifel abgeleitet, da die Ablagerungen in diesen tiefen und sauerstoffarmen Seen jahresgeschichtet sind und die Seesedimente das einzige Geoarchiv darstellen, das in Mitteleuropa die letzten 40.000 Jahre vollständig dokumentiert. Es gibt insgesamt 68 dieser Maarseen, die zum Teil aber schon gegen Ende der Eiszeit ausgetrocknet waren; drei davon werden in diesem Buch vorgestellt: das Schalkenmehrener Maar, das Ulmener Maar und das Dehner Trockenmaar. Die hier abgelagerten Sedimente wurden durch Wetteranomalien wie Hochwasserextremereignisse und kaltzeitliche Trockenphasen in die Maare eingetragen, zeigen aber auch über vulkanische Aschen die Aktivitätsphasen des Eifelvulkanismus. Die Vegetation ist über Pollen dokumentiert und die Seeökologie spiegelt sich in den Planktongemeinschaften wider.

Auf dieser Grundlage wird die Entwicklung der frühen Menschen vor, während und nach der letzten Eiszeit vorgestellt. Es wird gezeigt, wie zunächst das Klima die Entwicklung der Vegetation steuerte, die die Nahrungsgrundlage für Mensch und Jagdwild darstellte. Weiterhin wird deutlich, dass mit der Neolithisierung seit 7000 vor heute Getreideanbau und Viehzucht dominierend die Landschafts- und Vegetationsstruktur beeinflussten. Mit Beginn der Eisenzeit vor 2800 Jahren entwickelte sich der Bergbau und es entstanden befestigte Siedlungen, die nach der Eroberung durch die Römer intensiv ausgebaut wurden. Völkerwanderung, Blütezeit des Mittelalters, Kleine Eiszeit und preußische Wiederaufforstung sind weitere Eckpfeiler der Entwicklung bis zur heutigen Landnutzung. All diese Entwicklungen werden für den Großraum der Maare dargestellt, da diese Prozesse sich in den Sedimenten abbilden. Die kulturgeschichtlichen Entwicklungen werden allerdings überregional betrachtet, ebenso die Steuerungsmechanismen von Klima und Wetteranomalien.

Informationen über die Aktivität der Sonne in der Vergangenheit werden aus dem ^{14}C-Gehalt in Baumringen hergeleitet. Beim Vergleich der Sonnenaktivität mit historisch belegten Krisenzeiten zeigt sich ein klarer Zusammenhang. Historisch belegte Umbrüche wie die Keltenwanderungen, die Völkerwanderung oder das krisengeschüttelte 14. Jahrhundert fallen immer in die Zeit einer schwachen Sonnenintensität. Eiskalte, lange Winter und nasskalte Sommer mit Ernteausfall waren für reine Ackerbauern existenzbedrohend. Der Ausfall einer Ernte war schlimm, ein zweiter nachfolgender nasskalter Sommer eine Katastrophe. Im dritten Jahr mit Ernteausfall in Folge brachen Hunger und Gewalt über die Menschen herein, in der Folge Seuchen und Auswanderung. All diese Entwicklungen werden an Fallbeispielen aus der Eifelregion dargestellt, die Schlussfolgerungen daraus aber überregional für ganz Mitteleuropa diskutiert.

Das Buch verbindet so naturwissenschaftliche Rekonstruktionen mit historischen und prähistorischen Dokumenten und zeichnet ein lebendiges Bild der Menschheitsgeschichte im Spannungsfeld der Klima- und Vegetationsentwicklung und einzelner Wetterextremereignisse.

1 Geologie und Entstehung der Maare

Rouwen Lehné und Frank Sirocko

Die Eifellandschaft mit ihren Böden und Gesteinsvorkommen ist eng mit Besiedlungsstrukturen verknüpft, denn Böden und Gesteine sind die Grundlagen für Landwirtschaft, Bergbau und Energiegewinnung und bestimmen damit kontinuierlich die Standorte menschlicher Siedlungen – heute und in der Vergangenheit. In diesem Kapitel werden daher die grundlegenden Fakten erläutert, die nötig sind, um die Entstehung der Maare, die Eruptionsmechanismen und die Verteilung der Ausbruchszentren im Kontext der Entstehung des Rheinischen Schiefergebirges zu verstehen (Abb. 1.1 und 1.2). Alle im Text erwähnten geologischen Perioden und ihre typischen Gesteine in der Eifel zeigt der Zeitstrahl in Abbildung 1.3.

Morphologisch gesehen ist die Eifel ein Teil des Rheinischen Schiefergebirges, das sich in Linksrheinisches Schiefergebirge und Rechtsrheinisches Schiefergebirge untergliedert (Abb. 1.1). Im Westen setzt sich das Rheinische Schiefergebirge in den Höhenzügen der Ardennen fort. Die im Linksrheinischen Schiefergebirge gelegene Eifel bezeichnet das Gebiet, das von der Mosel, dem Rhein, der niederrheinischen Ebene und der luxemburgisch-belgischen Landesgrenze umschlossen wird. Südlich der Mosel schließt sich der Hunsrück an. Da hier nur ein Überblick über die Erdgeschichte dieser Region gegeben wird, sei für genauere Ausführungen auf die Literatur verwiesen (Walter 1992, Meyer 1986, Landesamt für Geologie und Bergbau Rheinland-Pfalz 2005).

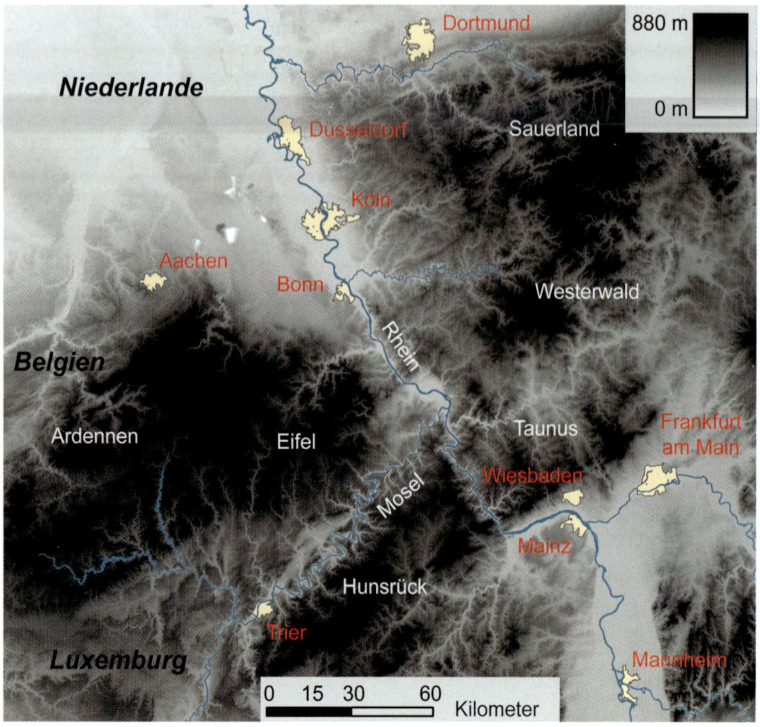

1.1 Geländemodell des Rheinischen Schiefergebirges (Daten nach Jarvis et al. 2006).

Die ältesten bekannten Gesteine des Rheinischen Schiefergebirges stammen aus dem Kambrium (545 – 495 Mio. Jahre vor heute; Abb. 1.2 und 1.3), als der Norden Europas von einem flachen Meer bedeckt war. In diesem Meeresbecken lagerten sich küstennah vor allem Sande und im Beckeninneren vor allem Tone ab, die sich nachfolgend zu Sandsteinen und Tonschiefern umbildeten.

Das Devon (417 – 358 Mio. Jahre vor heute) war für die geologische Entwicklung des Rheinischen Schiefergebirges und somit der Eifel von entscheidender Bedeutung. In dieser Zeit entstand der überwiegende Teil der heute an der Erdoberfläche anstehenden Gesteine in einem damals marinen Meeresbecken mit feinkörnigen Ablagerungen im Zentrum und quarzreichen Küstensanden am Rand. Die grobkörnigen Küstensande verfestigten sich zu Quarziten, die feinkörnigen Beckensedimente zu Silt- und Tonsteinen, die später zu Schiefern umgewandelt wurden. Diese Schiefer und Siltsteine sind die an der Erdoberfläche am häufigsten anstehenden Gesteine in der Eifel.

Im Devon traten bereits die bis heute dominanten tektonischen Störungsmuster auf, die sich in NE-SW-orientierten Verwerfungen sowie Mulden- und Sattelstrukturen mit gleicher Orientierung zeigen (Abb. 1.2). Eine tektonische Besonderheit stellt die Eifeler Nord-Süd-Zone dar. Innerhalb dieser Zone gibt es viele Mulden, in denen devonisches Kalkgestein aus küstennahen Riffen erhalten geblieben ist. Diese Kalke bilden den Grundstoff für die Zementherstellung und sind zum Beispiel bei Gerolstein zu finden, wo diese Gesteine in dem tief eingeschnittenen Kylltal an den Talhängen anstehen. Die Gesamtmächtigkeit der verschiedenen devonischen Sedimente kann bis zu 3000 m betragen, verursacht durch die lang andauernde Absenkung des Meeresbeckens zu dieser Zeit.

Gesteine des darauf folgenden Karbons (358–296 Mio. Jahre vor heute) treten entlang des nördlichen Randes des Rechtsrheinischen Schiefergebirges auf, insbesondere entlang des Flusses Ruhr. In das Karbon fällt auch die erste Hebung und Verfaltung der devonischen Schiefer, da während der sogenannten Variszischen Gebirgsbildung vor etwa 300 Mio. Jahren (Abb. 1.3) ein Gebirgszug aufgefaltet wurde, der in den folgenden Jahrmillionen dann größtenteils wieder abgetragen wurde. Die Reste des Gebirgszuges bilden Kern und Sockel für alle heute in Deutschland existierenden Mittelgebirge. Während der Variszischen Gebirgsbildung drangen über Störungszonen heiße Lösungen mit stark angereicherten gelösten Stoffen aus der Tiefe in das Gebirge und imprägnierten das Umgebungsgestein. Aus diesen Lösungen sind Blei, Zink- und Eisenminerale ausgefallen, was zur Bildung von Erzadern führte. Diese Erzanreicherungen, die sich insbesondere entlang von Störungen bildeten, sind der Rohstoff für die Verhüttung von Blei, Zink und Eisen seit Beginn der Eisenzeit vor fast 3000 Jahren.

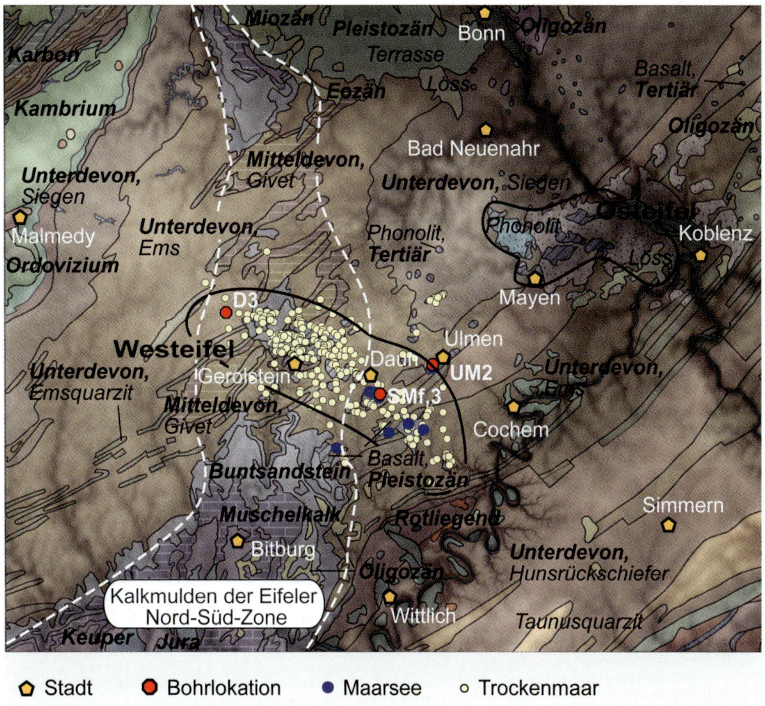

1.2 Ausschnitt aus der Geologischen Karte von Deutschland im Maßstab 1:1.000.000 (GÜK 1000, BGR).

Nach der Variszischen Gebirgsbildung kamen im Perm (296–251 Mio. Jahre vor heute) Sandsteine und Tone unter terrestrischen semiariden Klimabedingungen zur Ablagerung, gekennzeichnet durch eine typische rote Färbung, die diesen Sedimenten aus dem Unteren Perm den Namen „Rotliegend" gegeben hat. Rotliegend-Sedimente sind heute im Saar-Nahe-Becken, das sich südlich des Rheinischen Schiefergebirges erstreckt, anstehend.

In der nachfolgenden Trias (251–200 Mio. Jahre vor heute) lagerten sich im Eifelgebiet Buntsandstein und Muschelkalk ab. Der Buntsandstein ist vom Aussehen und der Entstehung ähnlich den Rotliegend-Sandsteinen, der Muschelkalk repräsentiert dagegen ein mari-

Ära	Mio. J.v.h.	Periode	Im Text erwähnte Ablagerungen und Prozesse		Ablagerungsbedingungen
Erdneuzeit	2,6	Quartär	Sand, Kies, Löss Lava, Tephra	Hebung der Eifel seit etwa 40 Mio. J.v.h.	terrestrisch
	65	Tertiär	Lava, Tephra		terrestrisch
Erdmittelalter	142	Kreide			
	200	Jura			
	251	Trias	Muschelkalk (Kalkstein) Buntsandstein (Sandstein)		marin
Erdaltertum	296	Perm	Rotliegend (Sandstein, Tonstein)		terrestrisch
	358	Karbon	Kohle	Variszische Gebirgsbildung (Schieferung der devonischen Tonsteine)	terrestrisch
	417	Devon	Tonstein (Tonschiefer), Siltstein, Quarzit, Kalkstein		marin
	443	Silur			
	495	Ordovizium			
	545	Kambrium	Tonschiefer, Sandstein		marin
Erdfrühzeit	2500	Proterozoikum			
	4000	Archaikum			
	4600	Priskonium			

Ablagerungsbedingungen: marin | terrestrisch

1.3 Zeittafel mit Gesteinen in der Eifel (nach Landesamt für Geologie und Bergbau Rheinland-Pfalz 2005).

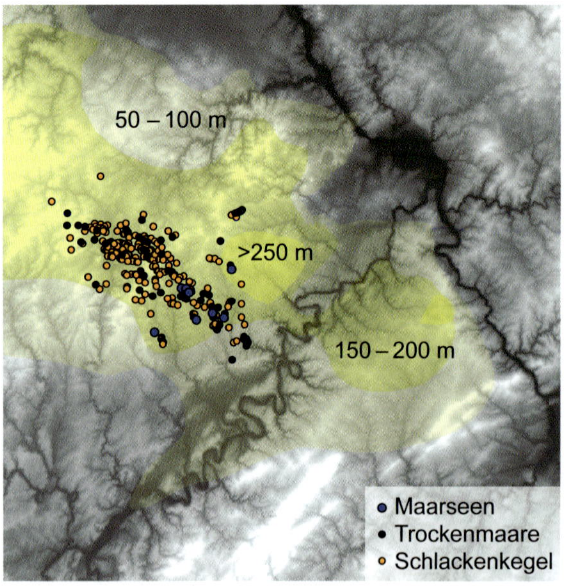

1.4 Geländemodell des Rheinischen Schiefergebirges mit Hebungsbeträgen der letzten 800.000 Jahre (Meyer & Stets 2007) und Eruptionszentren (Maarseen, Trockenmaare und Schlackenkegel; Büchel 1984).

nes Flachmeer mit biogenen Kalkablagerungen. Diese Ablagerungen, die in der Folge zu Kalkstein verfestigt wurden, haben früher mit hoher Wahrscheinlichkeit die gesamte Eifel bedeckt, sind aber mit der Hebung der Eifel im Tertiär erodiert worden, sodass sich die Gesteine des Muschelkalks heute nur noch in den tektonischen Mulden der Eifeler Nord-Süd-Zone finden (Abb. 1.2).

Das Gebiet des Linksrheinischen Schiefergebirges war während des Juras (200 – 142 Mio. Jahre vor heute) und der Kreidezeit (142 – 65 Mio. Jahre vor heute) größtenteils Festland, sodass es dort zu keinen Ablagerungen kam oder die Ablagerungen bei der nachfolgenden Hebung im Tertiär größtenteils wieder abgetragen worden sind. Während des Tertiärs (65 – 2,6 Mio. Jahre vor heute) und des Quartärs (vor 2,6 Mio. Jahre bis heute) entstand das heutige Landschaftsbild des Rheinischen Schiefergebirges. Mit der einsetzenden Hebung vor etwa 45 Mio. Jahren begann sich das Gewässernetz in das Gestein einzuschneiden. Beschleunigt wurde dieser Prozess durch das gleichzeitige Absinken der Niederrheinischen Bucht und den Einbruch des Neuwieder Beckens. Die so entstandenen Mäanderschleifen von Rhein und Mosel sind damit das Ergebnis eines Wechselspieles zwischen Aufstieg des Gebirges und Einschneiden der Flüsse.

Der Hebungsprozess verlief im Tertiär deutlich langsamer als im nachfolgenden Quartär, das in der Eifel durch regionale Hebungen von bis zu 300 m in den letzten 800.000 Jahren gekennzeichnet ist (Abb. 1.4). Ursache für diese ausgeprägte Hebung war eine Erwärmung der Erdkruste durch eine unter der Eifel befindliche heiße Aufwölbung des Erdmantels (Ritter & Christensen 2007), das heißt eine Aufwölbung der 1200-°C-Isotherme in etwa 80 km Tiefe (Abb. 1.4). Die damit verbundenen thermischen Ausdehnungen hoben auch die Erdoberfläche und öffneten dabei Störungen, die bereits während der Variszischen Gebirgsbildung angelegt waren.

Neben der oben beschriebenen Hebung verursachte die Anomalie im Erdmantel einen seit dem Tertiär aktiven Vulkanismus, der viele noch heute landschaftsprägende Schlackenkegel bildete, insbesondere in der Region um Kehlberg. Erst viel später, im Quartär, kam es ab 600.000 Jahren vor heute erneut zu Vulkaneruptionen, die die meisten Schlackenkegel der West- und Osteifel formten (Büchel & Lorenz 1982, Schmincke 2007). West- und Osteifelvulkanismus lassen sich geochemisch gut voneinander unterscheiden (Abb. 1.5). So herrschte in der Westeifel basaltischer Vulkanismus vor, das heißt, die Magmen wurden di-

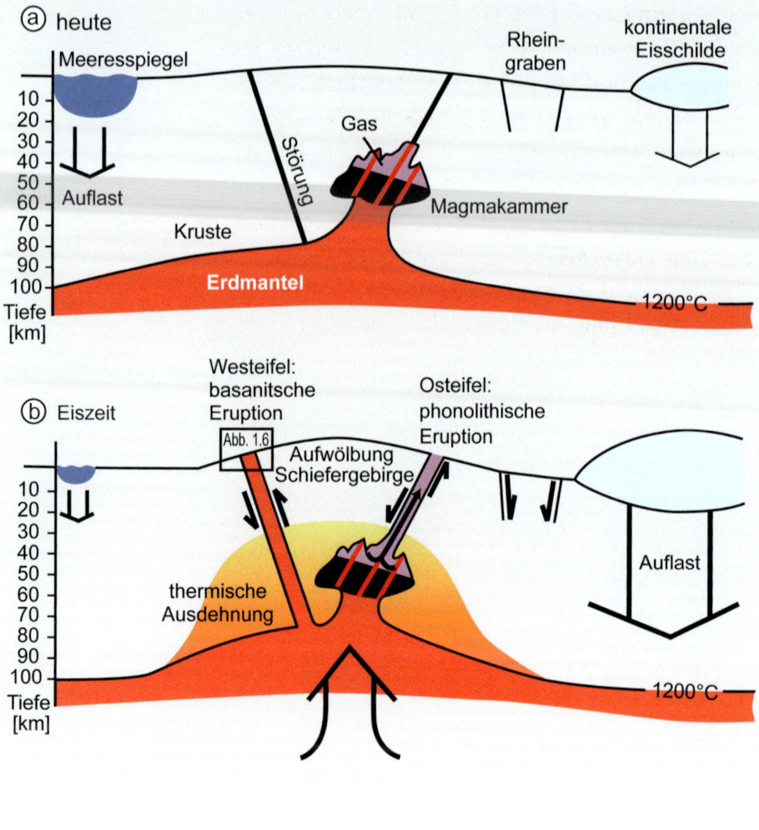

1.5 Modell der geophysikalischen Grundlagen von Vulkaneruptionen in der Eifel. **a)** unter heutigen Bedingungen; **b)** unter eiszeitlichen Bedingungen, das heißt mit Inlandgletschern auf Skandinavien und Nordamerika bei gleichzeitig abgesenktem Meeresspiegel.

rekt aus dem Mantel gefördert, während die Osteifel von sogenannten phonolithischen Eruptionen geprägt wurde. Phonolithe sind differenzierte Magmen, die in der Erdkruste lange Zeit in Magmenkammern eingeschlossen waren, wo sich in einem langsam abkühlenden Magma dunkle SiO_2-arme Minerale bildeten und CO_2 sich in der Restschmelze anreicherte. Insbesondere das CO_2 baut einen großen Druck im oberen Teil der Magmenkammer auf. Vulkaneruptionen aus solchen gasreichen, hoch differenzierten Magmen haben starke Explosionskraft und schleudern ihren Auswurf weit bis in die untere Stratosphäre (Schmincke 2007). Das daraus entstehende Gestein hat viele Gashohlräume (Bims) und hohe Gehalte an Si, Ca, Na und K, das heißt eine phonolithische Zusammensetzung. Anhaltender CO_2-Austritt im Bereich des Laacher-See-Vulkans nährt die Vermutung, dass der Vulkanismus in der Eifel bis heute nicht völlig erloschen ist (Büchel & Lorenz 1982, Rothe 2005, Schmincke 2007). Die Ursachen der Mantelaufwölbung werden nach wie vor intensiv untersucht. Eine der interessantesten Fragen ist, wie sehr der sich über Eiszeitzyklen ändernde Auflastdruck des Weltozeans und der kontinentalen Eisschicht auf den plastischen Erdmantel einwirken kann.

Der Magmenaufstieg und die Geochemie des Magmas lassen allerdings noch offen, ob sich ein Vulkan oder ein Maar entwickelt. Für die Maarentstehung gibt es eine zweite, wichtige Voraussetzung: Wasser in den obersten Gesteinsschichten. Eine Maareruption beginnt mit dem Zusammenstoß des aufsteigenden Magmas mit wasserführenden Gesteinsschichten (Abb. 1.6). Das Wasser im Porenraum der Sedimentgesteine oder in den Klüften wird schlagartig vom flüssigen in den gasförmigen Zustand versetzt. Der dabei entstehende Druck sprengt das darüberliegende Gestein weg und das Magma schießt weiter empor, erreicht aber nicht die Erdoberfläche, sondern bleibt im

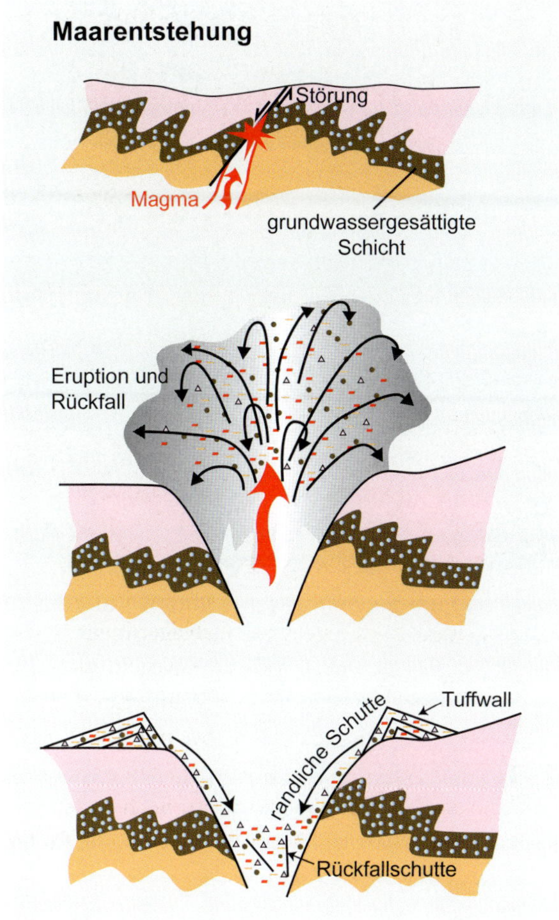

1.6 Schematische Darstellung der phreatomagmatischen Maarexplosion.

Aussprengungskessel, wo es sich mit nachrutschendem Gesteinsmaterial vermischt. Diese Mischung von Nebengestein und Magma dichtet den Kessel ab, bis sich genügend neuer Druck aufbaut, sodass wieder Material ausgeworfen werden kann. So brodelt das Gestein-Magma-Gemisch wochenlang vor sich hin, während sich der Kessel immer weiter vergrößert und in die Tiefe entwickelt. Diese Eruptionsform wird von Vulkanologen als „phreatomagmatisch“ bezeichnet und hinterlässt typische Strukturen: die Maare.

Limnologie der Maarseen und typische Sedimente

2

Klemens Seelos und Frank Sirocko

Limnologie

Seen sind aufgrund ihrer Beckenstruktur und des schützenden Wasserkörpers ausgezeichnete Sedimentfallen. Besonders geeignet sind Maarseen, die aufgrund ihrer großen Tiefe mächtige Sedimentabfolgen aufnehmen können (Abb. 2.1). Sämtliches Material, das in den See eingetragen wird, wie vulkanische Aschen, im See gebildete Organismenreste, Einträge aus Bächen oder über die Luft, lagert sich ab und führt so über die Jahrtausende zur Verlandung des Gewässers. In der Eifel gibt es heute sieben offene Maarseen. Dies sind die drei Dauner Maare (Schalkenmehrener, Weinfelder und Gmündener Maar; Abb. 2.1) sowie das Holzmaar und das Pulvermaar bei Gillenfeld. Etwas abseits im Südwesten der Vulkanzone liegt das Meerfelder Maar, im Osten das Ulmener Maar.

Die wasserchemischen Eigenschaften der Maarseen werden seit etwa 30 Jahren offiziell von Landesbehörden überwacht und sind wissenschaftlich gut erforscht (Scharf & Oehms 1992). Im Rahmen von Lehrveranstaltungen der Johannes Gutenberg-Universität Mainz gibt es seit 2002 in einigen Maaren ebenfalls Wasser- und Bodenuntersuchungen. Dabei hat man in regelmäßigen Abständen mit einer Messsonde im See und direkt an entnommenen Wasserproben Temperatur, Sauerstoffgehalt, Leitfähigkeit, Redoxpotenzial, pH-Wert, Strömungsgeschwindigkeit und Wassertrübe ge-

2.1 Luftbild des Weinfelder Maares (ohne Zu- und Abfluss) und des Schalkenmehrener Maares im Hintergrund (mit Zu- und Abfluss).

messen (Abb. 2.2). Driftbojen dienten dazu, die Strömungen im Maar verfolgen zu können. Die Ergebnisse zeigen, dass neben den primären Sedimentquellen vor allem die wasserchemischen Parameter Sauerstoffgehalt, Nährstoffgehalt und Wasserschichtung für die Sedimentzusammensetzung am Seeboden entscheidend sind.

Generell gilt für alle Seen Mitteleuropas, dass sich durch die Sonneneinstrahlung ein Temperaturgradient von oberflächennahen etwa 20°C bis etwa 5°C in Seebodennähe entwickelt (Abb. 2.2). Die stärkste Veränderung im Temperaturprofil wird Sprungschicht oder Thermokline genannt. Das Wasser oberhalb der Sprungschicht wird bei Starkwinden durchmischt, während das Tiefwasser nicht in die Zirkulation mit einbezogen ist. Der bodennahe Wasserkörper in tiefen Seen – wie den Maaren – verarmt dadurch an Sauerstoff, sodass keine Bodenlebewesen mehr existieren können, die den Seeboden durchwühlen. Die bis 1 mm mächtigen Jahreslagen bleiben dadurch unzerstört erhalten. Wenn ein Bodenwasserkörper über mehrere Jahre hindurch nicht von Frischwasser durchlüftet wird, bildet sich ein sogenanntes Monimolimnion. Die Sedimente im Monimolimnion sind aufgrund der Umsetzung durch anaerobe Bakterien zu Sulfiden dunkelbraun bis schwarz gefärbt und durchgehend fein laminiert. Eine solche saisonale Jahresschichtung wird als Warve bezeichnet (Kap. 4).

Eine Gegenüberstellung der Temperaturprofile aus verschiedenen Maaren findet sich in Abbildung 2.3. Die Kurven zeigen, dass die Sprungschicht im Frühjahr deutlich höher liegt als im Spätsommer, da sich die Oberflächentemperatur durch die Sonneneinstrahlung zu Beginn des Jahres erhöht, das Tiefenwasser aber die Temperatur der höchsten Dichte (4°C) behält. Dieses Muster im Temperaturverlauf ist für alle Seen Mitteleuropas typisch. Mit einer deutlichen Abkühlung der Lufttemperatur und dem Einsetzen stärkerer Herbstwinde im Oktober beginnt die Vollzirkulation im See. Das Oberflächenwasser wird über den Kontakt mit der Luft abgekühlt und sinkt in die Tiefe. Sobald der Wert der maximalen Dichte erreicht ist (bei 4°C), hat der gesamte See eine einheitliche Temperatur. Weitere Abkühlung führt zu einer Überschichtung mit Kaltwasser, das letztendlich gefriert und das Tiefenwasser vom Sonnenlicht abschirmt. Alle Seen der gemäßigten Breiten sind somit dimiktisch, das heißt, sie werden im Frühjahr ebenso wie im Herbst vollständig durchmischt.

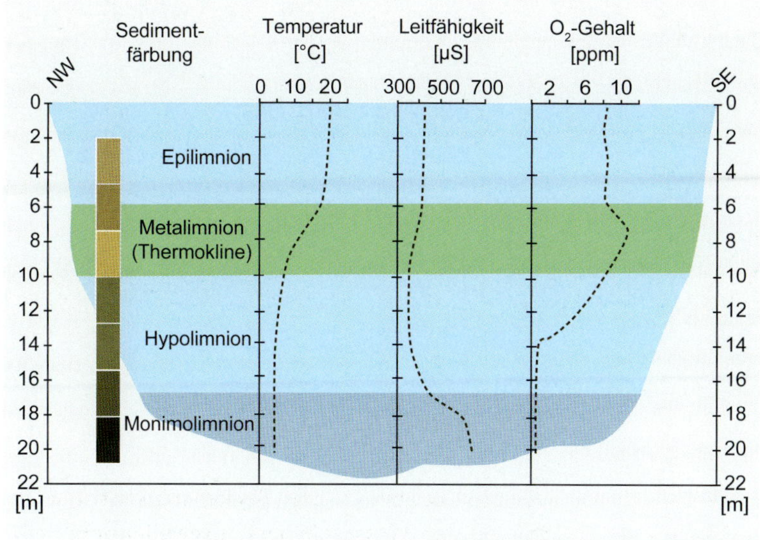

2.2 Schematische Darstellung der vertikalen Wasserschichtung, der Temperatur, der Leitfähigkeit und des Sauerstoffgehaltes in Maaren.

Die Messungen im Holzmaar zu unterschiedlichen Jahreszeiten (Mai und September) in den Jahren 2004 und 2007 zeigen deutliche Verschiebungen der Sprungschicht im Jahresgang. Die Werte im Ulmener Maar vom September 2005 dokumentieren sogar die Ausbildung einer doppelten Sprungschicht. Die dünne obere Sprungschicht (2,5 – 4 m) hat sich aufgrund einer längeren Warmphase im Spätsommer des Jahres 2005 zusätzlich gebildet. Die untere Sprungschicht in

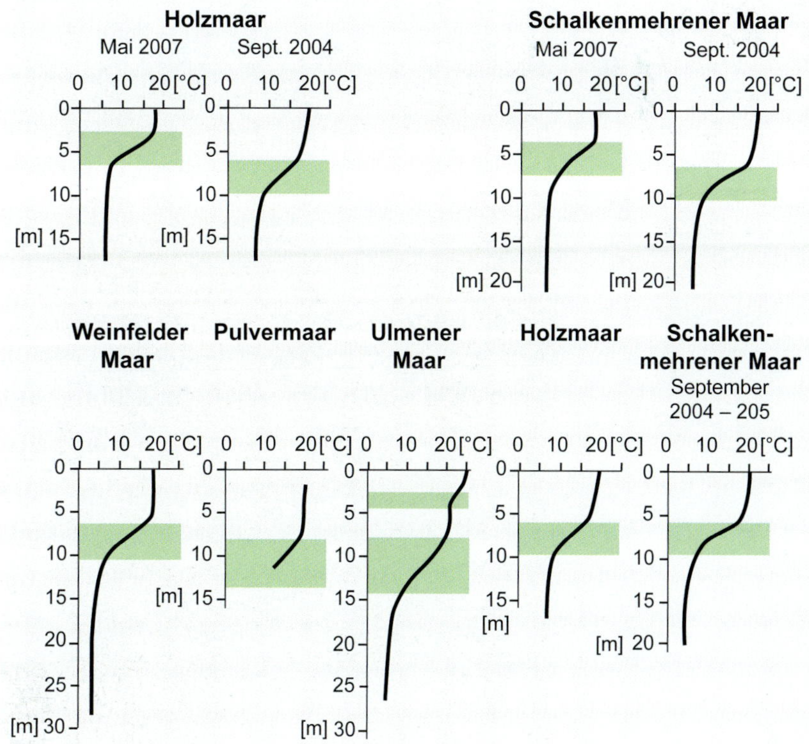

2.3 Vertikale Temperaturprofile der untersuchten Eifelmaare (gemessen im 50-cm-Intervall mit einer Amel-Messsonde).

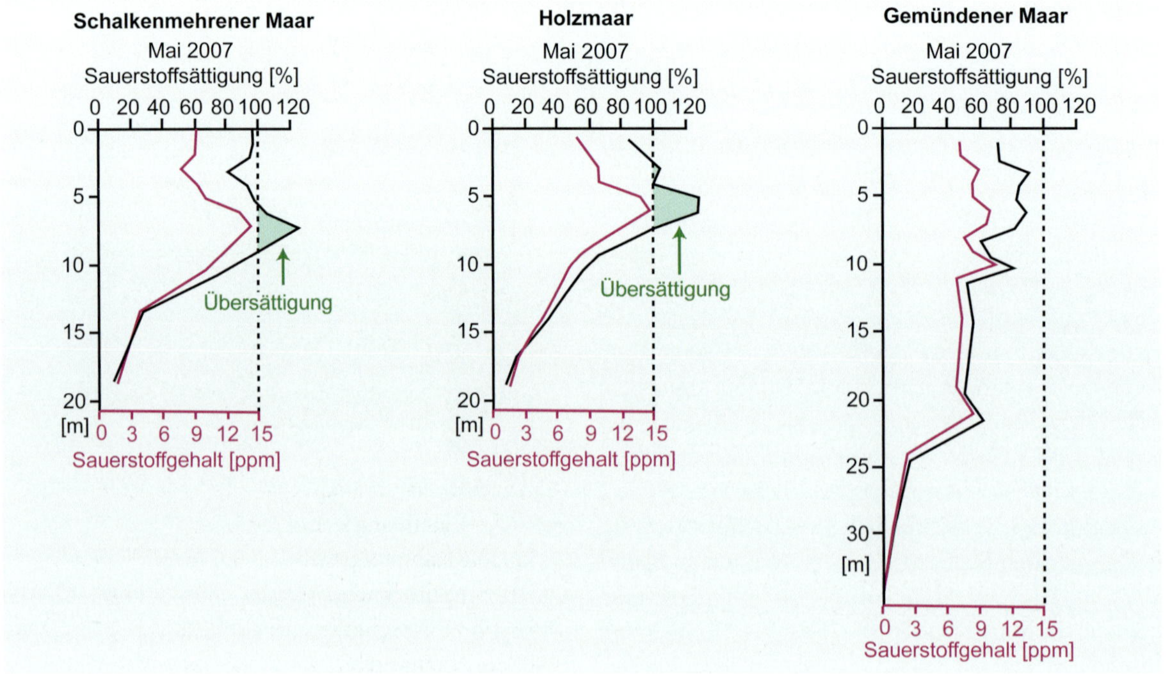

2.4 Vertikale Sauerstoffprofile untergliedert in Realwerte (ppm) und Sauerstoffsättigung (%, temperaturabhängig) des Schalkenmehrener Maares, des Holzmaares und des Gemünderer Maares (gemessen mittels titrimetrischer Verfahren nach Merck).

8–14 m Tiefe ist außergewöhnlich tief für ein Maar dieser Größe. Diese extreme Tieflage der Sprungschicht hat ihre Ursache in der Wasserentnahme an einer Brunnengalerie auf der Ostseite des Ulmener Maares. Diese Brunnen fördern ein Uferfiltrat und entnehmen jährlich ungefähr 740.000 m^3 Wasser, die einerseits das Umland von Ulmen, andererseits auch die Stadt Cochem mit Trinkwasser versorgen (Quelle: Kreiswasserwerk Cochem, geschätzte Entnahmemenge für 2007).

Die Abbildung 2.4 zeigt die Entwicklung des Sauerstoffgehaltes und der Sauerstoffsättigung. Sowohl das Schalkenmehrener Maar als auch das Holzmaar sind durch deutlich erhöhte Sauerstoffgehalte im Bereich der Sprungschicht gekennzeichnet, wobei die Sauerstoffsättigung dort sogar einen Wert von über 100 % erreicht. Die Sauerstoffproduktion in dieser Tiefe wird von Diatomeen (Kieselalgen) verursacht, die durch Fotosynthese zusätzlichen Sauerstoff produzieren. Damit übersteigt die Sauerstoffkonzentration die temperaturabhängige physikalische Sättigung des Wassers und es werden Werte über 100 % erreicht. Die fischreiche Sprungschicht ist damit nicht nur durch einen Temperaturabfall gekennzeichnet, sondern auch durch ein Sauerstoffmaximum. Unterhalb der Linie sinkt der O_2-Gehalt dann schnell auf einen Wert unter 3 ppm ab. Bei solch geringen O_2-Gehalten können Fische und die meisten anderen Lebewesen im Tiefenwasser nicht überleben. Dieses sauerstoffarme Tiefenwasser entsteht durch die Zehrung des während der Vollzirkulation in die Tiefe transportierten Sauerstoffes durch Oxidation der organischen Bestandteile im Sediment. Dieser Prozess kennzeichnet die Entwicklung des Tiefenwassers der Seen im Laufe jedes Sommers, bis im Herbst bei 4 °C dann frisches, mit Sauerstoff angereichertes Oberflächenwasser in die Tiefe transportiert wird.

Im Gemündener Maar erreicht der Sauerstoffgehalt in der Sprungschicht nicht die hohen Werte der beiden anderen Maare; dafür ist das Gemündener Maar auch in der Tiefe noch relativ sauerstoffreich. Diese Besonderheit folgt aus den unterschiedlichen Trophiestufen (Nährstoffgehalte, insbesondere Phosphat) der Seen in Deutschland. In den Eifelmaaren gibt es heute lediglich zwei Trophiestufen: eutroph (nährstoffreich) und oligotroph (nährstoffarm). Hohe Phosphatwerte deuten auf ein reiches Nährstoffangebot im Wasserkörper hin. Oligotrophe Seen wie das Gemündener Maar sind durch geringe Nährstoffgehalte, reduziertes Algenwachstum und hohe Sauerstoffgehalte im Tiefenwasser gekennzeichnet. Die geringe Algendichte bewirkt allerdings auch eine erhöhte Lichtdurchlässigkeit der Wassersäule, was sich wiederum positiv auf das Algenwachstum in größeren Tiefen auswirkt. Somit weisen oligotrophe Seen tief reichende Algenpopulationen auf, wobei die Anzahl an Individuen allerdings deutlich geringer ist als bei eutrophen Seen.

Jeder See hat einen charakteristischen Chemismus, der direkt mit dem Niederschlag im Einzugsgebiet, der Größe des Einzugsgebietes, dem Volumen des

	Höhenlage [m]	Einzugs- gebiet [103 m^2]	Seeober- fläche [m^2]	Mittlere Tiefe [m]	Maximale- tiefe [m]	Durch- messer [m]	Wasser- volumen [103 m^2]	Abfluss- rate [103 m^2]	Verweil- dauer [a]
Pulvermaar	411	805	335.000	42,8	70	653	12.541	197	64
Weinfelder Maar	484	349	159.00	27,1	51	450	3811	85	45
Ulmener Maar	420	4005	55.000	20,4	39	265	958	980	1
Gemündener Maar	407	505	75.000	18,9	39	309	1251	124	10
Schalkenmehrener Maar	421	1299	219.000	14,5	21	528	3004	318	9
Meerfelder Maar	337	1526	256.000	9	17	571	2232	373	6
Holzmaar	425	2058	58.000	8,8	20	272	478	504	1

Tab. 2.1 Morphometrie der Eifelmaare. Die geringste Verweildauer von nur einem Jahr zeigen das Holzmaar und das Ulmener Maar, da diese Maare klein sind, aber ein sehr großes Einzugsgebiet haben. Die höchste Verweilzeit von 64 Jahren hat das Wasser des großen und tiefen Pulvermaares, das aber aus einem sehr kleinen Einzugsgebiet gespeist wird (ergänzt nach Scharf & Oehms 1992).

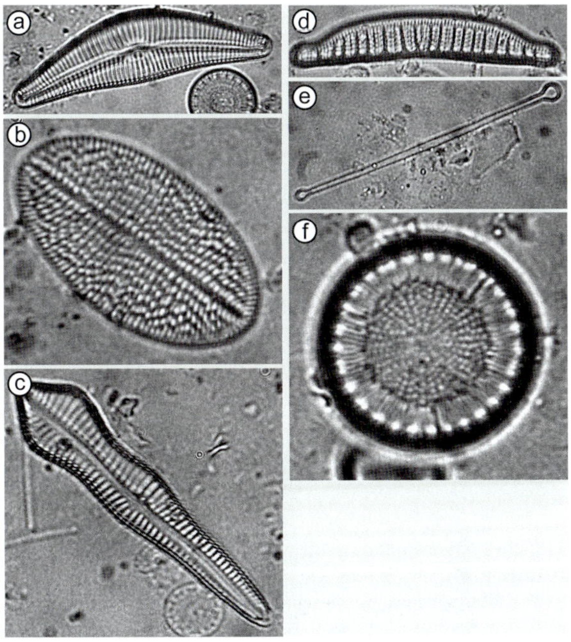

2.5 Kieselalgen (Diatomeen) als Mikroskopaufnahmen mit 600-facher Vergrößerung:
a) *Cymbella cistula* ist weit verbreitet, aber nur mäßig individuenreich; **b)** *Cocconeis placentula* bevorzugt eutrophe Bedingungen und tritt massenhaft auf; **c)** *Gomphonema acuminatum* heftet mit Gallertstielen am Substrat an und weist begrenzte Toleranz gegenüber Abwässern auf; **d)** *Epithemia adnata* ist angepasst an hohe Phosphat- und niedrige Stickstoffgehalte; **e)** *Asterionella formosa* zeigt massenhaftes Auftreten, ist häufig in eutrophen Seen und bildet sternförmige Kolonien; **f)** *Cyclotella radiosa* ist häufig in eutrophen Seen.

Wasserkörpers und damit der Verweilzeit des Wassers im Zusammenhang steht (Tab. 2.1).

Für die Nährstoffgehalte in einem See ist damit insbesondere die landwirtschaftliche Nutzung im Einzugsgebiet entscheidend. Hohe Düngung in einem großen Einzugsgebiet führt zu starkem Eintrag von Nitrat und Phosphat, das vor allem den Kieselalgen (Abb. 2.5) als primäre Nahrungsgrundlage dient. Die Kieselalgen stellen ihrerseits wieder die Nahrungsgrundlage für Plankton fressende Friedfische dar. Wird der Phosphateintrag in einen See zu hoch, entwickeln sich starke Planktonblüten, die viel Biomasse bilden. Diese Biomasse stirbt ab, die organische Substanz reagiert mit dem gelösten Sauerstoff des Wassers und bindet diesen zu CO_2. Unter einem Sauerstoffgehalt von 6 ppm können Fische nicht mehr existieren und der jeweilige See „kippt“, wenn dieses sauerstoffarme Tiefenwasser sich bis an die Wasseroberfläche empor entwickelt.

Seesedimente

Die Verfüllung von Seen mit Sedimenten kann je nach Einzugsgebiet, Art der Zuflüsse und Sauerstoffgehalte recht unterschiedlich sein. Erste Vorstellungen zum Verlauf der Maarverfüllung unmittelbar nach der Eruption wurden schon sehr früh aus geophysikalischen Untersuchungen entwickelt (Büchel 1984 und 1994) und später anhand von Erkundungsbohrungen zur Grundwassergewinnung im Randbereich der Trockenmaare weiter ausgearbeitet (Pirrung 1998, Pirrung et al. 2003). Im Rahmen des Bohrprojektes ELSA *(Eifel Laminated Sediment Archive)* wurde dann erstmals systematisch im Zentrum vieler Trockenmaare gebohrt und es zeigte sich, dass Maare von ca. 1 km Durchmesser meist etwa 80 m Seesediment enthalten;

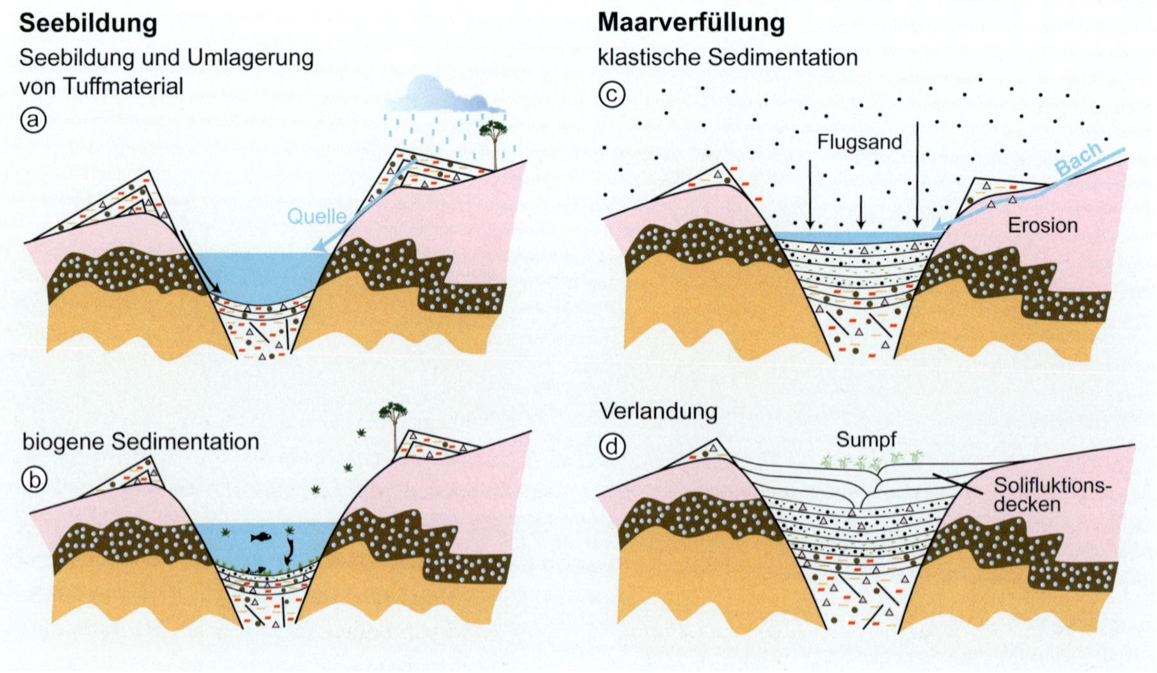

2.6 Sedimenttypen und ihre Entstehung im Zuge der See-Entwicklung. **a)** An der Basis der Maarseen liegt Rückfall von Umgebungsgestein und vulkanische Tephra der initialen Eruption. Es folgen Hangrutschungen von den noch instabilen Kraterhängen und feinkörniger Rückfall aus der Aschenwolke am Ende der Eruption, bis die Hänge eine stabile Hangneigung von etwa 30° erreichen. **b)** Weiteres Sediment wird danach vor allem durch biogene oder klimatisch gesteuerte Prozesse in den See eingetragen. **c)** In Warmzeiten dominieren dabei die biogenen Prozesse durch Algenbildung im Wasser und Laubfall aus der umgebenden Vegetation, in Kaltzeiten dagegen wird vor allem mineralisches Sediment abgelagert. **d)** Die Oberflächen der verlandeten Eifelmaare sind meist durch mehrere Meter mächtige Hangschutte aus der letzten Eiszeit überlagert.

das Maximum wurde im 1,4 km breiten Jungferweiher bei Ulmen mit 155 m Seesediment beobachtet (Schaber & Sirocko 2005). Aufgrund der großen Tiefe dauert die Verlandungsphase von Maaren erheblich länger als die flacher Seen. Lediglich ein zusätzlicher massiver Eintrag von vulkanischen Aschen aus Eruptionen im direkten Umfeld kann eine beschleunigte Verfüllung der Maare verursachen.

Die Sedimente zeigen in allen Kernen des ELSA-Projektes immer wieder gleiche Muster hinsichtlich der Seeverfüllung. Typische Sedimente und ihre Entstehung im zeitlichen Fortgang der See-Entwicklung sind in Abb. 2.6 zusammengestellt.

Pollenanalyse als Grundlage der Rekonstruktion von Umwelt- und Vegetationsgeschichte

3

Markus Diehl und Frank Sirocko

Pollenanalyse

Als mikrofossile Hinterlassenschaft ehemaliger Vegetation liefert Blütenstaub (Pollen) eine Möglichkeit zur Rekonstruktion vergangener Pflanzengemeinschaften. Pollenkörner beherbergen im Inneren, geschützt von einer äußeren Hülle (der Pollenwand), das männliche Erbgut der Pflanze. Die Pollenwand ist unter Luftabschluss extrem haltbar und konserviert sich unter entsprechenden Bedingungen über Jahrmillionen. Ihre Gestalt ist charakteristisch (Abb. 3.1), weshalb die zwischen etwa $^1/_{100}$ – $^1/_5$ mm messenden Pollenkörner die Bestimmung einzelner Pflanzenfamilien oder -gattungen, selten sogar -arten erlauben (Beug 2004, Faegri 1993, Moore et al. 1991). Als „Pollenfallen" kommen insbesondere tiefere Gewässer, wie die Maarseen der Eifel, in Betracht. An deren sauerstofffreiem Seegrund sind optimale Erhaltungsbedingungen gegeben.

Aus dem relativen Miteinander der überlieferten Pollen kann jedoch nicht direkt auf das relative Miteinander der Pflanzen geschlossen werden, von welchen der Blütenstaub einst stammte. Vor allem standortbedingte und artspezifische Unterschiede in der Menge des produzierten Pollens führen zu Interpretationsschwierigkeiten, denn auf optimalen Standorten werden beispielsweise mehr Pollen produziert als auf suboptimalen, oder Insektenblütler produzieren weniger Pollen als Windblütler. Genauso trägt die unterschiedliche Selektion während des Transportes und der Lagerung zu den Interpretationsschwierigkeiten bei: Verschiedene Pollensorten werden unterschiedlich gut vom Wind transportiert oder sind unterschiedlich anfällig gegen Zersetzung. So sind in der Regel bei den Baumpollen vor allem die insektenbestäubten Gattungen Ahorn und Linde unterrepräsentiert, Kiefer und Hasel dagegen – als starke und zudem windblütige Pollenproduzenten – überrepräsentiert. Außerdem muss berücksichtigt werden, dass die überlieferten Pollen je nach Topographie kleinräumige/regionale oder weiträumige/überregionale Einzugsgebiete repräsentieren können. Insbesondere der Blütenstaub der windblütigen Nadelhölzer Kiefer und Fichte kann über Hunderte bis Tausende von Kilometern angeweht werden (Fernflug; Kalis & Meurers-Balke 1997).

Anhand von Pollendiagrammen lassen sich neben der Rekonstruktion des Vegetationsbildes auch Rückschlüsse auf begleitende Umweltbedingungen ziehen (Ellenberg et al. 1992, Overbeck et al. 1985, Prentice et al. 1996, Pross et al. 2000). Dieser Transfer von der Floren- zur Umweltgeschichte gelingt jedoch oft nur qualitativ in der Beschreibung von Waldtypen oder relativ im zeitlich-räumlichen Vergleich. Absolute quantitative Aussagen, zum Beispiel zu Bodenbeschaffenheit, Temperatur, Niederschlag, Luftfeuchte oder Dauer der Vegetationsperiode, werden durch das komplizierte Zusammenspiel der auf die Vegetationsentwicklung einwirkenden Faktoren erschwert. Zudem vermögen Pflanzen in einem je nach Art verschiedenen Toleranzbereich um ihre optimalen Standortbedingungen herum zu existieren.

Bezüglich des Bodens sind die meisten Gewächse relativ unspezifiziert. In der Natur kommen in enger räumlicher Nachbarschaft außerdem oft verschiedene Bodentypen vor, sodass die im Sediment überlieferten Pollen immer ein Gemisch aus den jeweils unterschiedlichen Bewüchsen darstellen.

Die Temperaturansprüche der verschiedenen Pflanzen lassen dagegen präzisere Aussagen zu. Als klassische Temperaturindikatoren gelten in der Pollenkunde Efeu *(Hedera helix)*, Stechpalme *(Ilex aquifolium)* und Mistel (*Viscum alba*; Iversen 1944). *Hedera helix* kommt heute auf Standorten vor, an denen im Juli etwa 15°C und im Januar etwa −2°C im Mittel nicht unterschritten werden. *Ilex aquifolium* benötigt mindestens etwa 12,5°C mittlere Julitemperatur und verträgt minimal etwa 0°C mittlere Januartemperatur. *Viscum alba* gedeiht nur bei Mittelwerten von über

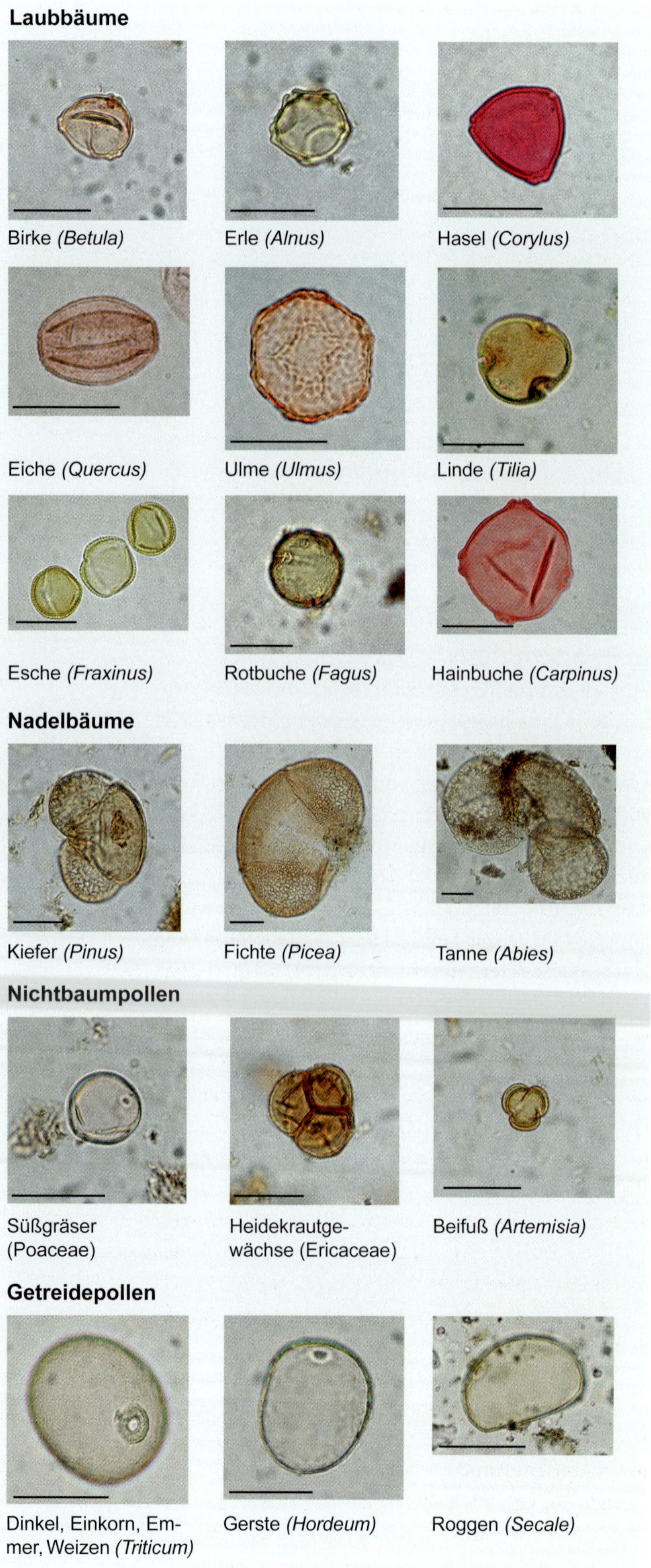

3.1 Lichtmikroskopische Aufnahmen ausgesuchter Pollenkörner (teilweise eingefärbt, unterschiedliche Maßstäbe, Maßstriche entsprechen jeweils etwa 30 µm).

etwa −8°C im kältesten Monat und benötigt minimal etwa gemittelte 16°C im wärmsten Monat (Aalbersberg & Litt 1998). Aus dem gemeinsamen Auftreten aller drei Arten lassen sich somit mittlere Minimaltemperaturen von ungefähr 16°C im Juli und etwa 0°C im Januar erschließen. Andere Gattungen oder Arten, darunter viele Bäume, tolerieren meist weitere, nur unscharf abgrenzbare Temperaturbereiche.

Neben mittleren Minimaltemperaturen sind noch weitere Temperaturmittel oder Absoluttemperaturen aussagekräftig. Vor allem im Gartenbau werden die einzelnen Pflanzenarten in Bereiche gemittelter jährlicher Tiefsttemperaturen, sogenannte Winterhärtezonen, eingeteilt (Heinze & Schreiber 1984), welche die einzelnen Arten langfristig vertragen. Komplexere Ansätze bedienen sich statistischer Januar- und Julitemperaturbereiche, die von einzelnen Arten angezeigt werden (Kühl & Litt 2007). Das kombinierte Auftreten verschiedener Arten grenzt dann einen wahrscheinlichen Temperaturbereich ein. Kritisch für die Vegetationsentwicklung sind jedoch insbesondere Spät- oder Frühfröste, deren Auftreten, Häufigkeit und Strenge in den mittleren Temperaturdaten nur bedingt enthalten sind.

Abschätzungen für Niederschlagsmengen aus Pollendaten sind bisher nur ansatzweise realisiert. Der Wasserverbrauch/-anspruch der Gewächse ist unter anderem von Temperatur, Luftfeuchte, Windexponiertheit und Länge der Vegetationsperiode abhängig und kann zudem standortbedingt über verfügbares Grundwasser gedeckt werden. Anhaltspunkte liefern gegenwärtige Niederschlagsmengen. So fallen im westlichen Mitteleuropa pro Jahr durchschnittlich 600 – 850 mm, in Ostmitteleuropa lediglich um 500 – 600 mm. In den Mittelgebirgslagen werden über 2000 mm, im Saale- oder Odertal weniger als 500 mm erreicht (Härdtle et al. 2004).

In Ökogrammen (Abb. 3.2) versucht man, das Einwirken bestimmter Umweltfaktoren auf die Vegetationsbedeckung im Konsens darzustellen.

Auch wenn alle Ansprüche der verschiedenen Pflanzenarten scharf eingrenzbar wären, würden immer zwei Schwierigkeiten bei der Rekonstruktion vergangener Umweltbedingungen aus Pollendaten bleiben. Zum einen kann in der Praxis bei der lichtmikroskopischen Pollenbestimmung oft nur die Pflanzengattung erkannt werden, deren vorkommende Arten jedoch möglicherweise völlig verschiedene Ansprüche stellen. Makrofossile Hinterlassenschaften wie Blattreste, Holzreste oder Samen, welche eine Bestimmung der einzelnen Art erlauben, sollten daher den mikrofossilen Befund ergänzen. Prinzipiell problematisch ist zum anderen die Annahme, dass die Umweltansprüche einer Art heute und in der Vergangenheit gleich waren. So wird diskutiert, ob sich unsere heutige Rotbuche *(Fagus sylvatica)* erst im Quartär, gegebenenfalls sogar erst seit dem letzten Interglazial, der Eem-Warmzeit, als eigenständige Art mit neuen spezifischen Umweltanforderungen entwickelt hat (Huntley & Birks 1983).

In Pollenzählungen werden nicht nur Baum-, sondern auch diverse Nichtbaumpollen sowie Sporen von Farnen und Moosen erfasst und zur Rekonstruktion der Vegetationsbedeckung beziehungsweise als Anzeiger von Umweltbedingungen mit herangezogen. So gelten Süß- und Sauer-/Riedgräser (Poaceae und Cyperaceae) als Offenland- beziehungsweise Vernässungsanzeiger. Die den Heidekrautgewächsen (Ericaceae) zugehörige Besenheide *(Calluna)* belegt saure, nährstoffarme Böden und waldfreie Flächen. Beifuß *(Artemisia)* gilt aufgrund seiner Kälteresistenz und seines hohen Lichtbedarfes als Indikator für Versteppung, ist aber auch als „Unkraut" ein indirekter Anzeiger menschlicher Besiedlung. Direkter Anzeiger menschlicher Präsenz ist dagegen der Blütenstaub von Getreide. Dabei zählen Dinkel, Einkorn, Emmer und Weizen (sämtlich *Triticum*), Gerste *(Hordeum)*, Hafer *(Avena)*, Hirse (verschiede Gattungen) sowie Roggen *(Secale)* alle zur Familie der Süßgräser und sind pollenanalytisch nur aufwendig oder gar nicht zu unterscheiden, weshalb sie als Cerealien zusammengefasst werden.

Vegetationsgeschichte

Das jüngste Erdzeitalter, Känozoikum oder Erdneuzeit genannt, begann vor etwa 65 Mio. Jahren mit dem Aussterben der Dinosaurier und gliedert sich in Tertiär und Quartär (Abb. 1.3). In Ablagerungen aus dem Tertiär herrschen „exotische" Florenelemente vor, beispielsweise Amberbaum *(Liquidambar)*, Ginkgo *(Ginkgo)*, Guttaperchabaum *(Eucommia)*, Hemlocktanne *(Tsuga)*, Hickorynuss *(Carya)*, Hopfenbuche *(Ostrya)*, Lebensbaum *(Thuja)*, Magnolie *(Magnolia)*, Mammutbäume *(Metasequoia, Sequoia, Sequoiadendron)*, Palmen *(Arecaceae)*, Rosskastanie *(Aesculus)*, Schirmtanne *(Sciadopitys)*, Sumpfzypresse *(Taxodium)*, Tulpenbaum *(Liriodendron)*, Tupelobaum *(Nyssa)* und Walnuss *(Juglans)*, die aber alle spätestens im

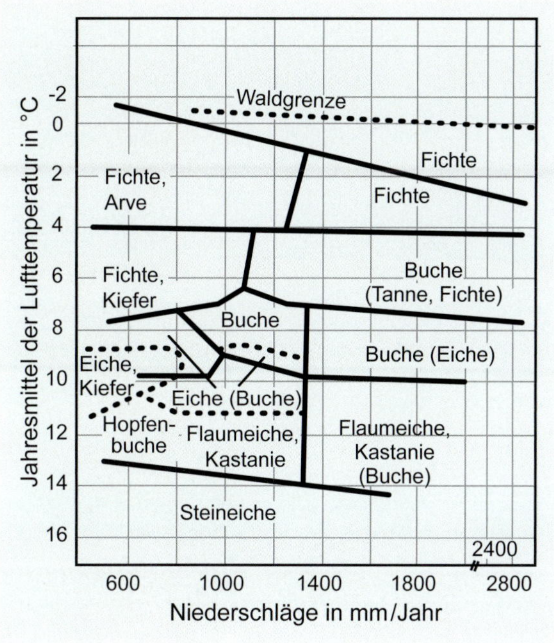

3.2 Vorherrschende Baumarten in der natürlichen Vegetation des Alpenraumes in Abhängigkeit von Jahresmitteltemperatur und jährlichem Niederschlag (nach Härdtle et al. 2004)

Laufe des Altpleistozäns (2.600.000 – 780.000 Jahre vor heute) in Mitteleuropa ausstarben (Mai 1995).

Während im Tertiär noch tropisches bis subtropisches Klima herrschte, ist das nachfolgende Quartär durch einen vielfachen Wechsel von Kalt- und Warmzeiten mit wiederholten Inlandvereisungen auf der nördlichen Hemisphäre geprägt. Die Tertiär-Quartär-Grenze setzt man momentan bei 1,8 Mio. Jahren vor heute an (Deutsche Stratigraphische Kommission 2002). Jedoch ist in Europa bereits um etwa 2,6 Mio. Jahren vor heute ein „Florenschnitt" von einer „typisch" tertiären zu einer „typisch" quartären, kaltzeitlichen Pflanzengemeinschaft zu verzeichnen (Abb. 10.1).

Die Warmzeiten des Quartärs prägen die uns vertrauten Laubbaumvertreter Ahorn *(Acer)*, Birke *(Betula)*, Eiche *(Quercus)*, Erle *(Alnus)*, Esche *(Fraxinus)*, Linde *(Tilia)*, Hainbuche *(Carpinus)*, Hasel *(Corylus)*, Pappel *(Populus)*, Rotbuche *(Fagus)*, Ulme *(Ulmus)* und Weide *(Salix)* zeitweise auch Buchsbaum *(Buxus)* oder das Tertiärrelikt Flügelnuss *(Pterocarya)* sowie die Nadelbaumvertreter Fichte *(Picea)*, Kiefer *(Pinus)*, Lärche *(Larix)*, Tanne *(Abies)* und die weniger geläufige Eibe (*Taxus*; Lang 1994).

Die letzte große Eiszeit des Quartärs, das Weichsel-Würm-Glazial, erreichte vor etwa 20.000 Jahren den Höhepunkt mit der maximalen Flächenausdehnung des Inlandeises und endete vor etwa 14.500 Jahren. Ausgehend von noch arktischen Verhältnissen (etwa der heutigen Tundra entsprechend; Abb. 3.3a) etablierte sich zu dieser Zeit auf noch eiszeitlichen Rohböden

3.3 Rezente Vegetations- beziehungsweise Waldtypen, wie sie in etwa die Florenentwicklung im Holozän und in älteren quartären Warmzeiten widerspiegeln:
a) baumlose Tundra;
b) offene Park-/Steppenvegetation mit Pioniergehölzen;
c) borealer Wald mit Ausprägung als offener Birkenwald;
d) borealer Wald mit Ausprägung als fichtendominierter Nadelwald (Taiga);
e) Eichenmischwald;
f) Buchenmischwald.

eine offene Parkvegetation mit den Pioniergehölzen Wacholder *(Juniperus)* und Sanddorn (*Hippophaë*; Abb. 3.3b). Diese Pioniervegetation wurde noch in der ausklingenden Eiszeit, dem Spätglazial, von Birken und Kiefern ersetzt und es bildeten sich erstmals wieder sogenannte „boreale" Wälder (Abb. 3.3c, d).

Seit etwa 11.600 Jahren leben wir in der jüngsten Warmzeit des Quartärs, dem Holozän, die bis heute andauert. Seit Beginn des Holozäns erlaubt das Klima wieder eine durchgängige Bewaldung. Im Holozän entwickelten sich nährstoffreiche Braunerdeböden, auf denen mit Hasel- und Eibenbeteiligung Laubmischwälder von Ahorn, Eiche, Esche, Linde und Ulme aufwachsen (Abb. 3.3e). Lokal auf entsprechenden Standorten stocken Erlenbruch- und Auenwälder. Unter Einwirkung spät eingewanderter Arten wie Rotbuche, Hainbuche oder Tanne etablierten sich schließlich auf zunehmend versauernden Böden Schattholzwaldtypen wie Rotbuchen- (Abb. 3.3f) oder Tannenmischwälder. Im Holozän ist die Vegetationsentwicklung spätestens seit dem Sesshaftwerden des Menschen zu Beginn der Jungsteinzeit (Neolithikum) durch Wald- und Bodennutzung anthropogen beeinflusst (Frenzel 1991). Die uns heute geläufigen Wald- und Landschaftstypen stellen daher keine natürlichen Pflanzenvergesellschaftungen dar.

Aus vielen Pollendiagrammen ist bekannt, dass der Übergang von Hochglazial zu Holozän nicht kontinuierlich verlief. Vielmehr ist das Weichsel-Würm-Spätglazial durch mehrere die Erwärmung zeitweilig

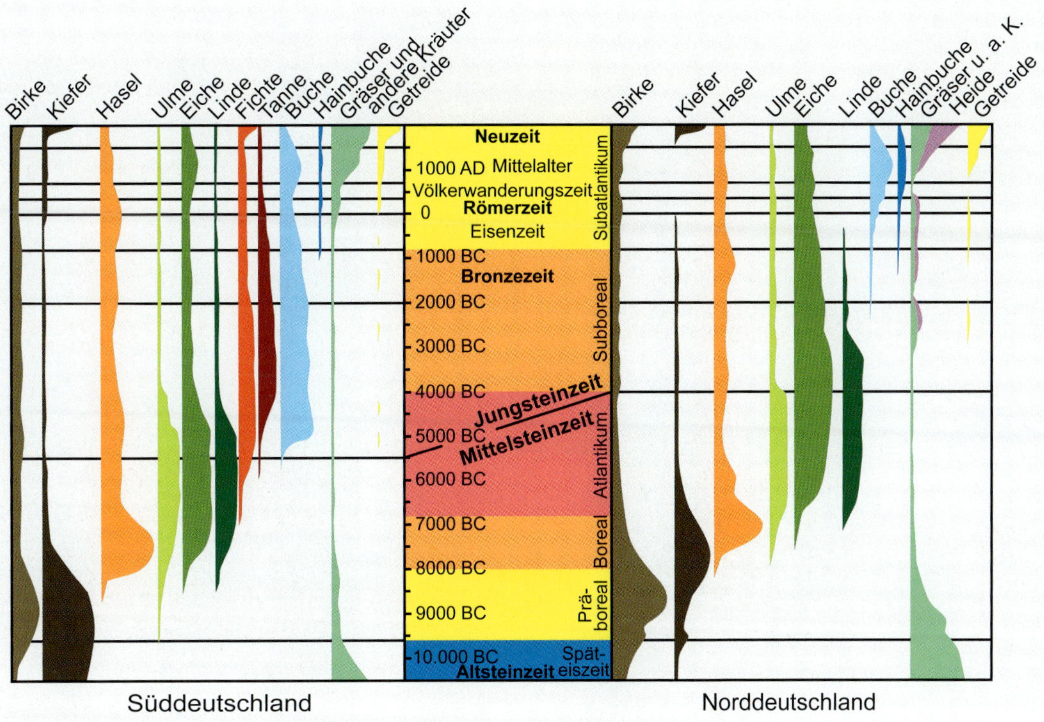

3.4 Schematisierte holozäne bis späteiszeitliche Durchschnittspollendiagramme für Süd- und Norddeutschland (nach BEHRE 2003).

unterbrechende Kältephasen (Älteste, Ältere und Jüngere Dryas/Tundrenzeit, benannt nach der Silberwurz *Dryas octopetala*) gekennzeichnet.

In Abbildung 3.4 sind stark vereinfachte holozäne bis spätglaziale Durchschnittspollendiagramme für Süd- und Norddeutschland wiedergegeben. Es zeigt sich eine prinzipiell ähnliche Abfolge verschiedener Vegetationsphasen (Waldtypen nach Abbildung 3.3), die der beschriebenen Abfolge von borealer Birken-Kiefern-Phase über Eichenmischwald- zu Schattholzwaldphase (Rotbuchen-/Tannenphase) entspricht. Bedingt durch klimatische, bodenstandörtliche und geographisch-morphologische Gegebenheiten, durch die Lage der eiszeitlichen Rückzugsgebiete der Gehölze (meist im Mittelmeerraum) sowie deren Ausbreitungs- und Konkurrenzverhalten treten diese Vegetationsphasen aber regional zeitlich verschoben und mit unterschiedlicher prozentualer Präsenz (insbesondere bei Fichte und Tanne) auf. Prinzipiell setzten Erwärmung und Bewaldungsphasen im Süden früher ein als im Norden.

Für den Mittelgebirgsraum dokumentieren zahlreiche Pollendiagramme aus Eifelmaaren (FIRBAS 1949/1952, STRAKA 1975, DÖRFLER et al. 2000, LITT & STEBICH 1999, KUBITZ 2000) eine intermediäre Stellung innerhalb dieser Entwicklung (Abb. 3.5). So breitete sich beispielsweise die Rotbuche in Süddeutschland schon in der dortigen Jungsteinzeit, im Mittelgebirgsraum seit der Bronze-, in Norddeutschland dagegen erst seit der Eisenzeit stark aus. Prinzipiell Ähnliches gilt auch für andere Gattungen wie Eiche, Linde oder Ulme.

Die Holozängliederung in Präboreal (Vorwärmezeit), Boreal (Frühe Wärmezeit), Atlantikum (Mittlere Wärmezeit), Subboreal (Späte Wärmezeit) und Subatlantikum (Nachwärmezeit) ist ursprünglich nach markanten Veränderungen in der Vegetationsbedeckung definiert (OVERBECK 1975, STRAKA 1975), die sich aber nicht überregional mit absoluten Zeitmarken korrelieren lassen (Abb. 3.4). Die Verwendung der Begriffe „Präboreal", „Boreal" und so weiter in chronostratigraphischem Sinne, also unter Verwendung fester Zeitmarken für deren Begrenzung, führt daher zu Diskrepanzen mit ihrer ursprünglichen Definition als vegetationsgeschichtliche Abschnitte.

Allgemein dürfen vegetationsgeschichtliche Abschnitte nicht mit zeitlich definiertem Beginn und fester Dauer verstanden werden, sondern umschreiben ineinander übergehende Entwicklungsphasen, die räumlich (geographisch) und zeitlich verschoben, also nebeneinander beziehungsweise nacheinander auftreten. Gleiches gilt prinzipiell für jede Gliederung auf entwicklungsgeschichtlicher Basis, also auch für menschheitsgeschichtliche Epochen (vergleiche Grenzziehung Mittel-/Jungsteinzeit, Abb. 3.4). Unter dieser Prämisse lassen sich Spätglazial (für dessen Gliederung dieselben Überlegungen gelten) und Holozän der Eifel

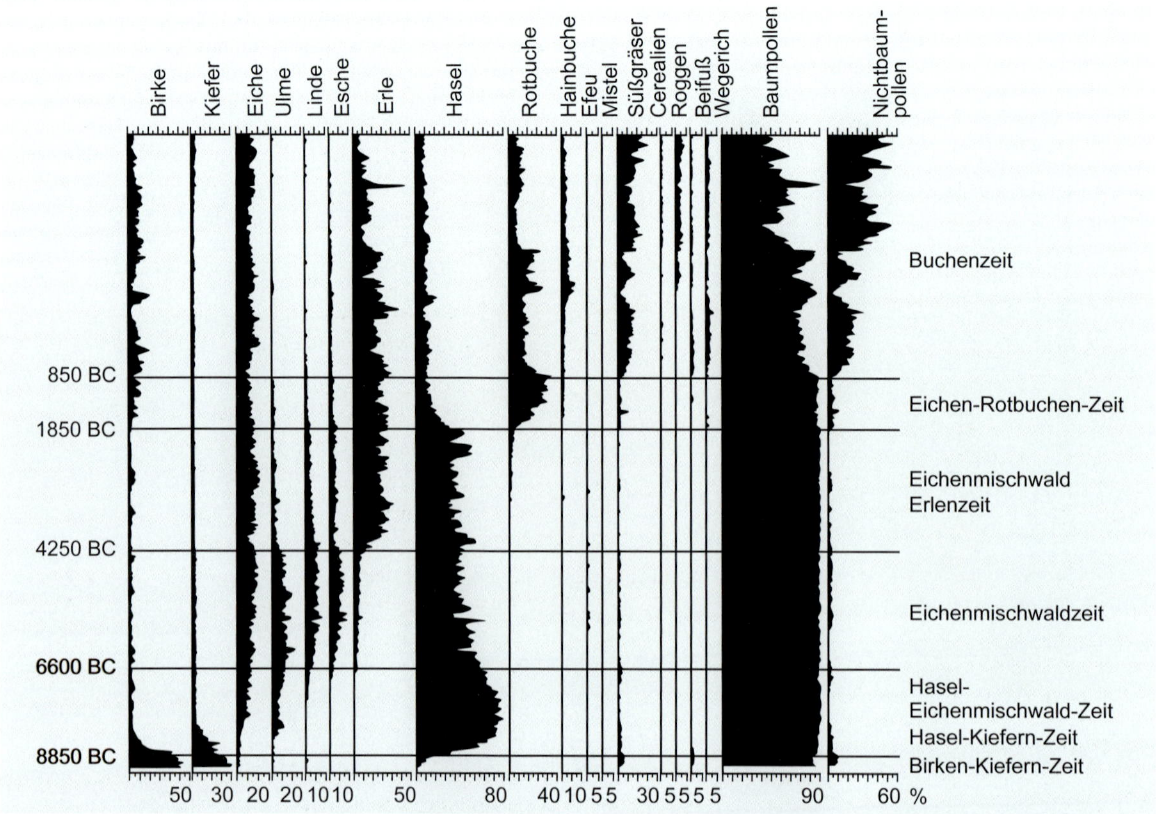

3.5 Holozänes Pollendiagramm aus der Eifel (Meerfelder Maar; nach Kubitz 2000).

chronologisch gliedern und vegetationsgeschichtlich beschreiben (Tab. 3.1). Die Alterszuweisungen stellen die Grundlage dar, auf der die stratigraphische Einstufung der Pollendiagramme in Kapitel 6 erfolgte.

Ein starker Anstieg der Nichtbaumpollenanteile bei 850 BC (Abb. 3.5) – vor allem bei Gräsern, Siedlungsanzeigern wie Ampfer *(Rumex)*, Beifuß *(Artemisia)* oder Wegerich *(Plantago)*, weniger betont aber auch bei Getreide – spiegelt zunehmende Waldrodung, Viehwirtschaft und Ackerbau in der Eisen- und Römerzeit wider. Als Nutzbäume kultivierten die Römer Walnuss *(Juglans regia)* und Esskastanie *(Castanea sativa)*, außerdem werden Weinreben *(Vitis vinifera)* und diverse Obstbaumsorten wie etwa Äpfel *(Malus)*, Birnen *(Pyrus)* oder Pflaumen *(Prunus)* angebaut. Es folgte die Phase der Völkerwanderungszeit mit zurückgehenden Werten bei den Siedlungsanzeigern und wieder dichterer Bewaldung, im Zuge derer vor allem Rot- und Hainbuche (wieder) aufkamen. Im Frühmittelalter (seit etwa 500 AD) stiegen die Prozentanteile der krautigen Gewächse wieder stark an. Getreide (neben Roggen/*Secale* später auch Buchweizen/*Fagopyrum*) waren deutlich präsent. Der Erlenanteil war stark rückläufig. Die seit dem Atlantikum im Pollenregen des Eifelraumes nur sporadisch auftauchende Fichte gewinnt erst mit der preußischen Aufforstung im frühen 19. Jahrhundert deutliche Anteile und dominiert heute die Nutzwälder.

Da das Pollendiagramm aus dem Meerfelder Maar (Abb. 3.5) auf einer warvengestützten Alterseinstufung beruht (Brauer 1999), stellt es für den Eifelraum eine Art „Masterchronologie" dar. Für die Alterseinstufung der ELSA-Bohrkerne (Kap. 4) werden folgende markante Stufen der Vegetationsentwicklung auf andere Kerne aus den Maaren übertragen (Litt 2007):

- 14.450 BP *(Before Present)*: Beginn Meiendorf
- 13.800 BP: Beginn Älteste Dryas
- 12.700 BP: Beginn Jüngere Dryas
- 11.600 BP: Beginn Holozän (Präboreal)
- 10.800 BP/8850 BC (*Before Christ,* die Altersangabe erfolgt nun in Jahren vor Christus): Beginn Boreal, starke Ausbreitung von Hasel
- 6600 BC: Beginn Atlantikum, Einwanderung von Linde und Esche
- 4250 BC: Beginn Subboreal, starke Ausbreitung von Erle
- 1850 BC: starke Ausbreitung von Rotbuche
- 850 BC: Beginn Subatlantikum, starker Anstieg von Nichtbaumpollen

Diese pollenanalytischen Zeitmarken wurden als palynostratigraphische Marker in das Altersmodell der ELSA-Kerne übernommen (Kap. 6).

Epoche	Zeitabschnitt	Beginn/Grenze	Vegetation
Holozän	Buchenzeit (Subatlantikum)	heute	Rotbuche, Eiche und Erle dominieren die Vegetation. Die Hainbuche tritt ins Waldbild, wobei im östlichen Mitteleuropa die Hain- gegenüber der Rotbuche vorherrscht. Von den Eichenmischwaldvertretern ist nur noch die Eiche selbst signifikant im Pollenregen vertreten.
	Eichen-Rotbuchen-Zeit und Eichenmischwald-Erlen-Zeit (Subboreal)	850 BC	Das Subboreal grenzt sich in der Eifel durch die erste durchgehende, geringprozentige Präsenz von Rotbuchenpollen (Einwanderung der Rotbuche) und der etwa zeitgleichen Erlenexpansion vom Atlantikum ab. Starkes Aufkommen der Rotbuche im letzten Abschnitt des Subboreals (Bronzezeit). Hasel verliert ihre dominierende Präsenz durch die sich ausbreitenden Schattholzwälder. Die Beteiligung der Eichenmischwaldvertreter Ulme, Linde und Esche im Waldbild sinkt kontinuierlich.
	Eichen-mischwaldzeit (Atlantikum)	4250 BC	Eichenmischwälder (Eiche, Ulme, Linde, Esche, Ahorn, in regional unterschiedlicher Beteiligung) mit Hasel bestimmen das Vegetationsbild. Erlen beginnen sich auszubreiten. Efeu und Mistel sind verstärkt nachweisbar. Im letzten Abschnitt des Atlantikums (beginnendes Neolithikum) werden die ersten Getreidepollen gefunden. Gegen Ende des Atlantikums beziehungsweise zu Beginn des Subboreals (regional zeitversetzt) ist bei der Ulme ein oft „sprunghafter" Rückgang in den Pollendiagrammen, der sogenannte „Ulmenfall", zu beobachten. Als Ursache werden anthropogene Übernutzung, Schädlingsbefall und/oder klimatische Kausalitäten diskutiert. Ähnliches gilt für den „Lindenfall" zwischen endendem Atlantikum und frühem Subboreal, der mit menschlicher Landnahme und verstärktem Ackerbau begründet wird.
	Hasel-Eichen-mischwald-Zeit und Hasel-Kiefern-Zeit (Boreal)	8850 BP	Die Grenze Präboreal/Boreal wird durch das starke Aufkommen von Hasel markiert. Seit Beginn des Boreals breiten sich, bei rückläufigen Birken- und Kiefernbeständen, Eichen und Ulmen aus. Gegen Ende des Boreals, am Übergang zum Atlantikum, wandern Linde, Esche und Erle in die Eifel ein.
	Birken-Kiefern-Zeit (Präboreal)	10.800 BP	Offenlandanteile werden endgültig von borealen Birken-Kiefern-Wäldern okkupiert. Auf entsprechenden Standorten wachsen Weide und Pappel. Jüngste bekannte Eruption in der Eifel: Ulmener Maar (11.000 BP).
Spätglazial	Jüngere Dryas/Tundrenzeit	11.590 BP	Letzte präholozäne Abkühlung. Abnahme des Birken-Kiefer-Bestandes zugunsten vermehrten Offenlandanteiles mit Sträuchern und Wacholder.
	Alleröd	12.680 BP	Kiefern breiten sich aus. Die lichte Birkenbewaldung wandelt sich in boreale Birken-Kiefern-Wälder. Ausbruch des Laacher-See-Vulkans (12.880 BP).
	Ältere Dryas/Tundrenzeit	13.350 BP	Erneute, aber geringfügige, Zunahme des Offenlandanteils, Birkenbewuchs prägt weiterhin die Landschaft.
	Bölling	13.540 BP	Bei wieder günstigeren klimatischen Bedingungen etablieren sich offene Birkenwälder.
	Älteste Dryas/Tundrenzeit	13.670 BP	Der Gehölzbewuchs des Meiendorf wird zugunsten von Gräsern und anderen Kräutern zurückgedrängt.
	Meiendorf	13.800 BP	Die Eifel ist während der ersten Wiedererwärmung bis auf erste Bestände von Strauchbirke (Betula nana), Weide, Wacholder und Sanddorn noch unbewaldet.
		14.700 BP	

Tab. 3.1 Vegetationsgeschichte der Eifel (Alterseinstufung nach Kubitz 2000 und Litt 2007; Eruptionsalter von Ulmener Maar und Laacher See aus Litt 2007, vergleiche auch Zolitschka 1995, van den Bogaard 1995; Erläuterungen zu Subatlantikum und Atlantikum unter anderem in Referenz zu Küster 1997, Kalis & Meurers-Balke 1997, Behre 2003, Bittmann 2004).

4 Korngrößenanalyse und Sedimentgeochemie als Grundlage der Klima- und Wetterrekonstruktion

Stephan Dietrich und Frank Sirocko

Es gibt mittlerweile eine ganze Reihe von Verfahren, um Klimaänderungen aus Sedimenten herzuleiten. Insbesondere Temperaturänderungen der Luft oder des Seewassers werden aus der Zusammensetzung der Vegetation (Pollen, Früchte, Pflanzenreste) oder planktischer Organismengesellschaften errechnet. Mittels extrem hochauflösender Methoden ist es möglich, nicht nur das Klima, sondern auch Wetteranomalien kontinuierlich in Seesedimenten zu erfassen.

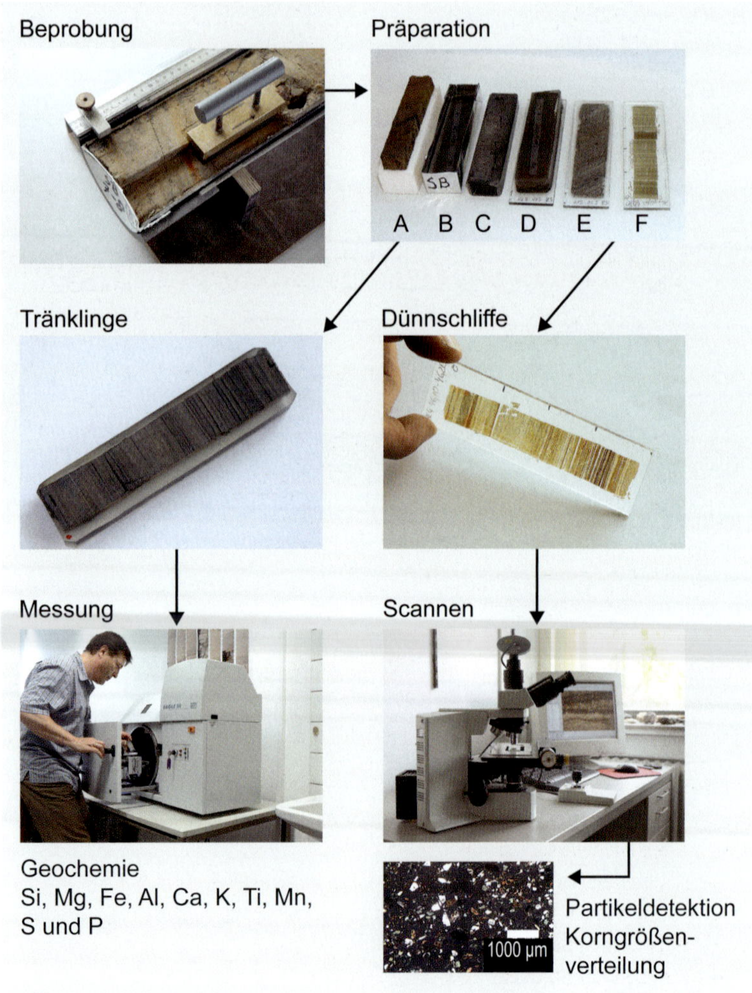

4.1 Aus dem Bohrkern werden 10 cm lange Proben ausgestochen, gefriergetrocknet und mit Kunstharz getränkt. Diese Tränklinge werden weiter zu Dünnschliffen mit 30 µm Dicke heruntergeschliffen. Anschließend werden die Korngrößenzusammensetzung und -verteilung mittels digitaler Bildanalyse quantifiziert. Die Messung der chemischen Zusammensetzung erfolgt direkt an den Tränklingen.

Korngrößenanalysen

Eine Möglichkeit zur Analyse feinster Lagen ist die Korngrößenanalyse mittels digitaler Bilderkennung. Hierfür werden Teilstücke aus den Kernen ausgestochen und zu petrographischen Dünnschliffen präpariert (Abb. 4.1). Diese werden unter dem Mikroskop abfotografiert, um die einzelnen Mineral- und Gesteinskörner digital zu detektieren und deren Größe und Form zu vermessen (Seelos & Sirocko 2005). Die wichtigsten Parameter sind die mittlere und maximale Korngröße, die Kornanzahl sowie die Korngrößenverteilung und die Sortierung einer Probe. Jeder Transportprozess sortiert das Sediment, da große Körner (Kies und Sand) unter dem Einfluss der Schwerkraft schnell absedimentieren, während kleine Körner (Ton und Silt) weit transportiert werden können (Füchtbauer 1988). Der Durchmesser sowie die Dichte des sinkenden Partikels sind die steuernden Größen. Partikel mit einem höheren spezifischen Gewicht sinken schneller als gleich große, aber leichtere Partikel. Ablagerungen, die aus erodiertem und nach einem Transport wieder abgelagertem Material bestehen, werden als klastische Sedimente bezeichnet (von griechisch *klastó* = abgebrochen, gebrochen).

Geochemische Analytik

Neben den Korngrößenanalysen, die die Transportprozesse beschreiben, liefert die geochemische Zusammensetzung Informationen über die Herkunft von Gesteinspartikeln, aber auch über die Nährstoff- und Sauerstoffgehalte eines Sees in der Vergangenheit (Sageman & Lyons 2005, Schwörbel & Brendelberger 2005). Von großer Bedeutung sind die Elemente Calcium und Schwefel.

Calcium ist zum Teil an Feldspäte und Klinopyroxen formal gebunden, bildet aber auch den Grundbaustein für Kalk ($CaCO_3$). Kalkschuttpartikel entstehen bei der Verwitterung anstehender devonischer und triassischer Kalkgesteine und haben damit eine geogene Fraktion. Es gibt aber auch biogene Kalkproduktion durch die Planktonorganismen im See beziehungsweise als Abscheidung von $CaCO_3$ um die Wurzeln von Wasserpflanzen herum. Die Zufuhr lokaler Bäche, aber auch Umlagerungen im See mischen geogene und biogene Komponenten und machen damit den Ca-Gehalt der Sedimente zu einem sehr komplexen Signal.

Schwefel repräsentiert in Verbindung mit Eisen das Mineral Pyrit (FeS_2), das stark reduzierende Bedingungen im Tiefenwasser anzeigt, das heißt Ausbildung eines sauerstofffreien Bodenwassers (Kap. 2). Zur Charakterisierung von Zeiten mit schlechter Tiefenwasserdurchlüftung wird daher Schwefel verwendet.

Transportprozesse

Die Prozesse des Sedimenttransportes in einem See können aus den Korngrößen rekonstruiert werden und sind in Abbildung 4.2 zusammengestellt.

Wellenerosion

Bei sehr starken Winden sind Wellen mit einer Höhe von bis zu 30 cm zum Beispiel im Schalkenmehrener Maar beobachtet und beprobt worden. Durch den Wellenschlag werden feinkörniges Sediment (Silt- bis Tonfraktion) vom Ufer, aber auch Karbonatausfällungen aus dem Schilfgürtel und den Wurzelbärten von Bäumen losgelöst und mit der Strömung in die Mitte des Sees transportiert (Abb. 4.3). Um auf diese Weise auch schwerere Körner zur Position der Bohrung zu transportieren, ist allerdings eine sehr große Strömungsgeschwindigkeit des Wassers (etwa 10 cm/s) über einen Zeitraum von wenigstens einer halben Stunde nötig. Diese tritt, zusammen mit dem zur Ablösung am Ufer notwendigen starken Wellenschlag, nur bei extrem hohen Windgeschwindigkeiten auf. Nach eigenen Beobachtungen im Schalkenmehrener

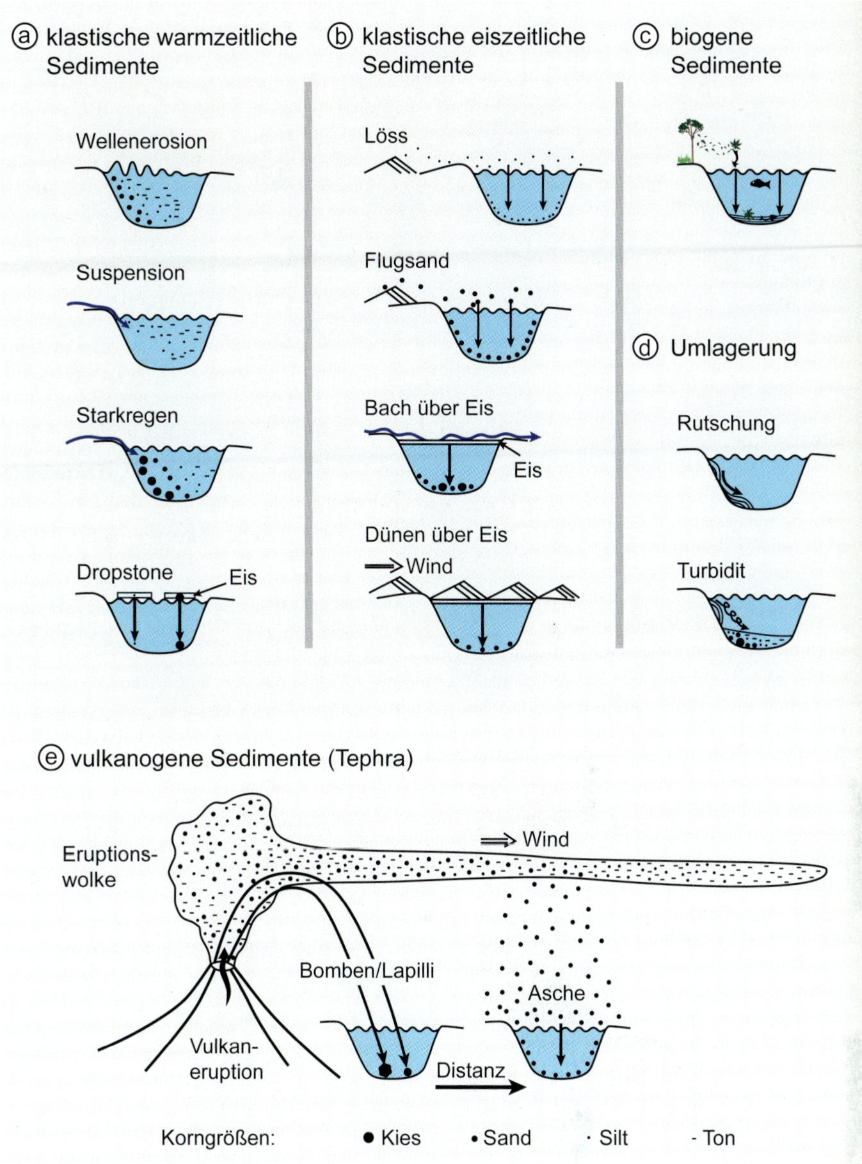

4.2 Grundlegende Sedimentationsprozesse in einem See:
a) Bei der klastischen Sedimentation wirken vor allem windgetriebene Wellenerosion sowie Einspülungen von Suspensionstrübe bei Fließwassereintrag.
b) Die eiszeitentypischen Sedimentationsprozesse sind dominiert durch äolischen Eintrag sowie Materialtransport über einen zugefrorenen See.
c) Die warmzeitliche, biogene Sedimentation liefert Organismus- und Pflanzenreste sowie organischen Kohlenstoff.
d) Umlagerungen, insbesondere Turbidite (Trübeströme) und Rutschungen des Seesedimentes geschehen bei Ereignissen, die zu einer Instabilität des Seehanges führen.
e) Durch vulkanische Aktivität werden Tephren (Asche und Tuffe) abgelagert.

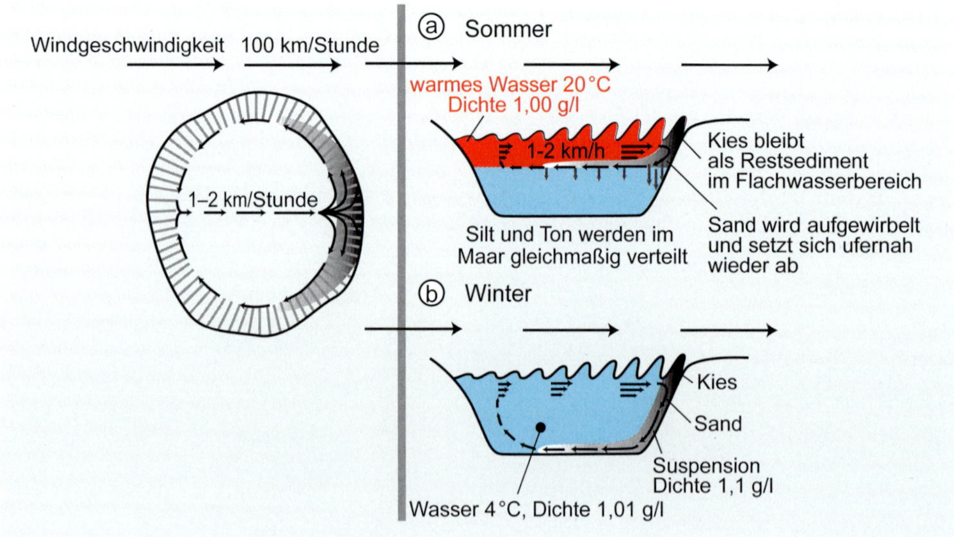

4.3 Während eines Sturmes kommt es zur Umlagerung von ufernahen Sedimenten in die Tiefe des Sees. Die Sedimente werden durch Wellenschlag aufgewirbelt und durch Strömungen verdriftet. Die Strömungsgeschwindigkeit des Oberflächenwassers beträgt typischerweise etwa 1 – 2 % der Windgeschwindigkeit. Die Verteilung der Sedimente erfolgt zum einen mit der Oberflächenströmung entlang des Ufers, zum anderen mit einer Rückströmung in größeren Tiefen in Richtung Seemitte. Diese Rückströmung befindet sich je nach Temperaturschichtung im Sommer auf Höhe der Thermokline (a) oder im Winter am Maarboden (b).

Maar wurde eine durch Wellenschlag verursachte Trübung erreicht, wenn Stürme mit Windböen von etwa 35 m/s über mehrere Stunden andauerten.

Windstaubsedimente

Staub tragende Winde sind heute unbedeutend, waren aber während der Eiszeiten die wichtigsten Sedimentlieferanten. Als äolischen Staub bezeichnet man generell in der Atmosphäre transportierte Partikel. Als Löss bezeichnete Stäube werden durch kalte Winde bodennah transportiert. Windstaubsedimente sind extrem gut sortiert, da die Körner aus der Staubwolke in Abhängigkeit von Korngröße und -dichte ausfallen. Dadurch werden grobe Körner dicht am Ausblasungsgebiet als Flugsand sedimentiert, während Körner der Siltfraktion über mehrere Kilometer transportiert werden. Bei starker Konvektion und hoch reichenden Staubwolken kann feinkörniger Staub (<10 µm Partikeldurchmesser) sogar über Tausende von Kilometern transportiert werden (Pye 1989, Sirocko & Raschke 1993). Staub wird bei Windgeschwindigkeiten von mehr als 5 m/s ausgeblasen.

Herkunftsgebiete glazialen Lösses sind vor allem Flusstäler, die das notwendige Feinmaterial zur Verfügung stellen. Das feinkörnige Gesteinsmehl wird durch die zerreibende Wirkung fließender Gletscher hergestellt und anschließend in fluviatilen Schmelzwässern sortiert und in der vegetationslosen Jahreszeit ausgeblasen.

In der Korngrößenanalyse sind Lösse durch eine mittlere Korngröße zwischen 30 – 40 µm und die extrem gute Sortierung klar gekennzeichnet (Abb. 4.4). Eine Lösslage hat über die gesamte Dicke die gleiche Korngrößenzusammensetzung und repräsentiert einen einzelnen Staubsturm mit einer Dauer von Stunden oder Tagen. Lösse haben nur geringe Anteile von dunklen Sedimentpartikeln, da sie keine organischen Bestandteile haben. Die Korngrößenverteilung der Dunkelminerale ist deutlich kleinkörniger als die der hellen Quarzfraktion, da die dunklen Körner mit höherem spezifischem Gewicht schneller ausfallen als die leichteren Quarzkörner.

Hochwasserlagen und fluviatile Sedimente

Starke Niederschläge führen zu verstärktem Sedimenttransport in Gewässern, die einen Zufluss besitzen. Aus dem gesamten Einzugsgebiet des Zuflusses werden Partikel von Sand-, Silt- und Tonkorngröße ins Maar eingetragen. Das grobkörnige Material der Suspensionslösung setzt sich gravitativ direkt in Ufernähe ab. Die Ton- und Siltfraktion kann aber als Schwebefracht in der Wassersäule bis in das Seezentrum transportiert werden. Extreme Hochwasser können auch Feinsand bis in das Zentrum eines Maares transportieren. Der Transport der Schwebefracht ist dabei von der jahreszeitlichen Schichtung des Sees abhängig (Abb. 4.5). Die Jahreszeit eines Ereignisses lässt sich durch mitgeführte biogene Partikel wie Pollen, Diatomeen oder Pflanzensamen bestimmen. Suspensionslagen von Winterhochwassern sind vor allem klastisch geprägt und enthalten höchstens an der Basis organisches Material. Dagegen charakterisieren sich Sommerhochwasserlagen durch eine deutliche Anreicherung von

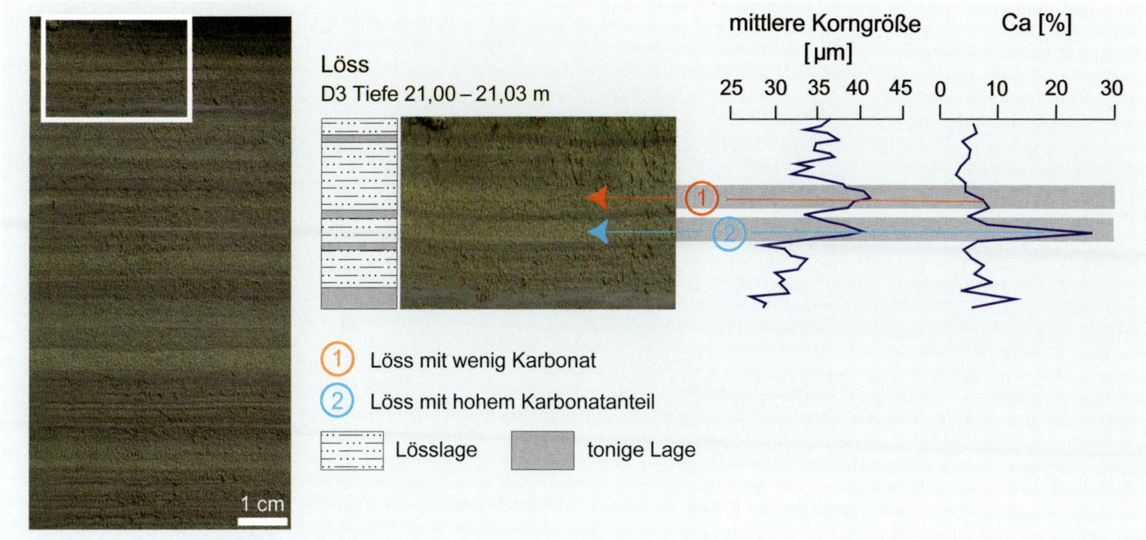

4.4 Zwei Lösslagen aus der letzten Eiszeit sind deutlich über ein Ansteigen der mittleren Korngröße zu identifizieren. Der deutlich höhere Ca-Anteil (als Atomprozent angegeben) in der unteren im Vergleich zur oberen Staublage lässt auf unterschiedliche Liefergebiete schließen. Im Falle des Bohrkernes D3 (D steht für Dehner Maar) spiegelt ein hoher Karbonatanteil Ostwind wider, da sich östlich des Dehner Trockenmaares die Eifeler Nord-Süd-Zone mit ihren Karbonaten befindet.

feinstem organischem Material. Häufig werden kleinste Kalkpartikel mit eingetragen, die im Wasser des Baches oder im gut durchlüfteten, warmen Flachwasser des Sees chemisch ausgefällt wurden. Daher zeigen viele Hochwasserlagen auch ein Ca-Maximum in der geochemischen Analyse.

Ein wichtiges Kriterium zur Unterscheidung der Hochwasserlagen von Trübeströmen (Turbiditen) ist das Vorkommen von einzelnen groben Komponenten in der gesamten Schicht, da die Hochwasser über Tage immer wieder neue Sedimentfracht in den See eintragen, während Tubidite ein singuläres Ereignis sind und über einer grobkörnigen Basislage kontinuierlich feinkörniger werden (Abb. 4.6).

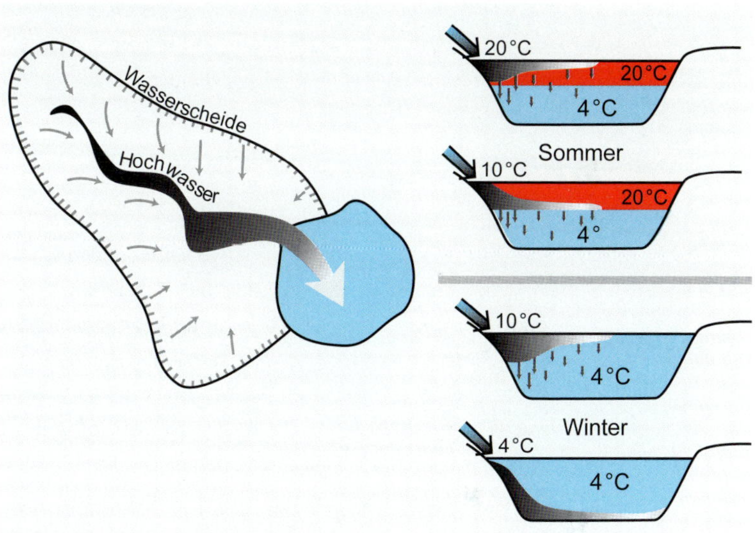

4.5 Suspensionslagen entstehen durch den Eintrag von Sedimentfracht durch fließendes Wasser. Je nach Temperatur des einströmenden Wassers bleibt dieses an der Oberfläche oder sinkt bis zur Thermokline ab. Im Winter kann das einströmende Wasser auch den kompletten See unterschichten.

Turbidite

Turbidite entstehen aus der Umlagerung von Sedimenten aus dem Flachwasser oder vom Unterwasserhang, wenn der Porenwasserdruck so stark wird, dass die Partikel untereinander den Kontakt verlieren und vom festen Sediment zu einer flüssigen Suspension werden, die dann turbulent in die Tiefe des Maares fließt. Ausgelöst werden solche Ereignisse durch Erschütterungen (Erdbeben), starke Strömungen oder Wellen. Schwere und große Partikel in Sandkorngröße setzen sich aus der Trübewolke zuerst ab, leichte und feine Partikel bleiben länger in der Schwebe. Dadurch kommt es zur Ablagerung eines typischen, stetig gradierten Sedimentes, in dem sich nach oben hin die Korngrößen verfeinern (Abb. 4.7c). Da es sich um ein kurzfristiges Ereignis handelt, ist die Gradierung der Körner stetig. Durch den lawinenartigen Abgang des Turbidits ist die Basisfläche oft erodiert, während die Basis bei Suspensionslagen meist ungestört bleibt.

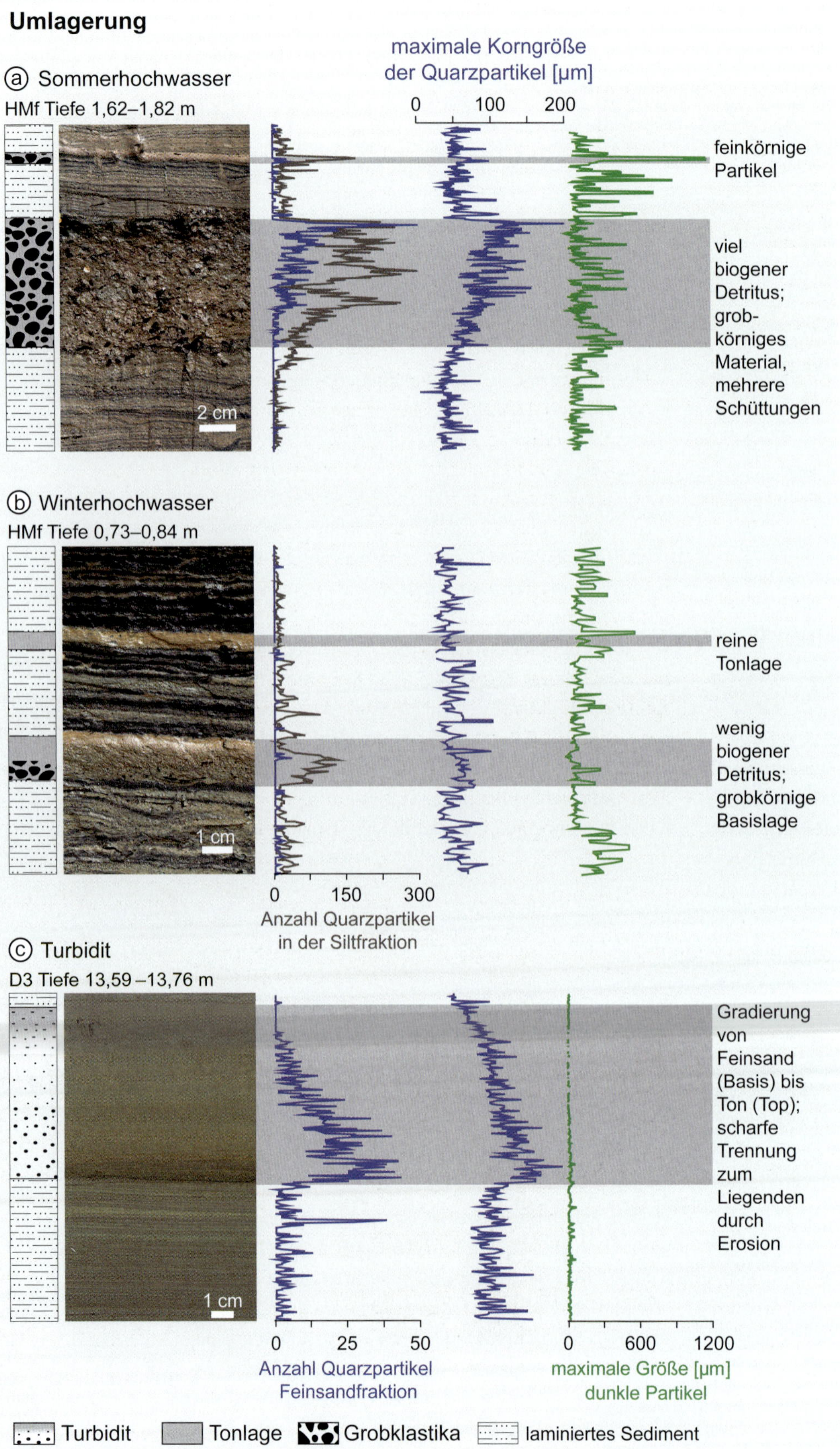

Rutschungen

Im Gegensatz zu einem Turbidit findet bei einer Rutschung keine Entmischung des Sedimentpaketes statt. Vielmehr rutschen diese Pakete im Verbund ab und können großskalig im Dezimeter- bis Meter-Bereich verfaltet und verwürgt werden. Rutschungen sind durch verbogene und schräggestellte Schichten zu erkennen. Bei vollständiger Verwürgung des Schichtpaketes kommt es zu einem typischen fleckigen Aussehen sowie zu extrem schlechter Sortierung aller Korngrößenfraktionen (Abb. 4.7).

Als Ursachen für die Auslösung der Rutschung sind die gleichen Ereignisse wie bei Turbiditen zu nennen. Die Verteilung im Maar ist aber grundsätzlich unterschiedlich. Die Rutschung kommt am Hangfuß zur Ablagerung, während ein Turbidit sich über die gesamte Tiefwasserfläche ausbreitet.

4.6 Suspensionslagen besitzen immer eine grobkörnige Basislage, zeigen aber auch über die gesamte Schichtmächtigkeit immer wieder grobe Körner. Den Abschluss der Suspensionslage bilden feinste Kalkpartikel und Tone. Wiederkehrende Regenfälle führen zum wiederholten Eintrag grobkörnigen Materials innerhalb einer Suspensionslage. Sommer- (a) und Wintersuspensionslagen (b) unterscheiden sich vor allem über den Gehalt von biogenem Detritus. Ein Turbidit (c) ist durch stetige Gradierung der Korngrößen gekennzeichnet. Die Basislage mit der gröbsten Fraktion trennt scharf vom liegenden Material ab und hat oft einen erosiven Charakter (Anzahlpartikel pro 1,9 mm²; ausgewertete Fläche 3,8 × 0,5 mm; HMf-Kern ist ein Freeze-Kern aus dem Holzmaar, D3 ein Bohrkern aus dem Dehner Maar).

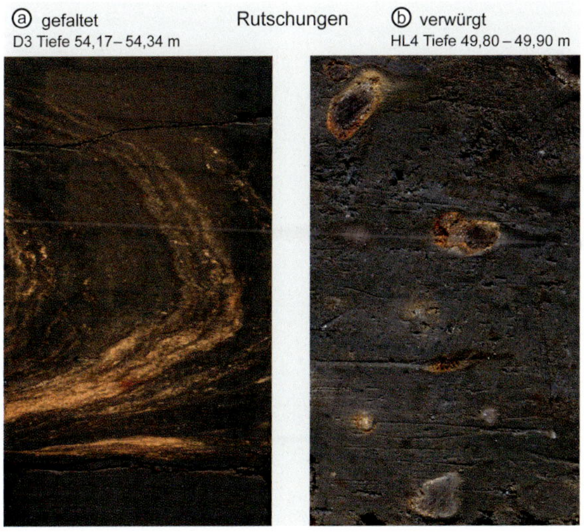

4.7 Bei einer Rutschung kommen Sedimentpakete im Stück in Bewegung und werden bei der Wiedersedimentation als **a)** Rutschfalte (Bohrung D3 im Dehner Maar) oder **b)** komplett verwürgt (Bohrung HL4 im Maar westlich des Hohen List) abgelagert. Diese Verwürgung führt zu einer sehr schlechten Korngrößensortierung und extremem Wechsel der Korngrößen der Partikel.

Partikel-größe [mm]	<0,002	0,002–0,063	>0,063–2	>2–64	>64
Klastische Sedimente	Ton	Silt	Sand	Kies	Steine
Vulkanische Sedimente		Asche		Lapilli	Bomben

Tab. 4.1 Partikelgrößenklassen und deren Bezeichnung für klastische Sedimente und pyroklastische Gesteine.

Vulkanite

In den Maarseen der Eifel werden auch vulkaniklastische Gesteine – Sedimente vulkanischen Ursprunges – gefunden. Als Tuff wird verfestigtes vulkanisches Material bezeichnet, das unter anderem den Tuffwall eines Maares aufbaut und nach Ablagerung, beispielsweise durch zirkulierende (Grund-)Wasser, zementiert wurde. In den Sedimenten eines Maarsees ist daher oft umgelagertes Material vom umgebenden Tuffwall zu finden.

Das meiste in den Seen der Eifel abgelagerte vulkanische Material ist allerdings Tephra. So bezeichnet man vulkanisches Lockermaterial, unabhängig von der Korngröße (Tab. 4.1) oder der Zusammensetzung. Meistens handelt es sich um äolisch transportierte Aschen, die bei der Ablagerung im See eine scharfe Grenze zum liegenden Sediment bilden. Die meisten Tephren in den Eifelmaaren zeigen primitiven Chemismus mit hohen Magnesiumgehalten. Diese Pyroklastika sind von dunkelgrauer bis schwarzer Farbe, führen Mineralien wie Biotit, Pyroxene, Olivin und Phlogopit und stammen direkt aus dem Erdmantel (Abb. 1.6). Seltener sind höher differenzierte phonolitisch-trachytische Tephren mit hohen Anteilen an Kalium (Abb. 4.8). Oft folgen mehrere vulkanische Lagen mit abnehmender Differenzierung aufeinander, deren Ursprung in einer

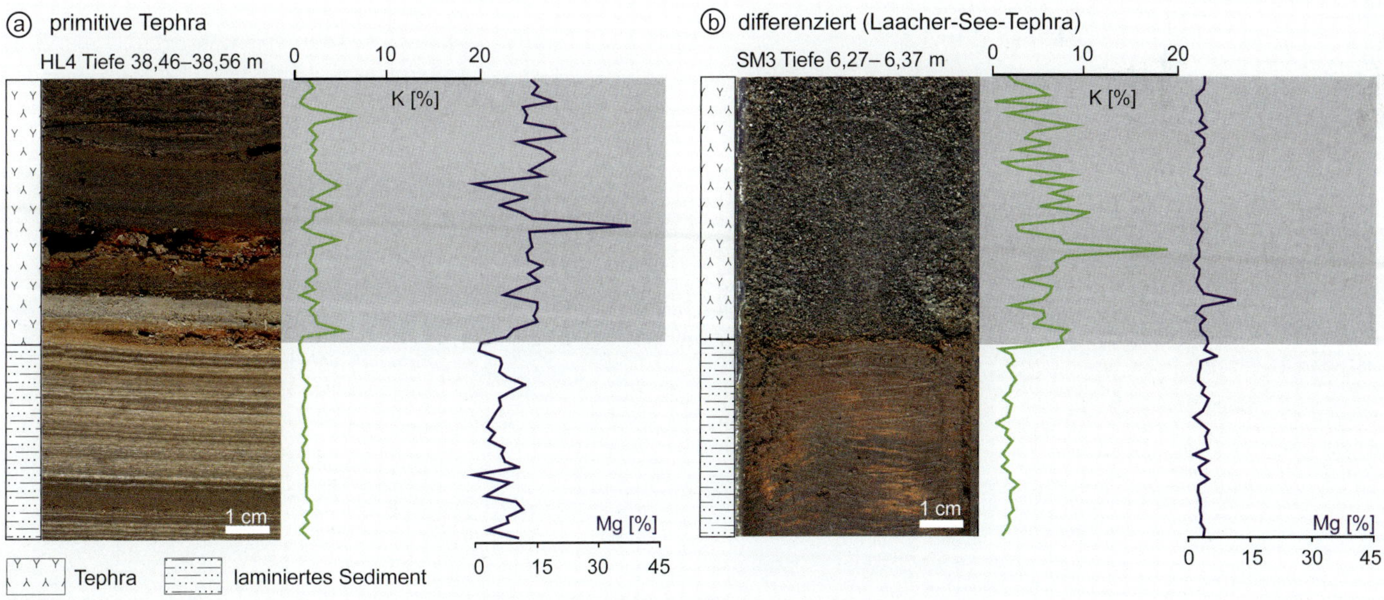

4.8 Foto und geochemische Analysen **a)** einer primitiven Tephra aus dem oberen Erdmantel und **b)** einer differenzierten Tephra aus der Erdkruste. Die differenzierte Asche der Laacher-See-Tephra (12.900 BP) aus der Bohrung SM3 im Schalkenmehrener Maar (b) enthält deutlich angereichert helle Minerale, höhere Gehalte an Kalium sowie deutlich niedrigere Magnesiumwerte (Angabe in Atomprozent).

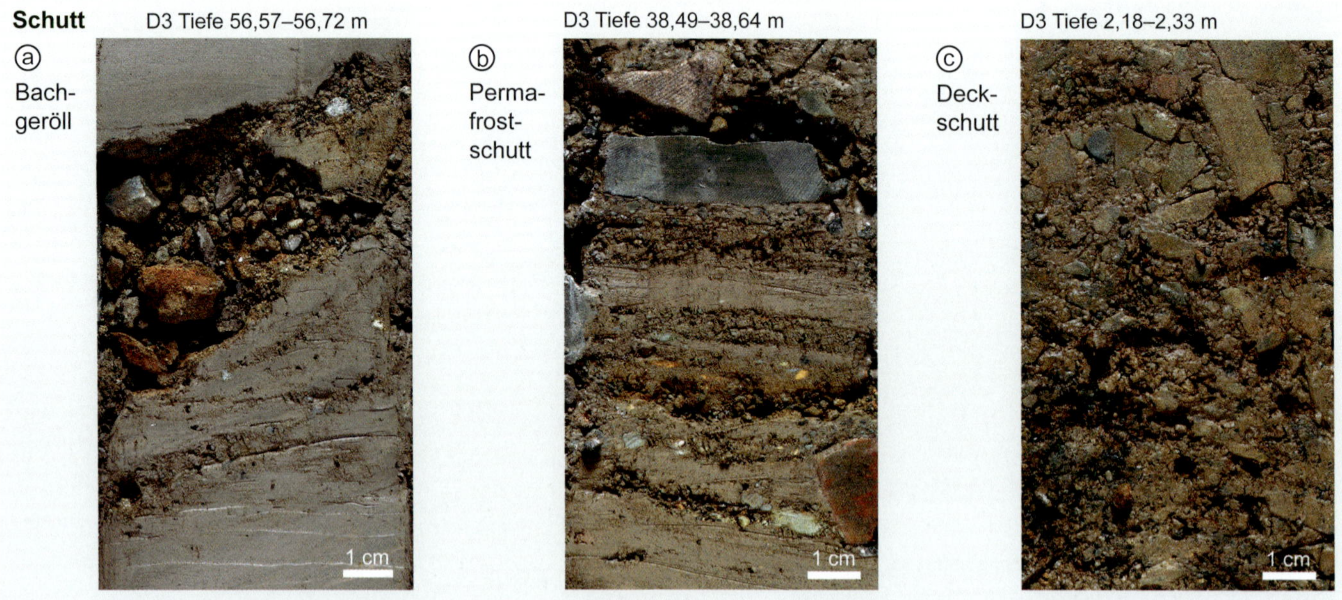

4.9 Transport von grobkörnigem Material in das Seezentrum. **a)** Bachgeröll: Eintrag durch lokale Bäche, aus denen während der Schneeschmelze Sediment auf das Eis des Maares transportiert wird, das dann nach Aufbrechen des Eises durch die Wassersäule absinkt. Typische Merkmale sind gerundete Komponenten und Wechselfolge von feinkörnigen und grobkörnigen Lagen. **b)** Permafrostschutt: Transport durch Bodenfließen im eiszeitlichen Sommer bei Auftauen der Deckschichten; fließt als Schlamm die Hänge hinunter auf das spätwinterliche Eis, auf dem die Körner dann nach Aufbrechen des Eises durch die Wassersäule absinken. Typische Merkmale sind ungerundete Komponenten, zum Teil auch Steine, und eine Wechselfolge von feinkörnigen und grobkörnigen Lagen. **c)** Deckschutt: Transport von den umliegenden Hängen durch Bodenfließen im eiszeitlichen Sommer, aber auch in der Nacheiszeit auf das verfüllte und trockengefallene Maar. Typische Merkmale sind eine intensive Verwürgung von feinkörnigen und grobkörnigen Komponenten, weitgehend fehlende Schichtung und in eine feinkörnige Grundmasse eingelagerte grobe Komponenten.

sich immer mehr entleerenden Magmenkammer liegt (Schmincke 2000). Die Ablagerung mächtiger Tephra im Flachwasserbereich kann zu Instabilitäten des Hanges und somit zu Umlagerungen führen.

Schutt und Geröll

Grobkörniges Material in Sand- und Kieskorngröße kann durch die bereits beschriebenen Transportprozesse nicht in das Seezentrum gelangen. Trotzdem finden sich in dort genommenen Bohrkernen immer wieder Lagen mit grobem Material (Abb. 4.9). Im Wesentlichen tragen dazu zwei unterschiedliche Prozesse bei: Entweder ist der See während äußerst kalter Winter zugefroren und das Sediment kann über die zugefrorene Seefläche ausgetragen werden oder das Sediment wird durch Hangfließen direkt in einen Restsee mit extrem abgesenktem Wasserspiegel transportiert.

Bachläufe können während extrem kalter Winter über den zugefrorenen See fließen und ihre Geröllfracht auf dem Eis ablagern (Schaber & Sirocko 2005). Daneben kann durch Solifluktion (Hangfließen über Permafrostböden; Eissmann 1981) ungerundeter Schutt auf die Eisfläche sedimentiert werden. Während der Schneeschmelze im Frühjahr werden die fluviatilen Gerölle beziehungsweise der Solifluktionsschutt durch die Wassersäule des Sees hindurch transportiert und dabei die feinkörnigen Anteile ausgespült.

Bei nahezu verlandeten Seen kommt es zur Ablagerung von Deckschutt, der meist die oberste Lage in den Bohrkernen bildet. Dieser überlagert das eigentliche Seesediment und gelangt durch Massenbewegung von den umgebenden Hängen in das Maar hinein. Gelisolifluktion ist dabei besonders effektiv, wirkte aber nur während des Tauens des eiszeitlichen Permafrostes, als die Rohböden noch nicht durch Vegetation stabilisiert waren (Abb. 4.9c). Während des Holozäns wird das Material des Tuffwalles durch Bodenerosion als Kolluvium am Hangfuß abgelagert. Des Weiteren können Rutschungen zu einer lokalen Verlagerung von Sediment auf das Maar führen.

Bohrungen und Untersuchungsgebiete

5

Frank Sirocko

Die Bohrungen in den heute noch offenen Maarseen erfolgen von einer schwimmenden Plattform mit Dreibein (Abb. 5.1). Zur störungsfreien Kernung der obersten, stark wasserhaltigen Sedimente wird ein Gefrierverfahren eingesetzt, bei dem ein 2 m langes Schwert über ein Gestänge in das Sediment gedrückt wird. Von der Plattform aus wird anschließend –80 °C kaltes Flüssiggas in das Schwert gepumpt und so das Sediment an der Metallfläche angefroren (Abb. 5.2). Diese Methode ermöglicht es, die sehr stark wasserhaltigen und fast schon flüssigen obersten 20 cm der Sedimente ungestört zu kernen. Allerdings sind diese sogenannten Freeze-Kerne maximal 2 m lang und umspannen damit nur die letzten 1000 Jahre. In der Bohrkernbezeichnung steht für „Freeze“ der kleine Buchstabe „f“, zum Beispiel ist UMf der Freeze-Kern aus dem Ulmener Maar.

Längere Kerne bis 10 m Teufe können mit einem Rammverfahren (Niederreiter Sonde) erreicht werden. Dabei wird über ein Gestänge ein 2 m langes Kernrohr in das Sediment geschlagen, anschließend auf die Plattform zurückgezogen und der Kern entnommen. Um die Bohrung fortzusetzen, wird an der gleichen Stelle in dem vorhandenen Loch dann weiter bis 4 m eingeschlagen. Dieser Vorgang wird mehrfach wiederholt, bis maximal 16 m Eindringung in das Sediment erreicht sind.

Zur Gewinnung von Informationen über die frühere geologische Zeit werden Seilkernbohrungen bis 150 m Teufe eingesetzt (Abb. 5.3). Diese Bohrungen werden nicht in den Seen durchgeführt, sondern nur in alten, heute verlandeten Maaren, die in der Eifel als Trockenmaare bezeichnet werden und von denen es etwa 60 Stück gibt (Büchel 1984, 1994). Das Bohrgerät steht dabei auf einer Raupe und dreht eine rotierende Verrohrung langsam in die Tiefe. Im Inneren der Verrohrung ist in dem untersten Segment über ein Seil ein Kernrohr eingehängt. Zwischen rotierender Verrohrung und diesem Kernrohr wird Wasser an die Basis der Bohrung geleitet, um das Bohrklein zwischen Verrohrung und Kernrohr wegzuspülen. Ein

5.1 Bohrplattform mit Dreibein auf dem Ulmener Maar.

5.2 Freeze-Kern mit Schichten der obersten 100 cm aus dem Schalkenmehrener Maar.

5.3 Trockenmaar am Hohen List und Bohrgerät des Seilkernverfahrens im Einsatz.

völlig ungestörter Sedimentkern gleitet dabei mit Vordringen der Bohrung langsam in das Kernrohr. Das Bohrklein wird außerhalb der Verrohrung nach oben gepumpt. Nach jedem Meter Bohrvortrieb wird das Kernrohr ausgeklinkt und am Seil hochgezogen, um den Kern zu entnehmen.

Die Sedimente der Trockenmaare der Westeifel waren zum Beginn des ELSA-Projektes bis auf die Arbeiten von Pirrung (1998) und Pirrung et al. (2003) an zwei Trockenmaaren der Osteifel unerforscht. Geophysikalische Daten und die geographische Lage aller Trockenmaare waren aber schon seit der Grundlagenarbeit von Büchel (1984) bekannt. Im Jahr 1998 wurde in Mainz das Bohrprojekt ELSA *(Eifel Laminated Sediment Archive)* aufgebaut und systematisch begonnen, die bekannten Trockenmaare vollständig mit Seilkernbohrungen zu untersuchen (Schaber & Sirocko 2005). Insgesamt wurden bis heute 23 Kerne von 50 – 150 m Länge aus den Trockenmaaren und sieben Kerne aus Maarseen gewonnen.

In diesem Buch werden Freeze-Kerne aus dem Schalkenmehrener Maar, Ulmener Maar und Holzmaar vorgestellt, die zusammen die letzten 1000 Jahre mit Jahresauflösung umspannen. Zur Rekonstruktion von Wetter und Klima der letzten 10.000 Jahre werden Rammkerne aus dem Ulmener Maar und dem Holzmaar gezeigt. Für die Klimaentwicklung der letzten Eiszeit stützen wir uns auf einen 80 m langen Kern aus dem Dehner Trockenmaar.

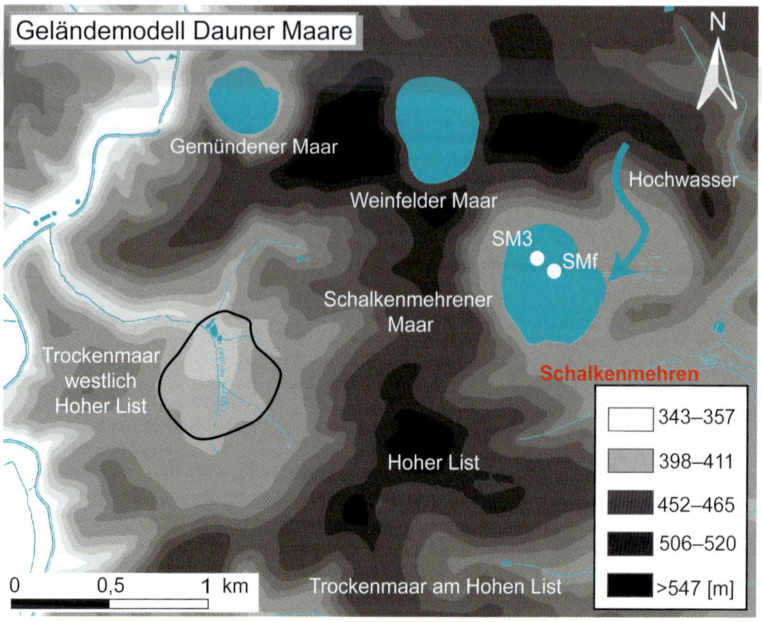

5.4 Geländemodell der Ortschaft Schalkenmehren mit Maar und Trockenmaar sowie der Bohrstellen SM3 und SMf.

Schalkenmehrener Maar

Das Schalkenmehrener Maar hat einen Durchmesser von 528 m und ist an der tiefsten Stelle 21 m tief. Zu dem Einzugsgebiet des Maarsees gehört auch ein benachbartes Trockenmaar (Abb. 5.4), sodass der Niederschlag über eine große Fläche gesammelt wird und in das Maar fließt, dessen Wasser damit eine Verweilzeit von neun Jahren erreicht (Tab. 2.1).

Aus dem Schalkenmehrener Maar wurden 50 Oberflächenproben aus allen Wassertiefen entnommen und auf ihre Korngrößenzusammensetzung hin untersucht. Im Bereich der Wellenwirkung bis 2 m Wassertiefe findet sich nur ein sandig-kiesiges Restsediment. Die Ton-, Silt- und Feinsandfraktion ist in diesem Tiefenbereich durch Wellen aufgewirbelt und dann durch

Strömungen auf den See hinausgetragen worden, wo sich das Sediment langsam absetzt. Ab 2 m Wassertiefe beginnt ein kontinuierlicher Unterwasserhang mit etwa 30° Neigung bis in etwa 20 m Wassertiefe, wo der Maarboden stark verflacht.

Das Geländemodell zeigt im Osten des Maarsees ein Trockenmaar, das über eine versumpfte Niederung mit dem Maarsee verbunden ist. Wie in den Kapiteln 28 – 31 gezeigt wird, muss es im Mittelalter noch Schüttungen von Hochwasser durch diesen heute verlandeten Zufluss gegeben haben.

Ulmener Maar

Vom grundsätzlichen Aufbau her ähnlich wie das Schalkenmehrener Maar, aber im Detail doch völlig anders stellt sich das kleinste Maar der Eifel, das Ulmener Maar, dar (Abb. 5.5). Dieses Maar hat nur einen Durchmesser von 265 m, aber eine maximale Tiefe von 39 m (Tab. 2.1), damit sehr steile Hänge über und unter Wasser. Durch die Anbindung an das große Trockenmaar des Jungferweihers im Norden ist das Einzugsgebiet aber extrem groß und damit die Verweilzeit des Wassers geringer als 1 Jahr. Der Jungferweiher in seiner heutigen Form ist erst 1944 durch Aufstauung gestaltet worden. Vorher wurde dort Torf gestochen; es gab aber auch im Mittelalter schon einen Fischweiher in diesem Gebiet (Ortsgemeinde Ulmen 2000).

Das digitale Geländemodell zeigt die heutige Morphologie der Region, aber auch rekonstruierte natürliche Bachverläufe. Zusätzlich sind Informationen über den geologischen Untergrund in das Geländemodell aufgenommen, da ein typisches weißes Gestein des Unteren Devons rings um das Maar verbreitet ansteht. Die im Geländemodell sichtbar gemachten natürlichen Bäche aus der Zeit vor der intensiven menschlichen Nutzung des Gebietes transportierten die Erosionsrückstände dieser hellen Schichten. Die Feinstfraktion hat sich im Bereich des heutigen Ortszentrums dabei als regional bezeichneter „weißer Letten" in einem zeitweise existierenden Staubecken abgesetzt und kann im gesamten Stadtgebiet in etwa 2 m Tiefe erbohrt werden. Diese hellen Feinstpartikel aus Quarz und Tonmineralen konnten bei Hochwasser im Dellbach offensichtlich in den Maarsee eindringen, setzten sich auch dort ab und führten damit zu typischen hellen feinkörningen Ton- und Siltlagen, die im Foto des Kernes UM2 aus dem Ulmener Maar schon direkt sichtbar werden (Abb. 6.5). Diese spezielle Situation (helle Feinsttrübe im Bach und Verbindung vom Bach zum Maar nur bei Hochwasser) macht die Sedimente des Ulmener Maares zu einem perfekten Hochwasseranzeiger. Diese Situation wurde mit der Verfüllung der Verbindung zwischen Maar und Bach im Zuge der Ortsgründung von Ulmen zerstört, sodass eine Hochwasserzeitreihe in Ulmen nur bis an den Beginn der Römerzeit rekonstruiert werden kann.

Eine weitere Besonderheit des heutigen Ulmener Maares ist die Zuführung von Wasser aus dem Jungferweiher in den Maarsee durch einen im Volksmund „Maarloch" genannten Stollen unter der Autobahn hindurch. Dieser Stollen wurde am Beginn des Hochmittelalters im Zuge der Burganlage gebaut. Der Bau des Stollens diente sicherlich der Regulierung des Was-

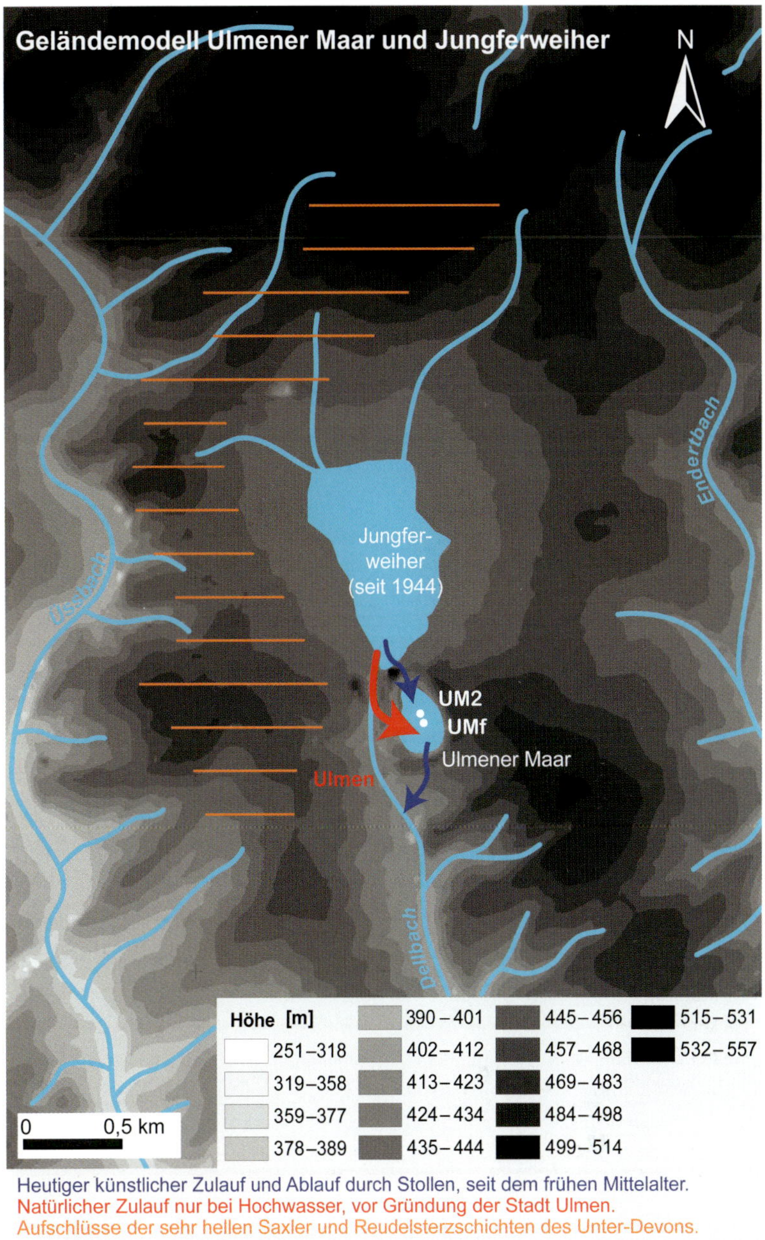

5.5 Geländemodell der Ortschaft Ulmen mit Maar und Jungferweiher und den Bohrstellen UM2 und UMf.

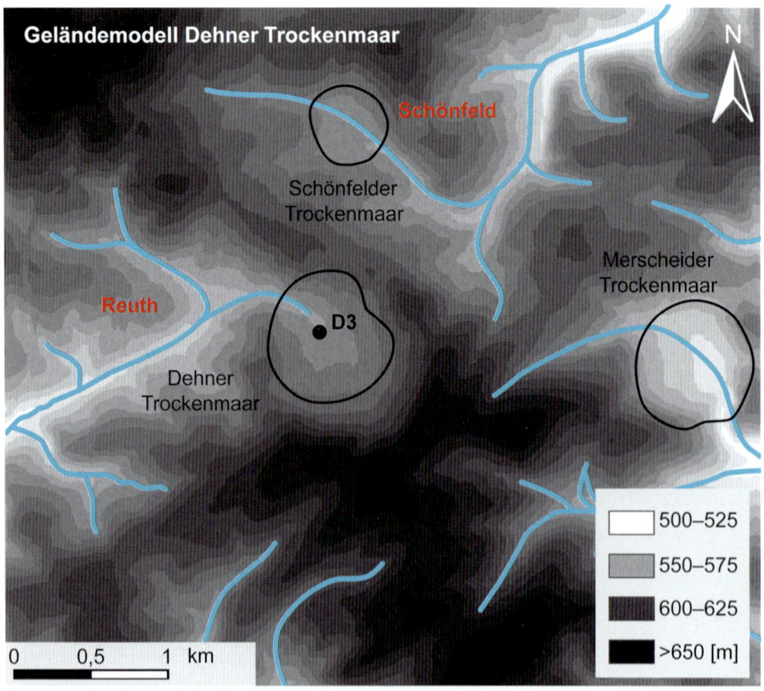

5.6 Geländemodell des Dehner Trockenmaares.

serstandes im Maar. Vermutlich wurde die natürliche Verbindung zwischen Maar und Bach in eine Grabenbefestigung um die Burg herum integriert. Ein anderer Vorteil aus der Regulierung des Wasserstandes war die ständige Verfügbarkeit von Wasser auch in Trockenzeiten für die Landwirtschaft und die Mühlen im weiteren Verlauf des Dellbaches. Die Sedimentkerne aus dem Ulmener Maar zeigen diese starken anthropogenen Eingriffe deutlich durch grobkörnige Lagen in den mittelalterlichen Schichten oberhalb von 4 m Kerntiefe (Abb. 28.7).

Das Wasser, das heute durch das Maarloch in den Maarsee geleitet wird, ist seit etwa 20 Jahren durch eine Phosphatextraktionsanlage gereinigt und enthält nur noch feinste Schwebstoffe. Der Eintrag von groben klastischen Partikeln ist damit minimiert.

Holzmaar

Das Holzmaar ist sicherlich das am besten untersuchte Maar der Eifel, da es die höchste Sedimentationsrate und die beste Warvenerhaltung aller Maarseen hat. Es wurde über viele Jahre von einer Arbeitsgruppe um Professor Jörg F. W. Negendank (Potsdam) intensiv untersucht und ergab die erste jahresgezählte Chronologie von Seesedimenten in Mitteleuropa. Exemplarisch seien hier die Synthesearbeiten von Brauer (1994) und Zolitschka (1998) erwähnt. Aufgrund dieser vielen schon durchgeführten Forschungsarbeiten war dieses Maar für das ELSA-Projekt nicht von höchster Priorität, wurde aber trotzdem in die Untersuchungen integriert, um einen direkten Anschluss an die schon publizierten Ergebnisse zu gewährleisten. So zeigt das im Rahmen von ELSA gewonnene Pollenprofil (Abb. 6.4) exakt genau die gleiche Struktur wie das von Kubitz (2000) für das Meerfelder Maar erarbeitete hochauflösende Pollenprofil (Abb. 3.5).

Das Holzmaar ist mit einem Durchmesser von 272 m genauso groß wie das Ulmener Maar, hat aber nur 20 m Wassertiefe und damit das kleinste Volumen aller Eifelmaare (Tab. 2.1). Da es auch heute noch vom Sammetbach aus einem großen Einzugsgebiet gespeist wird, erhält es viele Nährstoffe und nimmt damit eine einzigartige Stellung unter den Maaren ein. Es ist klein bei großer Sedimentanlieferung und zeigt einen hohen Nährstoffgehalt, der starkes Algenwachstum anregt. Damit erklären sich die hohen Sedimentationsraten.

Dehner Maar

Das Dehner Maar liegt im Nordwesten der Westeifler Vulkanzone nördlich der Ortschaft Reuth. Es ist seit etwa 12.000 Jahren verlandet, aber auch heute noch in der Landschaft direkt als Maar zu erkennen (Abb. 5.6). Es hat einen Durchmesser von 950 m, ist damit sehr groß und liegt in 565 m Höhe auf einer Bergkuppe, die auch heute zu den windreichsten Gegenden der Eifel gehört – gut erkennbar an den Windrädern direkt im Maarkessel. Der Maarkessel ist kreisrund und hat auch in der Vergangenheit keinen erkennbaren Zufluss gehabt, allerdings einen Ablauf nach Süden.

Die geologische Karte der Maarumgebung zeigt das in der Eifel allgegenwärtige Devon, aber auch Buntsandstein in der unmittelbaren Umgebung (Abb. 1.2). Ein Tuffwall ist nicht direkt aufgeschlossen, verbirgt sich aber vermutlich noch im südlichen Bereich des Kesselrandes. Der Kern D3 aus dem Zentrum des Dehner Maares zeigt in allen feinkörnigen Abschnitten eine rötliche Färbung, die offensichtlich auf feinste Partikel von Buntsandstein zurückgeht. Daneben gibt es Kernabschnitte mit gelblicher Färbung. Diese Bereiche bestehen immer aus Löss in Siltkorngröße, der aus der weiteren Umgebung herangeblasen wurde. Das Kernfoto und Pollenprofil wird in Kapitel 11 gezeigt und grenzt gelbliche, lössreiche Kaltphasen von den rötlichen, dunklen, tonreichen Warmphasen ab (Abb. 11.2). Schwarz heben sich einzelne dezimetermächtige vulkanische Aschenlagen ab.

Datierung der Sedimente

6

Frank Sirocko

Nach der Probenentnahme ist der nächste Schritt in der Bearbeitung der Sedimentkerne die Datierung, das heißt die Altersbestimmung der Ablagerungen. Datierungen an den ELSA-Kernen erfolgten mit sechs verschiedenen physikalischen Methoden zur absoluten Altersbestimmung (Bestimmung der ^{137}Cs-Aktivität und des ^{210}Pb-, ^{14}C-, ^{39}Ar-Gehaltes, Optisch Stimulierte Lumineszenz – kurz OSL– und Geomagnetik) und drei Korrelationsverfahren (Palynostratigraphie, Tephrochronologie und Lithostratigraphie). Innerhalb der Fehlergrenzen der absoluten Datierungen werden die Kerne durch Parallelisierung von Markerlagen, typischen Events und markanten Strukturen in den Datenzeitreihen zueinander korreliert. Alle Datierungs- und Korrelationsmethoden werden letztendlich zu einem Netzwerk stratigraphischer Informationen zusammengeführt, die im Jahr 2009 publiziert werden. Es folgen hier nun einige Informationen über die naturwissenschaftlichen Grundlagen der absoluten Datierungen, ihre Fehlerquellen und Einsatzmöglichkeiten.

Die letzten 50 Jahre anhand von ^{137}Cs

Die Kernwaffenversuche um 1963 und die Tschernobyl-Katastrophe im April 1986 führten zu einem weltweiten Anstieg des Caesiumisotops ^{137}Cs in der Atmosphäre und im Niederschlag, radioaktiver „*Fallout*" genannt. Dieses künstliche radioaktive Kernspaltungsprodukt kommt normalerweise in Sedimenten nicht vor, die Anreicherungen in den Ablagerungen der Jahre 1963 und 1986 sind aber selbst heute noch als Markerlagen in Sediment- und Bodenprofilen weltweit eindeutig nachweisbar und zu den wichtigsten Leithorizonten der letzten 50 Jahre geworden. Die Abbildung 6.1 zeigt einen Freeze-Kern aus dem Schalkenmehrener Maar mit den Datenreihen der ^{137}Cs-Aktivität im Sediment, die mit ihren Maxima die Jahre 1963 und 1986 nachzeichnen. Die Zeitreihe der letzten 50 Jahre in den Maarsedimenten kann daher hervorragend datiert werden. Die ^{137}Cs-Aktivität an den Kernen wurde an der Universität Liverpool durch Peter Appleby bestimmt.

Die letzten 100 Jahre anhand von ^{210}Pb

Das Bleiisotop ^{210}Pb entsteht aus dem Zerfall eines Isotops des Edelgases Radon (^{222}Rn), welches über eine Uran- und Radiumzerfallskette in der Erdkruste entstanden ist und als Gas in die Atmosphäre entweicht. Dort bildet sich ^{210}Pb, welches dann mit Regenfällen ausgewaschen wird und sich in regenwassergespeisten Systemen anreichert (Wagner 1995). ^{210}Pb ist daher in allen jungen Sedimenten der Erdoberfläche natürlich vorhanden. Die Halbwertszeit beträgt aber nur 22 Jahre, sodass es schon in Sedimenten, die nur 100 Jahre alt sind, nicht mehr nachgewiesen werden kann. Die Sedimente aus dem Schalkenmehrener Maar und dem Ulmener Maar wurden an der Universität Liverpool mit ^{210}Pb nach der Methode von Appleby (2001) datiert. Die Ergebnisse decken sich mit den ^{137}Cs-Alterseinstufungen. Leider konnten die Datierungen aber nicht bis in die Sedimente des 19. Jahrhunderts ausgedehnt werden, da es im Zweiten Weltkrieg und in den Jahrzehnten davor in beiden Maaren zu so starker Umlagerung von klastischen Sedimenten gekommen sein muss, dass eine Interpretation der stark schwankenden ^{210}Pb-Gehalte vor 1950 unmöglich ist.

Die letzten 55.000 Jahre anhand von ^{14}C

Die bekannteste und am häufigsten eingesetzte Methode der Datierung von Seesedimenten ist die Radiokarbonmethode. ^{14}C bildet sich in der Stratosphäre

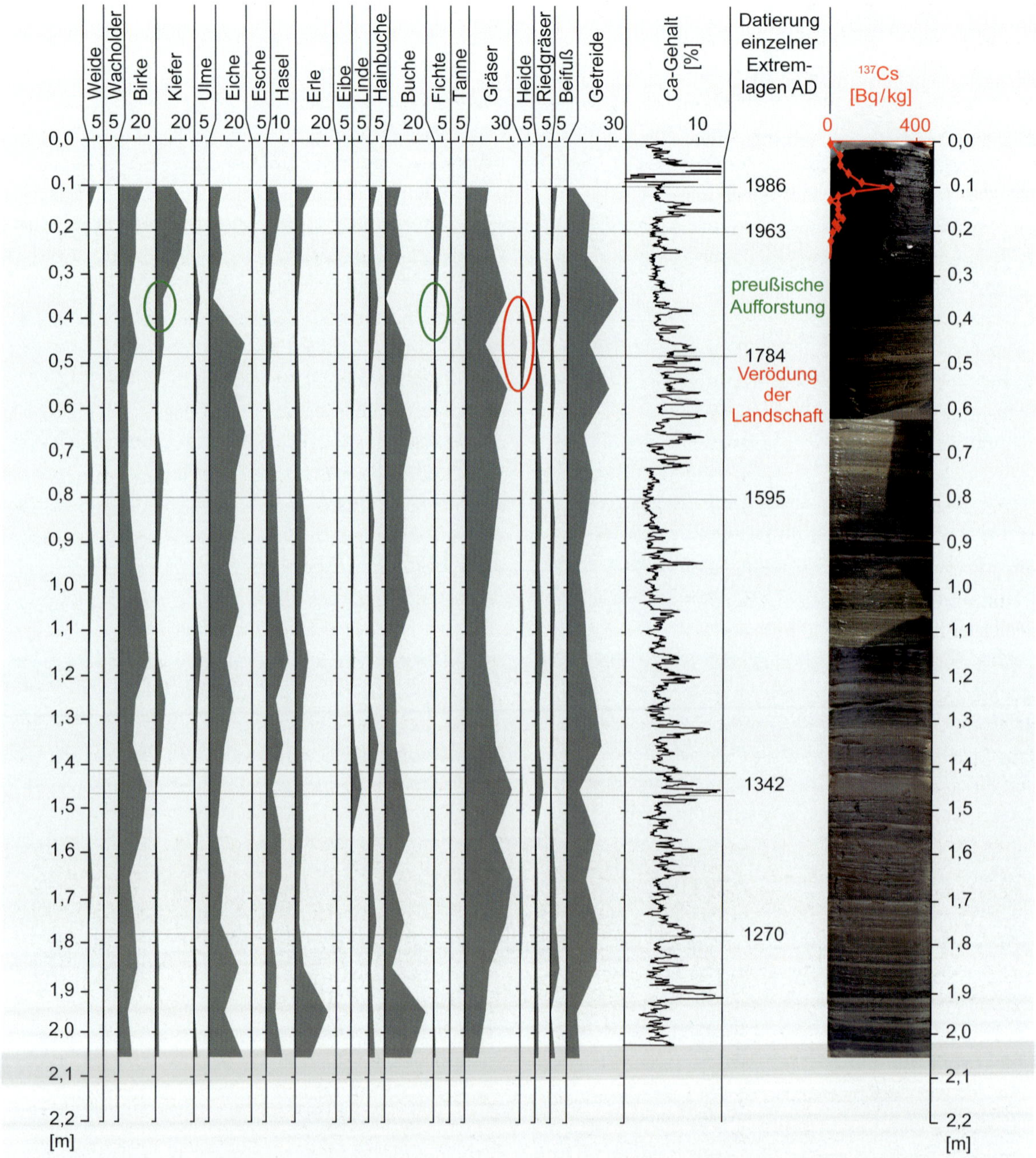

6.1 Freeze-Kern aus dem Schalkenmehrener Maar (SMf) mit ^{137}Cs-Datierungen und markanten Hochwasserlagen (Pollenanalyse: F. Dreher).

durch die Reaktion der Höhenstrahlung mit dem Stickstoff der Luft, wobei aus dem stabilen Isotop ^{14}N unter Umwandlung eines Protons zu einem Neutron das instabile ^{14}C gebildet wird. Das ^{14}C-Isotop verbindet sich mit Luftsauerstoff zu $^{14}CO_2$ und gelangt auf diesem Wege in den Kohlenstoffkreislauf zwischen Atmosphäre, Biosphäre, Geosphäre und Hydrosphäre. Einer der wichtigsten Prozesse in diesem Kreislauf ist die Fixierung des CO_2 in Pflanzen (terrestrische Bäume und aquatische Algen) durch Fotosynthese. Ist der Kohlenstoff einmal fixiert, beginnt der Zerfall des instabilen ^{14}C mit einer Halbwertszeit von 5730 Jahren.

Mit dieser Methode kann daher biogener Kalk ($CaCO_3$), aber auch jede pflanzliche Substanz aus organischem Kohlenstoff datiert werden, das heißt Algen, Blattreste, Samen und Holz. Die Methode wird daher benutzt, um biogene Partikel in den Seesedimenten zu datieren, aber ebenso Knochen (Anwendung in der Archäologie) oder Baumstämme. Insbesondere die Baumstämme stellen ein wichtiges Geoarchiv dar, da diese aus Jahresringen aufgebauten Stämme auch über die Zählung dieser Ringe unabhängig datiert werden können. Wenn die Bildungsrate von ^{14}C in der Atmosphäre immer konstant wäre, müssten Jahresringzählungen und ^{14}C-Datierung der Ringe immer genau übereinstimmen. Leider ist diese Voraussetzung aber nicht gegeben, da die Produktion von ^{14}C in der Atmosphäre sich mit Änderungen der Intensität der Höhenstrahlung, der Sonnenstrahlung und des Erdmagnetfeldes in der Vergangenheit häufig geändert hat. In Kapitel 8 wird dieses Ungleichgewicht erläutert, das andererseits die Möglichkeit eröffnet, die Intensität der Sonnenstrahlung in der Vergangenheit zu rekonstruieren.

An der Universität Hohenheim sind Hunderte von Baumstämmen aus den Schottern von Main und Donau systematisch untersucht und die Baumjahresringe gezählt worden, um daraus eine kontinuierliche Baumringchronologie (Dendrochronologie; Abb. 6.2) zu entwickeln (Becker 1992, Friedrich et al. 2004). Parallel dazu wurden die Baumringe mit ^{14}C datiert (Kromer & Friedrich 2007). Die Abweichungen zwischen der Baumringchronologie und der ^{14}C-Chronologie werden im Holozän weitgehend durch die Sonnenaktivität bestimmt. Diese Kurve der Sonnenaktivität ist Grundlage vieler Abbildungen in den Kapiteln 18 – 32.

Mit heutiger Massenspektrometer-Messtechnik können organische Proben bis zu einem Alter von 55.000 Jahren datiert werden. Das größte Problem bei der Radiokarbondatierung ist aber, dass das Ablagerungsalter im Sediment nur in Ausnahmefällen auch dem Bildungsalter der organischen Substanz entspricht. So steht ein Baum unter Umständen erst einmal 150 Jahre, bevor er stürzt, und benötigt dann einige Jahrhunderte, bis er vollständig verrottet ist. Die dabei gebildeten kleinsten Boden- und Holzpartikel werden unter Umständen erst nach Jahrtausenden durch Bodenerosion in den nächsten See gespült. In diesem Falle wären dann Partikel, die schon Jahrhunderte und Jahrtausende alt sein können, in viel jüngerem Sediment abgelagert. Diese Umlagerung von alten Bodenpartikeln stellt für die Maare der Eifel ein ernst zu nehmendes Problem dar, denn in Seesedimenten führen die oben aufgelisteten Differenzen zwischen Bildungsalter der organischen Substanz und Ablagerungszeitpunkt im See aber doch zu erheblichen Abweichungen der ^{14}C-Alter im Vergleich zum Depositionsalter (Hajdas et al. 1995, Björck & Wohlfarth 2001). Zuverlässige Alterseinstufungen von Seesedimenten sind nur möglich, wenn eine große Anzahl von Proben ein in sich konsistentes Muster ergibt. Am zuverlässigsten haben sich dabei Proben von Samenresten und kleinen Zweigen erwiesen. Die ersten dieser Datierungen am Kern UM2 sind in die entsprechenden Abbildungen der Kapitel 18 – 32 eingearbeitet. Eine eigenständige Publikation zur ^{14}C-Datierung des Kernes UM2 war bei Erscheinen dieses Buches in Vorbereitung.

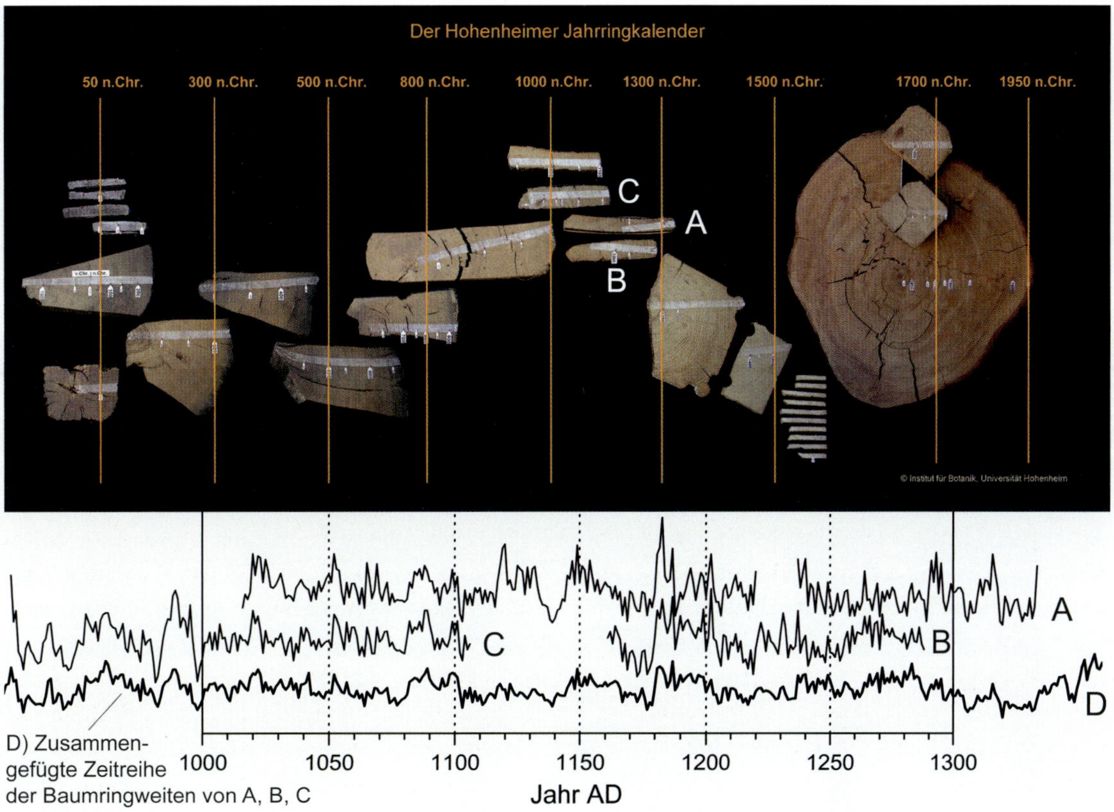

6.2 Grundlagen der Dendrochronologie und ^{14}C-Datierung von Baumringen, zusammengestellt von M. Friedrich, Universität Hohenheim.

Tephrochronologie

Der größte Vulkanausbruch in Mitteleuropa während des letzten Glazialzyklus war die Eruption des Laacher Sees vor 12.900 Jahren in der Osteifel (VAN DEN BOGAARD et al. 1989). Die Aschen mit einer typischen chemisch-mineralogischen Zusammensetzung sind von Finnland bis in die Schweiz nachweisbar (Abb. 15.7) und können auch in den Kernen der Eifelmaare mit dem Auge als etwa 10 cm mächtige Lage unmittelbar erkannt werden (Abb. 6.2). Die Geochemie und Mineralogie dieser Aschenlagen zeigt die für den Laacher Ausbruch typischen Feldspäte und Zirkone, einen hohen Si-Gehalt bei hohen Gehalten an Ca und K, das heißt eine phonolithische Zusammensetzung (Kap. 1, 4). Die Laacher-See-Tephra (LST) ist in den Kernen aus dem Schalkenmehrener Maar, dem Holzmaar und dem Dehner Trockenmaar sichtbar und ist die wichtigste Korrelationslage zwischen den holozänzeitlichen und eiszeitlichen Kernen.

Palynostratigraphie

Pollenkurven ähneln sich über ganz Europa und werden seit den grundlegenden Arbeiten von FIRBAS (1949/1952) in streng definierte Pollenzonen eingeteilt. Beginn und Ende der wichtigsten Pollenzonen sind vielfach mit ^{14}C datiert, sodass schon aus einer kontinuierlichen Pollenkurve eine grundsätzliche Alterseinstufung möglich ist, letztlich also auch eine Übernahme der Masterchronologie für die definierten

6.3 Foto des Rammkernes HM1 aus dem Holzmaar mit palynologischen sowie vulkanologischen Zeitmarken (LST = Laacher-See-Tephra, UMT = Ulmer-Maar-Tephra).

Pollenzonen. Diese Methode ist besonders erfolgreich für das Spätglazial, als die Bäume aus ihren eiszeitlichen Rückzugsgebieten wieder nach Mitteleuropa einwanderten (Kap. 3). Auch im frühen Holozän gab es markante Einwanderungssukzessionen, aber mit dem Beginn der menschlichen Nutzung der Landschaft wurde das Bild komplexer und es entwickelten sich örtliche und zeitliche Besonderheiten, insbesondere um größere Siedlungen, aber auch einzelne Gehöfte herum. Die Einführung der Brandrodung, der Waldweide, der Laubheuwirtschaft und des Ackerbaues markieren die wichtigsten Stufen der menschlichen Eingriffe in die Urwälder Mitteleuropas, das heißt, seit etwa 6000 BP beginnt der Mensch auch hier die Landschaft zu formen. Die überregionale Parallelisierung von Pollenkurven wird damit extrem erschwert, da die Eingriffe nicht überall zeitgleich erfolgt sein müssen. Die ELSA-Pollenprofile aus dem Holzmaar, dem Schalkenmehrener Maar und dem Ulmener Maar zeigen aber genau die gleiche Vegetationsentwicklung wie die warvengezählten Profile aus dem Holzmaar und dem Meerfelder Maar. Darüber hinaus liegen die Maare dicht beieinander, sodass die ausgeprägtesten Markerlagen aus dem Meerfelder Maar auf die ELSA-Pollenprofile aus Holzmaar, Ulmener Maar und Schalkenmehren übertragen wurden und damit die eigene Stratigraphie diesem sehr gut datierten Profil angepasst wurde (Kap. 3).

Freeze-Kerne der letzten 1000 Jahre

Die Abbildung 6.1 zeigt den Freeze-Kern SMf, der in den oberen 30 cm leider nicht mehr laminiert ist. Die ^{137}Cs-Maxima der Jahre 1986 und 1963 bilden sich aber deutlich ab, zeigen aber auch, dass die Sedimentationsraten nahe der Sedimentoberfläche durch extrem hohe Wassergehalte stark ansteigen. Das extreme Hochwasser des Jahres 1784 verursachte eine Doppellage mit groben Korngrößen und Umlagerung im Maarzentrum in 48 cm Teufe. Die zeitliche Einordnung dieser Doppellage beruht vor allem auf dem Rückgang der Heide oberhalb 50 cm, verbunden mit einem Anstieg der Fichten, später auch der Kiefern. Diese Anpflanzung ist in der gesamten Eifel flächendeckend durch eine preußische Verordnung umgesetzt worden und stabilisierte die Landoberfläche nach der starken Abholzung der Wälder und der Verödung der Region während der vorausgegangenen napoleonischen Herrschaft.

Rammkerne der letzten 10.000 Jahre

Holzmaar: Kern HM1

Das am besten untersuchte Maar der Eifel ist das Holzmaar. Für dieses Maar liegt eine jahreslagengezählte und mit ^{14}C-Daten ergänzte Stratigraphie vor (Zolitschka 1998, Brauer 1994), und auch die Pollen sind mit höchster Auflösung analysiert worden (Litt et al. 2001, Litt & Stebich 1999). Die ELSA-Pollenkurve für einen Rammkern aus dem Holzmaar (HM1; Abb. 6.3 und 6.4) gleicht den Kurven von Litt & Stebich (1999) sowie von Kubitz (2000) fast in jedem

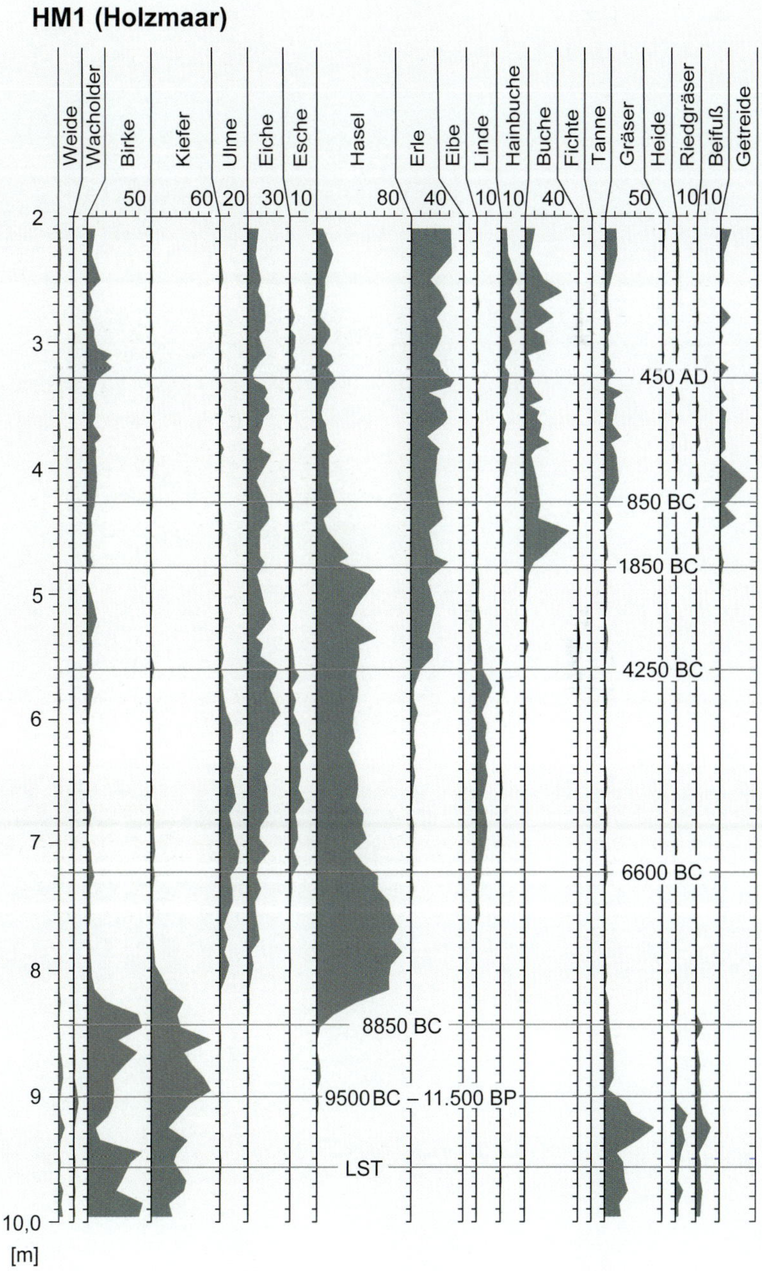

6.4 Pollenprofil des Kernes HM1 aus dem Holzmaar (Pollenanalyse: F. Dreher).

Detail. Auf dieser Grundlage wurde die Pollenkurve des ELSA-Kernes HM1 mit nur geringer Auflösung erarbeitet, bis alle wesentlichen Merkmale der Musterkurve reproduziert waren.

Ulmener Maar: Kern UM2

Das Foto des UM2-Kernes (Abb. 6.5) zeigt insbesondere in den obersten Metern eine unruhige Sedimentation, die im Falle der extremen Umlagerung bei 2,3 m mit starken mittelalterlichen Hochwassern und/oder dem Bau der Ulmener Burg im 11. Jahrhundert in Zusammenhang steht. Das Ulmener Maar ist nicht nur das kleinste Maar der Eifel, sondern hat auch sehr steile Hänge über und unter Wasser und eine komplizierte hydraulische Anbindung an den Dellbach, der eigentlich am Maar vorbeifließt, bei Hochwasser aber in das Maar einströmen kann (Abb. 5.5). Die feinkörnigen Sedimente des Dellbaches sind aufgrund der im Einzugsgebiet des Maares anstehenden fast weißen Sandsteine des Unterdevons (Kap. 1) sehr hell. Helle Lagen aus gebleichten Quarz- und Feldspatkörnern in Siltkorngröße finden sich über den gesamten Kern

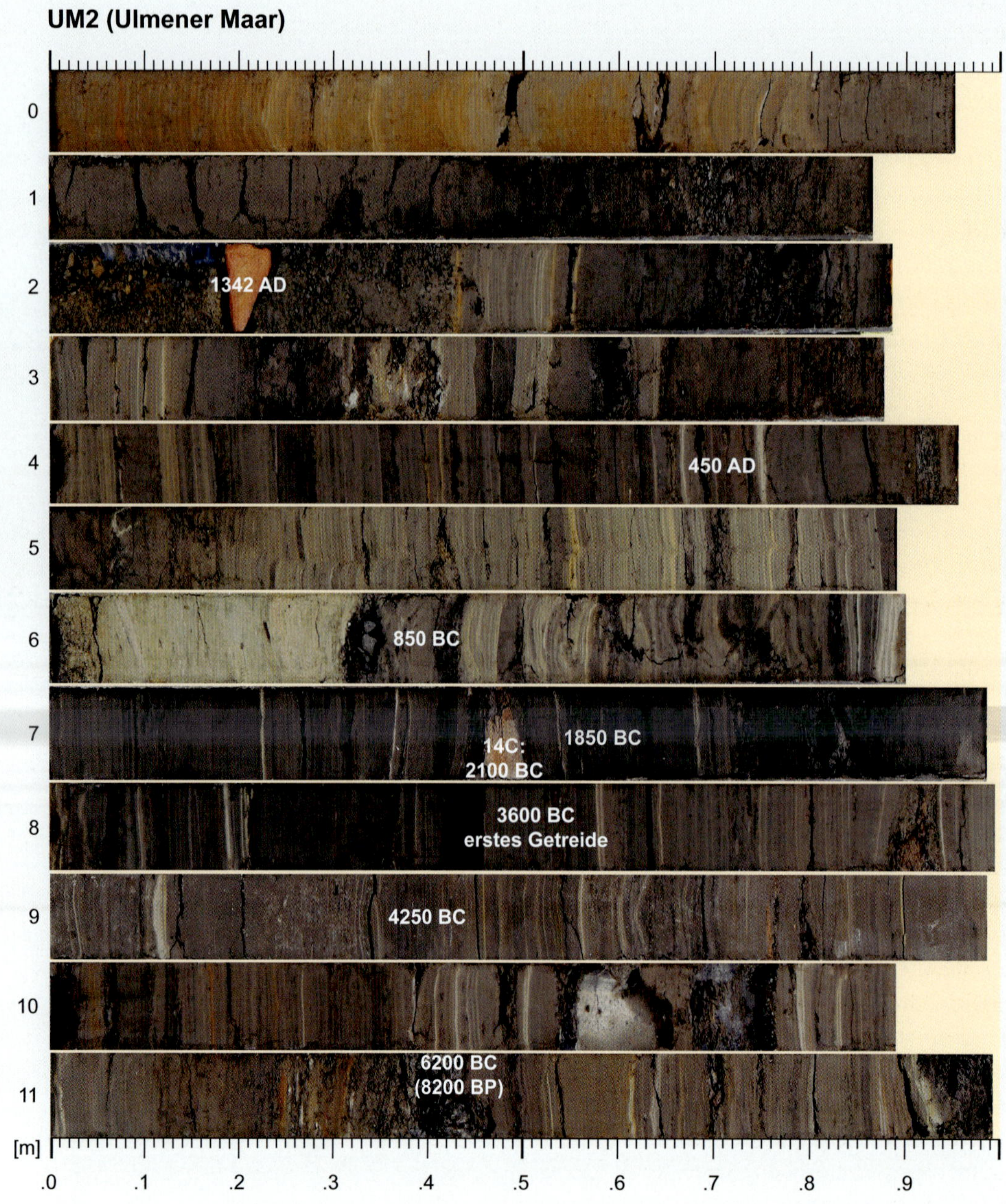

6.5 Foto des Rammkernes UM2 aus dem Ulmener Maar mit pollenanalytischen Zeitmarken.

verteilt und dokumentieren die fortwährende Aktivität von Hochwassern, das heißt Phasen, in denen der Dellbach seine feinkörnige Suspensionsfracht in das Maar ergossen hat. Mit den klastischen Körnern werden aber auch Pflanzenreste umgelagert, die im ^{14}C-Signal älter sind als das Ablagerungsereignis und die ^{14}C-Datierung erschweren.

Für den Kern UM2 gibt es derzeit 115 ^{14}C-Alter (50 stehen noch aus), die aber zeigen, dass im Ulmener Maar die Umlagerung von Bodenpartikeln durch die Suspensionseinträge ein wichtiger Prozess ist. Das Ulmener Maar hat also ein hohes Potenzial als Anzeiger für Starkregen beziehungsweise Hochwasser, ist aus dem gleichen Grund aber auch problematisch zu datieren. Die Pollenkurve des Ulmener Maares (Abb. 6.6) zeigt mit Ausnahme einer extremen Umlagerung bei 6 – 6,30 m eine sehr ähnliche Abfolge wie das Meerfelder Maar (Abb. 3.5), sodass die palynostratigraphischen Alterseinstufungen weitgehend übertragen wurden. Lediglich für das Ende der Römerzeit gibt es eine Abweichung: Das Birkenmaximum am Beginn der frühmittelalterlichen Ausbreitung der Hainbuche und Rotbuche wird in den ELSA-Kernen auf 470 AD (AD = *Anno Domini*, nach Christus) datiert, als die Römer sich aus der Eifel zurückzogen und die größte Wahrscheinlichkeit besteht, dass Felder aufgelassen wurden und Birken sich als Pioniervegetation neu ausbreiten konnten (Kap. 27).

Die ^{14}C-Datierung aller ELSA-Kerne umfasst mittlerweile über 200 Datierungen und wird in einer eigenen Publikation vorgestellt werden. Die Datierung aller Kerne, die für die nachfolgenden archäologischen Kapitel als Grundlage dienen, basiert also vor allem auf den palynologischen Markerlagen, die in den Abbildungen 3.5 und 6.1 bis 6.5 auch eingetragen sind. Ebenso sind in diese Abbildungen einzelne verlässliche ^{14}C-Datierungen aufgenommen worden.

Seilkern der letzten 60.000 Jahre

Pollenkurve und Stratigraphie des D3-Kernes aus dem Dehner Maar werden in den Kapiteln 11 und 12 gesondert dargestellt.

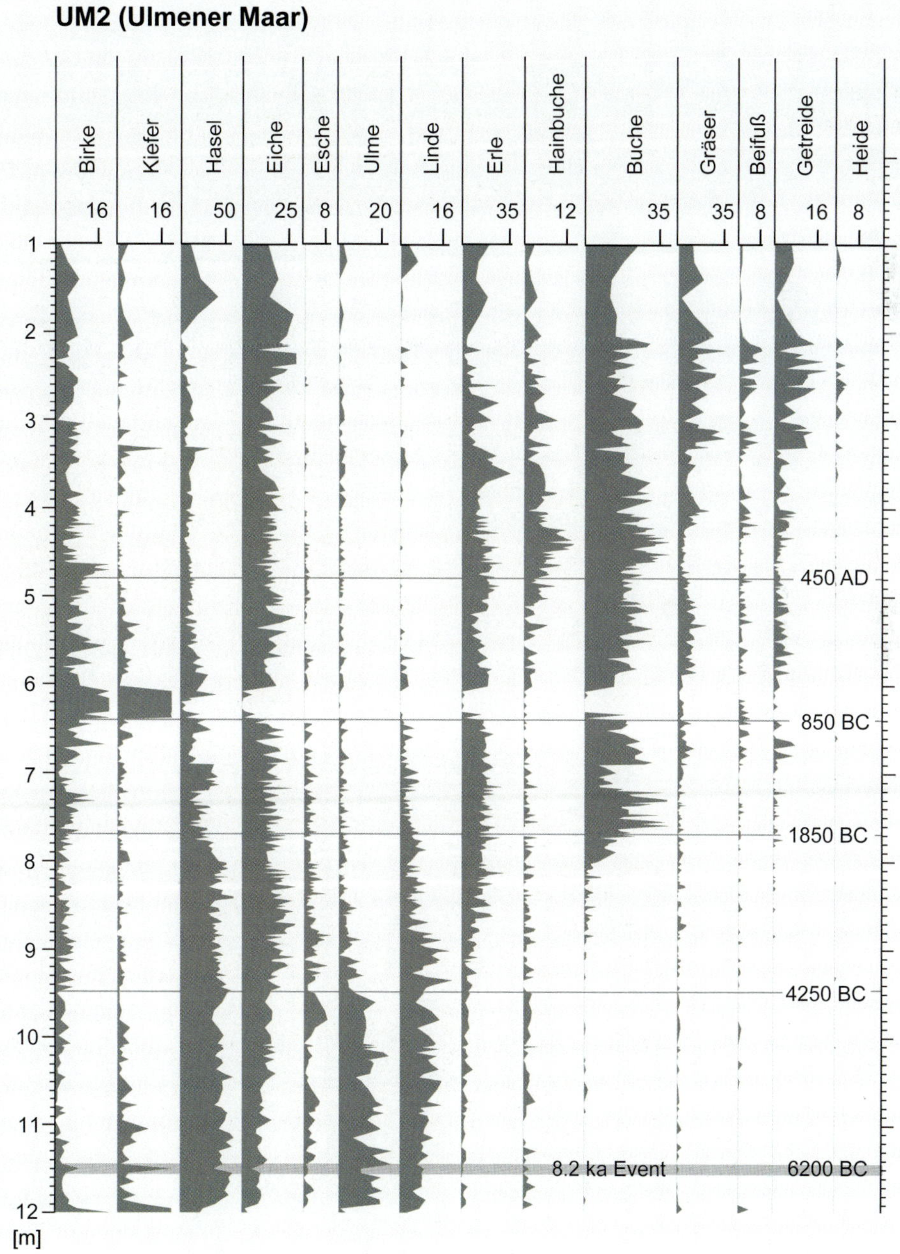

6.6 Pollenprofil des Kernes UM2 aus dem Ulmener Maar mit pollenanalytischen Zeitmarken (Pollenanalyse: F. Dreher).

Grundlagen des Klimas und extremer Wettersituationen

7

Heini Wernli und Stephan Pfahl

Das komplexe Wettergeschehen auf der Erde wird durch die Energie der einfallenden kurzwelligen Sonnenstrahlung angetrieben. Wegen der Kugelform der Erde nimmt diese Energie im Jahresmittel mit zunehmender Distanz vom Äquator ab (Abb. 7.1). Die langwellige Abstrahlung der Erde ist nach dem Gesetz von Stefan-Boltzmann durch die Temperatur bestimmt (Meschede 2006). Sie ist demnach gemäß der klimatologischen Temperaturverteilung auf der Erde in den Subtropen maximal und nimmt gegen die Pole hin ab. Wie die Abbildung 7.1 zeigt, sind auf der Erde im Jahresmittel einfallende und ausgehende Strahlung nicht im Gleichgewicht. In den Tropen und Subtropen herrscht ein Energieüberschuss, das heißt, es fällt mehr Energie ein als im langwelligen Bereich abgestrahlt wird; in den mittleren Breiten und an den Polen besteht hingegen ein Energiedefizit. Diese Situation würde im Prinzip zu einem kontinuierlichen Aufheizen der Tropen und Abkühlen der Polargebiete führen, was aber in der realen Atmosphäre nicht beobachtet werden kann. Der Grund dafür ist, dass etwa im gleichen Umfang Transportprozesse im Ozean und in der Atmosphäre stattfinden und so für den notwendigen Ausgleich sorgen, indem sie Energie von den niederen in die hohen Breiten transportieren. Diesen Transport übernehmen im Ozean warme polwärts und kalte zum Äquator gerichtete Meeresströmungen, zum Beispiel der warme Golfstrom oder der kalte Humboldt-Strom. Die Verlängerung des Golfstromes, der sogenannte Nordatlantikstrom, ist so auch dafür mitverantwortlich, dass die mittleren Temperaturen in Europa um ungefähr 5°C höher liegen als in anderen Regionen vergleichbarer geographischer Breite. Die Abbildung 7.2 zeigt die Meeresoberflächentemperaturen im östlichen Nordatlantik für Sommer und Winter. Die anomal warmen Meeresregionen, die sich an der europäischen Küste etwa von Frankreich bis nach Spitzbergen erstrecken, sind deutlich sichtbar und haben eine Fläche, die ungefähr derjenigen von West- und Mitteleuropa entspricht.

In der Atmosphäre geschieht der Energietransport in erster Linie durch Hoch- und Tiefdruckgebiete. Hierbei spielen Tiefdruckgebiete, die sich stark intensivieren können, eine besonders wichtige Rolle. Auf der Vorderseite von Tiefdruckgebieten werden warme, feuchte Luftmassen aus den Subtropen typischerweise in zwei Tagen über Distanzen von mehreren Tausend Kilometern polwärts getragen (Abb. 7.3). Dabei steigen diese als *„warm conveyor belts“* bezeichneten Luftmassen auf (Abb. 7.3, roter Pfeil), es kommt zu Wolkenbildung und Niederschlag und damit zur Freisetzung von latenter Wärme polwärts von der Ursprungs-, das heißt der Verdunstungsregion des Wassers. Gleichzeitig führen absteigende Luftströmungen auf der Rückseite von Tiefdruckgebieten (Abb. 7.3, grüner Pfeil)

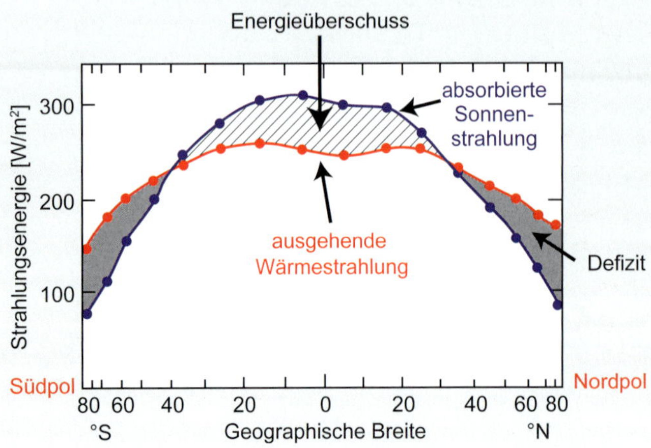

7.1 Die zonal und zeitlich gemittelte einfallende, kurzwellige Strahlung der Sonne und die von der Erde abgestrahlte langwellige Strahlung variieren mit der geographischen Breite. Die Differenz der beiden zeigt, dass die Erde in den Tropen im Mittel Energie absorbiert – das heißt, die absorbierte Energie ist größer als die ausfallende – und in den Polarregionen im Mittel Energie emittiert.

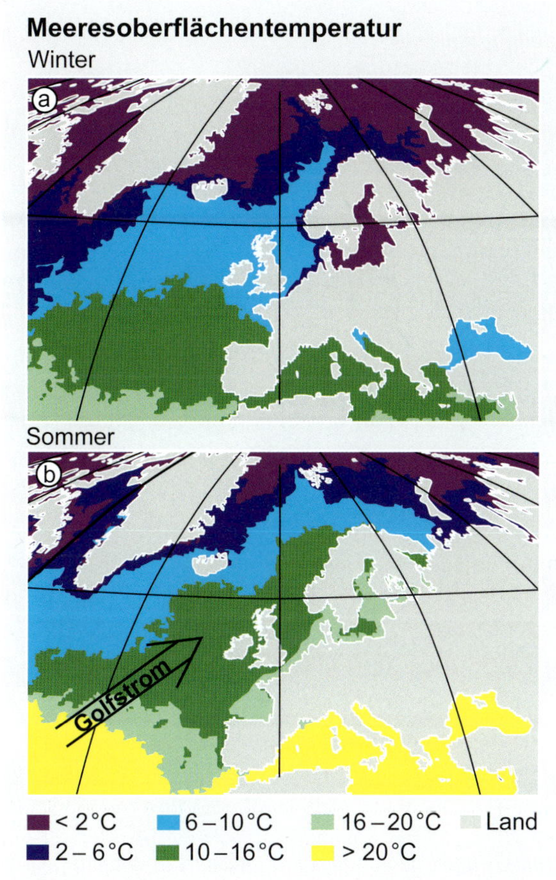

7.2 Flächentreue Projektion der Meeresoberflächentemperaturen im Nordatlantik im Winter 2002 (a) und im Sommer 2002 (b), wie sie von dem Satelliteninstrument AVHRR (advanced very high resolution radiometer) gemessen worden sind (nach SIROCKO et al. 2005).

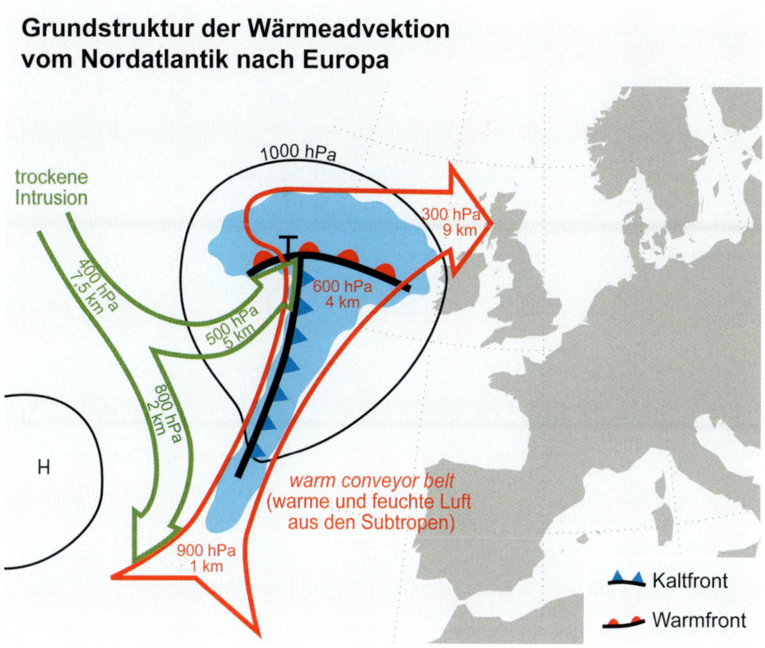

7.3 Schematische Darstellung von typischen großräumigen Luftströmungen verbunden mit einem Tiefdruckgebiet (T) in den mittleren Breiten. Eingezeichnet sind die Kalt- und Warmfront sowie die typische Wolkenstruktur eines Tiefdruckgebietes in den mittleren Breiten mit einem Wolkenband entlang der Kaltfront und einer großflächigeren Wolkenstruktur polwärts der Warmfront, die sich bis zur Rückseite des Tiefdruckgebietes erstreckt.

zu einem Transport von kalter Luft in Richtung des Äquators. Energetisch betrachtet sind diese meridionalen Transporte der zentrale Aspekt von (Hoch- und) Tiefdruckgebieten für die allgemeine Zirkulation des Klimasystems der Erde. Aber auch mit Blick auf das tägliche Wettergeschehen in den mittleren Breiten sind diese Wettersysteme und die mit ihnen verbundenen typischen Strömungsmuster von entscheidender Bedeutung.

Wettersysteme und Extremwetterereignisse

Die meisten markanten Wetterereignisse in Mitteleuropa beziehungsweise in anderen Regionen der mittleren Breiten sind mit dem Durchzug von Tiefdruckgebieten und ihren dazugehörigen Fronten verbunden. Ausnahmen sind lediglich lokale Hitzegewitter im Sommer sowie stark durch die Topographie geprägte Phänomene wie beispielsweise Föhnstürme. Tiefdruckgebiete und Fronten führen zu raschen und oft markanten Temperaturänderungen, vielfach zu intensiven Niederschlägen und starken bodennahen Winden.

Unter Extremereignissen versteht man Wetterereignisse, die bezüglich eines oder mehrerer meteorologischer Parameter stark vom Durchschnitt abweichen, zum Beispiel besonders tiefe Temperaturen, große Niederschlagsmengen oder hohe Windgeschwindigkeiten. Extremereignisse treten deshalb definitionsgemäß selten auf; sie können allerdings große Schäden verursachen. Solche Wetterextreme bleiben gerade aufgrund dieser starken Schadenswirkung im Gedächtnis, so zum Beispiel die Verwüstungen durch die Stürme „Vivian“ und „Wiebke“ im Februar 1990 oder das Elbehochwasser im Sommer 2002, das ganze Ortschaften überflutete und für teilweise irreparable Schäden sorgte. Das Ausmaß der tatsächlich eintretenden Schäden – nicht nur finanzieller Natur – hängt allerdings sehr stark von weiteren nicht meteorologischen Faktoren ab, wie zum Beispiel der Bevölkerungsdichte und der

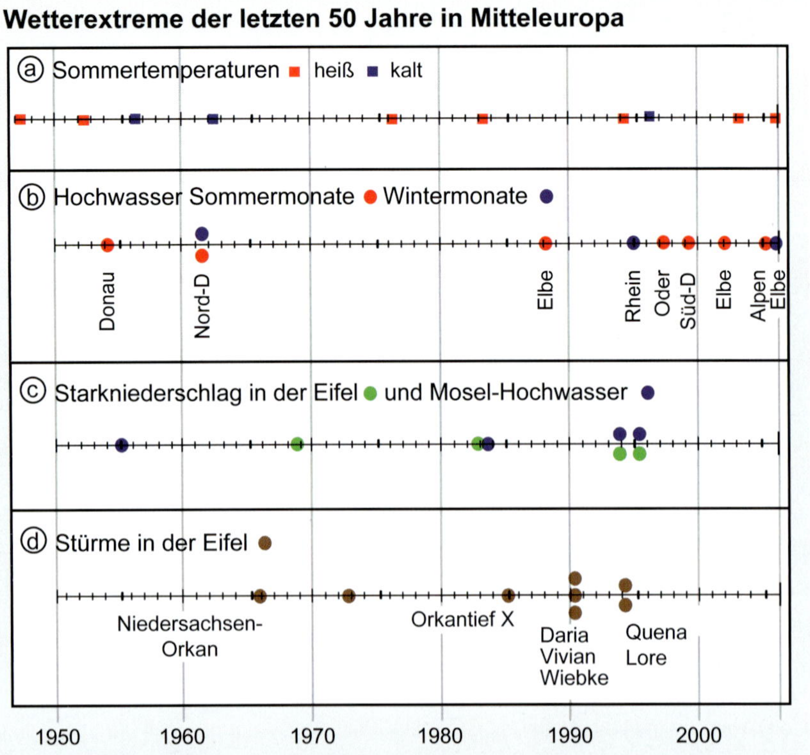

7.4 Wetterextreme in Mitteleuropa beziehungsweise in der Eifel während der letzten 50 Jahre. Zusammengestellt aus meteorologischen Daten, bereitgestellt durch den Deutschen Wetterdienst, Pegeldaten der Bundesanstalt für Gewässerkunde und Literaturangaben (Bissolli et al. 2001, Glaser 2008).

Landnutzung in den betroffenen Gebieten oder auch von etwaigen Vermeidungsstrategien im Falle einer rechtzeitigen Unwetterwarnung.

In Abbildung 7.4 sind schematisch für die Eifelregion sowie überregional für Mitteleuropa die wichtigsten Extremereignisse der letzten Jahrzehnte (1950–2005) dargestellt. Hochwasser treten vor allem nach starken, lang anhaltenden Regenfällen auf. Die größten lokal gemessenen Regenmengen fallen allerdings nicht zwangsläufig direkt mit den stärksten Hochwassern zusammen, da für das Auftreten von Hochwasser noch weitere hydrologische Faktoren eine Rolle spielen, etwa der Zustand des Bodens. Außerdem nehmen Flüsse den Niederschlag aus ihrem gesamten Einzugsgebiet auf. Deshalb sind Starkniederschläge in der Eifelregion und Moselhochwasser, gemessen am Pegel in Cochem, in Abbildung 7.4 getrennt dargestellt.

Meteorologie von Extremwetterereignissen

Die meteorologischen Bedingungen, die zu einem Extremereignis führen, können von Fall zu Fall stark variieren. Trotzdem gibt es einige markante Merkmale, die den meisten Extremsituationen gemeinsam sind und daher in diesem Abschnitt schematisch und exemplarisch dargestellt werden, zunächst für Temperaturextreme, dann für Stürme, Starkniederschlagsereignisse und schließlich für Trockenperioden. Detaillierte Ausführungen zu vielen der hier beschriebenen Prozesse findet man zum Beispiel in Wallace & Hobbs (2006).

Kalt- und Warmereignisse

Die Abbildung 7.5 zeigt die meteorologische Situation für je einen besonders kalten und warmen Tag im Sommer und im Winter. Beim winterlichen Kalterеignis im Februar des Jahres 2005 (Abb. 7.5a) strömte kalte Luft aus Skandinavien nach Deutschland, wobei diese Strömung von einem ausgeprägten, beinahe stationären Hochdruckgebiet über dem östlichen Nordatlantik angetrieben wurde. Solche beinahe stationären Hochdruckgebiete werden als „blockierende Hochdrucklagen" bezeichnet. Die Trajektorien, welche die Zugbahn der kalten Luftmassen in den drei Tagen vor der Ankunft in der Eifelregion darstellen, dokumentieren einen sehr raschen Transport von mehr als 2000 km innerhalb dieser kurzen Zeitspanne.

Beim winterlichen Warmereignis (Abb. 7.5b) spielen ein intensives Tiefdruckgebiet, das vom zentralen Nordatlantik über die Britischen Inseln zieht, und seine ausgeprägte, weit nach Süden reichende Kaltfront die Hauptrollen. An der Vorderseite der Front wird warme Luft aus den Subtropen über Spanien bis nach Polen transportiert. Die Trajektorien zeigen, dass die Luftmasse, welche in der Eifelregion für eine außergewöhnliche winterliche Erwärmung sorgte, drei Tage zuvor noch über dem westlichen Mittelmeer lag und die Alpen überquerte, bevor sie nach Deutschland gelangte, das heißt, auch dieses Ereignis ist mit kräftigen Winden verbunden.

Im Sommer ist die Auswirkung von Hoch- und Tiefdruckgebieten für Kalt- und Warmereignisse im Vergleich zum Winter vertauscht. Während eines sommerlichen Kaltereignisses (Abb. 7.5c) führt ein mäßig intensives Tiefdruckgebiet im baltischen Raum zum Transport kühler nordatlantischer Luftmassen nach Zentraleuropa. Diese Situation war in den nasskalten Sommern der Kleinen Eiszeit vermutlich sehr häufig und damit wohl auch verantwortlich für schlechte Getreideernten, die nachfolgend zu Hungersnöten geführt haben (Glaser 2001, 2008; Kap. 30, 31).

Beim sommerlichen Warmereignis (Abb. 7.5d) hingegen wird die Wettersituation wieder durch ein ausgedehntes, stationäres Hochdruckgebiet über Westeuropa bestimmt. In einem solchen Hochdruckgebiet sinken die Luftmassen zumeist ab, was einen

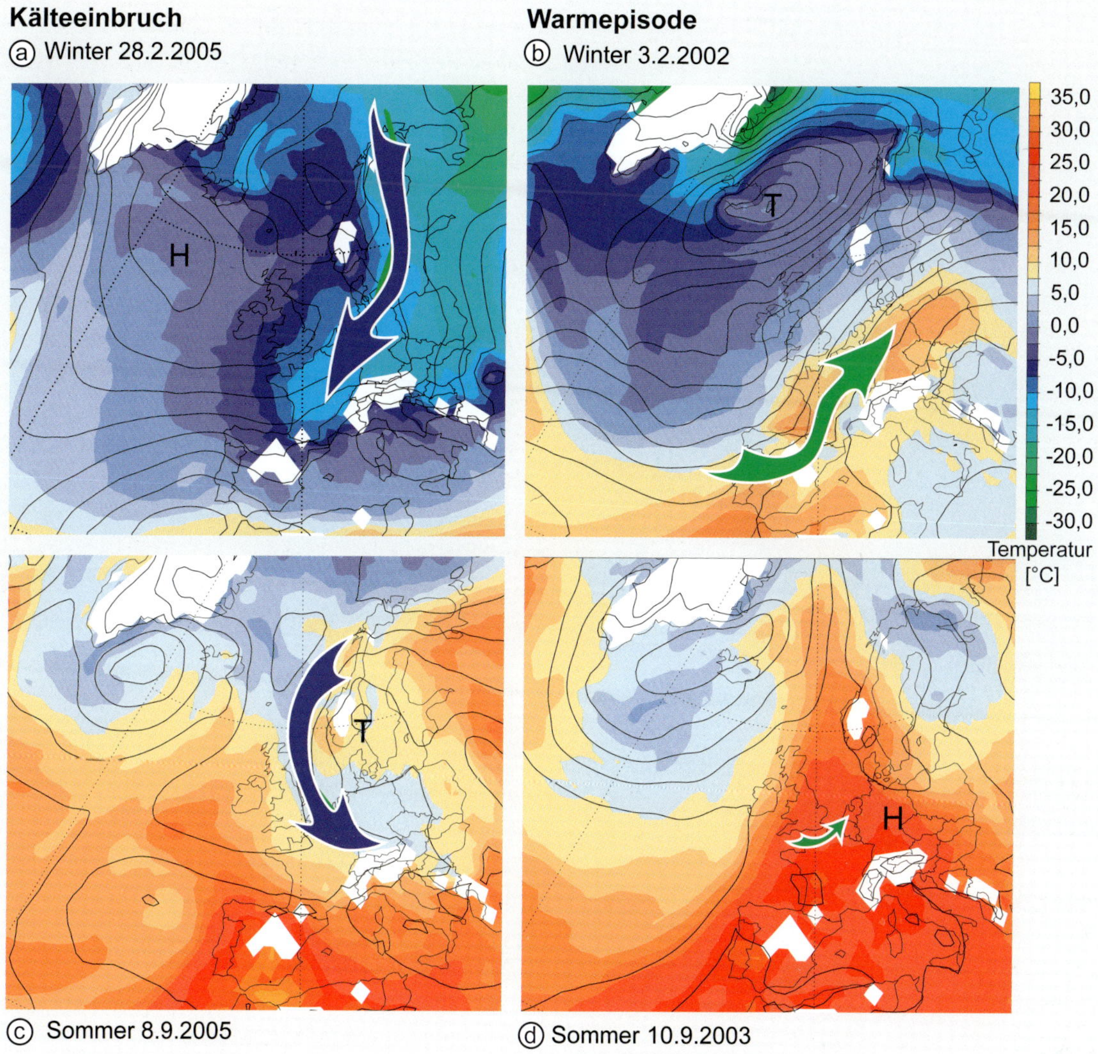

7.5 Meteorologische Situation während eines winterlichen Kaltereignisses (a), eines winterlichen Warmereignisses (b), eines sommerlichen Kaltereignisses (c) und während eines sommerlichen Warmereignisses (d). Dargestellt sind die Temperaturen in einer relativ bodennahen Schicht (auf 900 hPa, das heißt in einer Höhe von etwa 1 km) und der auf Meeresniveau reduzierte Bodendruck (schwarze Konturlinien, Konturabstand 5 hPa). Trajektorien über die vorausgegangenen drei Tage der in der Eifelregion auf 900 hPa ankommenden Luftmassen sind als Pfeile eingezeichnet.

wolkenfreien Himmel zur Folge hat. Außerdem sind die Luftmassen häufig über mehrere Tage „gefangen" und können sich dank der intensiven Sonneneinstrahlung sehr stark erwärmen. Die Trajektorien, die wiederum den Transport der aufgewärmten Luftmassen in den drei vorangegangenen Tagen illustrieren, sind für den in Abbildung 7.5d gezeigten Fall verhältnismäßig kurz, was auf schwache Winde in der stationären Hochdrucklage zurückzuführen ist. Besteht eine solche Wetterlage über einen längeren Zeitraum von bis zu einigen Wochen, kann dies zu einer Hitzewelle führen, wie zum Beispiel im Sommer 2003.

Zusammenfassend lässt sich feststellen, dass ein polwärts beziehungsweise äquatorwärts gerichteter Transport von Luftmassen, verbunden mit oft relativ stationären Hoch- und rasch vorbeiziehenden Tiefdruckgebieten, hauptverantwortlich ist für ausgeprägte Temperaturanomalien in der Eifelregion wie auch in anderen Gebieten der mittleren Breiten. Direkte Aufheizung oder Abkühlung durch Strahlung führt in manchen Fällen zu zusätzlicher Verstärkung oder Abschwächung solcher Anomalien. Warum sich allerdings diese Konstellationen von Tief- und Hochdruckgebieten entwickeln, ist damit noch nicht erklärt. Die Abbildung 7.5 beschreibt nur die beobachtete meteorologische Situation.

Stürme

In Abbildung 7.6a ist die typische Entwicklung eines mitteleuropäischen Sturmes skizziert. Ein solcher Sturm tritt fast immer im Winter zwischen November und März in Verbindung mit einem intensiven Tiefdruckgebiet auf, das im Atlantik entsteht. Der Entstehungsort liegt meist in einer Region mit einem sehr starken horizontalen Temperaturkontrast, wo also kalte, polare Luftmassen und wärmere aus gemäßigten Breiten nahe beieinanderliegen (Abb. 7.6a, linke Seite). Über dieser Region befindet sich in einer Höhe von etwa 10 km der Jetstream, ein starker, räumlich relativ eng begrenzter Wind aus im Mittel westlicher Richtung mit maximalen Geschwindigkeiten von über 250 km/h. Je ausgeprägter der Temperaturkontrast am Boden ist, desto größer sind auch die Windgeschwindigkeiten des Jets in der Höhe. Kleine Störungen auf dem Jet werden verstärkt und breiten sich in Form einer Welle aus (Abb. 7.6a, links, grüne Linie). Dies führt zur Ausbildung sogenannter Höhentröge und -rücken, die dann auch am Boden das Temperaturfeld beeinflussen. Östlich des Höhentroges (grünes T) wird in der gesamten Troposphäre – das heißt in den unteren 10 km der Atmosphäre – warme Luft nach Norden transportiert. Diese Warmluftzufuhr spielt bei der Bildung und Intensivierung eines Tiefdruckgebietes am Boden, das (auf der Nordhalbkugel) entgegen dem Uhrzeigersinn umströmt wird (schwarze gestrichelte Linie), eine entscheidende Rolle. Höhentrog und Tiefdruckgebiet wandern nun nach Osten. Die weitere Verstärkung der wellenförmigen Störung in der Höhe führt schließlich zu einem Überschlagen der Welle (Abb. 7.6a, rechts, grüne Linie über Zentraleuropa). Auch diese Verstärkung überträgt sich in untere Schichten und bewirkt, zusammen mit anderen Prozessen wie der Kondensation von Wasserdampf in Wolken (bei der große Mengen an sogenannter latenter Energie frei werden), eine starke Intensivierung des Bodentiefs. Diese ist maximal, wenn die Strukturen in der Höhe und am Boden direkt übereinander zu liegen kommen. Typischerweise besitzt ein solches Tief dann stark ausgebildete Fronten, an denen warme und kalte Luftmassen aufeinandertreffen. Die stärksten bodennahen Winde treten dort auf, wo der horizontale Druckunterschied am größten ist, normalerweise in der Umgebung der Kaltfront. Dort kommt es auch zu einer markanten Änderung der Windrichtung – in dem in Abbildung 7.6a skizzierten Fall zu einer Drehung ungefähr von West auf Süd, eingetragen als gelber Pfeil. Im weiteren Verlauf zieht das Tief dann weiter nach Osten und schwächt sich dabei wieder ab.

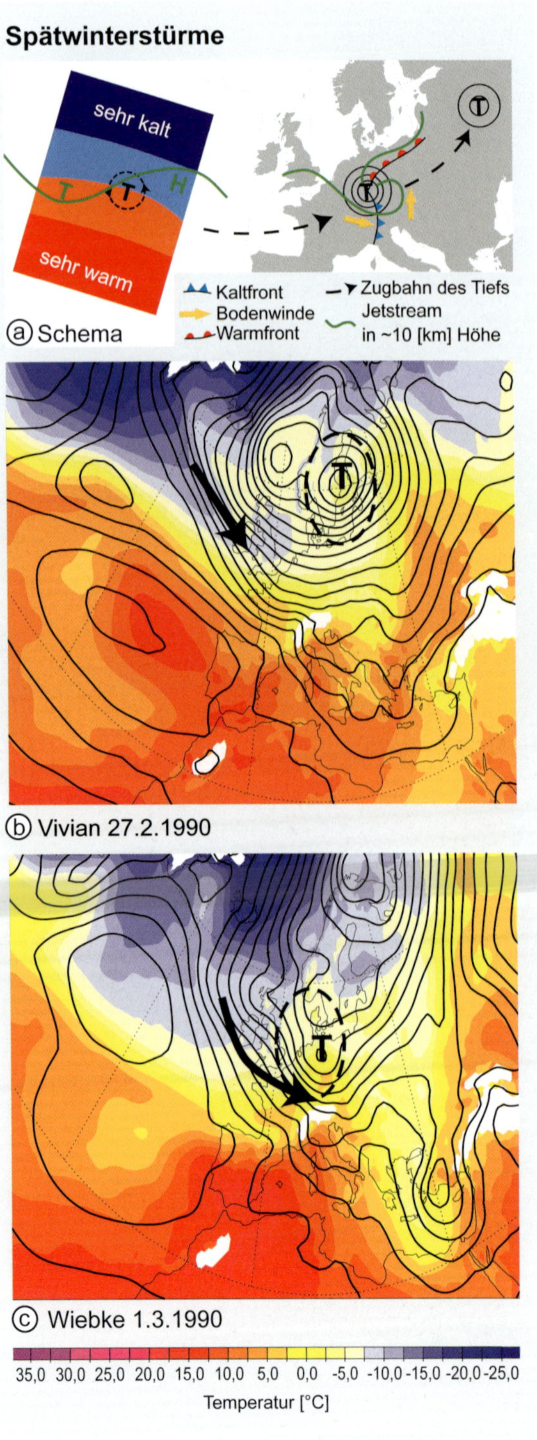

7.6 Meteorologische Situation während eines mitteleuropäischen Sturmes: **a)** schematische Darstellung, **b)** und **c)** Stürme „Vivian" und „Wiebke" im Februar 1990. Dargestellt sind die Temperatur auf 850 hPa (farbige Konturen, Konturabstand 2,5°C) und der auf Meeresniveau reduzierte Bodendruck (schwarze Konturlinien, Konturabstand 5 hPa).

Als Beispiel für eine solche Entwicklung zeigen die Abbildungen 7.6b und c die meteorologische Situation während der Stürme „Vivian" und „Wiebke" im Februar 1990 (Schüepp et al. 1994). In Farbe ist die Temperatur in einer relativ bodennahen Schicht dargestellt (auf 850 hPa, was einer Höhe von etwa 1,5 km entspricht). Die schwarzen Linien zeigen den Bodendruck, reduziert auf die Höhe des Meeresspiegels. Am

27. Februar befindet sich das Zentrum des Orkantiefs „Vivian" über Skandinavien, während im Nordatlantik ein neues Tief entsteht. Dieses verstärkt sich in den darauf folgenden zwei Tagen zum Orkan „Wiebke" – von einem Orkan spricht man bei bodennahen Windgeschwindigkeiten von mindestens 118 km/h. Das Tiefdruckzentrum befindet sich am 1. März über Norddeutschland. Die stärksten Winde treten in Frankreich, West- und Süddeutschland auf, was daran zu erkennen ist, dass dort die schwarzen Isolinien des Drucks besonders dicht zusammenliegen.

Starkniederschläge

Die meisten Starkniederschlagsereignisse in der Eifel hängen ebenfalls mit atlantischen Tiefdruckgebieten und ihren dazugehörigen Fronten zusammen. Allerdings sorgte im Oktober 1982 eine etwas andere Wetterlage für den stärksten an einem einzigen Tag gemessenen Niederschlag in der Region zwischen 1950 und 2005. Diese ist schematisch in Abbildung 7.7a dargestellt: Über Deutschland befindet sich ein Tiefdruckgebiet, das durch ein Hoch weiter im Osten blockiert wird und so über längere Zeit relativ stationär an einem Ort bleibt. Im Spätsommer oder Herbst ist das Mittelmeer sehr warm, sodass dort viel Wasser verdunstet. Im Warmsektor, dem Bereich zwischen Kalt- und Warmfront, wird dadurch sehr viel Feuchtigkeit vom Mittelmeer nach Norden transportiert. Durch Anhebung der feuchten Luft kommt es nun zur Kondensation von Wasserdampf, zur Wolkenbildung und zu teilweise extremen Niederschlägen. Dabei sind verschiedene Hebungsprozesse beteiligt. So schiebt sich kalte und deshalb dichte Luft an der Kaltfront unter die feuchte, warme und damit leichtere Luft des Warmsektors, was eine relativ starke Anhebung und Bildung von hoch reichender Bewölkung an der Front zur Folge hat. Ist die Atmosphäre außerdem instabil geschichtet, so kann dies zur Entstehung von in die Kaltfront eingelagerten Gewitterzellen führen. An der Warmfront gleiten die beiden Luftmassen langsamer übereinander, sodass sich flachere, aber großflächigere Bewölkung ausbildet. In vielen Fällen treten die stärksten Niederschläge aber dort auf, wo Luft durch die Topographie zum Aufsteigen gezwungen wird, also beim Überströmen eines Gebirges. So war eine wie in Abbildung 7.7a dargestellte Wetterlage im August 2002 für starke Niederschläge im Erzgebirge und für das daraus folgende extreme Elbehochwasser verantwortlich. Bekannt geworden sind diese mit extremen Starkniederschlägen verbundenen Wetterlagen als „5b-Wetterlagen".

7.7 Meteorologische Situation während eines Starkniederschlagsereignisses in Mitteleuropa: schematische Skizze (a) und Starkniederschlagsereignis in der Eifel im Oktober 1982 (b und c). Dargestellt sind die Temperatur auf 850 hPa (farbige Konturen, Konturabstand 2,5 °C) und der auf Meeresniveau reduzierte Bodendruck (schwarze Konturlinien, Konturabstand 5 hPa) um 06 UTC (b) und 18 UTC (c) am 6.10.1982.

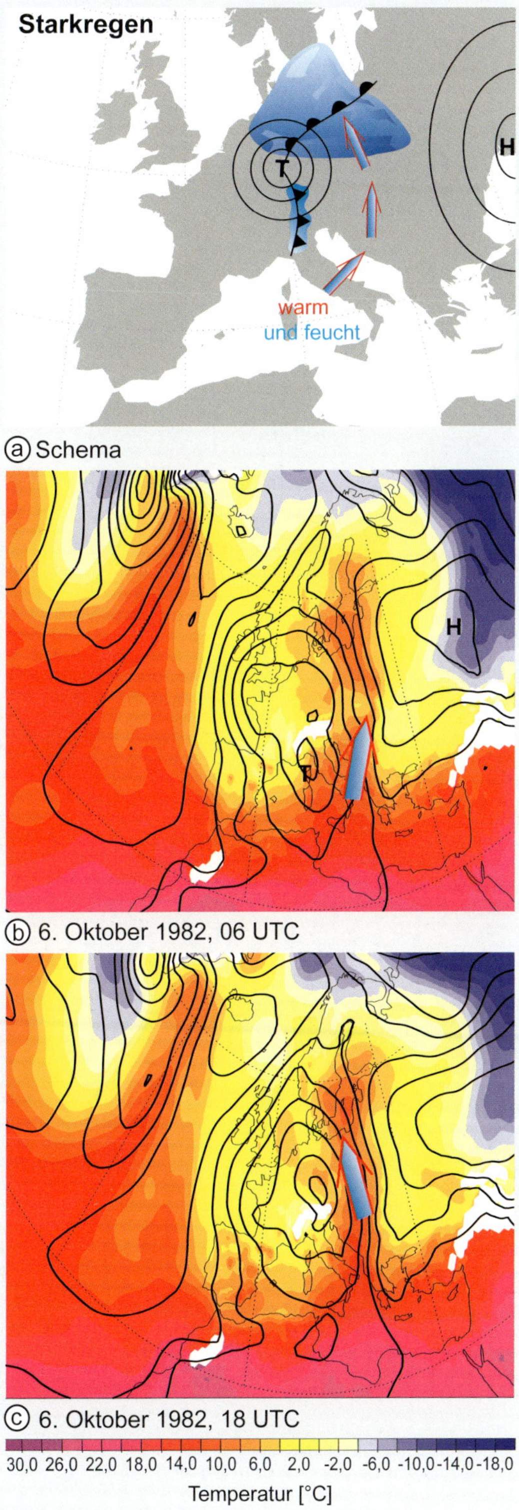

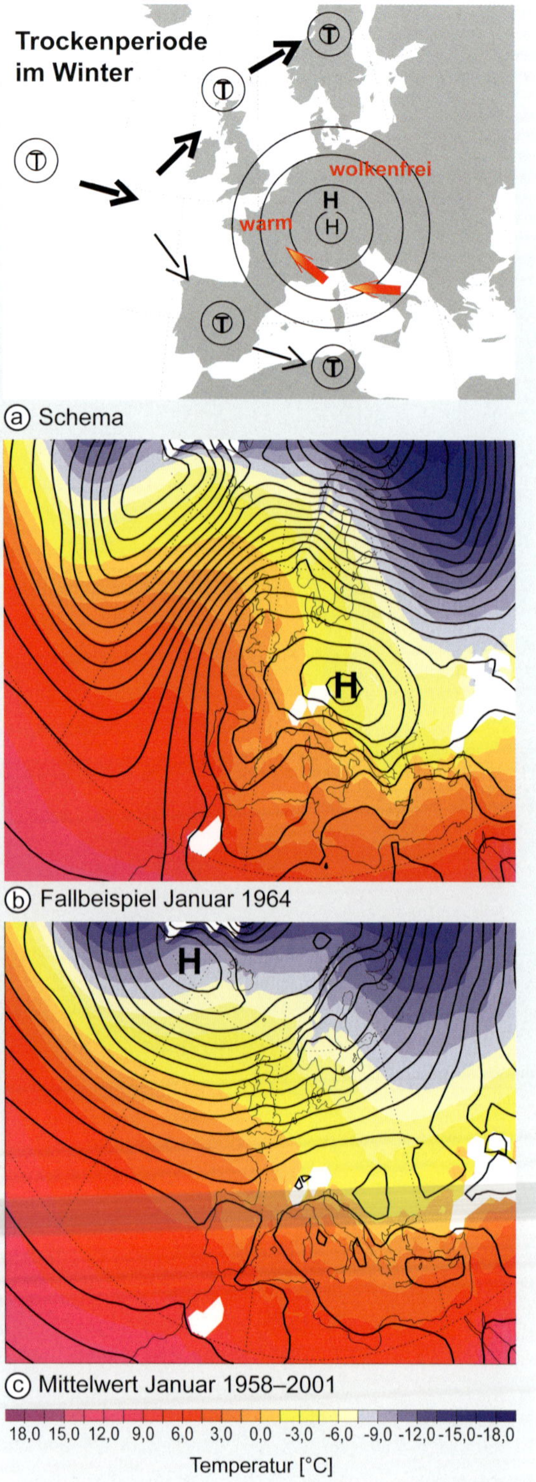

7.8 Meteorologische Situation während einer Hochdruckwetterlage, die im Winter häufig zu Trockenheit, im Sommer zu Hitzewellen in Mitteleuropa führt: **a)** schematische Darstellung; **b)** Monatsmittel der Temperatur auf 850 hPa (farbige Konturen, Konturabstand 2,5 °C) und auf Meeresniveau reduzierter Bodendruck (schwarze Konturlinien, Konturabstand 2 hPa) im Januar 1964; **c)** Mittelwert von Temperatur und Bodendruck des Januars der Jahre 1958–2001.

Häufig kommt es in Verbindung mit der beschriebenen Lage vor allem zu Niederschlägen in Süd- und Ostdeutschland; der Starkregen im Oktober 1982 in der Eifel bildet dagegen eher eine Ausnahme. Die meteorologische Entwicklung für diesen Fall ist in den Abbildungen 7.7b und c dargestellt: An der Südseite eines großen, stationären Tiefdruckgebietes bildet sich am 6. Oktober über dem Golf von Genua ein weiteres Tief (Abb. 7.7b), das in der Folge östlich um die Alpen herumwandert und dabei Feuchtigkeit nach Norden transportiert. Zwölf Stunden später (Abb. 7.7c) liegt das Tief nördlich der Alpen. Ebenfalls gut zu erkennen ist der stark ausgeprägte, lang gezogene Warmsektor. Auch 24 Stunden später befindet sich das Tief noch fast am selben Ort, sodass ein Großteil des herantransportierten Wassers in einem relativ kleinen Gebiet abregnet. Diese meteorologische Situation kann zu jeder Jahreszeit auftreten; allerdings gibt es sie gehäuft im Sommer, wenn das Mittelmeer sehr warm ist und sich über Russland ein blockierendes Hoch gebildet hat. Diese Wetterlage sorgte in den letzten 50 Jahren für die Überschwemmung an Elbe und Oder (Abb. 7.4) und war in der historischen Vergangenheit für das Jahrtausendhochwasser 1342 verantwortlich (Glaser 2001, 2008; Kap. 30).

Trockenperioden

Zu anderen Extremereignissen wie Trockenperioden oder Hitzewellen kommt es, wenn eine bestimmte Wetterlage über einen längeren Zeitraum konstant bleibt oder gehäuft auftritt. Die Abbildung 7.8a zeigt schematisch eine solche Lage, die im Winter zu Trockenheit (Pfister et al. 2006), im Sommer vermehrt zu Hitze führt. Charakteristisch für diese Wetterlage ist ein ausgedehntes stationäres Hochdruckgebiet über Zentraleuropa. Das Hochdruckgebiet blockiert Tiefs, die vor allem im Winterhalbjahr von Westen Richtung Europa ziehen, sodass diese meist nach Norden Richtung Skandinavien, teilweise aber auch südlich zum Mittelmeer hin abgelenkt werden. Da Tiefdruckgebiete für einen Großteil des Winterniederschlages in Europa verantwortlich sind, führt ihr Ausbleiben zu Trockenheit. Die roten Pfeile in Abbildung 7.8a zeigen außerdem den Transport von warmer Luft aus Süden nach Westeuropa, verbunden mit einem solchen Hochdruckgebiet. Dieser ist, wie im Beispiel oben gezeigt, zusammen mit der Aufheizung durch Strahlung im Sommer für eine Erwärmung verantwortlich, die bei längerem Bestand dieser Wetterlage zu einer Hitzewelle führen kann.

Die Abbildung 7.8b zeigt, exemplarisch für eine Wintertrockenperiode, die meteorologische Situation für den Januar 1964 im Vergleich zum klimatolo-

7.9 Prozent-Ränge des Windes von einigen Mess-Stationen des Deutschen Wetterdienstes für die Stürme „Vivian" und Wiebke" im Februar 1990 (a) und Prozent-Ränge des Niederschlages für das Starkregenereignis im Oktober 1982 (b). Ein Prozentrang gibt an, an wie viel Prozent der Tage im Zeitraum 1971 – 1999 niedrigere Windspitzen beziehungsweise Niederschlagssummen gemessen wurden als zum Zeitpunkt des Extremereignisses. Man beachte die unterschiedlichen, nicht linearen Skalen. Wind- und Niederschlagsdaten bereitgestellt durch den Deutschen Wetterdienst.

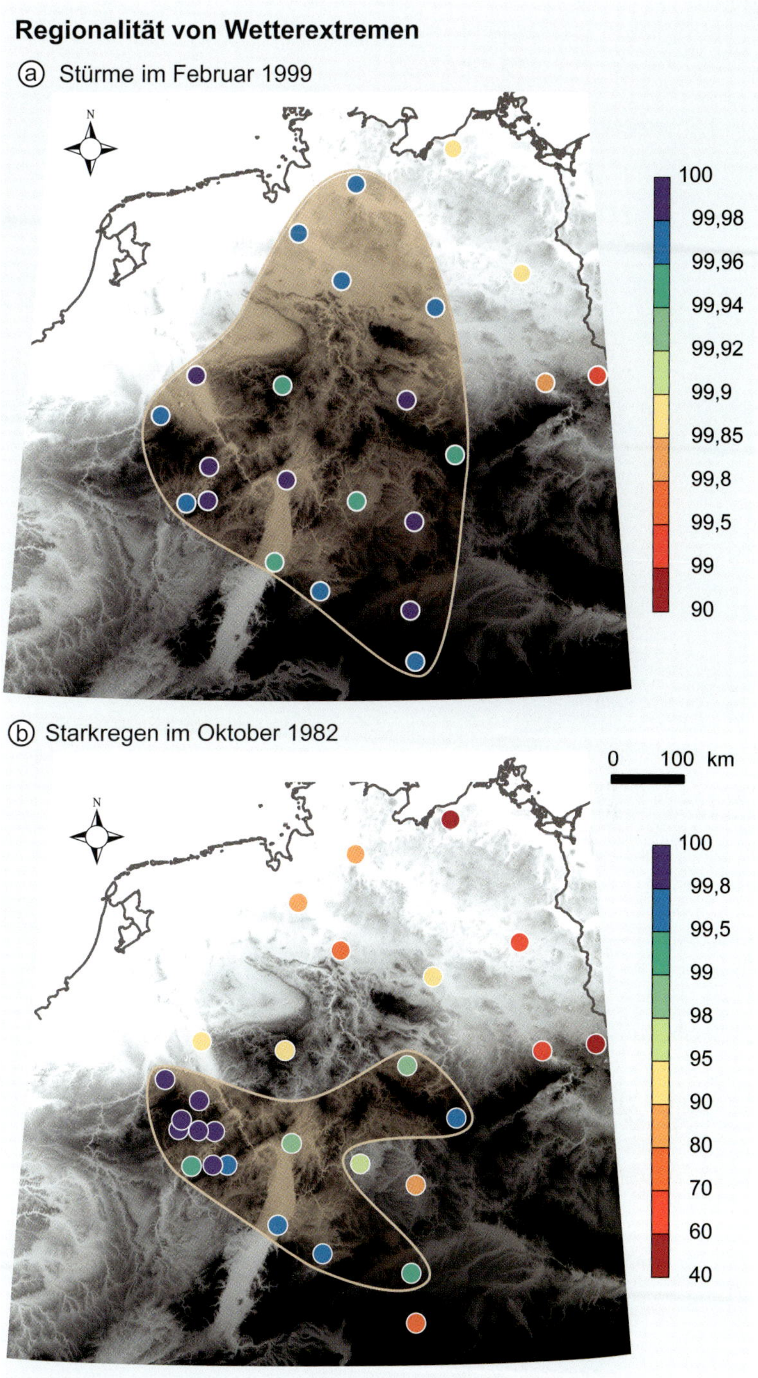

gischen Mittelwert des Januars der Jahre 1958 – 2001. Dargestellt sind wiederum die Temperatur auf 850 hPa und der Bodendruck. In diesen Monat fällt der Höhepunkt einer ausgeprägten Trockenheit zwischen Dezember 1963 und März 1964; der mittlere Niederschlag in dieser Zeit betrug mit knapp 1 Millimeter pro Tag weniger als 40 % des langjährigen Mittels für diesen Zeitraum. Der Winter 1963/64 war lang und extrem kalt (in Deutschland etwa 3°C kälter als durchschnittliche Winter) mit wenig Schnee. Der extreme Frost drang tief in den Boden ein. Im Sommer sind dagegen Trockenperioden schlechter an bestimmten atmosphärischen Strömungsmustern festzumachen, da Sommerniederschläge häufig durch Gewitter verursacht werden und deshalb auch stark von lokalen Faktoren, wie zum Beispiel der Bodenfeuchte, abhängen (Schär et al. 1999).

Diese Beispiele zeigen die außergewöhnliche Bedeutung von Tiefdruckgebieten für das Wetter, speziell für Extremwetterereignisse in Mitteleuropa. Stürme, Starkniederschläge und Überschwemmungen sind fast immer mit dem Durchzug von Tiefdruckgebieten verbunden, während Trockenheiten gerade durch das Ausbleiben dieser Systeme gekennzeichnet sind.

Regionalität

Bisher wurden Wetterextreme speziell für die Eifelregion betrachtet. Wie aber zum Beispiel am Ausmaß der Stürme „Vivian" und „Wiebke" zu erkennen ist, beschränken sich Extremereignisse oft nicht auf eine bestimmte Region. Veranschaulicht wird dies in Abbildung 7.9. Dargestellt sind hier sogenannte „Prozent-Ränge" des Windes beziehungsweise des Niederschlages für die oben beschriebenen Beispiele der Stürme im Februar 1990 und des Starkniederschlages im Oktober 1982 an einigen Mess-Stationen des Deutschen Wetterdienstes. Je höher ein solcher Prozent-Rang, desto seltener, das heißt extremer, ist das Ereignis am jeweiligen Ort. Wie man schon an diesen Beispielen sieht, treten extreme Niederschläge im Allgemeinen in einem räumlich eher begrenzten Gebiet auf (oft noch viel lokaler als hier gezeigt), während starke Stürme größere Regionen betreffen. Trotz der starken Regionalität des Niederschlages sind aber Trockenheiten und auch Hochwasser häufig von überregionaler Natur. Bei den Hochwassern liegt das vor allem daran, dass ein Fluss sein Wasser aus dem Niederschlag in seinem gesamten Einzugsgebiet bezieht. So sind die

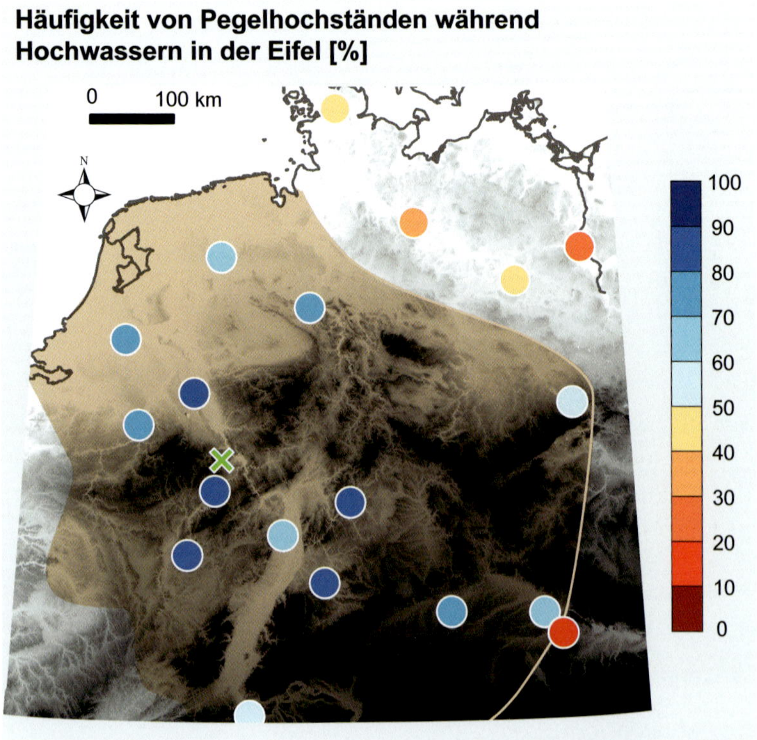

7.11 Gleichzeitigkeit von Hochwassern an verschiedenen Pegeln in Zentraleuropa und extremen Hochwassern am Eifelfluss Nette (grünes Kreuz). Die Farbskala gibt die Häufigkeit eines solchen simultanen Auftretens von Hochwassern im Zeitraum 1970 – 2000 in Prozent an. Hochwasser sind hier als Überschreitung eines stationsabhängigen Grenzwertes des täglichen Abflusses am Pegel definiert. Die Pegeldaten stammen vom Landesamt für Umwelt, Wasserwirtschaft und Gewerbeaufsicht Rheinland-Pfalz, von der Bundesanstalt für Gewässerkunde (Datenbank der WSV des Bundes) sowie vom Weltdatenzentrum Abfluss (GRDC) in Koblenz.

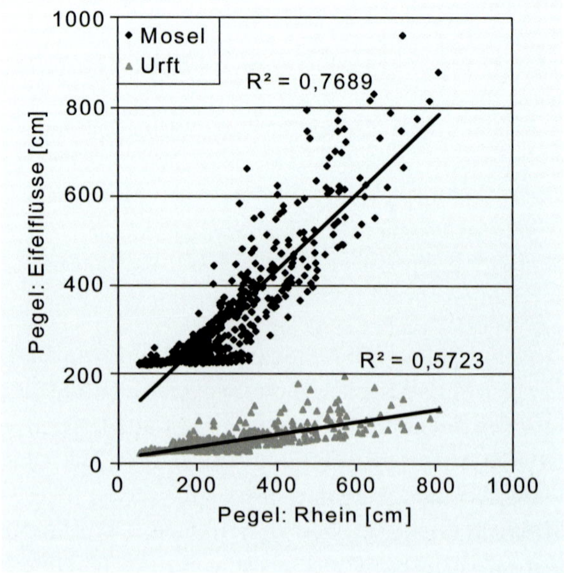

7.10 Zusammenhang zwischen täglichen Pegelständen an den Eifelflüssen Mosel und Urft und dem Pegelstand des Rheins für den Zeitraum 2002 – 2003. R^2 gibt den linearen Korrelationskoeffizienten der jeweiligen Größen an.

Pegelstände an Mosel und Rhein sehr gut miteinander korreliert, und auch zwischen den Pegeln an Rhein und Urft, einem Bach in der Nordeifel, besteht noch ein deutlicher Zusammenhang (Abb. 7.10). Demnach findet ein Hochwasser eines kleinen Eifelbaches häufig zeitgleich mit einem Hochwasser an Rhein und Mosel statt. Ablagerungen in den Maaren können deshalb benutzt werden, um auch überregional für die gesamte Mittelgebirgsregion auf das Vorkommen von Hochwasserereignissen Rückschlüsse zu ziehen. Betrachtet man speziell das simultane Auftreten von Hochwassern an verschiedenen Pegeln in Zentraleuropa mit extremen Hochwassern an einem Eifelbach (hier der Nette), so ergibt sich in einem großen Gebiet eine sehr hohe Häufigkeit von gleichzeitigen Hochwassern (Abb. 7.11). Befunde aus den Maarsedimenten über Hochwasser gelten also für die gesamte Mittelgebirgsregion, weit über die Eifel hinaus. Erst im Nordosten Deutschlands und in der Alpenregion folgt das Wetter anderen Mustern. Daher kann man sich bei der Auswertung der Maarsedimente auf Hochwasserlagen konzentrieren. Diese sind gut zu identifizieren (Kap. 4) und stehen für überregionale Wetterstrukturen.

Ursachen von Klimavariabilität in der Vergangenheit

8

Frank Sirocko, Bernd Kromer und Heini Wernli

Im Kapitel 7 wurden die Grundlagen der heutigen atmosphärischen und ozeanischen Zirkulation dargelegt, das heißt der Prozesse, die für den großräumigen Energietransport und das Wetter in Mitteleuropa verantwortlich sind. Bleiben die Randbedingungen, das heißt die Einstrahlungsintensität, die Rückstrahlung von der Erdoberfläche (Albedo), die Treibhausgaskonzentrationen und der strahlungswirksame Aerosolgehalt der Atmosphäre, über lange Zeiträume konstant, so würde sich ein relativ gleichmäßiges Klima einstellen, allerdings mit einer gewissen Bandbreite, die durch die natürliche Variabilität bedingt ist.

Wetterextreme, das heißt anomale, sehr seltene Ereignisse, würden innerhalb dieser Bandbreite mit einer gewissen Wahrscheinlichkeit auftreten. Im Laufe der Klimageschichte der Erde kam es jedoch immer wieder zu prinzipiellen Änderungen der oben genannten Randbedingungen. Wenn diese grundlegenden Änderungen der Randbedingungen so ausgeprägt sind, dass der 30-jährige Mittelwert von Temperatur oder Niederschlag großräumig abweicht, spricht man von einer Klimaänderung. Beobachten wir in der Vergangenheit also ein einzelnes Extremereignis, kann das durchaus innerhalb der natürlichen Wettervariabilität liegen, beobachten wir aber über viele Jahrzehnte hinweg eine Häufung von Extremereignissen, so haben sich sehr wahrscheinlich die Randbedingungen des Erdklimas geändert. Mithilfe von globalen Klima- und Erdsystemmodellen wurden die wichtigsten externen Parameter des Klimas (im Folgenden *Global Player* genannt) identifiziert. Diese sind die Konstellation zwischen Erde und Sonne, welche die Verteilung der Sonnenenergie auf der Erdoberfläche regelt, die Strahlungsaktivität der Sonne selbst, die Konzentration der Treibhausgase und Vulkaneruptionen, die die Atmosphäre trüben.

Im Folgenden werden die Grundlagen zum Verständnis dieser vier Faktoren diskutiert und Zeitreihen vorgestellt, die diese Größen für die Vergangenheit beschreiben. Letztere werden außerdem in jedem der nachfolgenden Kapitel behandelt, um im Vergleich zu den archäologischen Befunden herauszuarbeiten, ob Änderungen dieser Größen die Menschheitsentwicklung beeinflusst haben könnten.

Global Player Nummer 1: Die orbitale Konstellation zwischen Erde und Sonne

Seit Johannes Kepler wissen wir, dass die Erde sich auf einer Umlaufbahn um die Sonne bewegt (Abb. 8.1). Wäre diese Bahn kreisrund und die Ausrichtung der Erdachse fixiert, würde die Menge der auf die Erdoberfläche auftreffenden solaren Strahlungsenergie immer

8.1 Orbitale Konstellation der Sonne und der Erde, Exzentrizität der Erdumlaufbahn, Schiefe und Präzession der Erdachse (nach Milankovic 1941, Imbrie & Palmer Imbrie 1981).

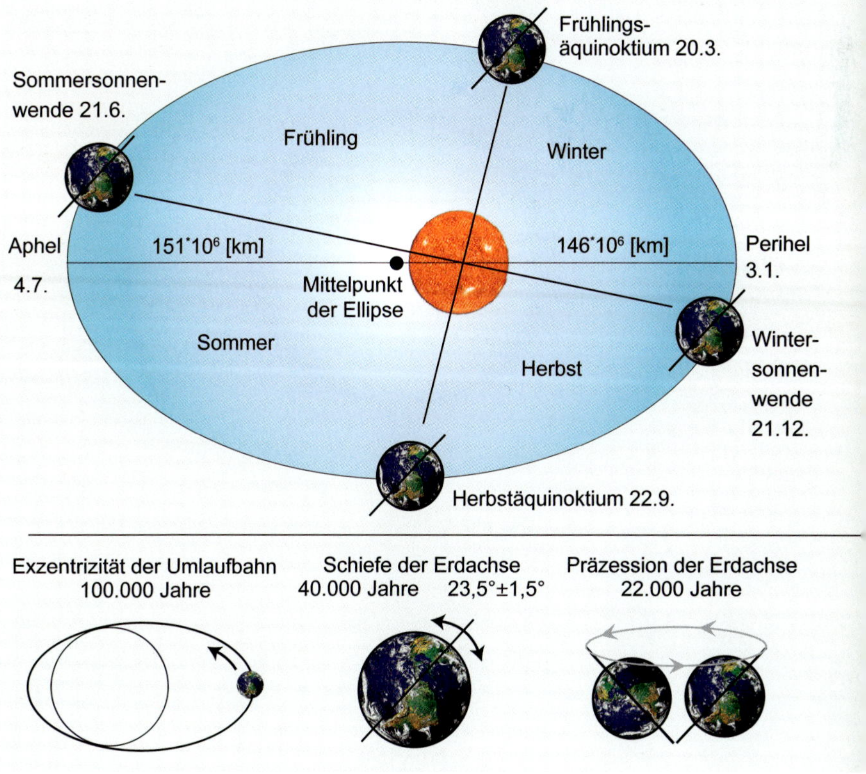

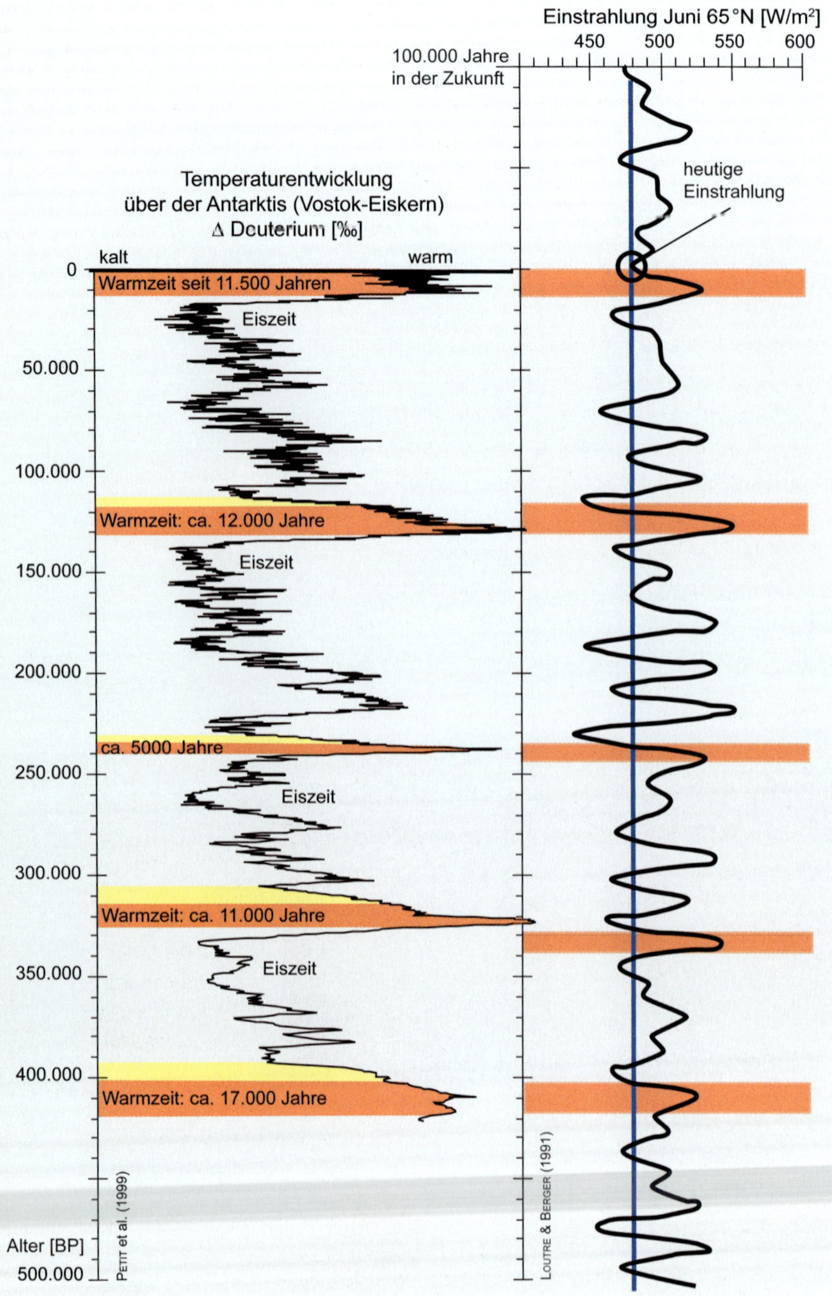

8.2 Rhythmische Änderungen von Eiszeiten und Warmzeiten – dokumentiert in einem antarktischen Eiskern (Petit et al. 1999) – und Einstrahlungsintensität auf der Nordhemisphäre (Berger & Loutre 1991).

gleich verteilt sein. Tatsächlich umkreist die Sonne allerdings die Erde auf einer Ellipse und die Sonne liegt nicht im Zentrum dieser Umlaufbahn. Außerdem hat die Erdachse heute eine Neigung von 23,5° gegenüber der Fläche der Umlaufbahn – diese Neigung ist variabel und schwankt zwischen 22° und 25°. Auch die Ausrichtung der Erdachse zur Sonne ändert sich zyklisch. Diese Größen – Exzentrizität, Schiefe und Präzession genannt (Abb. 8.1) – verändern sich allerdings nur auf sehr langen Zeitskalen. Milutin Milankovic war der Erste, der diese Größen für die Vergangenheit berechnet hat und Zyklen von 100.000 Jahren, 40.000 Jahren und 20.000 Jahren entdeckte und daraus Zeitreihen der „orbitalen" Konstellation entwickelte (1941). Berger & Loutre (1991) berechneten auf dieser Basis als Erste Einstrahlungskurven für die Breiten der Erde über das gesamte Pleistozän. Diese Zyklen stellen heute ein vielfach getestetes Fundament für die Erklärung der Eiszeiten dar (Imbrie & Palmer Imbrie 1981, Ruddiman & McIntyre 1981). Ergänzen sich die drei Größen so, dass zu einem gegebenem Zeitpunkt die Erdachse im Sommer zur Sonne zeigt, die Erde dabei aber von der Sonne weit entfernt ist (Aphel) und die Schiefe der Erdachse möglichst steil steht, bekommt die Nordhemisphäre eine minimale Einstrahlung. Eine maximale Einstrahlung auf die Nordhemisphäre wird dagegen im Perihel erreicht, wenn die Neigung 25° beträgt. Der Unterschied zwischen diesen beiden extremen orbitalen Konstellationen kann in der Strahlung auf 65°N bis zu 20 % betragen (Abb. 8.2).

Zu Zeiten geringster Einstrahlung wird auf polnahen Landmassen die Schneebilanz positiv, das heißt, im Winter fällt mehr Schnee als im Sommer schmelzen kann. Der Schnee bleibt also liegen und wächst von Jahr zu Jahr, bis nach einigen Jahrzehnttausenden ein Inlandgletscher von bis zu 3 km Höhe erreicht ist. Der Beginn einer Eiszeit ist also an eine Konstellation mit minimaler Sonneneinstrahlung auf der Nordhemisphäre gebunden (Sirocko et al. 2007). Danach wächst der Gletscher mit stabilen und instabilen Phasen, bis es nach etwa 100.000 Jahren zum Zerfall des Gletschers kommt. Die Ursachen für diesen Zerfall werden immer noch kontrovers diskutiert. Ausgeschlossen ist, dass der Gletscher im nächsten Einstrahlungsmaximum einfach wieder schmilzt. Eher muss der Gletscher eine bestimmte Größe erreicht haben, bis er intern instabil wird und insbesondere das Eis seiner Basis durch den Auflastdruck schmelzen kann. Fällt dieser instabile Zustand in eine Phase kräftiger Einstrahlung, kann der kontinentale Gletscher vollständig abschmelzen. Wiederholungen dieses Ablaufes kennzeichneten die letzten 700.000 Jahre und führten zum rhythmischen Aufbau von Eisschilden auf Nordamerika und Fennoscandia (Abb. 10.1). Die Abbildung 8.2 zeigt die Abfolge der letzten fünf Eiszeiten und die Einstrahlung auf der Nordhemisphäre, die mit hoher Genauigkeit modelliert und daher auch für die nächsten 50.000 Jahre berechnet werden kann.

Global Player Nummer 2: Veränderungen der Sonnenaktivität

Die Sonne ist ein variabler Stern. Galileo hat mit den ersten teleskopischen Beobachtungen von Sonnenflecken den Anstoß zu dieser Erkenntnis gegeben, und die Zeitreihen der Sonnenfleckenzahlen seit dem 17. Jahrhundert sowie von anderen sonnenphysikalischen Messgrößen belegen Zyklen der Sonnenaktivität. Am bekanntesten ist der 11-Jahres-Rhythmus der Sonnenfleckenhäufigkeit. Es gab aber auch schon Phasen, in denen keinerlei Sonnenflecken zu beobachten waren, und Zeiten ungewöhnlich hoher Aktivität (Abb. 30.1). Für ein Verständnis dieser Prozesse und ihres Einflusses auf das Erdklima muss also erst einmal der Verlauf der Sonnenaktivität über einen längeren Zeitraum bekannt sein; hierfür spielen radioaktive Isotope, die durch Höhenstrahlung produziert werden, eine zentrale Rolle. Zu diesen kosmogenen (höhenstrahlerzeugten) Isotopen gehören Radiokohlenstoff (^{14}C, Halbwertszeit 5730 Jahre) und Beryllium-10 (^{10}Be, Halbwertszeit 1,6 Mio. Jahre).

Die Verbindung zwischen kosmogenen Isotopen und Sonnenaktivität liegt im Einfluss des Sonnenwindes auf die auf die Erde auftreffende Höhenstrahlung und damit auf die Produktion der kosmogenen Isotope in der Stratosphäre (Abb. 8.3). Die Höhenstrahlung aus dem Weltall wird darüber hinaus auch durch das Magnetfeld der Erde selbst abgeschirmt. Das Magnetfeld besteht damit aus zwei Komponenten, dem Dipol des Erdmagnetfeldes und dem Magnetfeld im Sonnenwind, das heißt dem Magnetfeld, das im Fluss von Protonen und anderen geladenen Teilchen, die die Sonne ausstößt, eingefroren ist. Das Erdmagnetfeld ändert sich nur auf Zeitskalen von Jahrhunderten und mehr, während die magnetische Aktivität der Sonne auf Skalen von Stunden bis Jahrhunderten variabel ist. Eine geringere Abschirmung der Höhenstrahlung geht daher mit schwacher Sonnenaktivität einher, führt zu höherer Produktion der kosmogenen Isotope und umgekehrt. Eine höhere Produktionsrate von ^{14}C-Atomen

8.3 a) Bild der Sonnenoberfläche mit Fackeln und Sonnenflecken sowie Magnetfeldmodulation; **b)** Sedimentation des kosmogenen Isotops ^{10}Be in Schnee und Eiskernen; **c)** Einbau des kosmogenen Isotops ^{14}C in Baumholz.

ist daher ein Zeichen einer ruhigen Sonne ohne Sonnenfleckenaktivität (Abb. 8.3).

Aus der Abbildung 8.3 wird ersichtlich, dass Zeitreihen von ^{14}C und ^{10}Be aus der Vergangenheit dazu verwendet werden können, die Sonnenaktivität auch außerhalb der direkten Beobachtungen zu rekonstruieren.

Als ideales Archiv haben sich dafür Baumjahresringchronologien herausgestellt (Abb. 8.3c). Baumringe geben auch Auskunft über die Wachstumsbedingungen in den entsprechenden Jahren, denn Klimaparameter wie Niederschlag und Temperatur üben einen wichtigen Einfluss auf das Wachstum der Bäume aus; daher drücken sich Anomalien des regionalen Klimas im Ringmuster von Bäumen aus. Mithilfe der Jahresringkurven lassen sich Bäume, die über einen gemeinsamen Zeitraum gewachsen sind, synchronisieren und man kann mit der Summe dieser Kurven eine Standardringkurve (Chronologie) erstellen (Abb. 6.2). Durch schrittweise Verlängerung in die Vergangenheit, mit Holz aus Dachstühlen, archäologischen Grabungen und fossilen Bäumen aus Kiesgruben kann so ein jahrgenauer Kalender für die letzte Warmzeit erstellt werden.

Für Süddeutschland ist diese Arbeit seit etwa 1960 an der Universität Hohenheim geleistet worden (Becker 1992, Kromer & Friedrich 2007), und die so entstandenen Chronologien aus Eichen und Kiefern reichen bis 12.410 Jahre vor heute zurück. Jahresringe von Bäumen sind ideale Archive für ^{14}C, denn in der Zellulose eines Jahresringes ist der ^{14}C-Gehalt der Atmosphäre im jeweiligen Jahr gespeichert, und diese Speicherung ist robust gegen Zersetzung und Kontamination. Allerdings beschränkt sich diese Methode auf die letzte Warmzeit, das heißt auf die Zeit, nachdem erstmals nach der Eiszeit wieder Bäume in Europa gewachsen sind.

Für die Zeit davor, also für die letzte globale Vereisungsphase, kann auf das ^{10}Be zurückgegriffen werden. ^{10}Be wurde innerhalb von etwa zwei Jahren nach der Bildung in der oberen Atmosphäre durch Niederschlag ausgewaschen und gelangte so unter anderem auf die Oberfläche der Eisschilde in Grönland und der Antarktis. In den Eisschilden ist der Niederschlag der letzten 100.000 Jahre (Grönland) beziehungsweise nahezu der letzten 1 Mio. Jahre (Antarktis) gespeichert. Mit Eiskernen, die in beiden Regionen erbohrt worden sind, lässt sich also die Sonnenaktivität über die ^{10}Be-Konzentration auch über sehr lange Zeiträume messen. Die ^{10}Be-Konzentration hängt von der Produktionsrate von ^{10}Be ab, allerdings zu geringen Anteilen auch von Transportprozessen, die über die Niederschlagsmenge, das heißt über die Dicke der Jahreslagen im Eiskern, erfasst werden können. Generell weisen die Produktionsraten von ^{14}C und ^{10}Be im Holozän einen hohen Gleichlauf auf (Muscheler et al. 2006), eine Parallelität, die beweist, dass für beide Größen die Sonnenaktivität die dominierende Rolle spielt.

Global Player Nummer 3: Treibhausgase

Der Treibhauseffekt bewirkt die Erwärmung eines Planeten durch Gase in dessen Atmosphäre, die langwellige terrestrische Strahlung absorbieren. Dieser Effekt wurde 1824 von Joseph Fourier entdeckt und 1896 erstmals quantitativ von Svante Arrhenius erfasst. Seit Bestehen der Erde beeinflussen Treibhausgase wie Wasserdampf (H_2O), Kohlenstoffdioxid (CO_2), Methan (CH_4) und Ozon (O_3) die Klimageschichte. Die Grundlage zum Verständnis des Treibhauseffektes auf der Erde ist das Gleichgewicht zwischen der einfallenden solaren Strahlung (mit Wellenlängen im sichtbaren Bereich) und der ausfallenden terrestrischen Strahlung im Infrarotbereich (Abb. 8.4). Hätte die Erde keine Atmosphäre (und damit auch keine Treibhausgase), so ergäbe sich im Mittel am Erdboden eine Gleichgewichtstemperatur von minus 18 °C. Die Absorption eines Teiles der terrestrischen Strahlung durch natürlicherweise vorhandene Treibhausgase und die Reemission dieser Strahlung zu ähnlich großen Teilen in Richtung Erde und Weltall ermöglichen jedoch nur dann ein Strahlungsgleichgewicht, wenn sich auf der Erde im Mittel eine Temperatur von plus 15 °C einstellt.

Dies bedeutet, dass der natürliche Treibhauseffekt auf der Erde im Mittel zu einer Erwärmung um 33 °C führt. Nur dank dieses natürlichen Treibhauseffekts ist Leben auf der Erde überhaupt möglich. Die einzelnen Treibhausgase in der Atmosphäre tragen in unterschiedlichem Maße zum Treibhauseffekt auf der Erde bei (Kiehl & Trenberth 1997). Der größte Anteil stammt dabei mit ungefähr 60 % vom Wasserdampf. Kohlendioxid trägt etwa 26 % zum Treibhauseffekt bei, Methan etwa 6 %, und Ozon etwa 8 %. Diese Zahlen gelten für wolkenfreie Bedingungen.

Der zusätzliche, durch menschliche Eingriffe bedingte Anteil am Treibhauseffekt wird anthropogener Treibhauseffekt genannt. Er hat gemäß dem aktuellen Stand der Wissenschaft in den vergangenen 100 Jahren stark zugenommen. In dieser Zeit stiegen die Konzentrationen von Kohlendioxid durch die Verbrennung fossiler Treibstoffe um etwa 35 % auf den heutigen Wert von etwa 381 ppm (*parts per million,* Teile pro Million) und von Methan um etwa 150 % (in erster

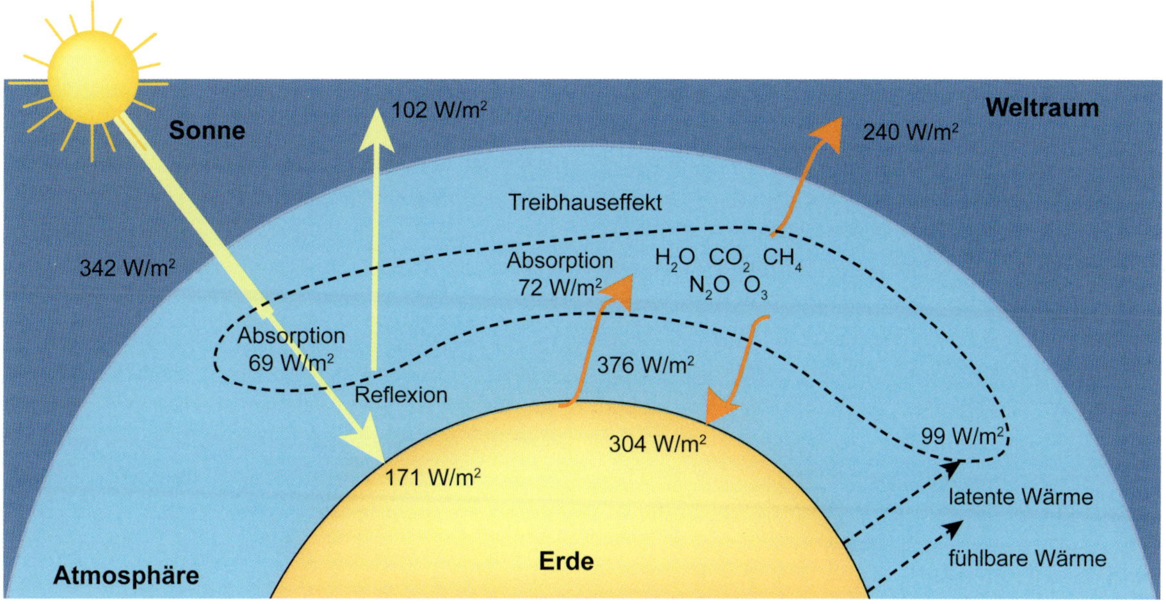

8.4 Schematische Darstellung der über die ganze Erde gemittelten Energiebilanz in der Atmosphäre. Die am Oberrand der Atmosphäre, das heißt in etwa 100 km Höhe, einfallende Sonnenstrahlung beträgt 342 W/m². Davon werden etwa 30 % durch Reflexion an Wolken und am Erdboden wieder in das Weltall emittiert, ein Teil wird in der Atmosphäre absorbiert und 171 W/m² kommen am Erdboden an. Die Abstrahlung der Erde im Infrarotbereich beträgt 376 W/m². Durch den Treibhauseffekt wird ein großer Teil dieser Strahlung in der Atmosphäre absorbiert und wieder zur Erde emittiert (304 W/m²). Um die Energiebilanz am Erdboden auszugleichen, transportieren die sogenannten fühlbaren und latenten Wärmeflüsse durch Turbulenz und Verdunstung von Wasser an der Erdoberfläche insgesamt 99 W/m² in die Atmosphäre. Die Zahlenwerte sind Hartmann (1994) entnommen.

Linie durch Reisanbau und Rinderzucht). Dies hatte eine Erhöhung der globalen Durchschnittstemperatur von ungefähr 0,8 °C zur Folge (IPCC 2007). Die Analyse von Eiskernen zeigt, dass die globale Kohlenstoffdioxidkonzentration mindestens während der letzten 750.000 Jahre nie 290 ppm überschritten hat. Während der Eiszeiten war sie mit 180 ppm niedriger als während der Warmzeiten.

Global Player Nummer 4: Vulkanaktivität

Bei starken vulkanischen Eruptionen gelangen große Mengen von Aerosolen in die Atmosphäre, wo sie den Strahlungshaushalt über mehrere Monate beeinflussen können. Vulkaneruptionen in den Tropen können das Klima weltweit beeinflussen; bei Eruptionen in den Außertropen bleiben die Effekte weitgehend auf eine Hemisphäre beschränkt. Die Klimawirksamkeit der vulkanischen Aerosole ist durch Modellstudien physikalisch und chemisch recht gut verstanden (Textor et al. 2005). Schwefeldioxid (SO_2) stellt das wichtigste Aerosol dar, das dann in der Atmosphäre zu Schwefelsäure (H_2SO_4) umgewandelt wird. Grobkörnige Aschenpartikel sind auf die Umgebung des Vulkans beschränkt; feinkörnige Aschen können in der oberen Troposphäre und unteren Stratosphäre, das heißt in etwa 8 – 12 km Höhe, über Strecken von Tausenden von Kilometern transportiert werden (Abb. 8.5). Insbesondere die stratosphärischen Aerosole mit einer mittleren Aufenthaltszeit von etwa zwei Monaten reflektieren das Sonnenlicht und verursachen dadurch über längere Zeit einen negativen Strahlungsantrieb

8.5 Schematische Darstellung der klimatischen Effekte einer starken Vulkaneruption.

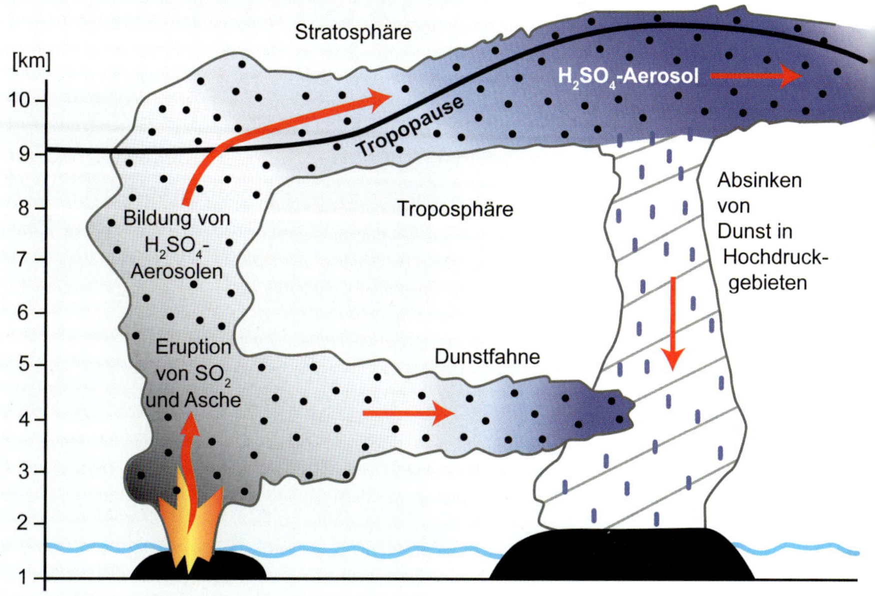

für das Klimasystem. Modellstudien für die Eruption des Vulkans Laki auf Island im Sommer 1783 zeigen, dass die in der unteren Stratosphäre vorhandenen Aerosole in der Polarregion den Strahlungsantrieb am oberen Rand der Atmosphäre um ungefähr 27 W/m^2 abgeschwächt haben (Oman et al. 2006). Bleiben die Aerosole jedoch zum größten Teil auf die Troposphäre beschränkt, so werden sie innerhalb von etwa zehn Tagen durch Niederschlag und Trockendeposition, das heißt durch Ablagerungen am Erdboden durch turbulente Strömungen, aus der Atmosphäre entfernt. Ihr längerfristiger Klimaeinfluss bleibt dann gering. Entscheidend für eine klimatische Auswirkung ist damit, dass Aschenpartikel und andere Aerosole tatsächlich bis in die Stratosphäre emporgeschleudert werden.

Interne Variabilität des Klimasystems als Global Player Nummer 5

Die beschriebenen vier Global Player sind die grundlegenden externen Antriebsgrößen im Klimasystem. Daneben gibt es weitere klimarelevante Prozesse, die die Energiebilanz auf der Erdoberfläche stark beeinflussen. Dies sind zum Beispiel die Ausdehnung von Inlandgletschern und Meereis, Meeresströmungen, Vegetationsbedeckung der Kontinente, Bodenfeuchte und viele andere mehr, das heißt interne Prozesse des Klimasystems, die interaktiv miteinander in Wechselwirkung treten. Es werden in diesem Buch aber immer erst einmal die externen grundlegenden Anfachungsmechanismen betrachtet werden, um die Prozesse herauszustellen, die wirklich global wirksam sind. Danach wird sich der Blick auf den Nordatlantik richten sowie auf globale Telekonnektionen im Klimasystem. Die Frage nach Ursachen von Klimaänderungen und Wetterextremen kann regional oder lokal natürlich weitere Prozesse einbeziehen. Viele der in den Baumringdaten und Seesedimenten beobachteten Veränderungen können zudem auf Änderungen in den Ökosystemen zurückgehen – bis hin zu anthropogenen Einflüssen, die in jüngster Zeit dominieren.

Die genannten Global Player stellen also die wesentlichen Randbedingungen des globalen Klimasystems dar, indem sie die Energiezufuhr auf die Erdoberfläche kontrollieren. Dort wird ein Teil der einkommenden Strahlung reflektiert, ein anderer Teil wird absorbiert und erwärmt die Erdoberfläche. Das Verhältnis dieser beiden Größen bestimmt die Albedo der Erdoberfläche, das heißt wie viel Prozent der Einstrahlung wirklich dem Klimasystem zur Verfügung stehen und wie viel in den Weltraum zurückgestrahlt werden. Damit ist die globale Verteilung von Land (30 %) und Meer (70 %) die eine weitere wichtige Größe, denn Wasser hat eine höhere Wärmespeicherkapazität als Gestein. Auf dem Land ist für die Strahlungsbilanz wiederum die Verteilung von Wüstenregionen (hohe Albedo) und Wäldern (niedrige Albedo) wichtig. Zusammen mit der Topographie der Erdoberfläche können Unterschiede in der Bodenbeschaffenheit und Vegetation lokale Luftströmungen verursachen, die teilweise für die Ausbildung von atmosphärischen Konvektionszellen von Bedeutung sind. Abbildung 8.6a zeigt daher die heutige Land-Meer-Verteilung und die Oberflächentemperatur des Weltozeans im Juli in einer flächentreuen Kartenprojektion. Neben der Konzentration der Landmassen auf der Nordhemisphäre und dem antarktischen Zirkumpolarstrom auf der Südhemisphäre ist das Temperaturmaximum in den tropischen und subtropischen Regionen sehr auffallend. Ein genauerer Blick zeigt die kühlende Wirkung des Humboldt-Stromes und des Benguela-Stromes vor Südamerika und Afrika, die aus dem Zirkumpolarstrom bis in die äquatorialen Breiten vorstoßen. Auf der Nordhemisphäre dagegen erwärmt vor allem der nordwärts gerichtete Golfstrom beziehungsweise seine Verlängerung, die Nordatlantikdrift, die mittleren Breiten des Atlantiks und damit Europas. Dieses warme Wasser gibt auf seinem Weg nach Norden Energie als fühlbare Wärme an die Atmosphäre ab; darüber hinaus wird auch noch Energie in Form von latenter Wärme über die Verdunstung an die Luft abgegeben. Die fühlbare Wärme wird über Winde auf den Kontinent getragen, die latente Wärme wird bei der Wolkenbildung über dem europäischen Kontinent wieder freigesetzt. Die Temperatur Mitteleuropas wird also nicht nur von der direkt eingestrahlten Energie (kontrolliert durch die oben genannten Global Player) gesteuert, sondern zu einem ganz erheblichen Teil von atmosphärischen und ozeanischen Strömungen. Auf der Nordhemisphäre geschieht der meridionale atmosphärische Transport in erster Linie über die atlantischen und pazifischen Tiefdruckgebiete, die Monsunzirkulationen und tropischen Wirbelstürme (Abb. 8.6b). Der ozeanische Transport ist an Golfstrom und Nordatlantikdrift gebunden. Insbesondere der Golfstrom wird dabei oft als Zentralheizung Mitteleuropas bezeichnet, obwohl der Breiten übergreifende Energietransport über die Tiefdruckgebiete eine ähnliche Bedeutung hat.

Das nach Norden transportierte Wasser von Golfstrom/Nordatlantikdrift muss allerdings auch wieder aus dem nördlichen Atlantik abgeführt werden. Dies

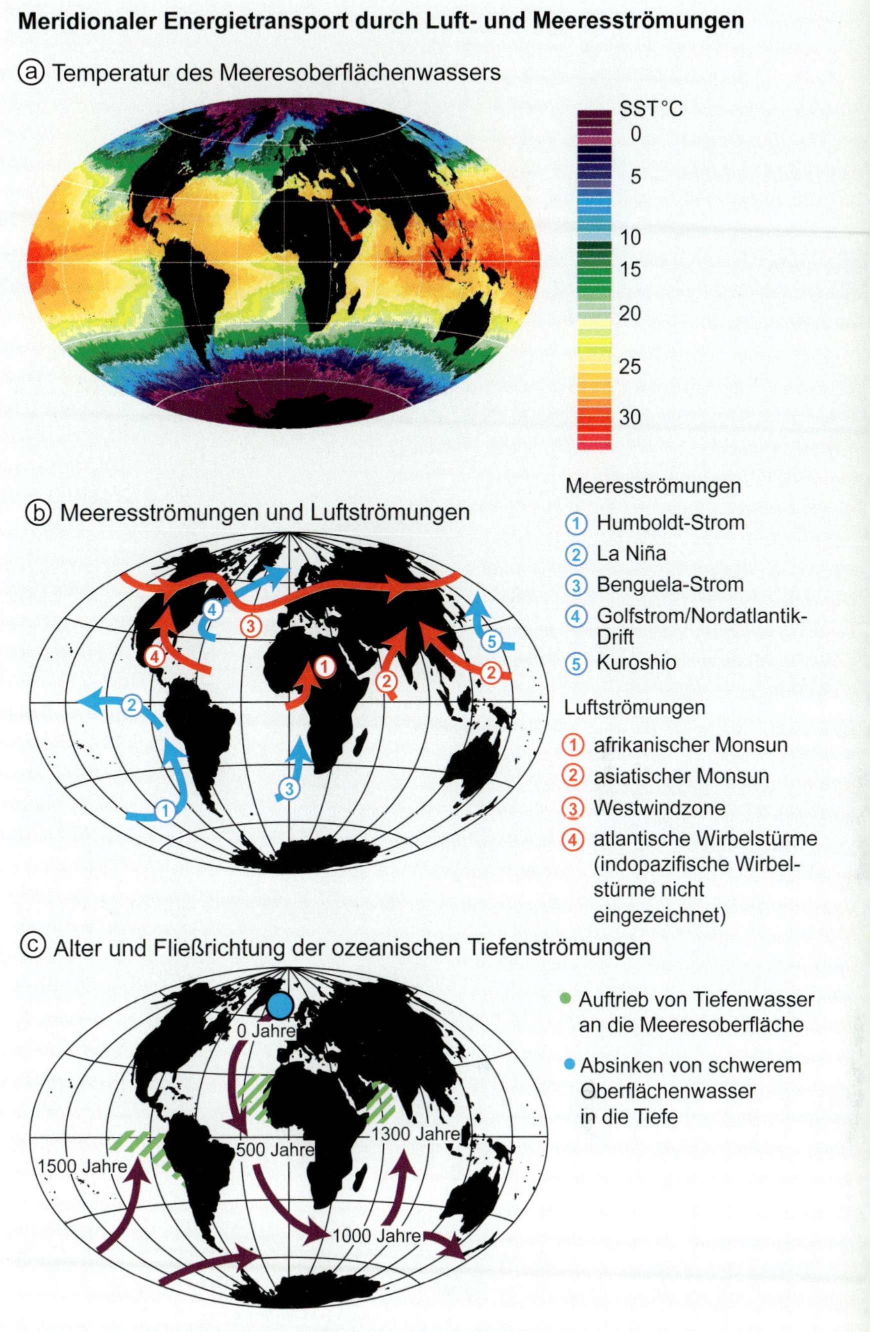

8.6 Flächentreue Projektion der Weltkugel mit Meeresoberflächentemperaturen (a; nach Sirocko 2003), schematisierten Luft- und Meeresströmungen, die Energie über Breitengrade hinweg transportieren (b), und Tiefenströmungen sowie Alter des im Nordatlantik abgesunkenen Wassers (c).

geschieht nicht über Oberflächenströmungen, sondern auf einem langen Weg durch die Tiefe des Atlantiks. Durch die kontinuierliche Abgabe von latenter und fühlbarer Wärme wird das Wasser kühler und durch Verdunstung reichert sich der Salzgehalt an. Im Nordatlantik zwischen Norwegen und Island ist die Dichte des Wassers (eine Funktion von Temperatur und Salzgehalt) dann so hoch, dass das Oberflächenwasser bedingt durch die Schwerkraft bis auf 2000 – 3000 m Wassertiefe sinkt. In diesem Tiefenstockwerk strömt es dann langsam mit etwa 30 m pro Tag nach Süden, erreicht nach 400 Jahren den Südatlantik, nach 1000 Jahren den Zirkumpolarstrom und quillt dann nach etwa 1500 Jahren wieder im Pazifik an die Meeresoberfläche (Abb. 8.6c).

Der Wechsel von kaltem Oberflächenwasser vor Peru während La-Niña-Phasen und warmem Oberflächenwasser während El-Niño-Phasen ist allerdings unabhängig von dieser Tiefenzirkulation, sondern beruht auf dem Kontrast der Meeresoberflächentemperaturen zwischen äquatorialem Ost- und Westpazifik. Der typischerweise im Dezember einsetzende starke Rückstrom von warmem Oberflächenwasser aus dem Westpazifik nach Osten bis vor die Küste Perus wird dort als El Niño (= das Christkind) bezeichnet und unterdrückt den Auftrieb des kalten Tiefenwassers. Die normale Situation vor Peru ist aber der Auftrieb des Tiefenwassers, das aus dem Zirkumpolarstrom und letztendlich aus dem Atlantik stammt. Der Wechsel dieser äquatorialen Oberflächenwassertemperaturen stellt die Wetterküche des Pazifiks, Australiens und Südamerikas dar, wirkt jedoch abgeschwächt auch in andere Teile der Erde, insbesondere nach Nordamerika, Asien und Afrika.

Die oben skizzierten ozeanischen und atmosphärischen Strömungen sind auf der kontinentalen Skala für Wetter und Klima von sehr großer Bedeutung. Es ist daher gerechtfertigt, diese Strömungen als Global Player Nummer 5 zu den wesentlichen Größen des Klimasystems hinzuzunehmen, obwohl diese einen internen Prozess des Systems darstellen.

Die Zeitskalen der Prozesse der Global Player sind dabei sehr unterschiedlich und reichen von Jahrzehntausenden bis zu Tagen und Stunden, das heißt in den Bereich der Wetterphänomene. Die Überlagerung dieser klimatischen Schwankungen kann dazu führen, dass Grenzwerte im Klimasystem überschritten werden, jenseits deren das gesamte System extrem reagiert, zum Beispiel durch einen starken Vulkanausbruch während einer Phase schwacher Sonnenintensität. Der gleiche Vulkanausbruch zur Zeit einer starken Sonne hätte vielleicht nur lokale Wetteranomalien verursacht. Vermutlich sind es solche Überlagerungen, die zu Extremsituationen führen, die dann tatsächlich bis in die menschlichen Gesellschaften wirken können und als „Katastrophen“ wahrgenommen werden.

9 Archäologische Grabungen und Denkmäler

Hartwig Löhr und Axel von Berg

9.1 Luftbild eines eingeebneten Hügelgrabes mit Grabkammer im Kreis Mayen-Koblenz.

Die frühere Besiedlung und Nutzung der Eifel ist in größere kulturelle, wirtschaftliche und politische Zusammenhänge eingebettet, die in durchaus wechselnden Richtungen etliche Hundert Kilometer weit reichten. Diese Situation gilt seit der älteren Steinzeit. Dabei spielen die angrenzenden Naturräume eine wesentliche Rolle. Im Norden ist es die Niederrheinische Bucht mit ihren Lössbörden, im Osten das Rheintal mit dem Neuwieder Becken sowie im Südwesten die Südwesteifeler Triasbucht, die geologisch und landschaftlich letztlich ein Ausläufer des Pariser Beckens ist.

In den folgenden Kapiteln werden vor dem Hintergrund des Klimaganges Entwicklungen der Ur- und Frühgeschichte mit Rückgriff auf Ergebnisse aus ganz Mitteleuropa dargestellt. Wenn man allerdings die Archäologie in der näheren Umgebung der untersuchten Maare beschreiben will, wird man bemerken, dass dort – im Unterschied zu Nachbarregionen – teilweise wenig Kenntnisse vorhanden sind beziehungsweise der Wissensstand für die einzelnen Epochen und Fundgattungen ungleich ist.

Die Gründe für diese Situation liegen in der komplexen Frage der archäologischen „Sichtbarkeit". Gut sichtbar sind oberirdische Denkmäler wie Burgwälle, Grabhügel oder auch Trümmerhaufen von Steinbauten, denen unterirdische, nicht unmittelbar sichtbare Denkmäler und Fundstellen wie Siedlungsstellen und Flachgräber gegenüberstehen.

Die unmittelbare Sichtbarkeit, also die oberirdische Erhaltung von Denkmälern, hängt in hohem Maße davon ab, ob sie, nachdem ihre ursprüngliche Funktion aufgegeben wurde, durch nachfolgende Landnutzung, vorzugsweise Beackerung, eingeebnet wurden oder nicht. Insofern bieten die ausgedehnten Waldgebiete der Eifel günstige Erhaltungsvoraussetzungen für oberirdische Denkmäler, vorzugsweise Hügelgräber, die, wenn sie im Ackerland als Erhebung nicht mehr erkennbar sind, dennoch im Luftbild sichtbar werden (Abb. 9.1).

Innerhalb der Eifel orientierte sich die archäologische Forschung lange Zeit vor allem an oberirdisch sichtbaren Relikten. Die Abbildung 9.2 zeigt zum Beispiel eine Zusammenstellung aller Oberflächenfunde im Großraum Ulmen.

Die Abbildung 9.2 dokumentiert für die Umgebung des Ulmener Maares vor allem im Wald erhaltene Hügelgräber und eine Befestigung aus der Eisenzeit, jedoch kaum Siedlungsfunde, die es aber angesichts der Anzahl der Gräber in größerer Zahl gegeben haben muss. Grabhügel und Siedlungsstellen sind eben archäologisch unterschiedlich „sichtbar".

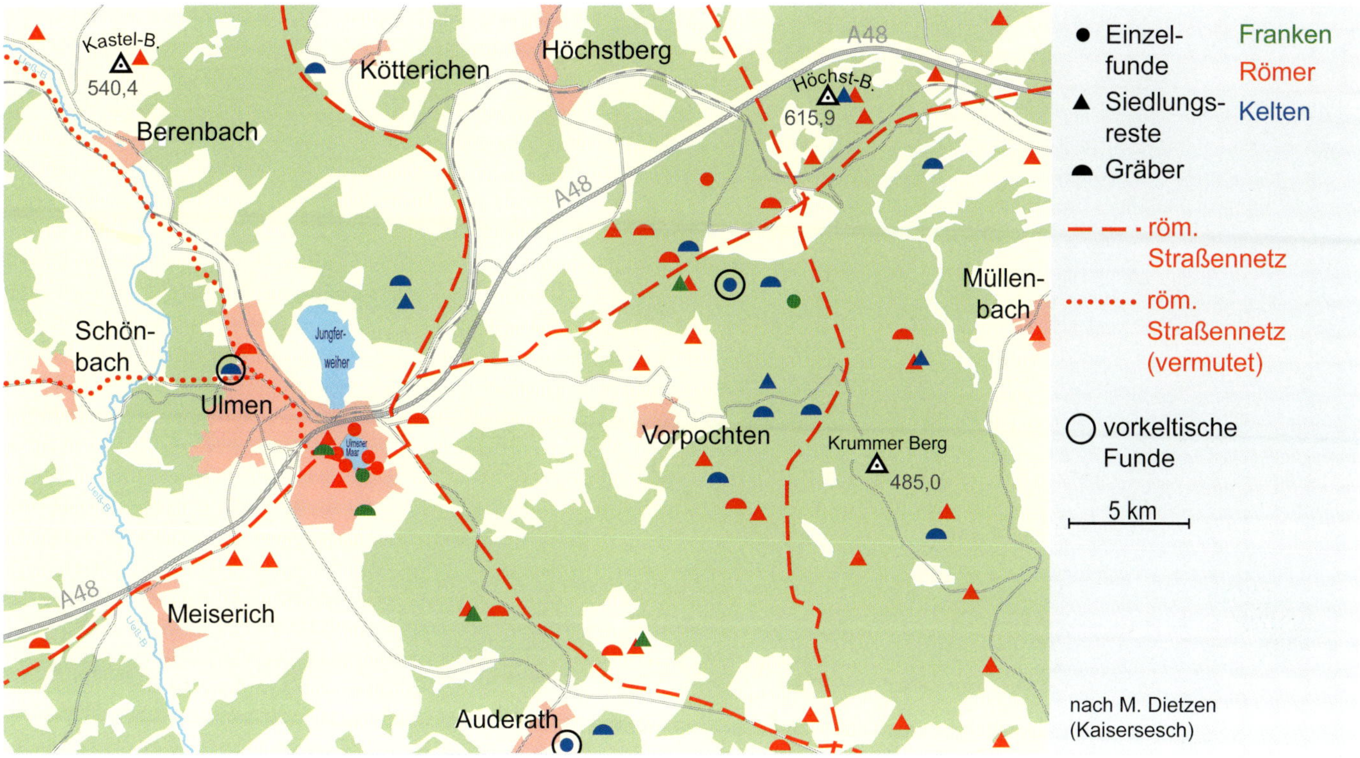

9.2 Karte der bekannten archäologischen Fundstellen im Großraum Ulmen (zusammengestellt von Manfred Dietzen).

Diese unterschiedliche archäologische Sichtbarkeit gilt nun nicht nur für die jeweiligen Denkmaltypen wie Siedlungen und Gräber, sondern auch für ganze Epochen. Grabhügel beispielsweise wurden in unterschiedlichen Regionen Europas zu ganz verschiedenen Zeiten angelegt. In der nordeuropäischen Tiefebene, in Südskandinavien und den Britischen Inseln gab es sie vorwiegend während der späten Jungsteinzeit und Bronzezeit in teilweise beachtlicher Größe. Aufgrund dieser quellenkritischen Überlegungen kann man davon ausgehen, dass die Fundkarte von Ulmen (Abb. 9.2) lediglich die oberirdisch sichtbare Spitze des Eisberges zeigt. Um die Kenntnisse zu ergänzen, gibt es aber noch weitere Möglichkeiten, zum Beispiel großflächige Prospektionen. Besonders im Neuwieder Becken veranlasste der industrielle Abbau des Laacher-See-Bimses, ähnlich wie der großflächige Braunkohleabbau in den rheinischen Lössbörden, großflächige Ausgrabungen, deren Ergebnisse auch für die höhere Eifel zu berücksichtigen beziehungsweise teilweise zu übertragen sind. Allerdings ist gerade bei oberflächlich nicht sichtbaren Fundstellen deren Vorkenntnis Voraussetzung für eine Ausgrabung. Daher werden im Folgenden die jeweiligen archäologischen Prospektionsmethoden skizziert.

Es gibt zunächst die über den Zufallsfund hinausgehende Suche nach beweglichen Oberflächenfunden als eine traditionelle Art der archäologischen Prospektion. Es können dabei Funde und Denkmäler erkannt werden, die eingeebnet und deswegen nicht auf Anhieb sichtbar sind. Auch bei diesem Ansatz ist die Sichtbarkeit von Funden, ja ganzen Epochen immer noch recht unterschiedlich und von zwei Faktoren abhängig: einmal von der physischen Erhaltung, zum anderen von der Datierbarkeit. Gut erhalten und eindeutig zu datieren ist beispielsweise aufgepflügter Trümmerschutt römischer Steinbauten, der bei Feldbegehungen kaum zu übersehen und seit 200 Jahren immer wieder beschrieben worden ist (Abb. 9.3).

Vorrömische Besiedlung dagegen ist schwieriger nachzuweisen, da sich deren Überreste an der Landoberfläche teilweise schnell zersetzt haben. Dies gilt besonders für prähistorische Keramik, sodass oftmals nur unvergängliche Steinartefakte aufgelesen werden können, die vielfach zwischen Jungneolithikum und Bronzezeit nicht näher datierbar sind, da es sich um Durchläufer handelt – also Artefakte, die über sehr lange Zeit in unveränderter Form hergestellt wurden – wie Steinbeilklingen oder Feuersteinverarbeitungsfälle. Am ehesten lassen sich die verschiedenen Formen steinerner Pfeilspitzen zeitlich zuordnen (Abb. 9.4).

Doch selbst wenn Gefäßscherben aufgelesen werden, ist nicht jede Epoche archäologisch gleichermaßen rekonstruierbar. So reicht zur Bestimmung urnenfelderzeitlicher Feinkeramik (Kap. 23) oftmals ein daumennagelgroßes Scherbchen mit feiner Kamm-

9.3 Römischer Trümmerschutt im Acker.

strichverzierung oder kannelierter Oberfläche aus, während es zur Identifizierung wenig verzierter Tonware anderer Zeiten größerer Bruchstücke, wenn nicht halber Töpfe bedarf, wie sie nur durch Ausgrabungen zu gewinnen sind. Insofern lassen sich auch durch Feldbegehungen längst nicht alle Denkmälertypen und prähistorischen Epochen gleichmäßig erfassen.

Die Flugprospektion ist wohl seit einigen Jahrzehnten die erfolgreichste Prospektionsmethode, da mit ihr diejenigen Bewuchsunterschiede fotografisch dokumentiert werden, die sich bei günstigen Bedingungen vorzugsweise im Ackerland über ehemaligen Bodeneingriffen ausbilden.

Ein weiteres erst jüngst ausgereiftes Verfahren ist die Laseraltimetrie, die ebenfalls durch Befliegung, durch großflächige Erfassung und dreidimensionale Darstellung von teilweise nur geringen Höhenunterschieden Bodendenkmäler sichtbar machen kann.

Auf Verdachtsflächen können darüber hinaus mit überschaubarem apparativem Aufwand oberflächlich unsichtbare Strukturen nachgewiesen werden. Mauern, Gräben, Gruben, Pfostenlöcher und anderweitige Bodeneingriffe oder Veränderungen lassen sich durch Störungen des Magnetfeldes (Geomagnetik), der elektrischen Leitfähigkeit (Geoelektrik) oder Variationen im Radarecho (Georadar) der obersten Bodenschicht nachweisen. Voraussetzung ist, dass nicht zu viele moderne Störeffekte in Form von Bäumen, Leitungen, Zäunen, Granatsplittern, Müll und so weiter vorhanden sind. Diese Methoden liefern Ergebnisse, ohne die Befunde, etwa durch Ausgrabung, zu zerstören und eignen sich zur Ergänzung der Kenntnis ausgedehnter Anlagen, die nicht vollständig ausgegraben sind.

Nachdem nun verschiedene Methoden archäologischer Forschung beschrieben wurden, sollen hier einige Datierungsmethoden vorgestellt werden. Grundsätzlich unterscheidet man zwischen relativer und absoluter Datierung. Basierend auf dem aus der Geologie vertrauten Prinzip der Stratigraphie, also der Schichtenabfolge, sagt die relative Datierung aus, ob ein Gegenstand oder eine Anlage älter oder jünger ist als eine andere. Auf einem sehr elementaren Niveau führte dies bereits im 19. Jahrhundert zur Einführung des „Dreiperiodensystems" mit Steinzeit, Bronzezeit und Eisenzeit, wobei an dieser Stelle darauf hingewiesen werden muss, dass besonders das Auftreten der beiden letzten Entwicklungsstadien nicht großräumig synchron erfolgte, sondern mit einem zeitlichen, überwiegend Süd-Nord-Gefälle.

Die Typologie von Artefakten, Bauformen und Verhaltensmustern strebt eine raumzeitliche Gliederung des archäologischen Fundstoffes mithilfe stilistischer Vergleiche an, oftmals im Sinne einer Kombinationsstatistik, und liefert somit ebenfalls relative Datierungen mit Hinweisen auf kulturelle und technische Traditionen und Diffusionen.

Historische und Münzdatierungen sind in den Gegenden möglich, in denen – wenigstens zeitweilig – Schriftlichkeit herrschte (Abb. 9.5). Außer auf erhaltenen Urkunden seit dem Mittelalter gilt dies vor allem für Steindenkmäler der Römerzeit. Seit Einführung der Geldwirtschaft erlauben Münzen zwar keine jahrgenaue Datierung, aber doch die Bestimmung der Regierungszeit des Prägeherrn. Wohlgemerkt wird dabei nur die Prägezeit bestimmt und nicht etwa der Zeitpunkt des Verlustes oder des Deponierens der Geldstücke, der meist einige, manchmal auch viele Jahre später liegt.

Radiokarbondatierungen lassen sich an organischen Materialien vornehmen, angefangen bei verkohlten Speiseresten über verkohlte oder unverkohlte Holzartefakte oder Konstruktionshölzer bis hin zu tierischen oder menschlichen Knochen mit einem Maximalalter von bis zu circa 40.000 Jahren. Besonders geeignet für eine genaue Datierung sind solche organischen Reste, die eine kurze Lebenszeit hatten, zum Beispiel Sämereien und daraus hervorgegangene Speisereste und tierische oder menschliche Knochen, im Gegensatz zu kleinen Holzkohlen von ehemals großen und langlebigen Bäumen.

Die Zählung und die statistische Korrelation der Dickenmessungen jährlich gebildeter Baumringe (Dendrochronologie) erlaubt bei entsprechender Ringzahl eine jahrgenaue Bestimmung der Fällungszeit eines Bauholzes oder des Absterbezeitpunktes eines Baumes. Diese Methode liefert die besten absoluten Datierungen. Ihre Anwendung hängt natürlich von der

Pfeilspitze
späte Bronzezeit
1200–800 BC

Pfeilspitzen
Spätneolithikum
und frühe Bronzezeit
2800–1800 BC

Pfeilspitzen
Altneolithikum
6000 BC–4500 BC

Pfeilspitzen (Mikrolithen)
Spätmesolithikum
9500–8000 BP (6000 BC)

Rückenmesser und- spitzen
Spätpaläolithikum
16.000–10.000 BP

Speerspitzen (Mammutelfenbein)
Jungpaläolithikum
30.000–14.000 BP

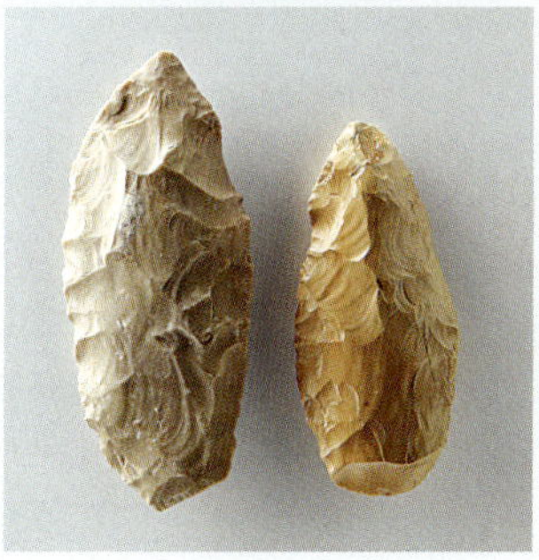

Lanzenspitzen
(sogenannte Blattspitzen)
spätes Mittelpaläolithikum bis
frühes Jungpaläolithikum
40.000–30.000 BP

Armbrustbolzen
Mittelalter
1200–1500 AD

Geschossspitzen
Eisenzeit (römisch)
50 BC–450 AD

Pfeilspitzen
Eisenzeit (keltisch)
800–300 BC

9.4 Pfeilspitzen verschiedener Zeiten. Maßstab ca. 1 : 2.

9.5 Moselschotter mit römischen Münzen aus Trier, zugleich Ergebnis und Illustration römerzeitlicher Bodenerosion und Sedimentbildung. Maßstab ca. 2 : 3.

Erhaltung von Hölzern im Grundwasserbereich ab, wie sie an den Seeufersiedlungen des Alpenvorlandes oder in Nordeuropa gegeben sind. Die in den Kapiteln zur Stein-, Bronze- und Eisenzeit (Kap. 11 – 24) genannten Altersangaben beruhen auf dendrochronologischen und ^{14}C-Datierungen.

Gerade weil die archäologische Erforschung der Einzugsgebiete der Eifelmaare oft nicht besonders gut ist, da die hier geschilderten Prospektionsmethoden über die traditionelle Wahrnehmung obertägig sichtbarer Denkmäler, punktueller Oberflächenprospektion und Geomagnetik hinaus kaum angewendet wurden, treten geologische Untersuchungen ergänzend hinzu. Allerdings liefern diese Untersuchungen – allen voran die Pollenanalyse – dieser Geoarchive nicht allein Hinweise auf ur- und frühgeschichtliche Siedlung und Landnutzung, sondern betten sie in einen Hintergrund von Klima- und Umweltinformationen ein. Ganz wesentlich ist dabei, dass die Überlieferung lückenlos unter gleichbleibenden Bedingungen erfolgte und eine zeitlich hochauflösende Untersuchung erlaubt. Zumindest abschnittsweise ausgebildete, zählbare Jahresschichtungen oder Event-Lagen ergeben dabei nicht nur jahrgenaue Datierungen, sondern lassen es zu, dass Umweltzustände oder Ereignisse inhaltlich benannt werden. Kleinere Unterschiede im Verlauf zwischen einzelnen Maaren zeigen dabei zum Beispiel Abbruch oder Kontinuität der Besiedlung während der Völkerwanderungszeit.

Zusammenfassend lässt sich festhalten, dass die Geoarchive der Eifeler Maare die menschliche Besiedlung und Nutzung dieser Region vor dem Hintergrund des Klimageschehens in einer Vollständigkeit widerspiegeln, wie sie – gerade angesichts der sehr unterschiedlichen „Sichtbarkeit" der einzelnen Epochen – mit rein archäologischen Methoden kaum erfasst werden kann. Auf diese Weise liefern die Untersuchungsergebnisse auch Hinweise auf archäologisch noch nicht nachgewiesene Funde und Epochen.

Frühe Europäer – die ersten Menschen in Mitteleuropa und der Sonderweg der Neandertaler

10

Sabine Gaudzinski-Windheuser, Olaf Jöris, Martin Street, Hartwig Löhr und Frank Sirocko

Die ältesten gesicherten Belege für die Anwesenheit des Menschen in Mitteleuropa datieren auf rund 700.000 – 600.000 Jahre BP (Abb. 10.1). In jener Zeit trennt sich die europäische Linie der Neandertaler von der des modernen Menschen, der sich in Afrika entwickelte (STRINGER 2007). Dabei scheint es, dass Europa nordwärts der Hochgebirge zunächst nur in den Warmzeiten besiedelt wurde (Abb. 10.1; BOSINSKI 1995). Während dieser Klimaabschnitte bedeckten Laubwälder mit größeren grasbestandenen Lichtungen weite Teile Mitteleuropas. Waldelefanten, Nashörner, Pferde, Hirsche und Rinder waren hier beheimatet (VON KOENIGSWALD 2002).

In Europa kennt man aus dieser frühen Zeit nur wenige menschliche Fossilien (Abb. 10.2). Der wohl bekannteste Fund ist der bereits 1907 in einer Kiesgrube in Mauer bei Heidelberg entdeckte Unterkiefer des *Homo heidelbergensis* (Abb. 10.3; SCHOETENSACK 1908). Archäologische Nachweise aus dieser frühen Phase der Besiedlung sind in ganz Europa selten, doch mit Miesenheim I (TURNER 2000) und Kärlich-Seeufer (GAUDZINSKI 1998) gibt es am östlichen Rand der Eifel gleich zwei bedeutende Fundstellen aus der Zeit vor etwa 600.000 bis 500.000 Jahren.

Die einzigartige Fundsituation in Miesenheim I erlaubt detaillierte Einblicke in Leben und Umwelt des *Homo heidelbergensis.* Miesenheim I ist eine der wenigen Fundstellen dieser Zeit, wo sich Steinartefakte und Tierknochen an denselben Stellen erhalten haben, an denen sie vor mehr als einer halben Jahrmillion eingebettet worden waren. Heute liegt der Fundplatz am Ostufer der Nette, etwa 3 km vor ihrer Mündung in den Rhein, doch lag die Siedlungsstelle damals unmittelbar am Ufer des Rheins in sumpfigem, mit Auenwald bestandenem Gelände (TURNER 2000). Tiere suchten dieses reiche Biotop regelmäßig auf; hier stellte auch der Mensch seine Steinwerkzeuge her, wie zusammenpassende Herstellungsabfälle deutlich machen. Hinweise auf andere Aktivitäten, wie etwa die Jagd, fehlen. Lediglich ein Knochenfragment von einem großen Wildrind oder einem Nashorn weist eine Schlagfacette auf. Diese könnte darauf deuten, dass der Knochen geöffnet wurde, um an das Mark zu gelangen.

Untersuchungen an ungleich älteren Fundplätzen in Israel zeigen, dass tierische Nahrung schon sehr früh mit in den Speiseplan des Menschen einbezogen wurde (RABINOVICH et al. 2008). So wird überlegt, ob die Ausbreitung des Menschen nach Norden über die Grenzen der Urheimat der Menschheit, des afrikanischen Savannen-Biotops, hinaus erst durch die regelhafte Nutzung dieser Ressourcen möglich wurde (GAUDZINSKI 2002, GOREN-INBAR et al. 2000).

Auch der Fundplatz Kärlich-Seeufer zählt zu den ältesten Nachweisen im nördlichen Mitteleuropa. Hier befand sich vor etwa 400.000 Jahren ein kleiner See, aus dessen torfiger Uferzone eine reiche Vegetation überliefert ist. Zusammen mit den erhaltenen Tierknochen, darunter auch den Überresten von mindestens acht Waldelefanten *(Elephas [P.] antiquus)*, ist ein warmgemäßigtes Klima bezeugt. Der See war auch für den frühen Menschen ein attraktiver Standort. Unter den zurückgelassenen Steinwerkzeugen aus Quarzit und Quarz fanden sich zwei große Faustkeile (Abb. 10.4) – die typischen Geräte dieser Zeit. Trotz der engen räumlichen Vergesellschaftung der Steinartefakte und Faunenreste bleibt im Detail ungewiss, welchen Anteil der Mensch am Zustandekommen der Fundsituation hatte (GAUDZINSKI 1998); auch ob der Mensch die Elefanten erbeutet hat, muss offenbleiben.

Gleichfalls aus warmzeitlichem Kontext stammt eine Reihe einfacher, aus Quarz- und Quarzitgeröll geschlagener Abschläge und Kerne aus den Travertinablagerungen des Kartsteins bei Weyer nahe Mechernich in der Nordeifel, die mit einem Alter von wohl rund 300.000 Jahren zu beziffern sind (BAALES & VOLLBRECHT 1995).

Die frühesten Belege menschlicher Anwesenheit in der Eifel während kaltklimatischer Verhältnisse

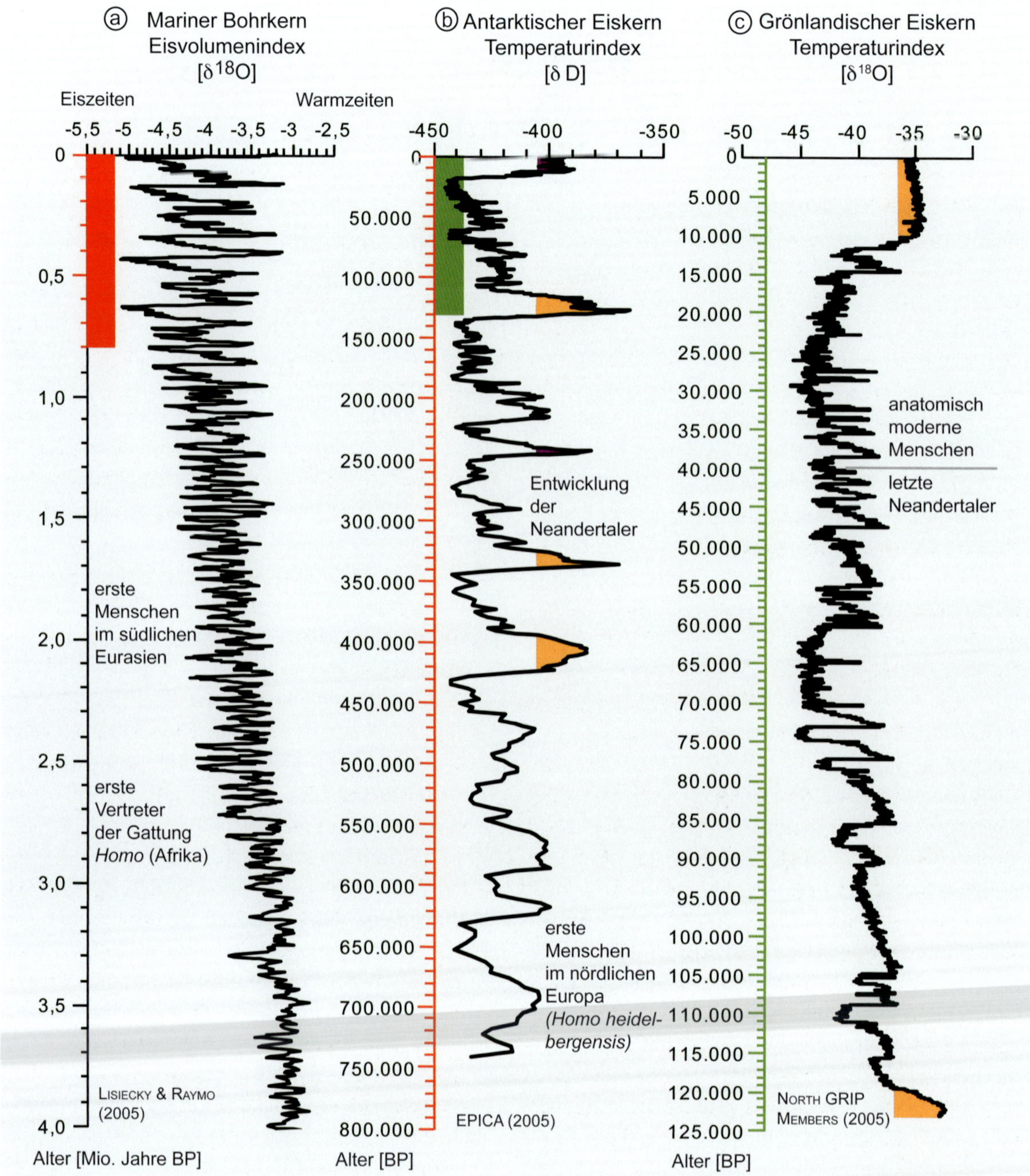

10.1 Synthetische Klimazeitreihen der letzten 4 Mio. Jahre zusammen mit bedeutenden Nachweisen der Ausbreitung des frühen Menschen nach Mitteleuropa. Die Häufigkeitsschwankungen der Sauerstoffisotope (^{18}O und ^{16}O) in den Kalkschalen mariner Organismen (a; Liesicky & Raymo 2005) oder in grönländischen Eiskernen (c), ausgedrückt als $\delta^{18}O$, beziehungsweise des schweren Wasserstoffs (δ-Deuterium) im antarktischen EPICA-Eiskern (b; EPICA members 2005) erlauben detaillierte Rekonstruktionen der Klimaänderungen der Vergangenheit. Die $\delta^{18}O$-Werte dokumentieren die wechselnden Wasseranteile, die in Form von Eis auf den Kontinenten gebunden waren. So leitet sich aus diesen Werten die Entwicklungsgeschichte der kontinentalen Gletscher und damit die Geschichte der Eiszeiten ab. Diese begann vor 38 Mio. Jahren mit der initialen Vereisung der Antarktis; seit 2,8 Mio. Jahren steuerte dann die Vereisung der Nordhemisphäre wesentlich die Klimaentwicklung in den mittleren Breiten. Die Wechsel zwischen Eiszeiten und Warmzeiten sind seitdem global sichtbar und verstärkten sich noch vor rund 0,9 Mio. Jahren, als die Rhythmen kräftiger, aber auch länger wurden, mit Wiederkehrperioden um rund 100.000 Jahren.

10.2 Verbreitung des Neandertalers und älterer europäischer Menschenformen (nach GAUDZINSKI-WINDHEUSER & JÖRIS 2006).

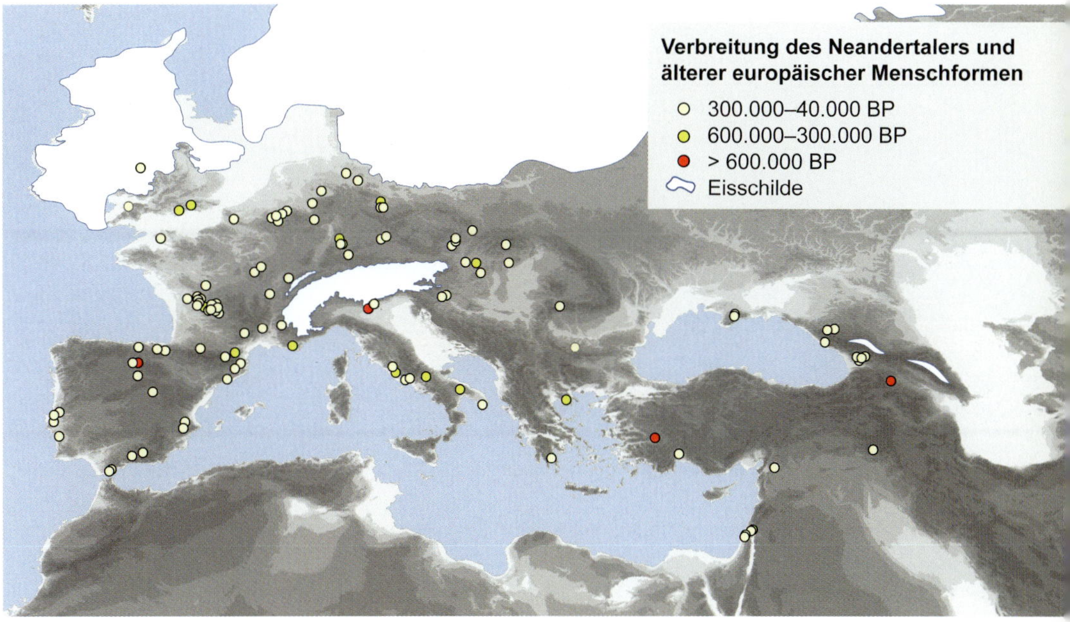

stammen aus einem älteren Löss der Tongrube Kärlich (BOENIGK & FRECHEN 1998, VOLLBRECHT 1997) und werden auf rund 450.000 Jahre datiert (BOSINSKI 1995). Vor rund 400.000 – 300.000 Jahren entwickelte sich in Europa – isoliert von der Bevölkerung Afrikas – aus dem „Heidelberger Menschen" der Neandertaler, ohne Zweifel der bekannteste Vertreter aus der Ahnenreihe des Menschen. Bis heute sind die Skelettreste von mehr als 300 Neandertalerindividuen bekannt (Abb. 10.2), darunter auch ein größeres Schädelfragment aus einer Kratermulde des Wannen-Vulkans bei Ochtendung in der Osteifel (Abb. 10.5; VON BERG 1997, VON BERG et al. 2000). Das massive Knochenfragment wird einem vermutlich 30 – 45 Jahre alten männlichen Individuum zugewiesen und datiert in die vorletzte Kaltzeit (Abb. 10.1).

Bis heute ist unser Verwandtschaftsverhältnis zum Neandertaler nicht abschließend geklärt. So schließt die eine Gruppe von Forschern eine nahe Verwandtschaft weitestgehend aus – eine Hypothese, die nicht zuletzt auch durch die Ergebnisse molekulargenetischer Untersuchungen unterstützt wird (NOONAN et al. 2006, GREEN et al. 2006). Man argumentiert, dass der Neandertaler vom anatomisch modernen Menschen, dem *Homo sapiens sapiens,* ersetzt worden sei, ohne dass es zwischen beiden Menschenformen zu nennenswerter Vermischung gekommen wäre. Eine andere Forschergruppe vertritt hingegen die Position, dass sich der anatomisch moderne Mensch sehr wohl aus dem Neandertaler entwickelt haben könnte (WOLPOFF & CASPARI 1997). Noch ungewisser ist die Frage, warum der Neandertaler letztlich von der Bühne Europas verschwinden musste. Schließlich bevölkerte er den Kontinent in der Zeit vor rund 350.000 – 40.000 Jahren und passte sich während dieses langen Zeitraumes extremer Klimaveränderungen zusehends den Bedingungen im eiszeitlichen Europa an.

Während der kältesten Phasen reichten die Gletscher aus dem Norden bis in die Mitte Europas. Der Meeresspiegel senkte sich bis zu 140 m, und England wurde Teil des Kontinentes. Solche Kaltphasen waren durch anhaltendes Trockenklima mit großen Temperaturunterschieden zwischen Tag und Nacht sowie Sommer und Winter gekennzeichnet. Pflanzen, Tiere und auch die Neandertaler konnten während dieser Phasen nur in südlichen Regionen überleben.

Während der wärmsten Phasen bedeckten ausgedehnte Wälder Mitteleuropa. Wie in der heutigen Warmzeit lebten hier Wildschweine, Hirsche und Rehe. Selbst in den Maarsedimenten finden sich vereinzelt Knochen dieser warmzeitlichen Tiere, beispielsweise die Rippe eines Wildschweines in einem Kern aus dem letzten Interglazial. Im Gegensatz zu heute waren hier in den älteren Warmzeiten zeitweilig auch der große Waldelefant und das Waldnashorn heimisch; selbst das Flusspferd,

10.3 Unterkiefer des *Homo heidelbergensis* aus Mauer bei Heidelberg.

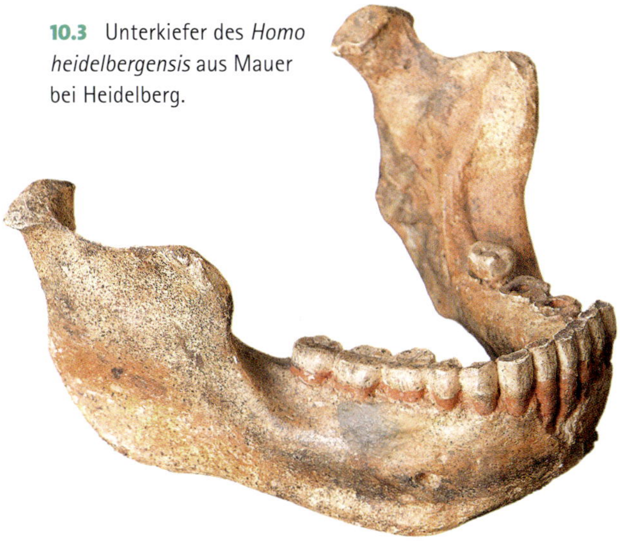

10.4 Großer Faustkeil aus Quarzit von der Fundstelle Kärlich-Seeufer (Länge = 19,3 cm).

10.5 Schädeldach eines Neandertalers, gefunden am Wannen-Vulkan in der Osteifel (aus GAUDZINSKI-WINDHEUSER & JÖRIS 2006).

10.6 Schädel eines Flusspferdes aus der letzten Warmzeit (aus VON KOENIGSWALD 2002, Abb. 80, S. 67).

das zum Überleben besonders milde Winter braucht, kam an Rhein und Saar, ja sogar im Süden Englands vor (Abb. 10.6). Der immense Nahrungsbedarf dieser Megafauna führte dazu, dass keine geschlossenen Wälder bestehen konnten. Die Wälder dieser frühen Interglaziale waren daher vermutlich von offenen Lichtungen durchsetzt. Auch war beispielsweise das Klima des letzten Interglazials deutlich anders als das der jetzigen Warmzeit. Vor 125.000 Jahren war es im Sommer um 1 – 2 °C wärmer, aber vor allem blieben die Gewässer im Winter eisfrei. Dies war der entscheidende Faktor für die Ansiedlung des Flusspferdes in unseren Breiten.

Die wildreichsten, mit Ren-, Pferd- oder Wisentherden bevölkerten Biotope fanden sich indes in den ausgedehnten, oft als „Mammutsteppe" bezeichneten Graslandschaften der kühlgemäßigten Phasen. Die Überreste eines bereits 1936 bei Polch entdeckten älteren Mammutbullen, die wahrscheinlich in die letzte Kaltzeit datieren, zeigen eindrucksvoll die Anwesenheit auch dieser Art in Mitteleuropa (Abb. 10.7). Wenngleich der Befund schon recht bald nach seiner Entdeckung als Mammutfallgrube interpretiert wurde (MAUZ 1939), fehlt jeglicher Hinweis auf eine Beteiligung des Menschen am Tod des Tieres (VON KOENIGSWALD 1989). Heute noch erinnert der Autobahnrastplatz „Mammutgrube" an der A 48 bei Polch an diesen Fund.

Der Körperbau des Neandertalers war, wie es scheint, den kaltklimatischen Bedingungen angepasst. Der Neandertaler war ungleich robuster gebaut und im Durchschnitt kleiner als der anatomisch moderne Mensch. Außerdem hatte er muskulöse Gliedmaßen und kräftige Hände. Stärke und Zähigkeit machten ihn zu einem erfolgreichen Großwildjäger. Auch die Bewaffnung des Neandertalers lässt auf seine jägerische Lebensweise schließen: Die einzigartig erhaltenen hölzernen Speere oder Lanzen, die in der Uferzone eines Sees bei Schöningen in Südniedersachsen zwischen den Überresten von Wildpferden gefunden wurden (Abb. 10.8) und deren Alter zwischen 400.000 und 235.000 Jahren anzusetzen ist (THIEME 2007, JÖRIS 2005, JÖRIS & BAALES 2003), belegen dies eindrucksvoll.

Eine 2,40 m lange Holzlanze, die aus der letzten Warmzeit vor 125.000 Jahren stammt (Abb. 10.1c) und im niedersächsischen Lehringen gefunden wurde, steckte zwischen den Rippen eines ausgewachsenen Waldelefanten, der am Ufer eines Sees verendet war (THIEME & VEIL 1985). Steinerne Spitzen fanden – wohl Lanzen oder Speeren aufgesetzt – als Projektile Verwendung, wie der Fund eines Fragmentes einer solchen Spitze an einem syrischen Fundplatz, eingeschossen in den Halswirbel eines Wildesels, illustriert (BOËDA et al. 1999). Obwohl verheilte Knochenbrüche nahelegen, dass der Neandertaler selber bei der Jagd

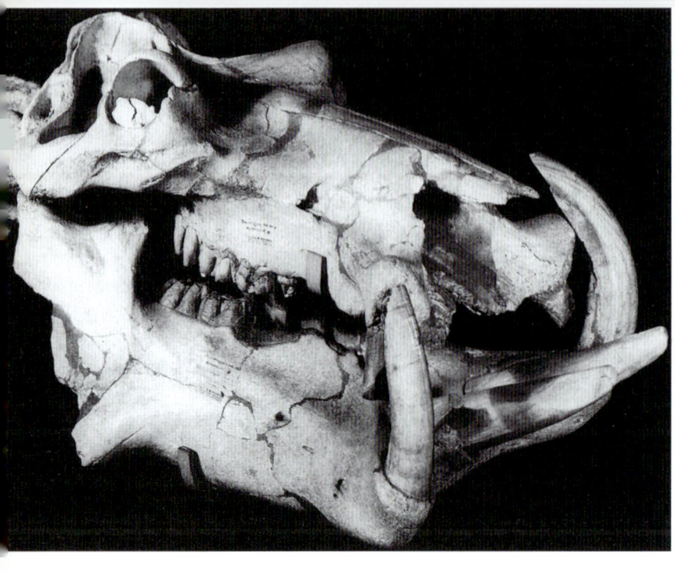

10.7 Freilegung der Mammutknochen 1936 in der „Mammutgrube" bei Polch (aus MAUZ 1939).

10.8 Wurfspeer aus der Zeit des Neandertalers vom Fundplatz Schöningen in Niedersachsen (aus THIEME 2007. Copyright: Niedersächsisches Landesamt für Denkmalpflege).

großen Gefahren ausgesetzt war (BERGER & TRINKAUS 1995), belegen chemische Untersuchungen an seinen Knochen, dass mit tierischen Proteinen ein wesentlicher Teil des Nahrungsbedarfes gedeckt wurde (RICHARDS et al. 2000).

Die Spezialisierung des Neandertalers auf die Großwildjagd zeigt sich eindrucksvoll an seinen Jagdstellen. Aus der Zeit vor etwa 100.000 Jahren sind Plätze bekannt, die die Überreste von bis zu 1000 Wildrindern erbracht haben und die wiederholt durchgeführte Jagden bezeugen. So wurden am Ufer eines Flussarmes des Wiesbaches im rheinhessischen Wallertheim mindestens 52 Wisente erlegt (GAUDZINSKI 1995), wobei vor allem den jeweils stärksten Tieren der Wisentherde nachgestellt wurde. Zwar barg die Bejagung dieser Tiere die größten Gefahren, doch lieferten gerade sie die qualitativ wertvollste Nahrung. Im Gegensatz zu den wiederkehrenden Jagden in Wallertheim wird für den jüngeren Fundplatz Salzgitter-Lebenstedt in Niedersachsen argumentiert, dass eine ganze Ren-Herde in einem einzigen Jagdzug von Neandertalern niedergestreckt wurde (GAUDZINSKI & ROEBROEKS 2000a und 2000b).

Zwar war das Gebiet der Eifel über lange Abschnitte des Eiszeitalters ein Abtragungsraum, doch sind zahlreiche Oberflächenfundplätze aus der Zeit des Neandertalers überliefert, vor allem in der weniger stark reliefierten Südwesteifeler Triasbucht und dem Luxemburger Gutland (BOECKING 1979, LE BRUN-RICALENS 1994). Über lange Zeiträume akkumulierten sich hier Artefakte auf erodierten Verebnungsflächen und Flussterrassen mit ihren Lösslehmdeckschichten.

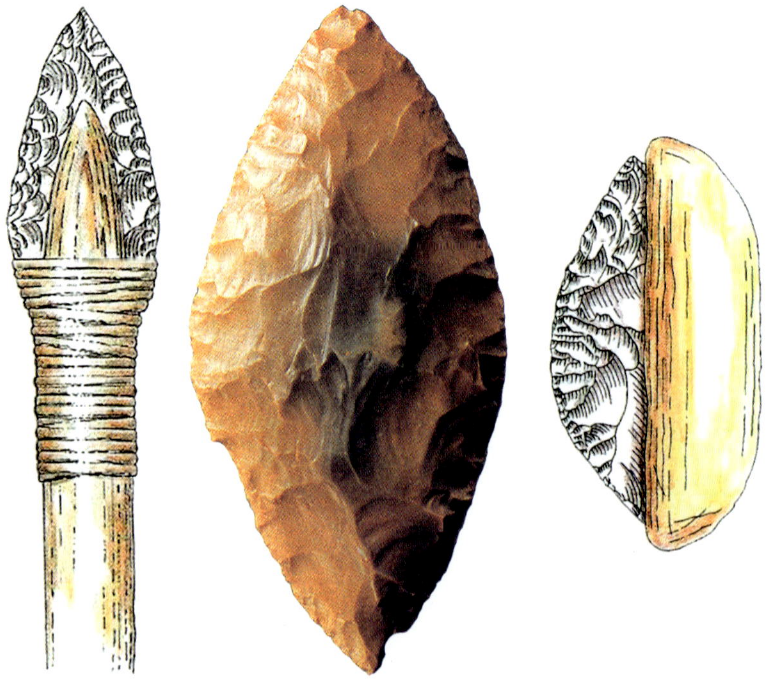

10.9 Blattspitze aus der Haldensteinhöhle (aus Bosinski 1990) und mögliche Schäftungsformen.

Einige Artefakte aus Quarz- und Quarzitgeröll aus den wohl etwa 200.000 Jahren alten, vielleicht aber auch älteren Ablagerungen im Uferbereich eines ehemaligen Maarsees bei Gerolstein, dem Gerolsteiner Trockenmaar, sind die ältesten stratifizierten Funde aus der Zeit des Neandertalers in der Vulkaneifel. Künftige Ausgrabungen könnten hier einzigartig erhaltene, *in situ* gelagerte Funde und Befunde liefern. Bislang ist dieses Maar geologisch noch nicht erbohrt.

Aus der Osteifel, wo die Schlackenkegel erloschener Vulkane die markantesten Geländeerhebungen bilden, ist eine Reihe neandertalerzeitlicher Fundplätze bekannt. Für den Neandertaler waren diese oft steilen Hügel mit ihren Kratermulden attraktive Siedlungsplätze (Bosinski et al. 1986). Die heute lössgefüllten Mulden boten allseitigen Schutz, und es sammelte sich dort Wasser. Die Gipfel der höheren Vulkane gewährten auch einen weiten Blick über die Landschaft und damit die Möglichkeit, Tiere in der Ebene frühzeitig zu erspähen. Diese günstigen Voraussetzungen machte sich der Neandertaler zunutze und kehrte auf seinen jahreszeitlichen Streifzügen aus anderen Gebieten immer wieder in diese Region zurück. Hinweise, die auf eine längerfristige Besiedlung der Vulkanberge schließen lassen, fehlen.

Die wichtigsten Vulkan-Fundplätze der Osteifel sind der Schweinskopf, die Wannen-Vulkangruppe, der Tönchesberg und der Plaidter Hummerich. Sie dokumentieren die Anwesenheit des Neandertalers während unterschiedlicher Klimaphasen. Funde vom Schweinskopf sowie aus den unteren Schichten der Wannen und des Tönchesberg-Vulkans datieren in die Zeit vor etwa 190.000 bis 130.000 Jahren. Die Funde der Hauptfundschicht des Tönchesbergs und jene vom Hummerich sind wohl in die Frühphase der letzten Kaltzeit (etwa 115.000 – 70.000 BP) einzuordnen (Street et al. 1999). Einzelne Funde von den wenig nördlich gelegenen Kunksköpfen und dem Herchenberg belegen weitere Aufenthalte des Neandertalers (Pastoors 2002).

Stratifizierte mittelpaläolithische Funde sind in den höher gelegenen Gebieten der Eifel seltener. Wichtig sind hier die Funde aus dem Buchenloch bei Gerolstein oder den mehrschichtigen Füllsedimenten der Kartsteinhöhle bei Mechernich in der Nordeifel, die wohl in die frühen und mittleren Abschnitte der letzten Kaltzeit datieren (Bosinski 1967). Am bedeutendsten sind die Funde aus der Haupthöhle des Kartsteins, unter deren verstürztem Osteingang insgesamt drei mit Holzkohlen und Faunenresten durchsetzte mittelpaläolithische Schichten dokumentiert wurden. Am umfangreichsten ist der hangende, spät-mittelpaläolithische Fundkomplex Kartstein III, der zusammen mit einem Teil des Fundmaterials aus dem Buchenloch zu den spätest-mittelpaläolithischen Blattspitzenindustrien überleitet (Bosinski 1967, Bolus 2004, Jöris 2004). Diese dünnen, in der Aufsicht meist bikonvexen, beidflächig bearbeiteten Geräte fanden als Messer oder Projektile Verwendung (Abb. 10.9).

Den Blattspitzenindustrien zuzuordnen ist auch das Fundmaterial aus der Lössabfolge am Schwalbenberg unweit von Remagen (App et al. 1995) sowie wohl auch das nur wenig umfangreiche Steinartefaktensemble der Magdalena-Höhle am südlichen Abbruch der Munterley, einem nördlich der Kyll gelegenen Plateau aus mitteldevonischem Dolomit bei Gerolstein (vgl. Hilpert 2005). Von besonderem Interesse sind an beiden Plätzen die zur Steingeräteherstellung verwendeten Rohmaterialien. Während in der vorausgegangenen Zeit lokale beziehungsweise regionale Gesteinsrohmaterialien inventarbestimmend waren, wurden am Schwalbenberg in einiger Zahl auch ortsfremde Gesteine verwendet. Bei dem hier in Form größerer Rohstücke eingetragenen Gestein handelt es sich insbesondere um einen charakteristischen plattigen Feuerstein, der am Lousberg in Aachen ansteht. Diese nur wenige Zentimeter dicken Platten waren ideal zur Herstellung der Blattspitzen. So zeigt sich gegen Ende der Zeit des Neandertalers eine neue Form des Umganges mit Rohmaterial, die letztlich auf eine intensivere Art der Landnutzung schließen lässt, die in der Folgezeit dann das Verhalten des anatomisch modernen Menschen charakterisiert.

Das Aurignacien – erste anatomisch moderne Menschen in einer sich rasch wandelnden Umwelt

11

Olaf Jöris, Martin Street, Hartwig Löhr und Frank Sirocko

Der Gang des Klimas vor 60.000 bis 25.000 Jahren ist auch in Mitteleuropa durch einen schnellen Wechsel von Kaltphasen und verhältnismäßig kurzen, warmklimatischen Oszillationen gekennzeichnet (Abb. 10.1 und 11.1), wobei die Warmphasen als GI (Grönland-Interstadiale), die Kaltphasen als GS (Grönland-Stadiale) bezeichnet werden (Johnsen et al. 1992). Die oft sprunghaften Wechsel zwischen diesen unterschiedlichen Klimamodi werden zumeist mit Änderungen der nordatlantischen Meeresoberflächentemperaturen in Zusammenhang gebracht, das heißt mit der Stärke und Reichweite des Golfstromes oder den Wechselwirkungen zwischen der Zirkumpolarströmung der Südhemisphäre, der nordatlantischen Tiefenwasserbildung und der Stabilität der Inlandgletscher. Allerdings wurden während der letzten Jahre vergleichbare Signaturen auch in der Intensität der Sonneneinstrahlung und im CO_2-Gehalt der Atmosphäre beobachtet (Abb. 11.1). Die unterschiedlichen möglichen Ursachen gegeneinander abzuwägen, wird die Wissenschaft noch lange beschäftigen. In jedem Fall aber dokumentieren Eis- und Ozeanbohrkerne die zeitliche Abfolge der Klimaveränderungen auf der Nordhemisphäre in zuverlässiger Weise.

Seesedimente aus der Eifel ergänzen nun erstmals die wenigen bisher bekannten kontinentalen Klimaarchive. Der vollständigste Bohrkern der Maarseen der Westeifel, der diese Zeit hochauflösend dokumentiert, ist der Kern D3 aus dem Dehner Maar (Abb. 11.2). In 3,4 m Tiefe zeigt er die Aschenlage des Laacher-See-Ausbruches mit seiner typischen Mineralführung und Geochemie. In 55,96 m Tiefe fand sich das Holzstück einer Fichte, deren ^{14}C-Datierung ein Alter von rund 45.000 Jahren ergab. Zwischen diesen beiden Zeitmarken sind

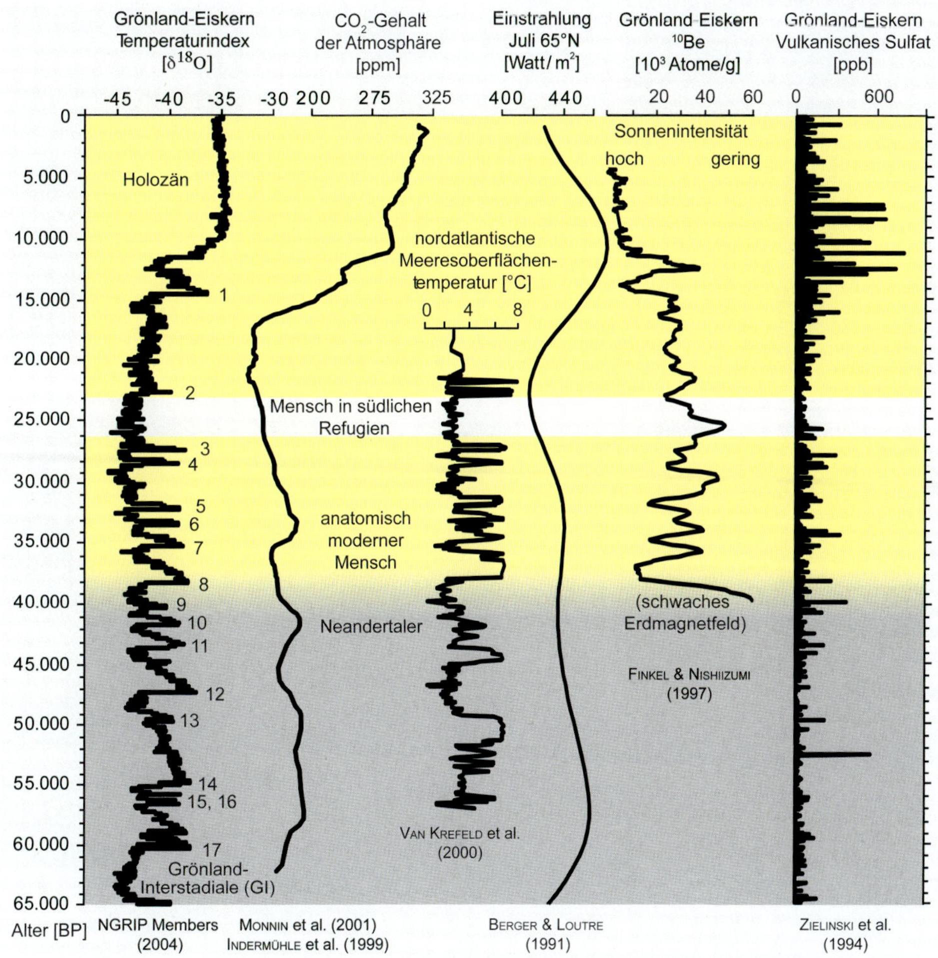

11.1 Zeitreihe der Klimavariabilität im grönländischen Eis und die wichtigsten Klimasteuerungsgrößen: Einstrahlung bei 65°N im Juli, CO_2-Gehalte der Atmosphäre, Sonnenaktivität, Meeresoberflächentemperaturen im Nordatlantik und globale Vulkanaktivität.

Kern D3 aus dem Dehner Maar

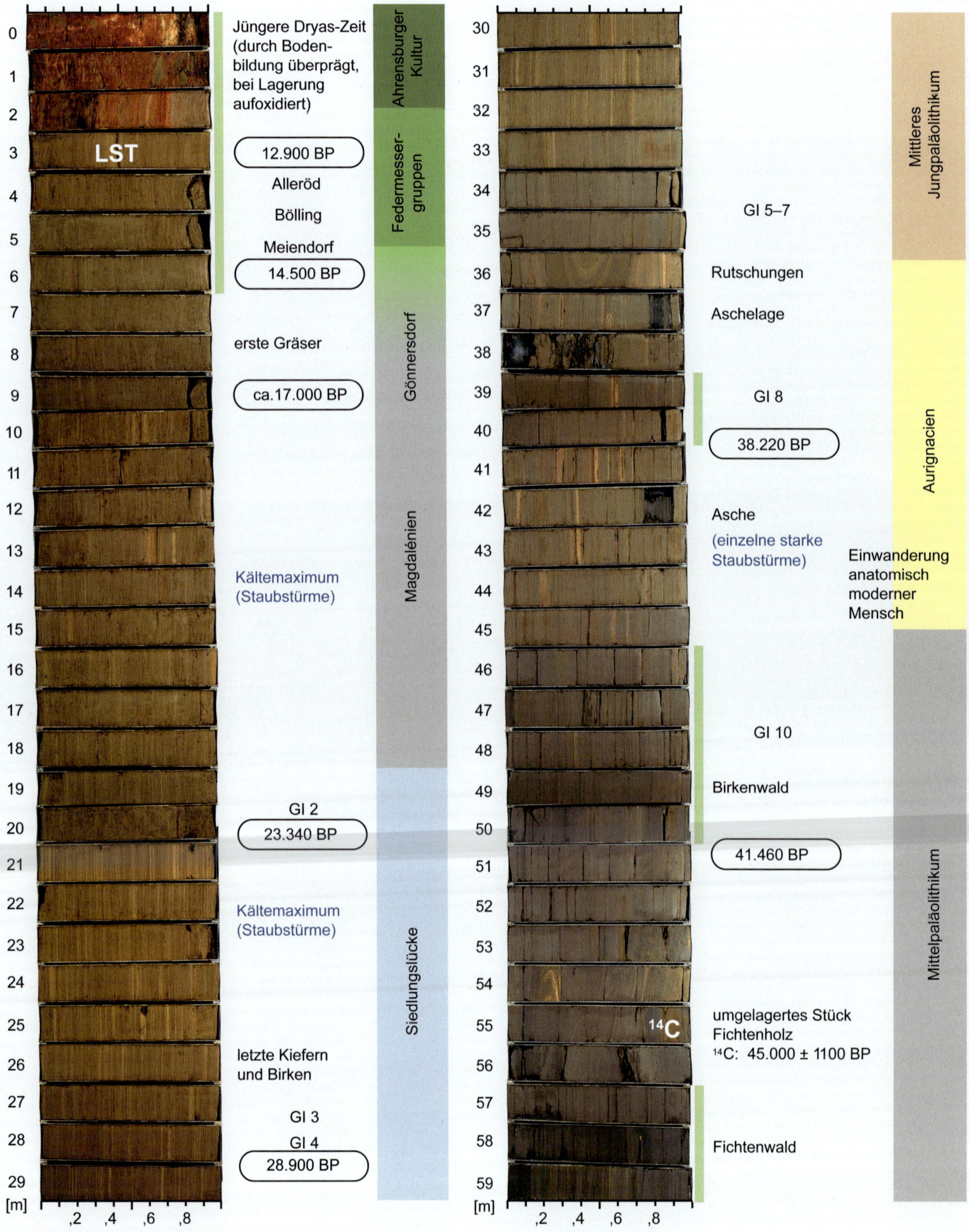

11.2 Kern D3 aus dem Dehner Trockenmaar. Zuordnung der Abschnitte mit organisch reichen Sedimenten zu den GI (Grönland-Interstadiale) auf Basis der Laacher-See-Tephra (LST) und eines ^{14}C-Alters an einem Holzstück bei 55,96 m.

vier oder fünf Stadial-Interstadial-Folgen dokumentiert. Die Pollenanalyse zeigt von 55.000 – 45.000 BP einen mit wenigen Laubgehölzen durchsetzten Fichtenwald, gefolgt von Kiefernwaldphasen und unterbrochen von unbewaldeten Abschnitten stadialen Charakters (Abb. 11.3). Allerdings sind nur die länger währenden Interstadiale GI 14, 12 und 8 als Zonen dunkler Färbung zu erkennen; kurze Interstadiale bildeten sich in der Vegetation nicht ab. Vermutlich reichte die Dauer der kürzeren Interstadiale nicht zur Entwicklung nährstoffreicher Böden, auf denen sich dann nach einer gewissen Zeit auch Wälder hätten entwickeln können. In dieser Zeit sich schnell ändernder Umweltverhältnisse mit Vegetationswechseln zwischen bewaldeten und unbewaldeten Abschnitten erscheint der anatomisch moderne Mensch, *Homo sapiens sapiens,* erstmals in Europa. Sein Auftreten vor rund 40.000 – 30.000 Jahren (Conard & Bolus 2003) fällt zusammen mit dem Beginn des Jungpaläolithikums und dem Verschwinden der letzten Neandertaler.

Das Jungpaläolithikum stellt eine Epoche einschneidender sozialer Veränderungen und kultureller Neuerungen dar, die sich besonders in einer gänzlich veränderten geistigen Kultur widerspiegeln. Der „neue Mensch" hatte sich eine bis dahin völlig unbekannte spirituelle Dimension erschlossen, die das kulturelle Leben fortan beeinflussen sollte (Gaudzinski-Windheuser & Jöris 2006).

Die Wissenschaft erklärt diesen markanten Umbruch heute mehrheitlich mit der Ablösung des Neandertalers durch den anatomisch modernen Menschen. Dieser Wechsel war nach umfassender Betrachtung des heutigen Datenbestandes ein weitaus rascherer Prozess als noch bis vor wenigen Jahren angenommen (van Andel & Davies 2003), der vor etwa 43.000 bis 42.000 Jahren begann und um etwa 40.000 BP abgeschlossen war, ohne dass etwa Restpopulationen von Neandertalern über viele Jahrtausende hinweg in isolierten Refugien überlebt oder die neuen Verhaltensmuster angenommen hätten (Jöris & Street 2008).

Nach kritischer Sichtung des heute vorliegenden radiometrischen Datenbestandes fällt das Aurignacien (Abb. 11.4), eine frühe Phase des europäischen Jungpaläolithikums, in die Zeit vor rund 40.000 – 34.000 Jahren (Jöris & Street 2008). Doch sind erst für die zweite Hälfte des Aurignacien alle das Jungpaläolithikum kennzeichnenden Charakteristika einschließlich Kunst (Abb. 11.5, 7 – 9), Schmuck und Musik (Abb. 11.6) sowie religiöses Verhalten nachgewiesen. Vor allem im Süden Mitteleuropas finden sich eindrucksvolle Belege für die älteste plastische Kunst in Europa (Floss &

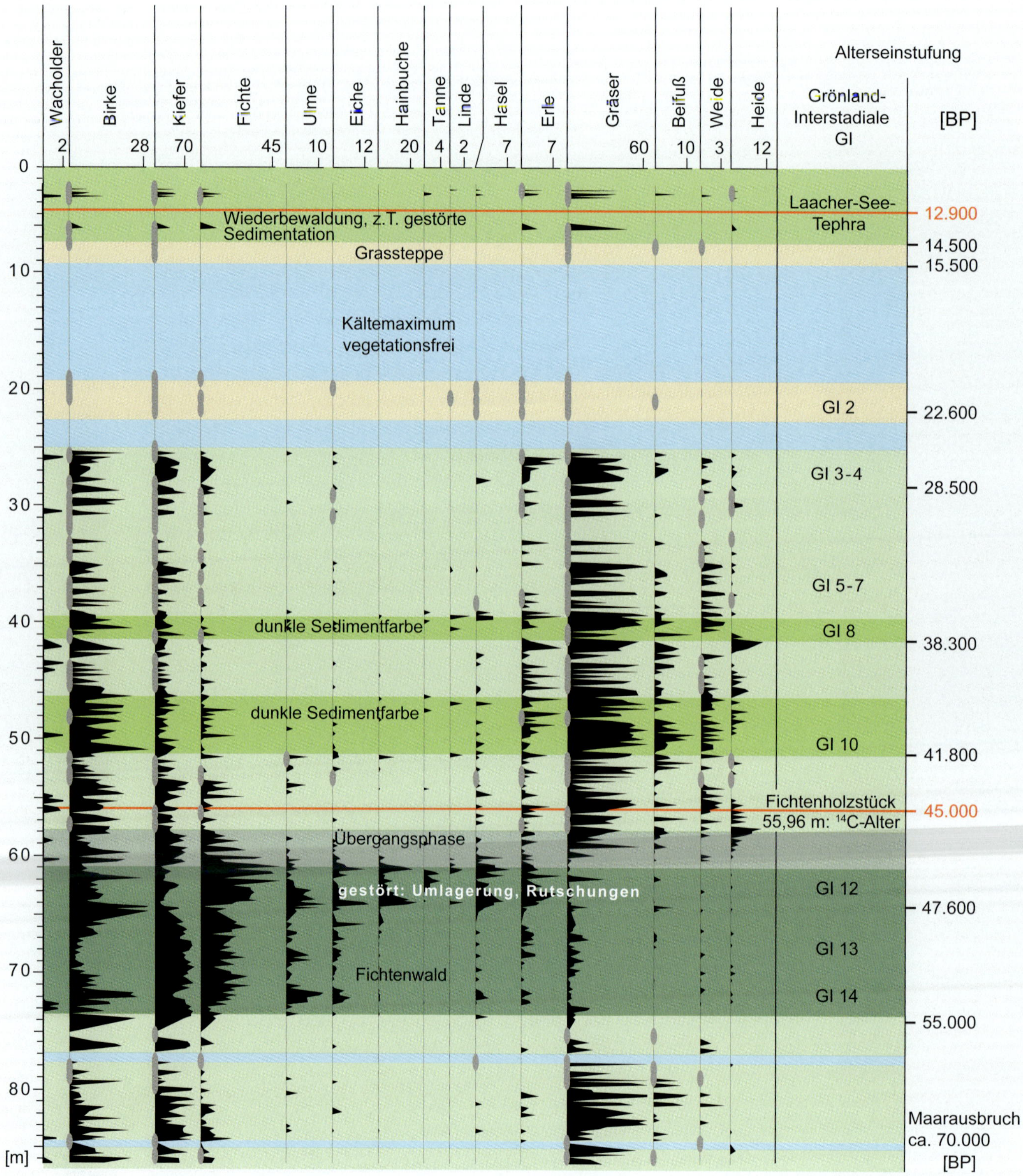

11.3 Pollendiagramm des Kernes D3 aus dem Dehner Maar (Pollenanalyse: F. Dreher).

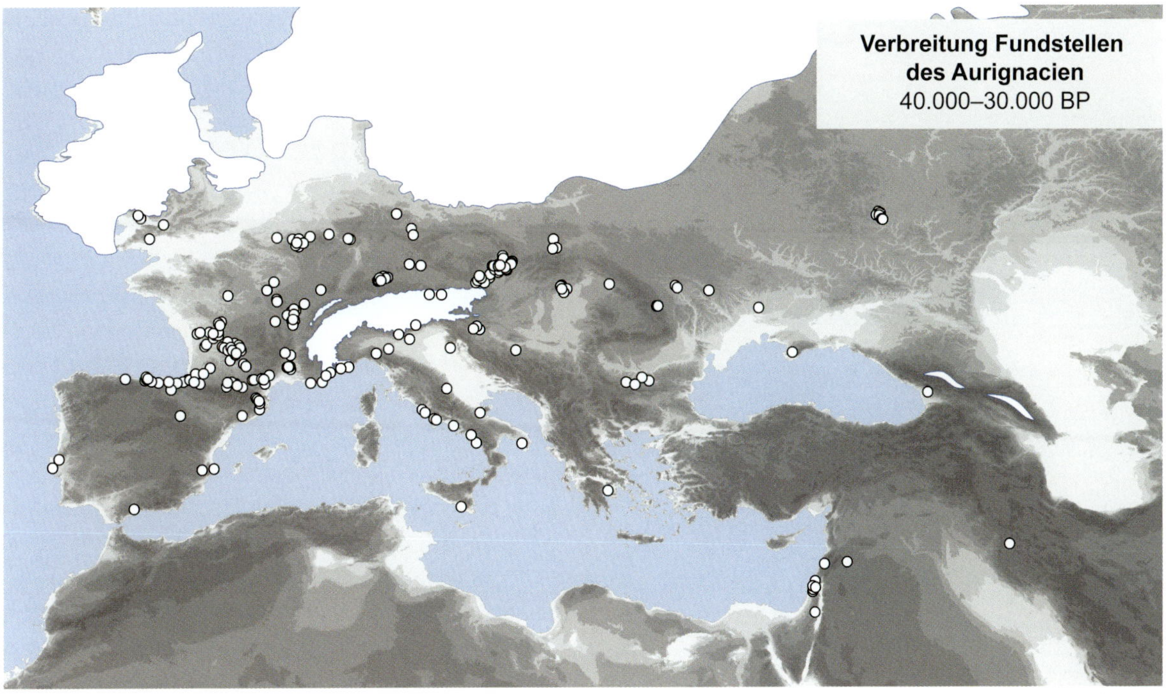

11.4 Verbreitung des Aurignacien (nach Jöris & Street 2008).

Rouquerol 2007). Diese tritt in Form von realistisch dargestellten Tierfiguren auf sowie des als Mischwesen interpretierten Löwenmenschen vom Hohlenstein-Stadel (Abb. 11.7). In die gleiche Zeit datieren die ältesten Höhlenmalereien der berühmten Grotte Chauvet in der französischen Ardèche (Abb. 11.8). Auffällig ist dabei, dass hier wie dort ein ähnliches Spektrum von Tieren dargestellt ist. Auch lassen sich stilistische Ähnlichkeiten festmachen, wie dies insbesondere in der Darstellung der Löwen zu erkennen ist.

Im Großraum der Eifel zwischen Ardennen und Rhein lassen sich lediglich einige charakteristische Steingeräte sowie typische, beinerne Geschoss-Spitzen aus dem Buchenloch (Abb. 11.10), der größten der zahlreichen Spaltenhöhlen der Munterley, dem Aurignacien zuweisen (Hahn 1977). Ganz ähnliche Funde stammen aus den Höhlen des Lahntales. Umfangreichere Serien von Steinartefakten des Aurignacien wurden aus dem Süden Luxemburgs vorgelegt (Ziesaire 1998), während in der Nordeifel einige Funde aus der Kartsteinhöhle dem Aurignacien zugewiesen werden (Hahn 1977).

Freilandstationen aus der Zeit des Aurignacien, die detaillierte Einblicke in das Siedlungsgeschehen ermöglichen, sind kaum bekannt. So kommt der im nördlichen Eifelvorland bei Weilerswist unweit der Erft gelegenen Fundstelle Lommersum große Bedeutung zu (Hahn 1989). Stratigraphisch gehören die Funde in eine Lössdecke zwischen zwei letzteiszeitlichen Böden. Das Gros der ^{14}C-datierten Faunenreste (Hahn 1989

11.5 Neuer Fund in altem Aushub: die bei einer Nachgrabung bei der Vogelherd-Höhle auf der Schwäbischen Alb gefundene Elfenbeinskulptur eines Mammuts (aus Conard 2007a). Länge = 3,7 cm.

11.6 Das älteste Musikinstrument: aus Elfenbein gearbeitete Flöte aus der Geißenklösterle-Höhle auf der Schwäbischen Alb (aus Conard 2007b). Länge = 18,9 cm.

11.7 „Löwenmensch“, ein Tier-Mensch-Mischwesen aus dem Hohlenstein-Stadel, Schwäbische Alb (aus WERBERGER 2007). Höhe = 29,6 cm.

11.8 „Panneau der Löwen“ in der Grotte Chauvet, Ardèche, Frankreich.

11.9 Aus Elfenbein geschnitzter Kopf eines Löwen, Vogelherd-Höhle (aus HAHN 1987). Länge = 2,5 cm.

und 1995) fällt in das späte Aurignacien und datiert in die Zeit zwischen GS 8 und GI 6 (STREET et al. 1999). Daten der unmittelbar benachbarten belgischen Aurignacien-Stationen oder der Schicht III der Wildscheuer-Höhle im Lahntal fallen nur unwesentlich älter aus (TERBERGER & STREET 2003). Sie stehen im Einklang mit einer ganzen Reihe ähnlich datierter Aurignacien-Fundplätze aus den verschiedensten Teilen Europas (JÖRIS & STREET 2008).

11.10 Beinerne Geschoss-Spitzen des Aurignacien aus der Buchenloch-Höhle bei Gerolstein (aus LÖHR 2008). Länge des linken Bruchstückes: 16,8 cm.

Das Mittlere Jungpaläolithikum – die Gletscher kommen, der Mensch geht

12

Olaf Jöris, Martin Street und Frank Sirocko

Die Zeit des Mittleren Jungpaläolithikums ist charakterisiert durch ein lang anhaltendes und kaltes Trockenklima. Dominierten in den vorausgegangenen Abschnitten der letzten Kaltzeit vor allem Klimaverhältnisse interstadialen Charakters, so waren die nordhemisphärischen Inlandgletscher nun derart weit vorgerückt, dass jetzt lange stadiale Phasen das Klima kennzeichneten. Mächtige Lössablagerungen sind die bekanntesten Ablagerungen dieses Trockenklimas.

Die dem GI 5 folgende Zeit (ab etwa 32.000 BP) ist in den Seesedimenten aus weiten Teilen Europas nur unvollständig dokumentiert. Entweder sind entsprechende Ablagerungen durch vorrückende Inlandgletscher der nachfolgenden Eiszeit zerstört worden, oder das Klima war im Vorfeld der herannahenden Gletscher so kalt und trocken, dass es überhaupt keine Seen gegeben hat. Lediglich fluviatile Ablagerungen zum Beispiel aus den Niederlanden und Niedersachsen zeigen, dass die Flüsse zumindest zeitweise Wasser geführt haben, allerdings immer wieder von Trockenphasen unterbrochen (Vandenberghe 2003). Die Maare der Eifel stellen insofern einen einmaligen Datensatz dar, als dass die Seen über den gesamten letzten Glazialzyklus tief genug waren, um ganzjährig Wasser zu enthalten, wodurch sich kontinuierlich Sedimente ablagern konnten.

Mit Einsetzen dieses Trockenklimas ist über weite Teile Europas der Wechsel vom Aurignacien zum Mittleren Jungpaläolithikum zu verzeichnen. Doch zeigt sich nach heute vorliegenden ^{14}C-Datierungen archäologischer Fundstellen ein geographisch differenzierteres Bild, nach dem das frühe Mittlere Jungpaläolithikum im südlichen Mitteleuropa und vielleicht auch in Nordwesteuropa wohl bereits in die GI 6 und 5 datiert und damit der kulturellen Entwicklung anderer Gebiete „vorausgreift“ (Conard & Moreau 2004). Die dem GI 5 folgenden rund drei (GS 5) beziehungsweise vier Jahrtausende (GS 3) währenden Kaltphasen werden nur von wenigen kürzeren, milderen klimatischen Oszillationen, den GI 4 und GI 3, unterbrochen (Abb. 12.1).

Aus den Eifelmaarkernen fehlen für diese Zeit noch absolute Datierungen und so kann man nach Rousseau et al. (2006) das letzte vorglaziale Birken- und Kiefermaximum (26,5 m in D3, Abb. 11.2 und 11.3) dem GI 3 zuordnen, da zu dieser Zeit der Nordatlantik eine letzte Phase mit hohen Oberflächentemperaturen erreichte (Abb. 11.1). Im Pollenprofil des Dehner Maares (Abb. 12.1) zeigt sich in dieser Zeit ein kräftiger Anstieg der Kiefer, die wohl regional noch in einer mit Birken durchsetzten Grassteppe existieren konnte. Die Sedimente der Eifelmaare enthalten in der Zeit von 32.000 – 27.000 BP auch noch tonige Lagen, die vermutlich den „Erbenheimer Nassböden“ der Lössprofile entsprechen (Fetzer et al. 1995).

Mit dieser Klimaverschlechterung und Vegetationsumstellung ging das weltweite Vorrücken eiszeitlicher Inlandgletscher einher, die damals in Mitteleuropa von Skandinavien bis in die Ostseesenke vorstießen (Huijzer & Vandenberghe 1998). In dieser Landschaft mögen Pferde- oder Rentierherden zum letzten Mal verbreitet gewesen sein, während in den nachfolgenden Tundren eher Mammut und Polarfuchs zu erwarten sind (von Koenigswald 2002).

In der Zeit von 30.000 – 26.000 BP nimmt die Häufigkeit von Löss-Stürmen – direkt sichtbar im Kernfoto der Abbildung 11.2 und in der Geochemie repräsentiert durch hohe Kalk-(Ca-)Gehalte – kontinuierlich zu und erreicht bei 26.000 BP ein Niveau, das dann bis 20.000 BP etwa konstant bleibt (Abb. 12.1). Der Beginn des Mittleren Jungpaläolithikums fällt genau in den kontinuierlichen Anstieg der Ca-Gehalte bei 30.000 BP. Gegenüber der vorausgegangenen Zeit des Aurignacien sind die Steinartefakte nun durch eine neue, überregional weitgehend gleichförmige Methode zur Herstellung von regelmäßigen Klingen sowie von schmalen Lamellen gekennzeichnet (Hahn 1969). Wohl waren Letztere – in modifizierter

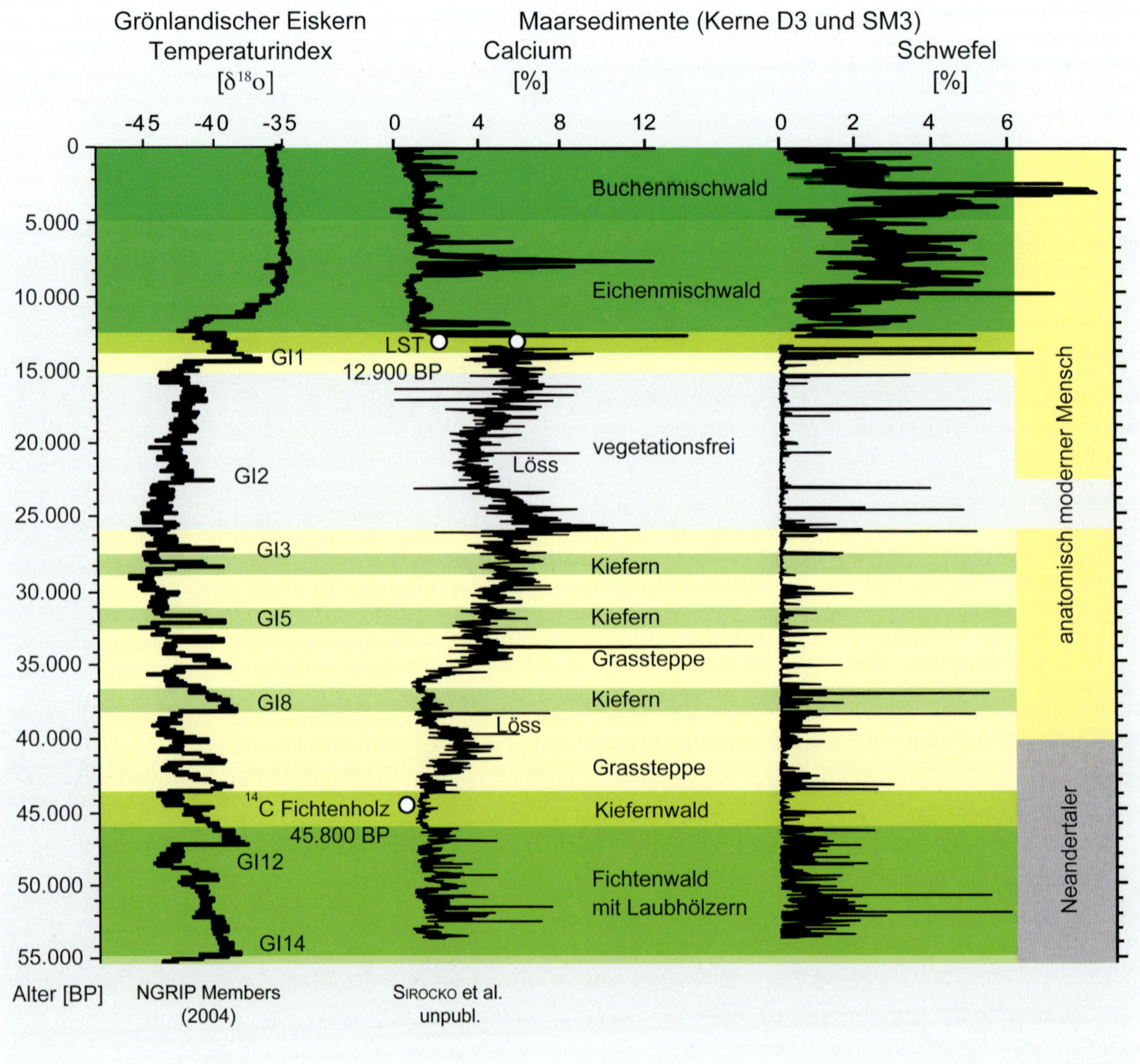

12.1 Vegetationsrekonstruktionen aus Pollengehalten, Kalkgehalt (Ca) als Anzeiger der Lössaktivität, Schwefelgchalt der Maarseen (steht für Tiefenwasserdurchlüftung) im Kern D3, geplottet gegen das Alter – im Vergleich zum grönländischen NGRIP-Eisbohrkern.

Form – als schneidende Einsätze in Speeren geschäftet (Abb. 12.6).

Es waren wohl insbesondere die lange andauernden Kaltphasen mit ihren ausgedehnten Grassteppen und ihrem zuweilen enormen, mit den Jahreszeiten wechselnden Wildaufkommen, die dem Menschen eine sehr mobile Lebensweise aufzwangen. Diese Mobilität erforderte das Unterhalten weitreichender sozialer Netze, über die Austauschbeziehungen über Distanzen von vielen Hundert Kilometern gepflegt wurden (Gaudzinski-Windheuser & Jöris 2006). Belege dieser weitreichenden Verbindungen sind einerseits über Entfernungen von mehr als 600 km eingetauschte Schmuckschnecken aus dem Mittelmeerraum (Abb. 12.4), wie sie aus Mainz-Linsenberg oder dem rheinhessischen Sprendlingen in einigen Exemplaren überliefert sind (Hahn 1969). Zum anderen äußern sich diese Kontakte im gleichförmigen Stil der plastischen Darstellung sogenannter „Venusstatuetten", deren bekanntestes Beispiel die berühmte „Venus von Willendorf" ist (Abb. 12.2a; Szombathy 1909). Solche Venusstatuetten sind in Europa weit verbreitet (Abb. 12.3) – bis in die Gegend des Baikal-Sees (Bosinski 1987). Aber auch am Linsenberg in Mainz fanden sich drei entsprechende Fragmente (Abb. 12.2b; Neeb & Schmidtgen 1921/24, Hahn 1969). Ebenso belegen teils reich ausgestattete Gräber (Abb. 12.5 und 12.7) für das gesamte westliche Eurasien eine in dieser Zeit weitgehend einheitliche Form der Totenbehandlung mit neuen Jenseitsvorstellungen.

Nach 28.000 BP zeigt sich Mitteleuropa dann phasenweise entvölkert. Auswirkung dieser geographischen Aufsplitterung ist die Entwicklung regional eigenständiger Traditionen, die sich in unterschiedlichen Geräteformen und -spektren einzelner Gebiete äußern. So kam es in West- beziehungsweise Südwest-

12.2 Venusstatuetten:

a) „Venus von Willendorf" aus Niederösterreich (aus Klíma 1987). Länge = 10,7 cm.

b) Bruchstück einer „Venusstatuette" aus Mainz-Linsenberg (aus Gaudzinski-Windheuser & Jöris 2006). Länge = 3,4 cm.

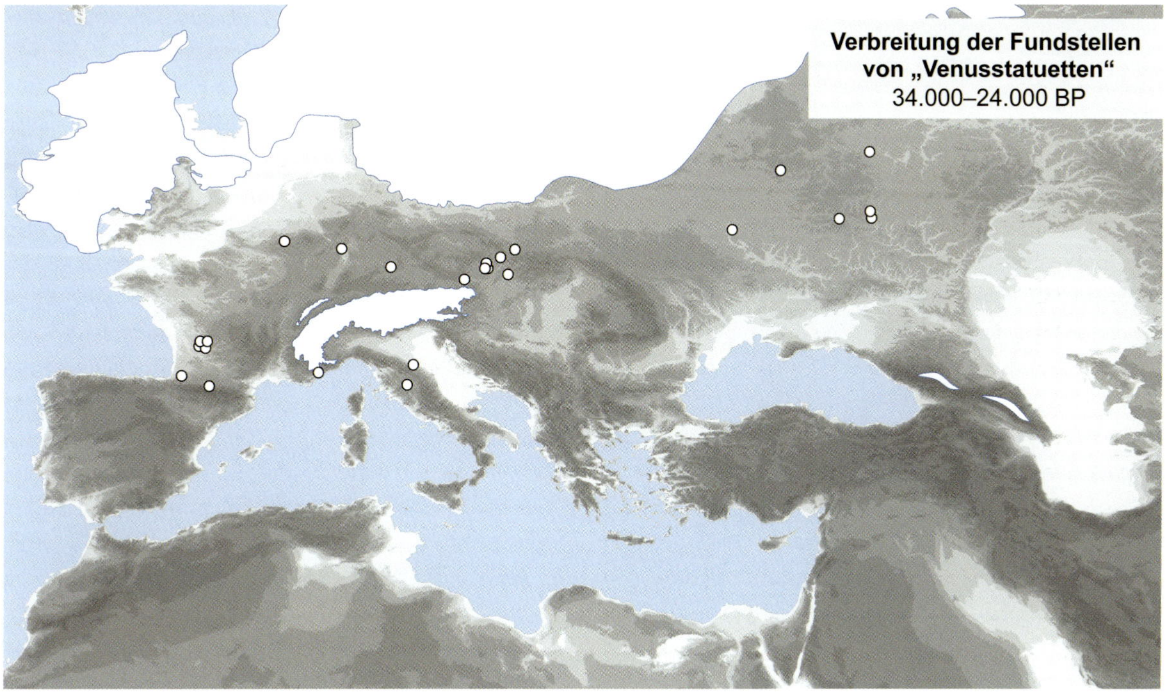

12.3 Fundstellen von „Venusstatuetten" in Europa.

12.4 Schmuckschnecken aus dem Mittelmeerraum von den Fundstellen Mainz-Linsenberg und Sprendlingen (nach GAUDZINSKI-WINDHEUSER & JÖRIS 2006).

12.5 Grab des „Il Principe" aus Arene Candide, Italien.

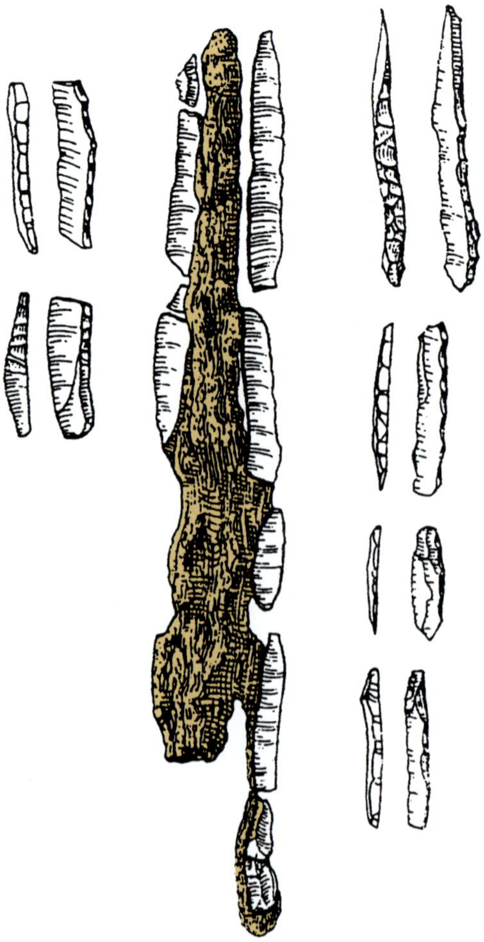

12.6 In einer Halterung aus organischem, teils vergangenem Material geschäftete Rückenmesserchen – steinerne, seitlich schneidende Einsätze, die beiderseits des Projektiles von der russischen Talicki-Station als Zeichnungen abgebildet sind (aus ABRAMOVA 1982). Größte erhaltene Länge = 11,9 cm.

europa zeitweilig zu einer völlig anderen Entwicklung als in Ost- beziehungsweise Südosteuropa. Ein Beispiel solcher Regionalisierung aus einem frühen Abschnitt des Mittleren Jungpaläolithikums zeigt das Verbreitungsmuster gestielter Geräteformen, sogenannter „Font-Robert-Spitzen" (Abb.12.8), die in West- und Mitteleuropa zu finden sind (JÖRIS 1990). Diese charakteristischen Geräte sind vor allem an südwestfranzösischen Fundplätzen vertreten, kommen aber auch im belgischen Raum, in der Südwesteifel und dem Luxemburger Gutland vor.

Insgesamt sind Fundplätze des Mittleren Jungpaläolithikums im nördlichen Mitteleuropa recht selten. Neben Mainz-Linsenberg und dem rheinhessischen Sprendlingen sind Funde aus Koblenz-Metternich und Rhens-Brey zu nennen, die bereits gegen Ende des 19. und zu Beginn des 20. Jahrhunderts gemacht wurden (GÜNTHER 1907). Chronostratigraphisch werden die-

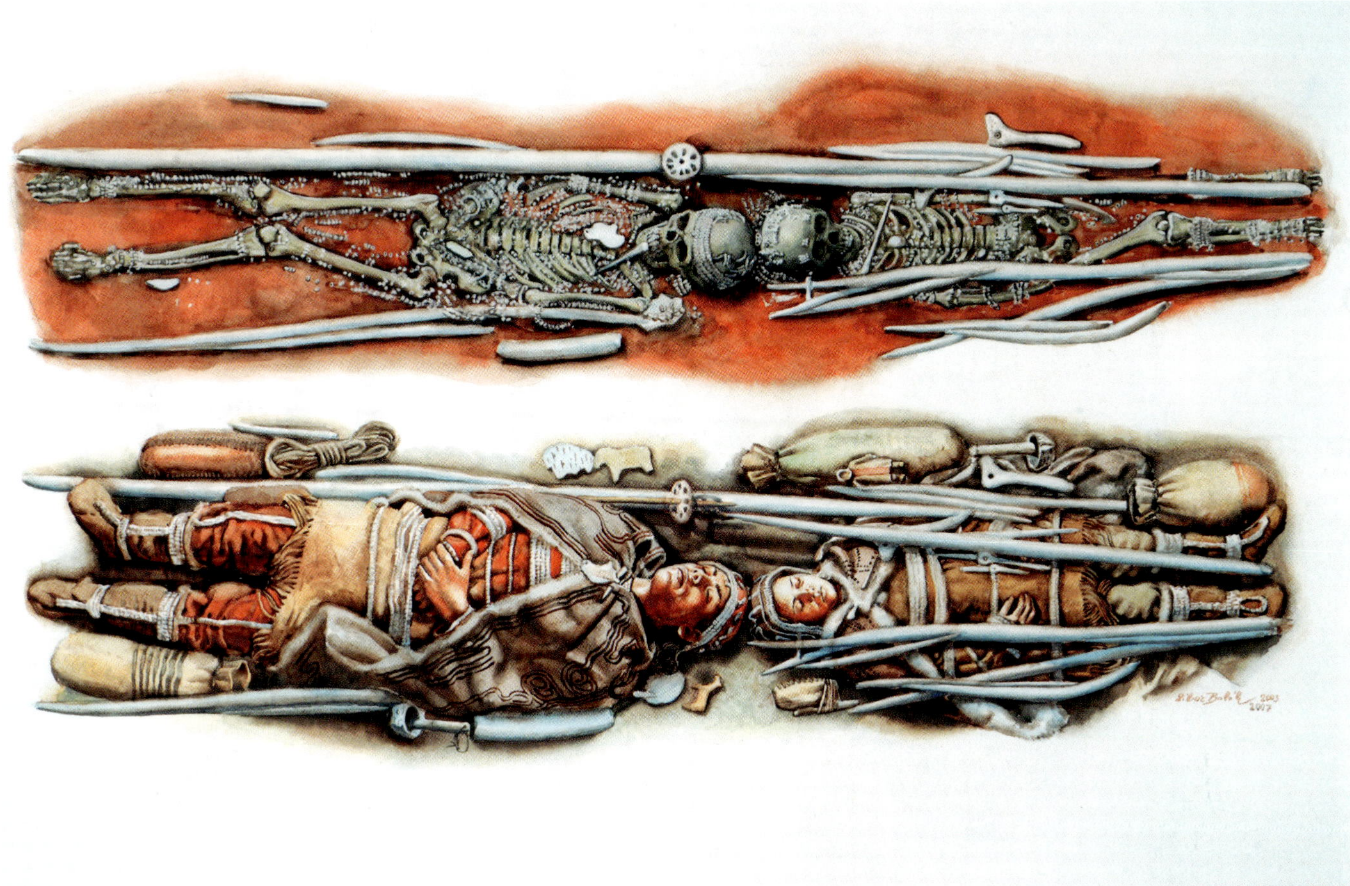

12.7 Das mit Beigaben besonders reich ausgestattete Doppelgrab zweier Knaben im russischen Sungir' (Grafik: L. Balák).

12.8 Verbreitung gestielter Spitzen vom „Font-Robert-Typ" (nach Bosinski 1990) in Europa (aus Jöris 1990). Länge des größten Stückes = ca. 7,0 cm.

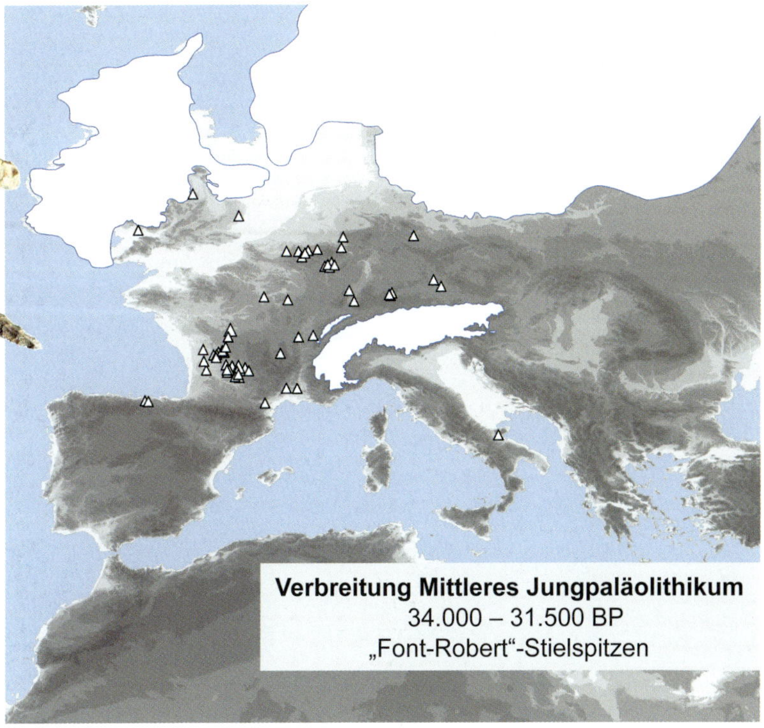

se Funde in den Beginn einer Lössanwehungsphase gestellt (Bosinski 2000), die wohl mit Beginn des GS 5 einsetzt. Lösslagen und der dadurch verursachte Ca-Anstieg im Kern D3 um 30.000 BP (Abb. 12.1) belegen das Einsetzen von Staubstürmen sowie einen Rückgang der Vegetationsdecke bei zunehmender Kälte und Trockenheit.

Hinsichtlich eines fehlenden, gesicherten Kontextes (Hilpert 2005) bleibt das Alter von vier durchbohrten Tierzähnen sowie der Fragmente mehrerer als Schmuckgegenstände gedeuteter Elfenbeinringe

12.9 Elfenbeinringe aus der Magdalena-Höhle bei Gerolstein. Größter erhaltener Durchmesser = 10,9 cm.

(Abb. 12.9) aus der Magdalena-Höhle letztlich ungeklärt. In ihrer besonderen Machart mit flachrechteckigem Querschnitt sind diese Ringe im europäischen Paläolithikum einzigartig, sind aber ohne Zweifel jungpaläolithischen Charakters und gehören wahrscheinlich in das Mittlere Jungpaläolithikum.

Für eine Anwesenheit des Menschen während der mehrere Jahrtausende dauernden Kaltphase des GS 3 liegen in Mitteleuropa nur spärliche Anzeichen vor (Street & Terberger 2000). Ab etwa 26.000 BP waren offenbar große Teile Mitteleuropas aufgrund der extremen Klimabedingungen im Vorfeld der heranrückenden Gletscher entvölkert. Eifel und Hunsrück mit Höhen unter 700 m blieben zwar unvereist, aber schon auf den höheren Vogesen, dem Schwarzwald und dem Harz entwickelten sich kleine Gletscher.

Siedlungsleere – das Kältemaximum der letzten Kaltzeit

13

Olaf Jöris, Martin Street und Frank Sirocko

Vor rund 24.000 Jahren erreichte die letzte Kaltzeit ihren Höhepunkt. Die sommerliche Insolation auf der nördlichen Erdhalbkugel hatte ihren Tiefstand erreicht (Berger & Loutre 1991), und die großen Inlandeismassen in Eurasien und Nordamerika waren weit nach Süden vorgerückt (Abb. 13.1). Im nördlichen Mitteleuropa erreichte der in seinem Zentrum bis zu 2500 m mächtige fennoskandische Eisschild den Raum um Berlin, und im Süden reichten die Gletscher der Alpen als geschlossene Eisdecke weit in das Alpenvorland hinein.

Dadurch, dass immense Wassermassen als Eis gebunden waren, lag der Weltmeeresspiegel etwa 125 m unter dem heutigen Niveau (Yokoyama et al. 2000). Als Konsequenz fielen weite kontinentale Küstenschelfbereiche, wie zum Beispiel die südliche Nordsee, trocken, sodass die Britischen Inseln mit dem Kontinent verbunden waren und die Nordseeküste etwa 600 km nördlicher als heute zwischen Schottland und Südnorwegen lag.

Der Einfluss von in ihrer Lage wohl recht stabilen kontinentalen Hochdruckzellen über dem eurasischen Kontinent führte zu einem ausgesprochen trockenkalten Klima. Im Winterhalbjahr erreichten nur selten Niederschläge über südwestliche Winde Mitteleuropa. Die Jahresmitteltemperaturen in Deutschland lagen bei etwa −8 °C, der wärmste Sommermonat lag bei 8 °C und der kälteste Wintermonat unter −20 °C (Huijzer & Vandenberghe 1998). Ähnlich wie in der heutigen Arktis gab es in dieser Zeit in weiten Teilen Mitteleuropas Dauerfrostböden (Permafrost). Eindrucksvolle Belege für einen Dauerfrostboden sind Polygonböden (Abb. 13.2), die oft mehrere Meter tief in den Untergrund greifende Eiskeile ausbildeten. In der warmen Jahreszeit brach die Eisdecke der Maarseen in der Eifel auf. Anzeichen, dass die Maare während des letzteiszeitlichen Kältemaximums je kontinuierlich zugefroren waren, fehlen.

Die Vegetationsperiode war auf wenige Sommerwochen begrenzt, was lediglich einen geringen Bewuchs ermöglichte. Nur in begünstigten Tallagen gab es spärliche Grasvegetation, vergesellschaftet mit einigen wenigen Krüppelgehölzen, sodass selbst Tiere, die an extreme Kälte angepasst waren, wie Mammut, Wollnashorn, Ren und Eisfuchs, nur saisonal Nahrung fanden.

Die weitaus meisten Pflanzen- und Tierarten waren auf Refugien in Südwest- und Südosteuropa begrenzt (Abb. 13.3; Frenzel 1968, von Koenigswald 1999). So wundert auch nicht das Fehlen von menschlichen Siedlungsstellen in Mitteleuropa, während die menschliche Anwesenheit in den Refugien kontinuierlich ist (Abb. 13.4; Bosinski 1987 und 1990). In Südwesteuropa fällt das Solutréen, das durch beeindruckend

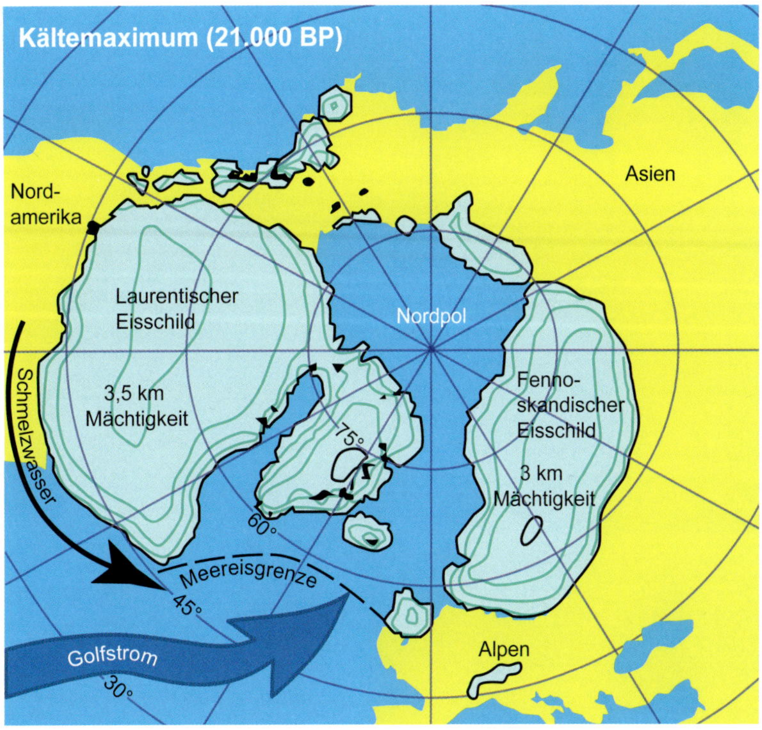

13.1 Ausdehnung und Mächtigkeit der eiszeitlichen Gletscher auf der Nordhemisphäre um 21.000 BP (nach CLIMAP 1981).

13.2 Heutige Polarlandschaften in Nordrussland: **a)** vegetationsfreie Polarwüste (Severnaya Zemlya) und **b)** grasbewachsener Permafrost-Solifluktionsschutt (Tamyr-Halbinsel), Fotos: Per Möller, Dept. of Geology, Lund University, Schweden.

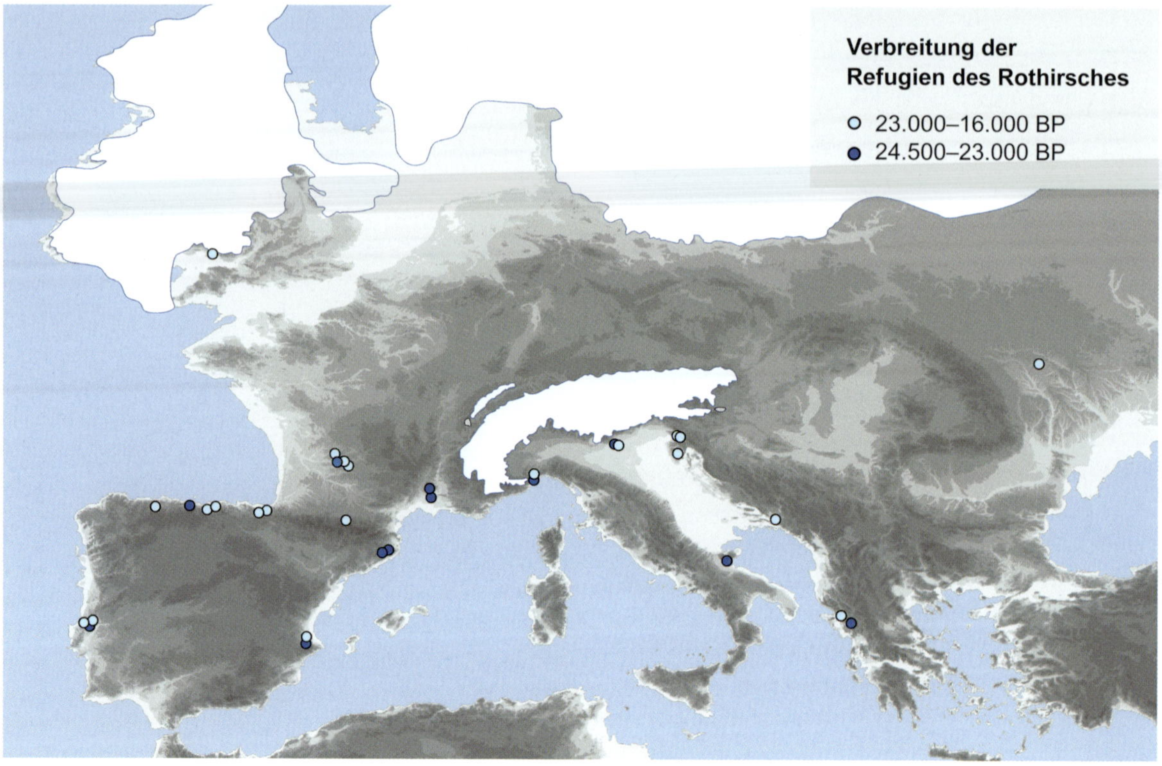

13.3 Refugien des Rothirsches, *Cervus elaphus*, im Kältemaximum der letzten Kaltzeit (nach Sommer et al. 2008).

bearbeitete, steinerne „Lorbeerblattspitzen" gekennzeichnet ist, in das Kältemaximum (Abb. 13.5). Auch ist für diese Zeit zum ersten Mal die Speerschleuder als Fernwaffe belegt (Abb. 13.6).

Die für diese Zeit extrem gut aufgelösten Sedimente des Dehner Maarsees weisen innerhalb der hochglazialen Lössabfolge auch einen kurzen Abschnitt mit vergleichsweise günstigen Klimabedingungen auf. Die Sedimente bei 20 m sind durch organische Reste und tonige Lagen deutlich dunkler; vereinzelt führen sie Graspollen. Zwar können diese Schichten nicht ^{14}C-datiert werden, doch gehören sie wohl in die Zeit des GI 2.

Wurde bisher meist angenommen, dass Mitteleuropa auch noch einige Jahrtausende nach dem Kältemaximum siedlungsfeindlich blieb (Housley et al. 1997), dokumentiert eine Serie von ^{14}C-Daten von der südhessischen Freilandstation Wiesbaden-Igstadt (Ter-

13.5 Lorbeerblattspitze des Solutréen aus Volgu, Burgund, Frankreich. Länge = 28,7 cm.

13.6 Schematische Darstellung des Anwendungsprinzipes der Speerschleuder, die das katapultartige Wegschleudern des Speeres ermöglichte (aus Gaudzinski-Windheuser & Jöris 2006).

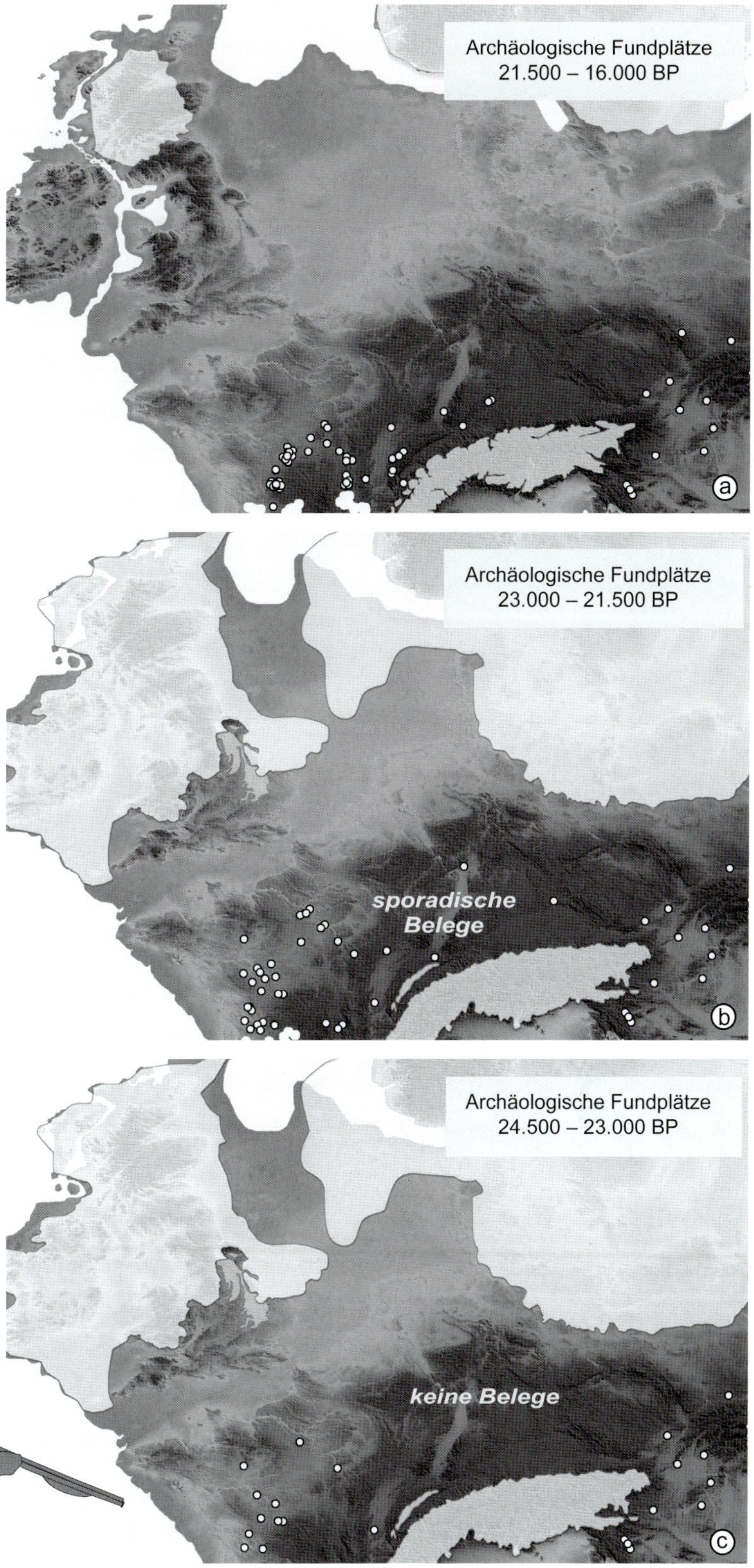

13.4 Mittel- und Nordwesteuropa von 24.500 – 16.000 BP. **a)** Mittel- und Nordwesteuropa vor etwa 21.500 bis 16.000 Jahren; **b)** Mittel- und Nordwesteuropa vor etwa 23.000 bis 21.500 Jahren; **c)** Zeit der maximalen Vereisung vor etwa 24.500 bis 23.000 Jahren sowie Verbreitung von Fundplätzen in den südwest- und südosteuropäischen Refugien (Kartengrundlage nach Grimm 2008).

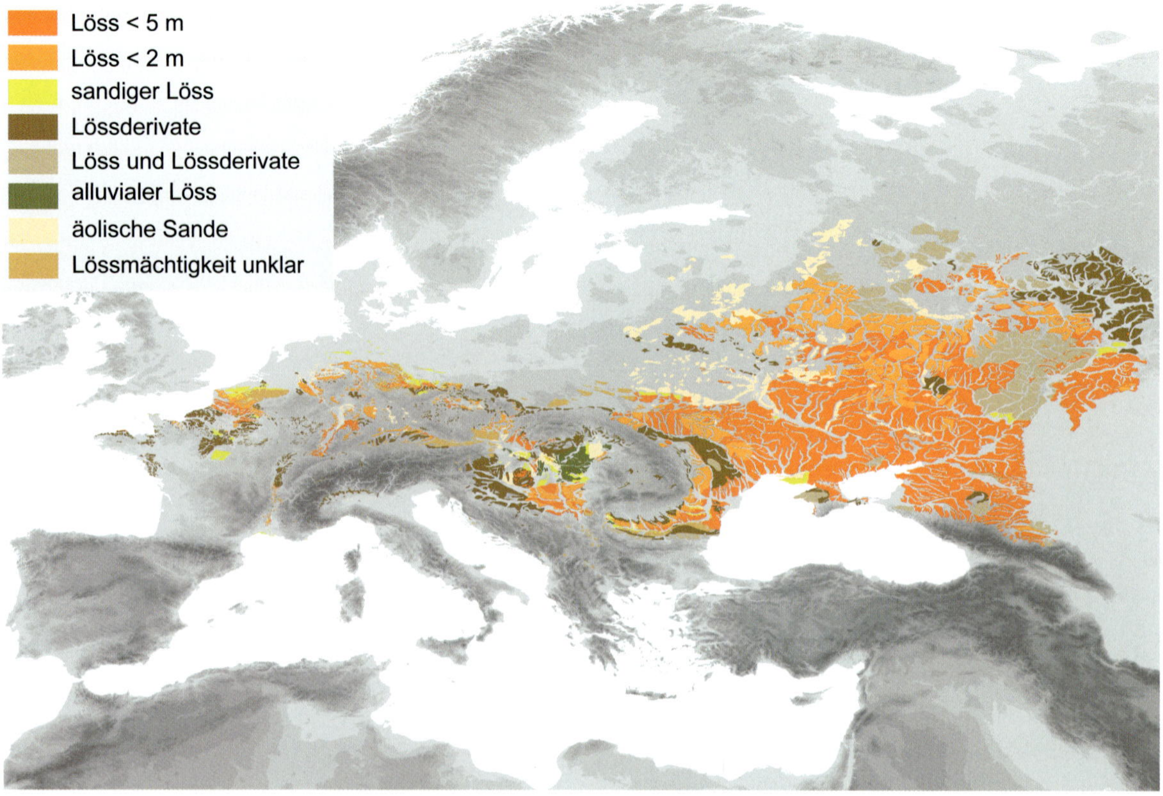

13.7 Lössverbreitung in Europa (nach Haase 2007).

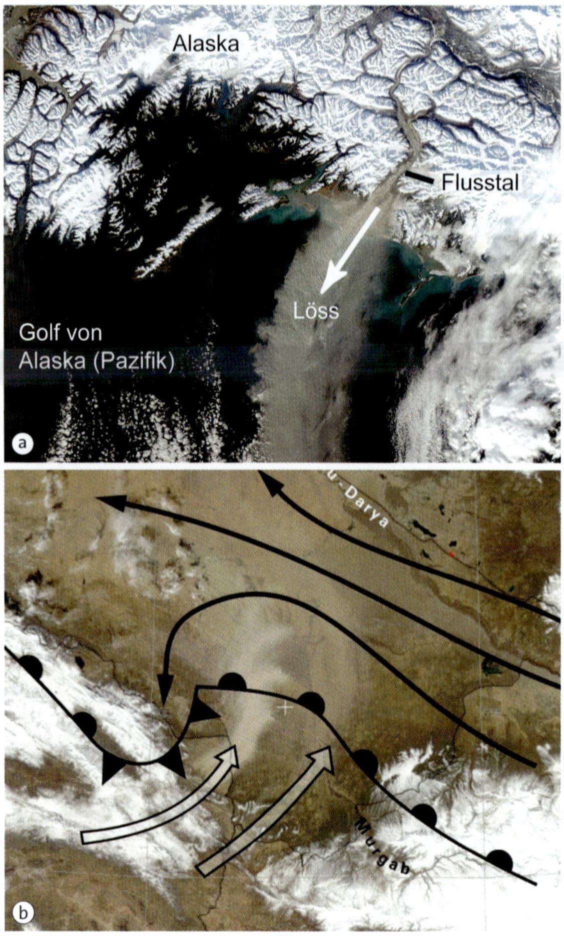

13.8 Heutige Analogsituationen zu eiszeitlichen Staubstürmen.
a) Auswehungen aus einem Flussbett in Alaska;
b) Staubsturm in Zentralasien beim Durchgang eines Tiefdruckgebietes (aus Machalett et al. 2008).

berger 1998, Terberger & Street 2002) die Anwesenheit des Menschen in der Zeit vor etwa 22.500 Jahren (Abb. 13.4 b), obgleich paläoökologische Modellberechnungen für diese Zeit eine Siedlungsleere fordern (Banks et al. 2008). Neben Igstadt datieren indes auch die Menschenreste aus der Mittleren Klause (Fränkische Alb) sowie bearbeitete Renknochen aus der Kastelhöhle (Kanton Solothurn, Schweiz) in die Zeit unmittelbar nach der kurzen Erwärmung des GI 2. Zusammen mit der Jagdfauna von Igstadt, die vor allem Pferd und Ren umfasst und die auf offene Graslandschaften rückschließen lässt, belegen diese Plätze eine zumindest sporadische, vielleicht saisonale Nutzung.

Aus der folgenden Zeit vor 21.000 bis 16.000 Jahren fehlen in weiten Teilen Mitteleuropas wiederum Siedlungsplätze (Abb. 13.4c). Während dieser Zeit kam es auch in Mitteleuropa durch eine intensive Frostverwitterung und anschließenden Windtransport zur Ablagerung mächtiger, als Löss bezeichneter Flugstaubdecken (Abb. 13.7 und 13.8).

Löss kam auch in den hocheiszeitlichen Maarsedimenten zur Ablagerung (Abb. 12.1), entweder direkt als Ausfall aus regionalen Auswehungen, aber oftmals sicher durch Umlagerung nach Mobilisierung durch Wellenschlag im Uferbereich der Maarseen. In den bis in das ausgehende Kältemaximum zurückreichenden

Warvenablagerungen des Holzmaares bei Manderscheid in der Westeifel ließen sich verschiedene Phasen unterschiedlicher Intensität der Lössanwehung festmachen (Brauer 1994), die sich auch in der Ca-Kurve der Abbildung 12.1 wiederfinden. Zwischen 25.000 und 17.000 BP (helle Lagen bei 22 – 25 m in D3; Abb. 12.1) müssen kräftige Löss-Stürme fast jährlich aufgetreten sein.

In verschiedenen Profilen des Mittelrheingebietes wie auch in vielen anderen Aufschlüssen zwischen Lüttich, Göttingen, Nürnberg und Karlsruhe findet sich in den gelblichen Lössablagerungen dieser Zeit ein mehrgliedriges, dünnes Band vulkanischer Aschen, die als „Eltviller Tuff" bezeichnet werden (Meijs et al. 1983, Löhr 1987, Weidenfeller et al. 1994). Aufgrund ihrer Verbreitung wurde als Ausbruchszentrum der Aschen der in der Osteifel gelegene Korretsberg bei Kruft diskutiert (Bibus & Semmel 1977). Thermolumineszenzdatierungen engen den Altersbereich dieses Vulkanausbruches auf 22.000 – 17.000 BP ein (Juvigné & Wintle 1988, Weidenfeller et al. 1994). In den vollständigsten Abfolgen weist die stratigraphische Position des Eltviller Tuffs darauf hin, dass er recht bald nach einer auf das Kältemaximum folgenden kurzen Wärmeschwankung, die dem GI 2 entsprechen könnte, abgelagert wurde, sodass sein Alter wahrscheinlich im unteren Bereich der Datenserien zu suchen ist.

Die der Ablagerung des Eltviller Tuffs folgende Klimaphase ist weiterhin durch ein kaltes, nun jedoch verstärkt feuchtes Klima gekennzeichnet. Ausdruck dessen sind ausgeprägte Frostbodenstrukturen. So folgt dem Eltviller Tuff in den Profilen häufig ein doppelter Nassboden („Kesselt-Boden"), der an seiner Basis Fließstrukturen zeigt und später kryoturbat stark verwürgt wurde (Meijs et al. 1983). Aufgrund bereits leicht gestiegener Temperaturen taute der Frostboden während des Sommers längerfristig auf, wodurch es schon bei geringster Hangneigung zu Bodenfließen und Hangrutschungen kam. Diese Phase intensiven Bodenfließens zeigt sich in allen Maarkernen durch deutlich mächtigere Sedimentlagen. In Mitteleuropa sind dieser Erosion möglicherweise auch archäologische Fundplätze zum Opfer gefallen, doch ist der „Kesselt-Boden" vielerorts erhalten geblieben, sodass auch mit der Überlieferung von Siedlungsresten zu rechnen wäre. Doch bleibt letztlich ungewiss, ob die sich für den Zeitraum des GS 2b abzeichnende Siedlungslücke nicht als Folge mangelnder Überlieferung zu verstehen ist.

Einzelne ^{14}C-Daten süddeutscher Fundplätze (Abb. 13.4c) könnten jedoch in dieser Zeit auf eine sporadische Besiedlung dieses Raumes schließen lassen. In Südwesteuropa ist die Besiedlung hingegen kontinuierlich; es entstanden in diesem Populationszentrum die weltbekannten „Höhlenheiligtümer" des frühen Magdalénien, darunter auch jenes von Lascaux (Abb. 13.9).

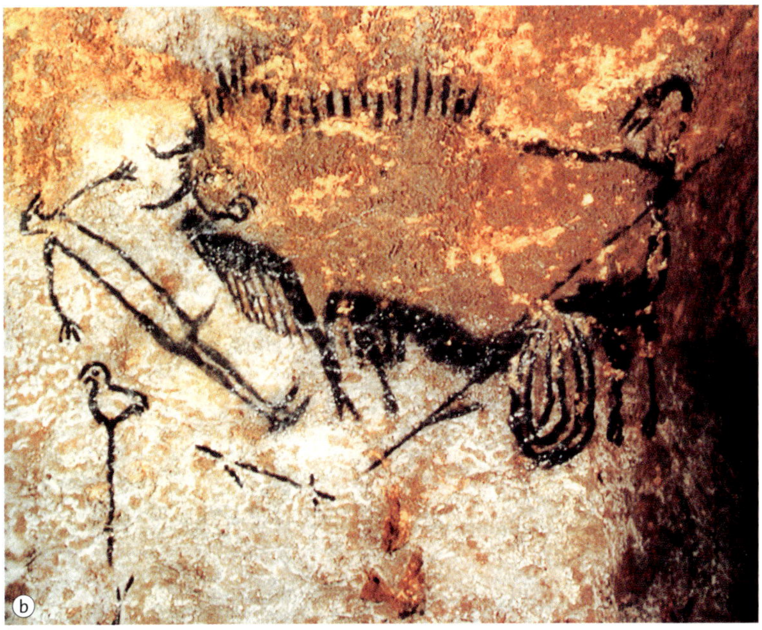

13.9 Bilderhöhle von Lascaux, Frankreich:
a) „Chinesisches Pferd" und
b) sogenannte „Schachtszene" mit vogelköpfiger Gestalt und verwundetem Wisent sowie mit einem der Szene abgewandten, auf einem Stab sitzenden Vogel.

14 Das Magdalénien und der Beginn der späteiszeitlichen Expansion

Martin Street, Olaf Jöris und Frank Sirocko

In der extremen Kaltphase von 20.000–17.000 BP war Mitteleuropa eine weitgehend vegetationsfreie Permafrostlandschaft, die den Großsäugern kaum Nahrung bot. Kleinsäuger, wie zum Beispiel der Halsbandlemming, waren nahezu die einzigen Lebewesen in der Kältewüste. Direkt datierte Knochen belegen die Anwesenheit des Mammuts in Mitteleuropa erst wieder ab 18.000–17.000 BP. Auf der Südhemisphäre setzte zur gleichen Zeit eine erste spürbare Erwärmung ein, mit der einhergehend auch der globale CO_2-Gehalt in der Atmosphäre anstieg (Blunier & Brook 2001, Monnin et al. 2001). In der Folge wurde es auch auf der Nordhemisphäre wärmer, wenn auch in zunächst nur geringem Maße (Abb. 14.1). Bald darauf sind auch

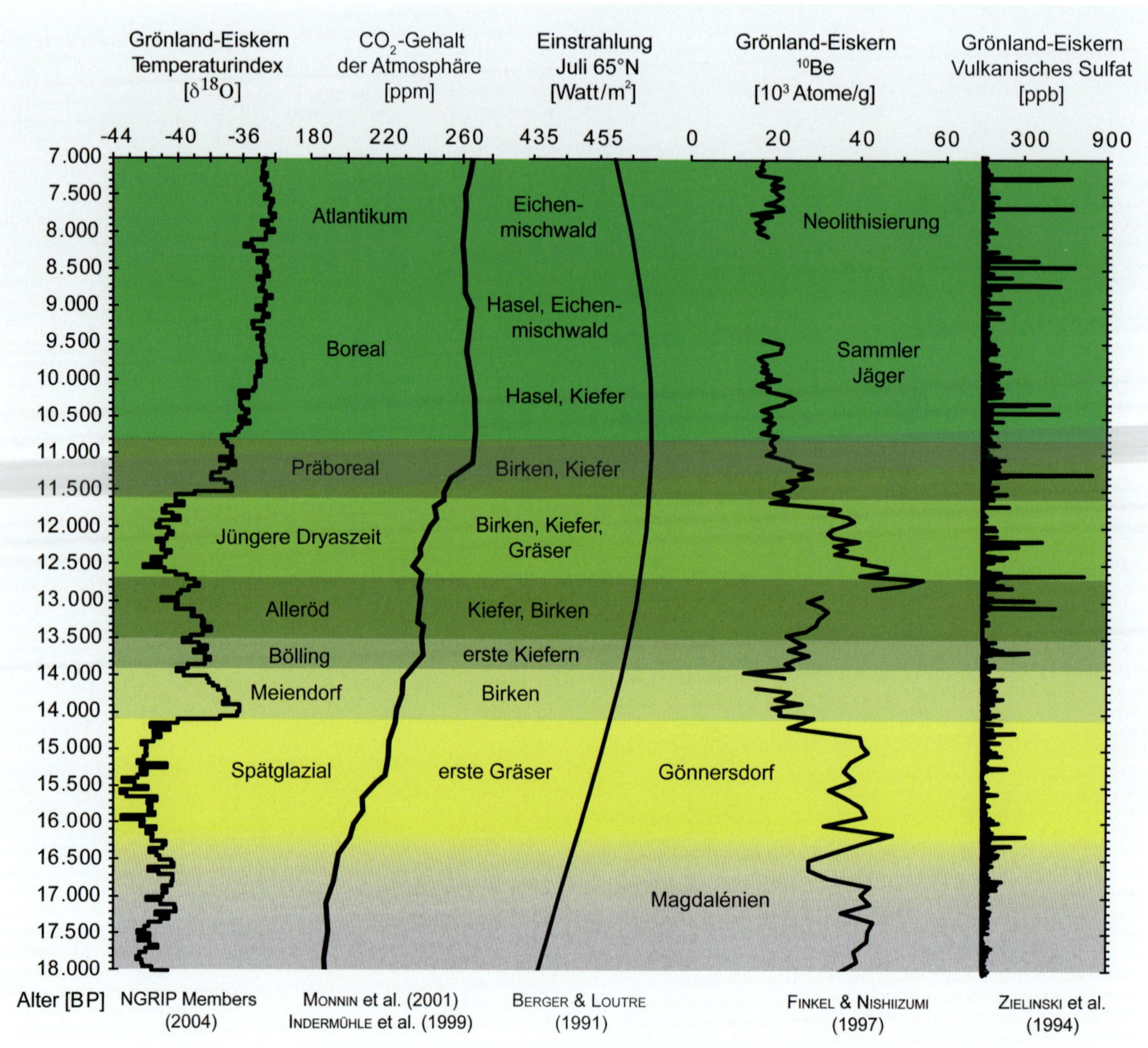

14.1 Klimakurve des grönländischen Eises, CO_2-Gehalt der Atmosphäre, Einstrahlung auf 65° N im Juli, Sonnenaktivität und globale Vulkanaktivität im Spätglazial und frühen Holozän. Farbige Balken markieren die Vegetationszonen.

das Wollnashorn sowie weitere typische Vertreter der „Mammutsteppe“ nachgewiesen. Vor etwa 16.000 bis 14.700 BP folgte auch der Mensch des Magdaléniens dem Jagdwild aus seinen südwesteuropäischen Refugien bis in den mitteleuropäischen Raum (Abb. 14.2). Weite Gebiete waren zu dieser Zeit durch offene Grassteppen gekennzeichnet; flussbegleitend und in geschützten Lagen wuchsen am Mittelrhein krüppelwüchsige Baum- und Straucharten sowie Wacholderbüsche. In den Maarsedimenten dieser Zeit finden sich lediglich einige Gräserpollen und Reste von Armleuchteralgen (Characeen). In der Sedimentfarbe der Eifelmaarkerne hebt sich diese Zeit daher nicht hervor (Abb. 14.3, 7 – 9 m).

Die Fundstellen Gönnersdorf und Andernach-Martinsberg am Nordausgang des Neuwieder Beckens zählen aufgrund ihrer reichen und vielfältigen materiellen Hinterlassenschaften sowie ihrer komplexen Siedlungsstrukturen zu den bekanntesten und überregional bedeutendsten Magdalénien-Fundplätzen (Bosin-

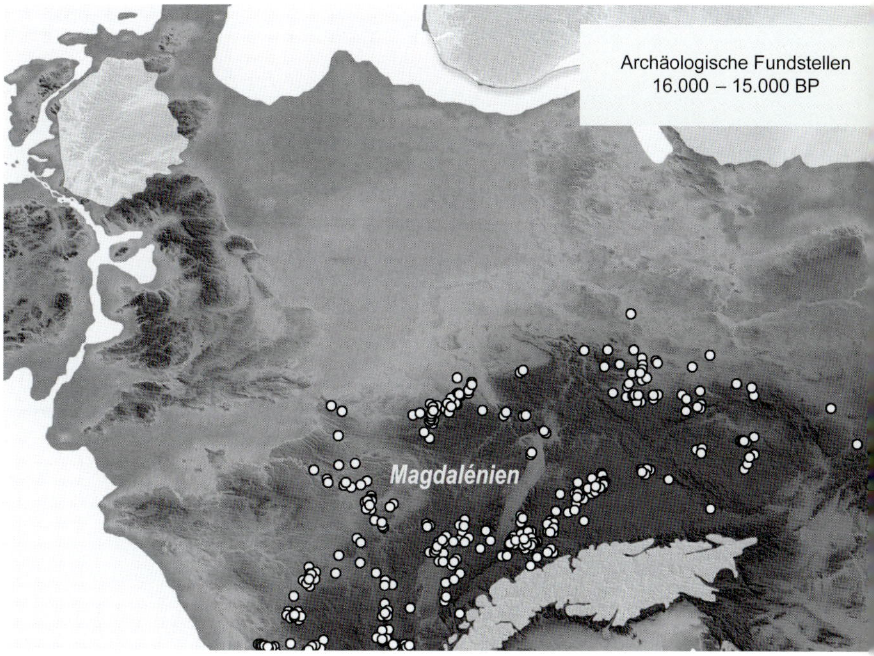

14.2 Archäologische Fundstellen in Mittel- und Nordwesteuropa vor etwa 16.000 bis 15.000 Jahren (Kartengrundlage nach Grimm 2008).

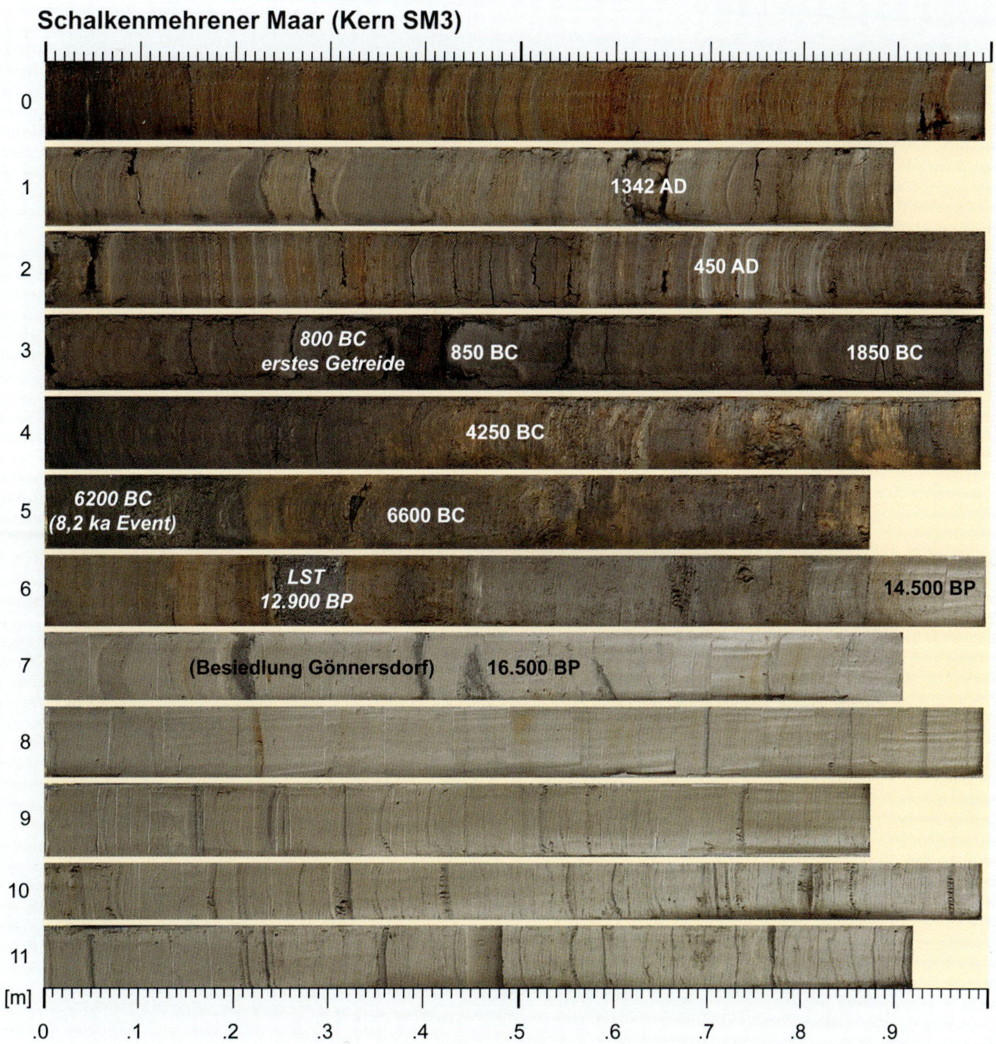

14.3 Foto des Sedimentkernes SM3 aus dem Schalkenmehrener Maar mit Pflanzenresten und deren Reichweite im Spätglazial. Ab 6,90 m bekommt das Sediment eine leicht graue Farbe, verursacht durch die Reste von Wasserpflanzen und Röhricht. Blätter und Früchte von Birken finden sich dann in braun gefärbten Sedimentabschnitten.

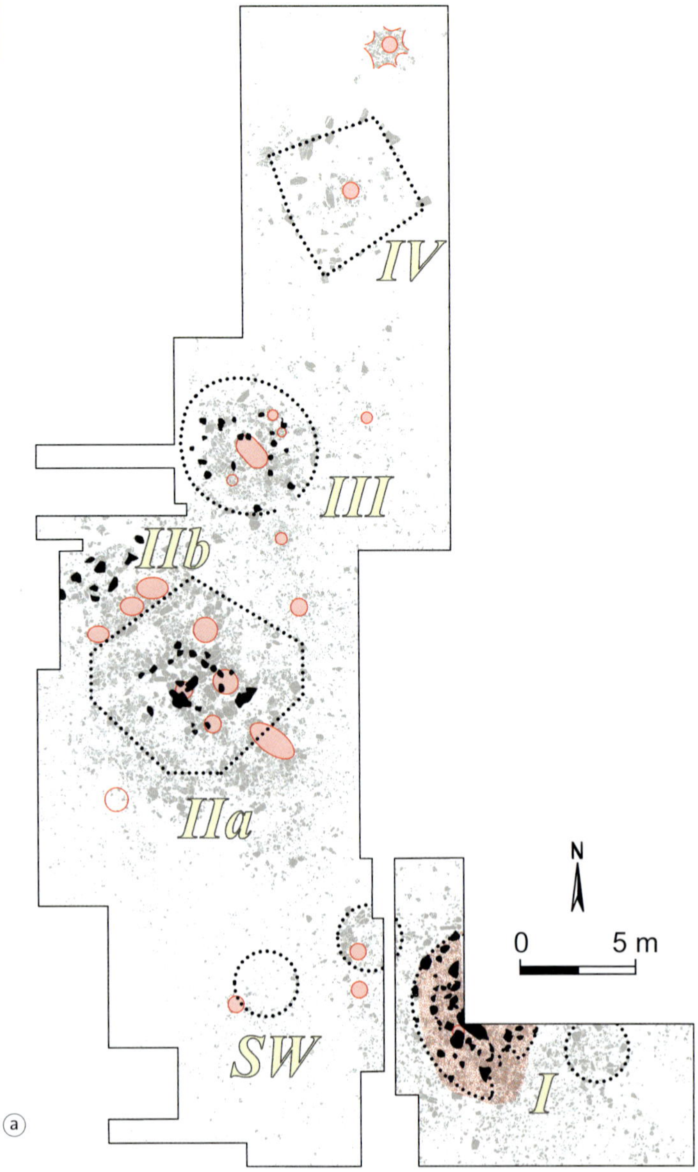

SKI 1992, 2007). Die großen Wohnbauten (Abb. 14.4) beider Stationen datieren auf etwa 15.500 BP (STREET et al. 1994, 1999 und 2006), lange vor der spätglazialen Erwärmung vor etwa 14.700 Jahren.

Gönnersdorf und Andernach geben einzigartige Einblicke in die Kultur und Lebensweise der Jäger- und Sammlergemeinschaften ihrer Zeit. Sie liegen nahe dem Rhein in Sichtweite zueinander beiderseits der Engstelle der Andernacher Pforte. Der außergewöhnliche Fundreichtum beider Stationen zeigt, dass die Menschen diese günstigen Plätze immer wieder und wohl auch für längere Zeit aufsuchten; sie stellen mit Sicherheit Teile desselben Siedlungssystems dar.

Das Leben dieser Gemeinschaften war wesentlich von der offenen Landschaft der wildreichen Steppe und von dem starken Wechsel der Jahreszeiten geprägt. Die Jahresmitteltemperatur lag zu dieser Zeit unter −1 °C, die Mitteltemperatur des wärmsten Monats bei etwa 8 °C und jene im Winter unter −10 °C (HUIJZER & VANDENBERGHE 1998). Saisonal ist für diesen Zeitraum auch von einem tiefgefrorenen Boden auszugehen. Die Bedeckung der Behausungsgrundrisse mit Schieferplatten könnte Teil einer Isolation des Untergrundes während des Winters gewesen sein oder aber der Stabilisierung des sommerlich aufgetauten Oberbodens gegolten haben (EICKHOFF 1992).

Wie das zum Teil exotische mitgebrachte Rohmaterial der Steingeräte zeigt (STREET et al. 2006), hielten sich die Menschen nicht nur am Mittelrhein auf, sondern besuchten auch andere Regionen, so zum Beispiel das Maas-Gebiet mit seinen Feuersteinvorkommen,

14.4 a) Plan der Gönnersdorfer Grabungsfläche mit einzelnen Fundkonzentrationen (I-IV, SW). Die Wohnbauten (gestrichelte Linien) lassen sich anhand von Steinsetzungen (grau), Gruben (schwarz), im Falle der Konzentration I durch eine intensive Rötelfärbung sowie durch die Verteilung verschiedener Fundgattungen rekonstruieren. Rot hervorgehoben sind rekonstruierte Feuerstellenareale.
b) Gönnersdorfer Lebensbild (aus GAUDZINSKI-WINDHEUSER & JÖRIS 2006).

14.5 a) Mammutdarstellung aus Gönnersdorf (aus Gaudzinski-Windheuser & Jöris 2006);
b) Pferdedarstellung aus Andernach;
c) Darstellung eines Raben aus Gönnersdorf.

und legten dabei oft weite Strecken zurück. Es wird gemutmaßt, dass Gönnersdorf sowie Andernach als Treffpunkte gedient haben könnten, an denen sich jeweils aus unterschiedlichen Gebieten stammende Menschengruppen begegneten. Dabei hat der notwendige soziale Austausch unterschiedlicher benachbarter Gruppen wahrscheinlich eine mindestens so wichtige Rolle gespielt wie die Beschaffung von qualitativ guten Materialien zur Steinbearbeitung oder die Verlegung von Jagdgebieten.

Beide Fundstellen wurden vor allem durch zahlreiche figürliche Gravierungen von Menschen und Tieren (Abb. 14.5) ihrer späteiszeitlichen Umwelt auf Schieferplatten bekannt (Bosinski 1991, 1996a und 1996b, Bosinski & Fischer 1980, Bosinski et al. 2001). Darstellungen stark schematisierter Frauenkörper im Profil wurden oft in Gruppen oder in Paaren angebracht (Abb. 14.6 und 14.7) und wiederholt als Tanzszenen gedeutet. Im Gegensatz zu den abstrakten Menschendarstellungen wirken die gravierten Tiere äußerst naturgetreu und lebendig. Offensichtlich hatten die Künstler genaue Kenntnis von Aussehen und Verhalten der Tiere, die sie oft mit nur wenigen Linien wiedergaben. Unter der Vielzahl der Gravierungen finden sich nicht nur zahlreiche Pferde, die an beiden Fundstellen das Hauptjagdwild stellen, und Mammute, sondern auch Wollnashorn und Ren sowie eine Vielzahl weiterer Arten (Bosinski 2008).

Bemerkenswert ist die mehrfache Darstellung von Robben in Gönnersdorf (Bosinski & Bosinski 1991) sowie eine einzelne Darstellung aus Andernach (Bosinski 1996a), doch sind diese Meeressäuger im Knochenmaterial der Fundstellen nicht belegt. Der Weltmeeresspiegel lag in jener Zeit immer noch etwa 100 m unter dem heutigen Niveau (Fleming et al. 1998), und der Rhein mündete etwa 400 km weiter nördlich als heute in die Nordsee. Belege für die Anwesenheit des Menschen so weit im Norden fehlen indes. Daher darf überlegt werden, ob die späteiszeitlichen Künstler am Mittelrhein, die die Tiere dem Augenschein nach genau kannten, diese nicht an der französischen Atlantikküste gesehen haben mögen. Damit wären die Robbendarstellungen ein indirekter Beleg für die Pflege

14.7 Gönnersdorfer „Matrilinie" – Mutterschaft und Familienbande –, dargestellt auf einer Schieferplatte. Maßstab 1 : 1.

14.6 Tief gravierte und stark schematisierte, einander szenisch zugewandte Frauendarstellungen aus Gönnersdorf (aus Gaudzinski-Windheuser & Jöris 2006).

der Kontakte in das Herkunftsgebiet des Magdalénien (Street & Baales 1999). Dass solche Fernkontakte bestanden, zeigen an beiden Fundstellen auch importierte marine Schmuckschnecken.

Unter den Faunenresten beider Stationen findet sich eine Reihe von Indizien, die anzeigen, dass sich die Menschen hier sowohl im Sommer- wie auch im Winterhalbjahr aufgehalten haben (Poplin 1976, Bosinski 1992, Street et al. 2006). In Gönnersdorf wurden Pferde in beiden Jahreshälften erlegt. Für eine Behausung ist die Jagd im Winter mehrfach nachgewiesen; die häufigste Jagdbeute war hier der Eisfuchs, dessen Winterfell von besonderer Qualität ist.

Die interne Belegungsfolge bleibt an beiden Fundstellen ungewiss. Ob unterschiedliche Wohnbauten parallel zueinander („Dorfgemeinschaft") oder aufeinander folgend – vielleicht sogar von verschiedenen Gruppen – benutzt wurden, ist gleichermaßen ungeklärt. Allerdings deutet die Entnahme von Baumaterial von einem Wohnbau und seine Wiederverwendung beim Bau einer anderen Behausung eine gewisse zeitliche Tiefe an. Auch die Frage, ob die Siedlungen von Gönnersdorf und Andernach vielleicht gleichzeitig bestanden (Bosinski 1992 und 2007) oder ob nicht eher eine Verlegung der Siedlung von dem einen zum anderen Rheinufer wahrscheinlicher ist, kann derzeit noch nicht beantwortet werden. Signifikant jüngere ^{14}C-Daten belegen an beiden Stationen spätere Aufenthalte ohne die für das Magdalénien charakteristischen, stabilen Wohnbauten. Diese datieren in eine Zeit, in der sich die Umwelt bereits merklich verändert hatte.

Als der Norden plötzlich wärmer wurde

15

Olaf Jöris, Martin Street und Frank Sirocko

Vor 14.700 Jahren leitete ein scharfer Anstieg der Lufttemperaturen über Grönland (Johnsen et al. 1992, Grootes et al. 1993) und der Meeresoberflächentemperaturen des Nordatlantiks (Lehman & Keigwin 1992) binnen etwa 50 Jahren den Beginn des spätglazialen Interstadialkomplexes (GI 1) ein (Abb. 14.1 und 15.1). Diese abrupte Erwärmung fiel in eine Zeit langsam ansteigender Einstrahlungsintensität in der Nordhemisphäre. Parallel dazu stieg der CO_2-Gehalt der Atmosphäre ebenfalls kontinuierlich an. Einzige abrupte Änderung in diesen sogenannten *„climate forcings"* war um 14.700 BP ein starker Rückgang der ^{10}Be-Konzentrationen im grönländischen Eis, das heißt ein kräftiger Anstieg der Sonnenintensität selber (Abb. 14.1). In dieser Zeit änderten sich auch die atmosphärischen Druckverhältnisse, und Mitteleuropa geriet verstärkt unter Einfluss atlantischer Strömungen und damit verbundener Luftmassenzufuhr aus den Subtropen.

Um 14.700 BP wurden innerhalb weniger Jahrzehnte in Mitteleuropa Jahresmitteltemperaturen erreicht, die den heutigen bereits annähernd entsprechen (Coope et al. 1998). Für die folgenden zwei Jahrtausende zeigt die generelle klimatische Entwicklung eine leichte, aber nahezu kontinuierliche Abnahme der Temperaturen. Zudem kam es während des GI 1 zu mehreren kürzeren Kälteeinbrüchen (GI 1d, GI 1c_2, GI1b beziehungsweise *Inner Alleröd Cold Period*), die sich meist innerhalb weniger Jahrzehnte, zum Teil nur weniger Jahre vollzogen. Diese gliedern den spätglazialen Interstadialkomplex in das Meiendorf-Interstadial (14.700–14.050 BP), das Bölling-Interstadial (14.050–13.580 BP) und das Alleröd-Interstadial (13.580–12.700 BP). Um 12.700 BP endet dann diese Phase wärmeren Klimas.

Die Ursache für die schnelle Erwärmung zu Beginn des GI 1 wird in einer Nordverlagerung des Golfstromsystems vermutet. Dieses führte in der Hochphase der letzten Eiszeiten sein warmes Wasser bis auf die Höhe Südfrankreichs, sprang dann aber um 14.700 BP nach Norden um und reichte bis an die Küsten Norwegens. Die Westeuropa dadurch vorgelagerten warmen Wassermassen erwärmten die Luft, und infolge erhöhter Verdunstung über dem warmen Ozean wurden vermehrt Niederschläge auf den Kontinent geführt.

Die den spätglazialen Interstadialkomplex untergliedernden Klimarückschläge, aber auch der ihn um 12.700 BP abschließende Klimawechsel hatten ihre Ursachen ebenfalls wohl in kurzfristigen Änderungen und Neuorganisationen der ozeanischen Strömungsmuster (Broecker & Denton 1989, Boyle 2000). In der Nordhemisphäre bildeten sich vor dem zerfallenden Inlandeis vielerorts große Schmelzwasserseen (Abb. 17.8), so zum Beispiel der ausgedehnte Agassiz-See im Norden Amerikas oder der Baltische Eisstausee im Bereich der heutigen Ostsee. Durch den Überlauf dieser Seebecken kam es zu verschiedenen Zeiten zu plötzlichen und gewaltigen Süßwasserzuströmen in den Nordatlantik, die insbesondere die Bildung von Tiefenwasser unterbrachen und die Golfströmung auf die Breite der spanischen Biskaya abdrängten (Ruddiman & McIntyre 1981). In weiten Teilen des nordatlantischen Raumes blieb damit die atlantische Luftmassenzufuhr aus, und es kam zu einer erneuten Verstärkung der kontinentalen Hochdruckgebiete, die in einem meist trockenen Klima mit sehr kalten Wintermonaten resultierten.

Für die Westeifel ist die Vegetationsentwicklung dieser Zeit hochauflösend an der Pollensequenz des Meerfelder Maares abzulesen (Abb. 15.1). Während der ersten Jahrhunderte der spätglazialen Erwärmung stieg der Baumpollenanteil nur langsam an, da die Vegetation zunächst verzögert auf die neuen Klimabedingungen reagierte (Litt & Stebich 1999). Dies ist zum einen in den Ansprüchen der Bäume an sich erst zu entwickelnde Bodensubstrate begründet (Kap. 3), zum anderen in der Zeit, die die Bäume für die Einwanderung aus ihren glazialen Refugien benötigten.

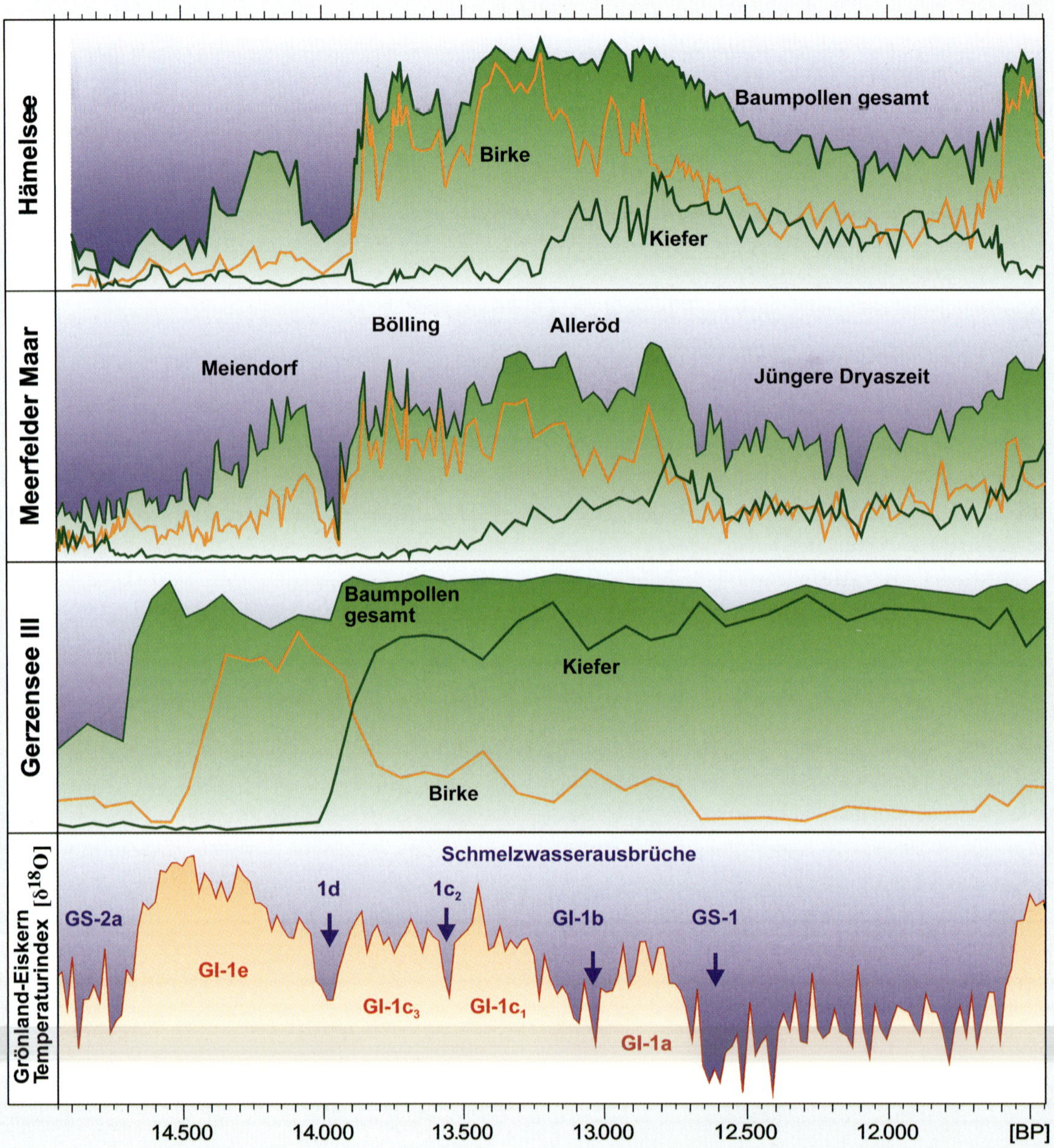

15.1 Späteiszeitliche Wiederbewaldung in Mitteleuropa anhand von Pollenanalysen aus Seesedimenten im Vergleich zum GRIP-Eisbohrkern in Grönland (nach Baales & Jöris 2002). In den nördlichen Mittelgebirgen und im nordeuropäischen Tiefland setzte die Vegetation zunächst verzögert ein und reagierte sensibel auf stärkere klimatische Veränderungen.

Erst vor etwa 14.250 Jahren ist der Baumbestand derart dicht geworden, dass der Anteil der Baumpollen die nachfolgenden Temperaturschwankungen mehr oder minder direkt nachzeichnet. Im Kernfoto des SM3 entspricht diese Zeit der kräftigen Farbänderung bei 6,5 m (Abb. 14.3).

Der Vergleich mit Pollensequenzen aus Norddeutschland (Hämelsee) und dem Alpenraum (Gerzensee) zeigt dabei deutlich, dass die Baumpollenanteile im Süden Mitteleuropas bereits unmittelbar zu Beginn der Warmphase deutlich angestiegen sind, die nachfolgenden Kaltphasen indes weniger markant in Erscheinung treten (Eicher & Siegenthaler 1976). Im Norddeutschen Tiefland ist dagegen eine ganz ähnliche Entwicklung wie in der Eifel abzulesen (Merkt & Müller 1999). Demnach ist die Entwicklung des spätglazialen Vegetationsbildes der Westeifel eher an die des nordwesteuropäischen Tieflandes anzuschließen.

Das Meiendorf-Interstadial war noch relativ trocken, die Vegetationsbedeckung zunächst noch gering, und weite Flächen blieben über längere Zeit noch grasbestanden. Im Mittelrheingebiet ist die Archäologie dieser Zeit kaum bekannt, während in Nordfrankreich in dieser Zeit die Entwicklung vom spät-jungpaläolithischen Magdalénien (Abb. 15.2a) hin zu den frühen spätpaläolithischen Rückenspitzen-Industrien (Abb. 15.2b) gut nachzuvollziehen ist (Bodu 1998, Fagnart 1997).

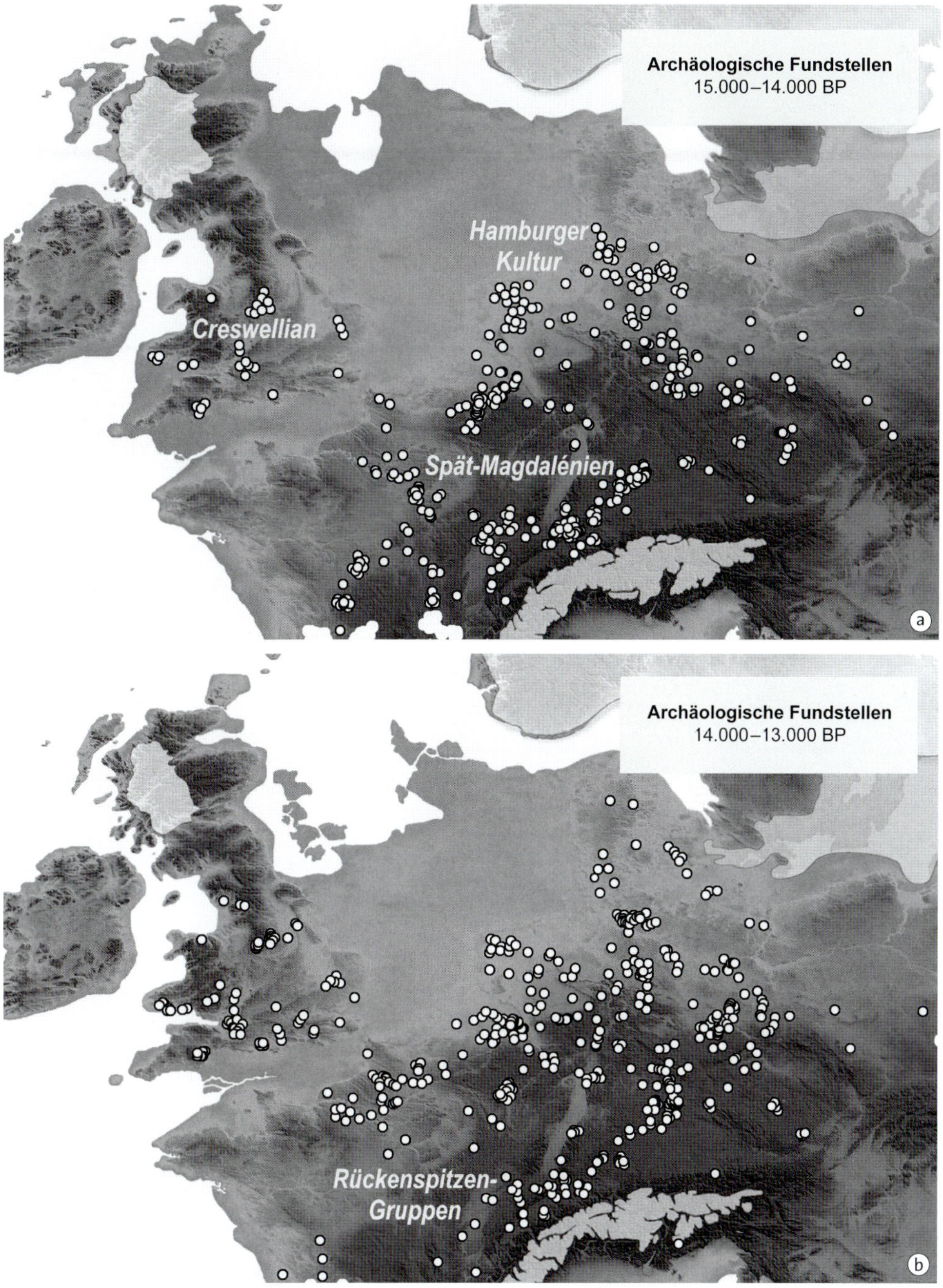

15.2 Archäologische Fundstellen in Mittel- und Nordwesteuropa **a)** vor etwa 15.000 bis 14.000 Jahren und **b)** vor etwa 14.000 bis 13.000 Jahren (Kartengrundlage nach GRIMM 2008).

Bisher liegen aus dem Mittelrheingebiet nur zwei sicher datierte Fundkomplexe für diese Zeit vor. In beiden Fällen handelt es sich um Menschenreste, bei denen sich jeweils nur wenige archäologische Objekte fanden. Im bereits 1914 entdeckten Grab von Bonn-Oberkassel (VERWORN et al. 1919) sind neben den rot verfärbten Knochenresten eines älteren Mannes und einer jüngeren Frau (Abb. 15.3; HENKE 1986) vor allem zwei Kunstobjekte (Abb. 15.4) sowie die Reste eines Hundes (BAALES & STREET 1998) von Bedeutung. Seit dieser Zeit ist der Hund, das älteste Haustier, als ständiger Begleiter des Menschen im Rheinland präsent (STREET & BAALES 1999). Ähnliche Datierungen wurden an Menschenknochen aus einer Sandgrube bei Irlich (Neuwied) ermittelt. Bei diesen Funden handelt es sich um die ehemals wohl bestatteten, rot verfärbten Knochen eines neugeborenen Kindes sowie eines Erwachsenen. Auch hier liegen nur wenige Beifunde vor (BAALES 2004), darunter ein durchbohrter und verzierter Schneidezahn eines Hirsches – vielleicht eine Grabbeigabe. Auch ein kleines Inventar mit untypischen Rückenspitzen aus dem Südwesten der Gönnersdorfer Grabungsfläche (BUSCHKÄMPER 1993) gehört nach der ^{14}C-Datierung an dem Knochen eines Elches (einer sonst bei den großen Gönnersdorfer Wohnbauten nicht belegten Art; Kap. 14) ganz an den Beginn der spätglazialen Erwärmung (STREET et al. 2006).

Nach der markanten, rund 100-jährigen Kaltphase um 14.000 BP, während der die Baumvegetation im nördlichen Mitteleuropa fast gänzlich kollabierte und sich erneut tundrenähnliche Steppengemeinschaften ausbreiteten, begann eine dreigegliederte, rund 1200-jährige Warmphase, die nach einer dänischen Lokalität gemeinhin als Alleröd-Interstadial bezeichnet wird (Abb. 15.1). Das erste Drittel dieser Wärmeschwankung wird mit dem in Dänemark definierten „Bölling-Interstadial" gleichgesetzt.

Ähnlich abrupt wie die vorige Kaltphase, so endet auch dieser Kältepuls mit einer erneuten Erwärmung. Dies führte zu einem sehr raschen Wiederanstieg der Baumpollenkurve. Die Birke macht dabei den Großteil der Baumpollen aus, deren Anteil sich allein auf 50 – 60 % der Gesamtpollensumme beläuft. Erst nach einem weiteren Klimarückschlag um 13.580 BP steigt

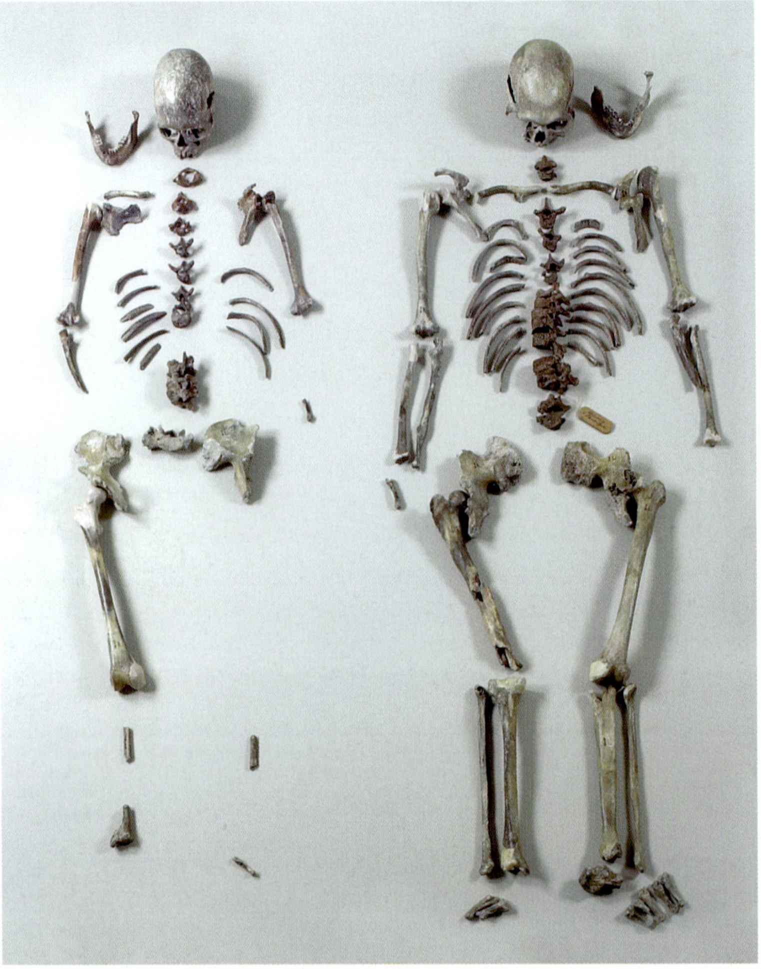

langsam, aber kontinuierlich der Anteil der Kieferpollen an. Die Kiefer wird im ausgehenden Alleröd auf Kosten der Birke in ganz Mitteleuropa zum dominanten Baum – eine Periode, die hier durch einen Zuwachs an Feuchtigkeit gekennzeichnet ist (Hoek 1997).

Für diese Zeitphase stellt gerade das Neuwieder Becken eine außerordentliche Fundprovinz dar. Grund dessen ist der Ausbruch des Laacher-See-Vulkans vor etwa 12.900 Jahren (Baales et al. 2002, Jöris & Weninger 2000). Im Zuge des hoch explosiven Ausbruches wurde die gesamte späteiszeitliche Landschaft am Mittelrhein mit zum Teil mehreren Meter mächtigen vulkanischen Ablagerungen verschüttet und eine Reihe archäologischer Fundstellen vor späterer Erosion geschützt.

Neben vier größeren Siedlungsplätzen der allerödzeitlichen „Federmessergruppen" (Andernach-Martinsberg, Kettig, Niederbieber und Urbar; Street et al. 2006), sind aus dem Neuwieder Becken zahlreiche weitere Hinweise auf die Nutzung der Landschaft durch den spätpaläolithischen Menschen bekannt. Zu diesen Belegen zählen isolierte Feuerstellen mit nur wenigen Beifunden (von Berg 1994), aber auch einzelne Steinartefakte aus den Wäldern von Thür und Miesenheim 2 (Abb. 15.5). Die große Zahl erhaltener botanischer Makroreste dokumentiert dichte, aber lichtdurchflutete Wälder mit einem artenreichen Unterwuchs. Wie paläobotanische Analysen zeigen, wa-

15.3 Die Frau und der Mann von Bonn-Oberkassel.

15.4 Verzierte Knochen- und Geweihobjekte – Grabbeigaben aus Bonn-Oberkassel. Länge des Knochenstabs = ca. 20,0 cm.

ren diese Wälder am Mittelrhein je nach Höhenlage unterschiedlich ausgeprägt (BITTMANN 2007). Es kann davon ausgegangen werden, dass außerhalb der Auen an trockeneren Standorten vermehrt die Kiefer hinzutrat, von der bisher nur wenige Holzkohlen vorliegen, aus anderen Teilen Mitteleuropas aber Wälder bekannt sind (FRIEDRICH et al. 1999). Es scheint jedoch nicht ausgeschlossen, dass während des gesamten Alleröds auf den Randhöhen um das Neuwieder Becken auch noch größere offene Flächen bestanden, auf denen zum Beispiel Pferdegruppen noch gute Lebensbedingungen vorfanden, wie dies die zahlreichen Fährten in Mertloch untermauern (STREET & BAALES 1999).

Wohl trat nun in den dichter werdenden Wäldern die Jagd mit Pfeil und Bogen an die Stelle der in den offenen Steppen praktizierten Jagd mit der Speerschleuder. Abbildung 15.6 zeigt ein sogenanntes Federmesser, das wohl als Pfeilspitze geschäftet war.

Fehlende feste Behausungsstrukturen (BOLUS 1992, GELHAUSEN et al. 2005; STREET et al. 2006) legen nahe, dass die Menschen dieser Zeit in kleinen, hoch mobilen Gemeinschaften lebten und ihre Siedlungsstellen jeweils nach kurzer Zeit verlegten (BOSINSKI 1988). Selbst großflächige Fundplätze wie Niederbieber und Andernach-Martinsberg mit vielen kleineren Konzentrationen von Steinartefakten und Knochenresten dürfen auf die Akkumulation nur weniger, kurzzeitiger Einzelaufenthalte zurückgeführt werden (BAALES & STREET 1998, BAALES 2001 und 2003, GELHAUSEN 2008).

Typische Jagdtiere waren Rothirsch, Elch, Reh, ein großes Wildrind (eventuell Auerochse), das Pferd und häufig auch der Biber. Darüber hinaus sind Steinbock und Gämse sowie Braunbär, Wildschwein, Wolf, Rotfuchs, Dachs, der Marder und das Auerwild nachgewiesen (STREET et al. 2006, STREET & BAALES 1997 und 1999). Die Analyse der Jagdbeutereste der vier größeren Siedlungsplätze belegt die Anwesenheit des Menschen im Neuwieder Becken zu allen Jahreszeiten. Offensichtlich konnten die Menschen der Federmessergruppen während des gesamten Jahres am Mittelrhein leben (BAALES 2002). Trotzdem belegen einige exogene Rohmaterialien der Steinartefakte Verbindungen in bis zu mehr als 100 km entfernte Gebiete (STREET et al. 2006).

Ein noch unmittelbar vor dem Ausbruch des Laacher-See-Vulkans bewohnter Siedlungsplatz fehlt in der Region. Lediglich das bereits 1922 bei Weißenthurm (Kreis Mayen-Koblenz) gefundene Skelett eines älteren Mannes, das beim Bimsabbau an der Basis mehrerer Meter mächtiger vulkanischer Ablagerungen angetroffen wurde, kommt als Opfer der Vulkankatastrophe in Betracht. Letztlich bleibt aber offen, ob dieser Mensch bereits tot war, als der Vulkan ausbrach, oder ob er im Lee der Kettiger Höhe vor den den Ausbruch begleitenden Druckwellen Schutz suchte und schließlich vom Bimsfall verschüttet wurde (GÜNTHER 1924a, 1924b).

15.5 Stubben und Wurzeln von Pappeln im allerödzeitlichen Wald von Miesenheim 2.

Im Zuge der Eruption des Laacher-See-Vulkans sind über die Dauer nur weniger Wochen insgesamt ungefähr 6 km^3 magmatischen Materials gefördert worden, das in heftigen plinianischen und phreatomagmatischen Eruptionsphasen zu etwa 20 km^3 Bims und Asche aufgeschäumt wurde (SCHMINCKE et al. 1999, LITT et al. 2003). Der Bims kam als *fallout* vor allem im Bereich des Neuwieder Beckens und des Westerwaldes großflächig zur Ablagerung (Abb. 15.7 und 15.8).

Bei Mertloch unweit Polch im Maifeld (Kreis Mayen-Koblenz), etwa 15 km südlich der Ausbruchsstelle, liefen während einer kurzfristigen Unterbrechung des *fallout* verschiedene Tiere – Pferde, Braunbären, Rot- und Auerwild – über eine kurzzeitig aus Aschen bestehende neue Geländeoberfläche. Aufgrund der hier erhaltenen Trittsiegel junger Fohlen (Abb. 15.8) wird die Jahreszeit des Vulkanausbruches in Übereinstimmung mit anderen Befunden (MERKT & MÜLLER 1999) in den späten Frühling/Frühsommer eingeordnet (BAALES 2002).

Die bei der Eruption geförderten Aschen des Laacher-See-Vulkans verdrifteten durch westliche und nördliche Winde über mehrere Hundert Kilometer nach Süden bis in die Schweiz und selbst über die Alpen bis nach Norditalien, nach Westen bis in die Eifeler Maarseen und nach Nordosten bis auf die schwedische Insel Gotland (VAN DEN BOGAARD & SCHMINCKE 1985).

Im Zuge des Ausbruchgeschehens wurden rund 150 Megatonnen Schwefel freigesetzt (SCHMINCKE et al.

15.6 Kleine Pfeilspitze – sogenanntes Federmesser – aus dem allerödzeitlichen Wald von Miesenheim 2. Länge = 3,4 cm.

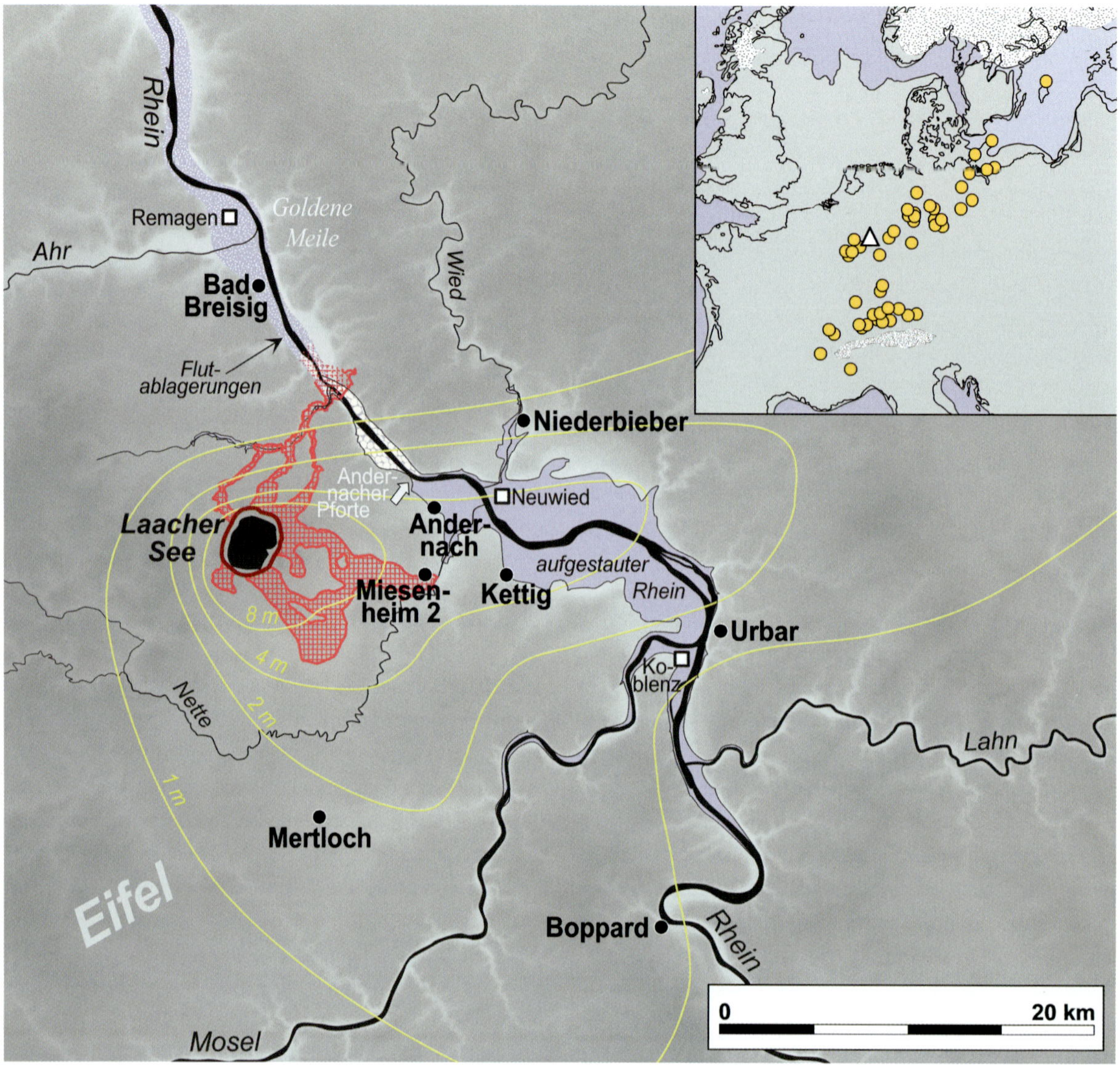

15.7 Verbreitung der Laacher-See-Tephren mit Bimsmächtigkeiten (Isolinien) und Trass-Strömen (magenta; nach BAALES et al. 2002).

15.8 In Mertloch freigelegte Hufabdrücke von Pferden in den Aschen des Laacher-See-Ausbruches (aus BAALES et al. 2002).

1999, LITT et al. 2003), die zu einem großen Teil in die Stratosphäre gelangten und sich für die Dauer mehrerer Jahre über die Nordhemisphäre verbreiteten. So kennt man aus den grönländischen Eiskernlagen dieser Zeit einen extremen Anstieg vulkanischen Schwefels, der auf den Laacher-See-Vulkan zurückgeführt werden könnte (BAALES et al. 2002), wenngleich entsprechende vulkanische Glase, die dem Laacher-See-Ereignis zuzuordnen wären, nicht nachzuweisen waren (MORTENSEN et al. 2005). Wohl hat aus dem erhöhten Schwefelanteil in der Atmosphäre resultierender „saurer Regen" zu einem markanten Wachstumsrückgang der Baumvegetation geführt, wie die über die Zeit von sechs Jahren verringerten Baumringdicken eines fossilen Kiefernwaldes in der Westschweiz andeuten (FRIEDRICH et al. 1999). Dass der Ausbruch des Laacher-See-Vulkans auf der nördlichen Hemisphäre insgesamt zu einem kurzfristigen Klimaeinbruch führ-

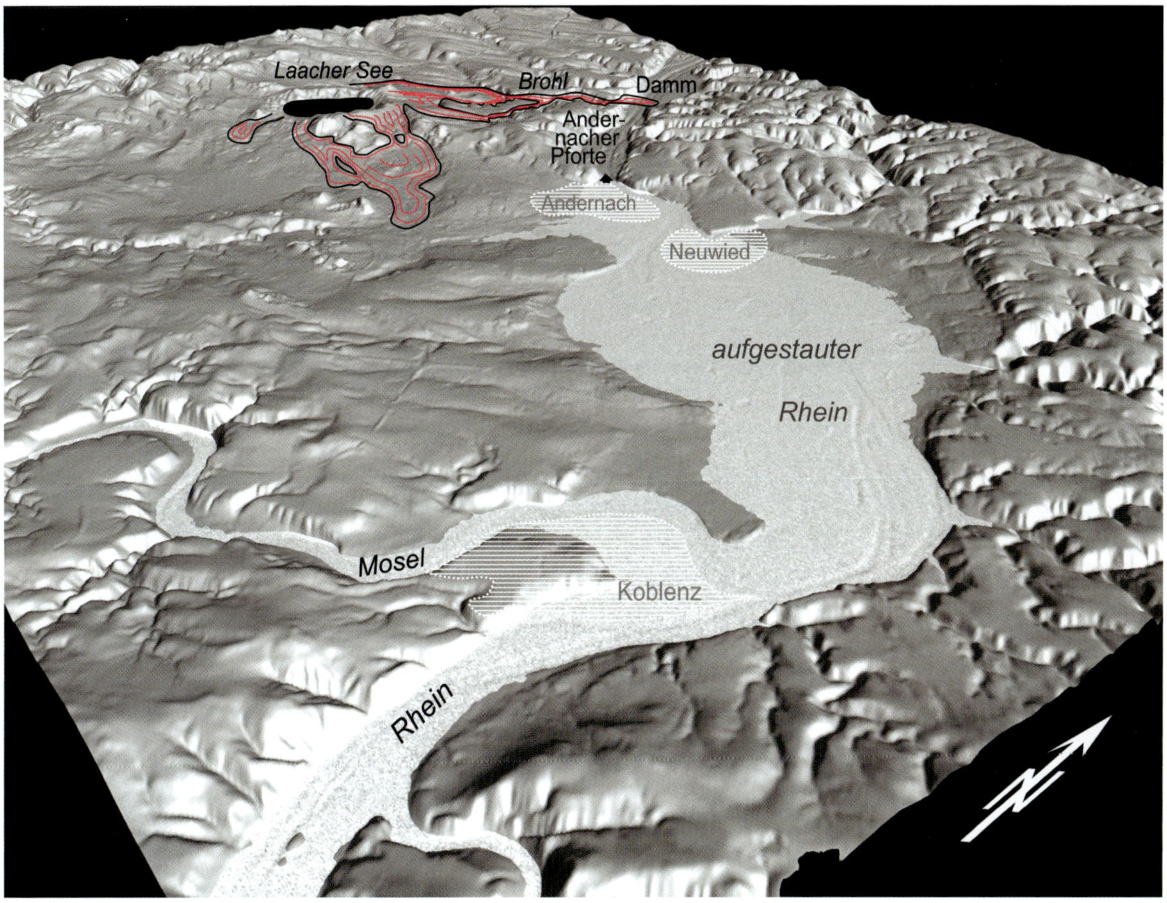

15.9 Aufstauung des Rheins im Zuge des Laacher-See-Ausbruches als Folge durch das Brohltal geraster Trass-Ströme (magenta). Blick von Südost (aus Baales et al. 2002).

te, ist nicht zuletzt auch aufgrund von Beobachtungen an jüngeren vulkanischen Großereignissen anzunehmen (Stommel & Stommel 1990, Baillie 1995). Das abrupte Ende des Alleröd-Interstadials um 12.700 BP erfolgte allerdings erst 200 Jahre später.

Während der mittleren Ausbruchsphase des Laacher-See-Vulkans kollabierte die aus heißen Aschen und Gasen bestehende und Höhen von 20 – 40 km erreichende Eruptionssäule mehrfach (Schmincke et al. 1990). Als Folge schossen heiße, gasreiche Glutlawinen durch die Täler um den heutigen Laacher See, die diese mit mehreren Metern mächtigen „Trassablagerungen" (Ignimbrit) verstopften. Mit der Eruption einhergehende Druckwellen oder *base surges* waren für das großräumige Niederwerfen der Wälder im Bereich des Neuwieder Beckens verantwortlich, wie es auch bei der heftigen Vulkaneruption des Mount St. Helens in den USA am 18.5.1980 zu beobachten war (Foxworthy & Hill 1982).

Als im Zuge der Eruption die durch das Brohltal rasenden Glutlawinen über den Rhein schossen, wurde auch der Rheinlauf durch große Trassmengen blockiert (Abb. 15.9). Dies staute den Strom bis nach Koblenz hinauf zu einem etwa 80 km² großen See auf (Baales et al. 2002, Schmincke et al. 1999). Noch während des wohl nur wenige Wochen dauernden Ausbruchgeschehens brach der Damm und gewaltige Wassermassen strömten das Rheintal hinab. In der Talweitung der „Goldenen Meile" zwischen Bad Breisig und Remagen (Kreis Ahrweiler) schwemmte die Flutwelle Aschen und Bimse an (Schmincke et al. 1999). Nur wenig später siedelten hier – nördlich Bad Breisig – Jäger und Sammler der jüngeren Federmessergruppen (Baales & Jöris 2002). Bad Breisig ist damit der bislang einzige Siedlungsplatz der mittelrheinischen Federmessergruppen, der nach dem Ausbruch des Laacher-See-Vulkans datiert und der gemäß typologischer Vergleiche wie auch einer warmgemäßigten Jagdfauna mit Reh und Rothirsch noch in die rund 200 verbleibenden Jahre des ausgehenden Alleröd-Interstadials zu stellen ist. Bad Breisig zeigt aber auch, dass die Jäger- und Sammlergruppen des Spätpaläolithikums durch den gewaltigen Laacher-See-Vulkanausbruch nicht für längere Zeit verschreckt worden sind. Vergleiche mit heutigen Vulkankatastrophen illustrieren, wie schnell sich die Natur zu erholen vermag, zum Beispiel am Mount St. Helens (Findley 2000).

16 Rentierjäger der Jüngeren Dryaszeit – das letzte kaltzeitliche Intermezzo

Olaf Jöris, Martin Street und Frank Sirocko

Etwa 200 Jahre nach der Laacher-See-Eruption fällt Mitteleuropa ein letztes Mal für wenig mehr als 1200 Jahre in eiszeitähnliche Klimaverhältnisse zurück. Der große laurentische Eisschild in Nordamerika war im Hochglazial der letzten Kaltzeit derart weit nach Süden vorgerückt, dass seine Schmelzwässer über den heutigen Mississippi in den Golf von Mexiko abgeführt wurden (Marshall & Clarke 1999). Durch den anschließenden starken Gletscherrückzug war bis zum Ende des Alleröd-Interstadials ein großes abflussloses Becken entstanden, das große Mengen von Schmelzwasser aufnahm und den sogenannten Lake Agassiz bildete (Broecker et al. 1989, Broecker & Denton 1990; Abb. 16.1). Schon während der innerallerödzeitlichen Kaltereignisse war Schmelzwasser in einzelnen Ausbrüchen in den Atlantik geflossen, vor wenig mehr als 12.700 Jahren war durch den weiter fortschreitenden Rückzug der Gletscher schließlich das Ausfließen des Schmelzwassersees erstmals über die heutigen großen nordamerikanischen Seen und den St.-Lorenz-Strom in den Nordatlantik möglich (Broecker et al. 1989, Leverington et al. 2000; Abb. 16.1), der letzte große Schmelzwasserausbruch verursachte dann den sogenannten 8,2-ka-Event (Kap. 17).

All diese Schmelzwasserschüttungen führten zu nachhaltigen Änderungen der nordatlantischen Strömungsmuster. Da Schmelzwasser aus Süßwasser besteht, ist es leichter als das salzhaltige Meerwasser. Der Nordatlantik war also mit einem Süßwasserdeckel überschichtet, sodass sich im Norden kein Tiefenwasser mehr bilden konnte (Kap. 7), und der Golfstrom nicht mehr so weit nach Norden reichte wie noch im Alleröd. Hierin wird eine wesentliche Ursache für die bald einsetzende, fast 1200-jährige Kaltphase der Jüngeren Dryaszeit (Abb. 15.1) vermutet, die sich vor allem im nordatlantischen Raum als deutliche Abkühlung bemerkbar machte (Broecker & Denton 1990). Der Weltmeeresspiegel lag zu dieser Zeit noch 60 – 70 m unter dem heutigen Niveau.

Verschiedene Indizien sprechen dafür, dass in Europa die größte Kälte bei zugleich relativ hoher Feuchtigkeit im ersten Teil der Jüngeren Dryaszeit auftrat, während der jüngere Abschnitt wärmer, aber trockener war (Isarin 1997, Isarin et al. 1998). Vor allem die Klimaverhältnisse der frühen Jüngeren Dryaszeit dürften für die weitgehende Stagnation der skandinavischen beziehungsweise für das Vorrücken der in Schottland liegenden Restgletscher verantwortlich sein. Die Sommertemperaturen über Mitteleuropa lagen bei etwa 14 °C, die Wintertemperaturen bei –15 bis –20 °C, das Jahresmittel war 13 °C kälter als heute (Isarin et al. 1998). Im nördlichen Deutschland und in den angrenzenden Regionen gibt es deutliche Hinweise auf regionalen Permafrost, aus südlicheren Gebieten dagegen auf tiefes saisonales Gefrieren des Bodens. Beobachtungen an Parabeldünen im nordwesteuropäischen Tiefland zeigen, dass die damals vorherrschenden Winde aus westlichen Richtungen, insbesondere aus Südwesten kamen. Die Vegetation kehrte zu subarktischen Verhältnissen zurück, und es breiteten sich Krähenbeere *(Empetrum nigrum)* und *Dryas octopetala,* die Silberwurz, aus.

Die Pollenanalysen der Westeifeler Maarseen zeigen für die Jüngere Dryaszeit einen deutlichen Rückgang der Baumpollen zugunsten der Nichtbaumpollen (Abb. 15.1). Die während des Alleröd-Interstadials weit verbreiteten Birken-Kiefern-Wälder wurden stark aufgelichtet und meist auf günstige Tallagen zurückgedrängt, sodass sich vor allem offene tundrenartige Biotope entwickelten. Eine ähnlich drastische Entwicklung ist in den Pollensequenzen des südlichen Mitteleuropas (Gerzensee) nicht in gleicher Weise nachzuvollziehen. Hier blieben die Wälder stabiler und nur die höheren Lagen erfuhren eine stärkere Auflichtung.

Angesichts all dieser Veränderungen stellte sich im nördlichen Mitteleuropa auch eine andere Tierwelt ein. Die Waldfauna des vorangegangenen Alleröds wich zugunsten der Tiere subarktischer Regionen nach Sü-

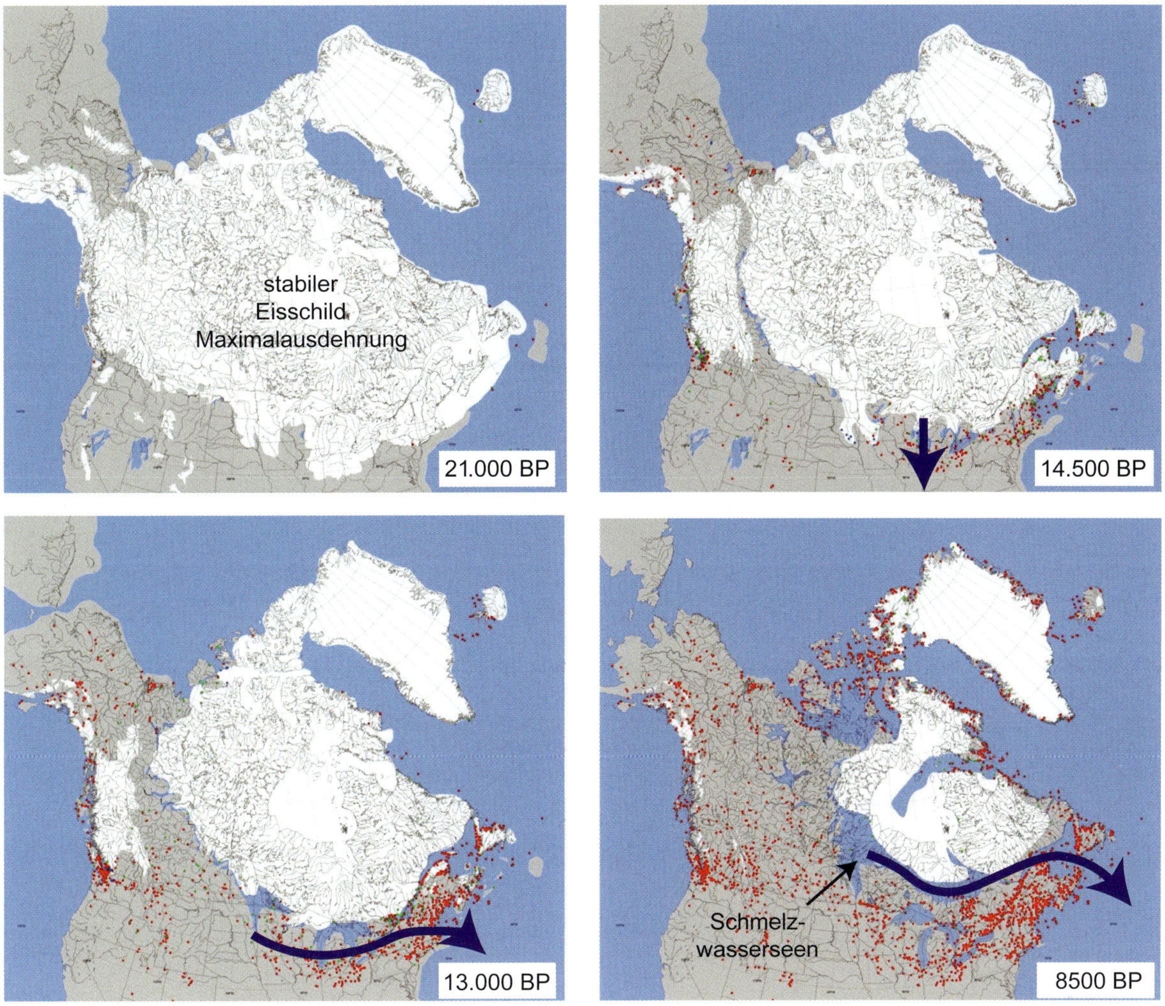

16.1 Nordamerikanischer Eisschild zu Beginn der Jüngeren Dryaszeit, Schmelzwasserabfluss und Auswirkung der Jüngeren Dryaszeit in Mitteleuropa. Rote Punkte kennzeichnen datierte Aufschlüsse (nach Dyke 2004).

den. Nun erschien letztmals das Ren in Mitteleuropa (Abb. 16.2), wie Funde seiner Knochen zu Füßen einer Felswand des Kartstein-Travertins (Abb. 16.3) bei Mechernich-Weyer (Kreis Euskirchen) in der Nordeifel zusammen mit gestielten Spitzen (Abb. 16.4) der sogenannten Ahrensburger Kultur (Baales 1996) zeigen. Auch wenn die Jagd mit Pfeil und Bogen bereits für die vorausgegangene Allerödzeit angenommen wird, datieren die ältesten erhaltenen Pfeile erst in die Jüngere Dryaszeit. Sie stammen vom namengebenden Fundplatz Stellmoor im Ahrensburger Tunneltal bei Hamburg (Abb. 16.5).

Im Süden blieb die Waldfauna des Alleröds dagegen weitgehend bestehen (Abb. 15.1; von Koenigswald & Heinrich 1996). Hier entwickelte sich das späte Magdalénien kontinuierlich über die „Federmesserindustrien" weiter zum Frühmesolithikum am Beginn des Holozäns.

Die Ahrensburger Kultur war vor allem im nordwesteuropäischen Flachland und der Niederrheinischen Bucht verbreitet (Taute 1968); aber auch im südlich angrenzenden Mittelgebirge, wie neben den Funden vom Kartstein beispielsweise solche aus Luxemburg, den belgischen Ardennen und dem Westfälischen Bergland belegen (Baales 1996).

Das Ende der Jüngeren Dryaszeit kam ebenso plötzlich, wie sie begonnen hatte. In den grönländischen Eiskernen erfolgt der Übergang zum Holozän, der

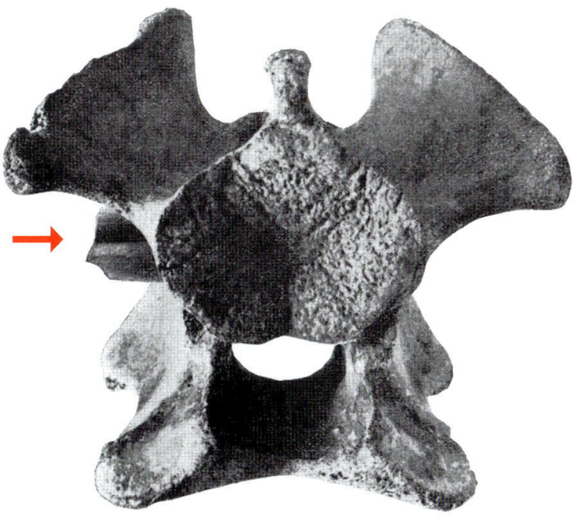

16.2 In den Wirbel eines Rens von links eingeschossenes steinernes Projektil (Pfeil) aus Stellmoor bei Ahrensburg (aus Rust 1943).

16.3 Der Kartstein-Travertinfelsen bei Mechernich-Weyer in der Nordeifel.

aktuellen Warmzeit, mit einem Temperatursprung von bis zu 8°C in nur fünf Jahren (ALLEY et al.1993); im Nordatlantik stiegen die Meeresoberflächentemperaturen sprunghaft. Eine aktive Nordverlagerung des Golfstromsystems ist sicherlich ein wichtiger Teil dieser Entwicklung. ^{10}Be-Messungen zeigen aber zwischen 12.200 und 11.500 BP auch starke Änderungen in der Sonnenaktivität selbst (Abb. 14.1). Ab 11.500 BP ist die Sonne stark und bleibt von da an über das gesamte Holozän auf einem stabilen und hohen Niveau. Wie die erstarkende Sonne das Schmelzen der Gletscher, die Tiefenwasserbildung und die Meeresoberflächentemperaturen im Detail beeinflusst hat, ist jedoch noch unklar. Sicherlich aber wirkte eine verstärkte Sonneneinstrahlung auf den Kontinenten direkt auf die Vegetation ein, aber auch auf die Lebensbedingungen in den Meeren und Seen.

16.4 Kleine gestielte Spitzen von einem Felsdach am Kartstein (aus GAUDZINSKI-WINDHEUSER & JÖRIS 2006). Größe der längsten Spitze = 3,1 cm.

16.5 Die ältesten erhaltenen Pfeile aus Stellmoor bei Ahrensburg: unter anderem ein 73 cm langer Pfeil mit Vorschaft (Detail rechts Maßstab 1 : 2; aus RUST 1943).

Sammler und Jäger in den ersten warmzeitlichen Wäldern

17

Hartwig Löhr, Olaf Jöris, Martin Street und Frank Sirocko

Vor rund 11.590 Jahren begann nach der schnellen Erwärmung am Ende der Jüngeren Dryas mit dem sogenannten Präboreal die Kiefern-Birkenwald-Zeit des Holozäns. Von Beginn an zeugt in Mitteleuropa die rasche Dickenzunahme der Jahresringe der Kiefern von überregional deutlich verbesserten Wachstumsbedingungen (Friedrich et al. 1999 und 2004). Dies zeigt, wie schnell die Vegetation auf die abrupt einsetzende Klimaverbesserung zu reagieren vermochte. Bald hatten sich im nördlichen Mitteleuropa wieder geschlossene Wälder aus Birken, Pappeln und Kiefern ausgebreitet (Abb. 17.1), in denen sich auch die typische Tierwelt mit Auerochse, Rothirsch, Reh und Wildschwein ansiedelte (Street 1989).

In diesen frühholozänen Wäldern waren mesolithische, also mittelsteinzeitliche Jäger- und Sammlergemeinschaften ansässig. Das Mesolithikum ist auf zweierlei Weise definiert. Sein Anfang wird geochronologisch mit dem Beginn des Holozäns gleichgesetzt, das heißt 11.500 BP, sein Ende regional unterschiedlich durch den Beginn neolithischer Lebens- und Wirtschaftsweisen definiert. Die Menschen lebten zu dieser Zeit ausgesprochen mobil, geprägt von der Jagd und daher schnell wechselnden Lagerplätzen, die wahrscheinlich Kleingruppen von Familien- bis Klan-Größe bewohnten. Diese Lagerplätze lagen zwar innerhalb eines festen Territoriums, wechselten jedoch saisonal mit dem Wildvorkommen. Die mesolithischen Steinwerkzeuge fielen relativ klein aus, wobei für ihre Herstellung überwiegend lokale Vorkommen genutzt wurden, deren Gesteinsrohstoffe allerdings oft nur eine mindere Qualität besaßen.

Neben stilistischen Vergleichen der Artefaktformen lässt vor allem auch die Herkunft der verarbeiteten Silexgesteine (Feuersteine), deren Gros üblicherweise aus einem Umfeld von etwa 60 km – also ein bis zwei Tagesmärsche entfernt – stammt, auf ehemalige Territorien schließen. Die Herkunft ortsfremder, „exotischer“, teilweise sogar noch schlechter spaltba-

17.1 Baumstämme aus dem frühen Holozän – eingeschottert in Ablagerungen des Mains.

17.2 Mittelsteinzeitliche Artefakte aus verschiedenen Gesteinsrohstoffen bekannter Lagerstätten. Maßstab ca. 1 : 2.

rer Steinmaterialien (Abb. 17.2) zeigt allerdings, dass besonders im jüngeren Mesolithikum Austauschnetze beziehungsweise individuelle Mobilitäten von über 100 km und mehr bestanden, zum Beispiel findet sich in der Eifel Tertiärquarzit aus Wommersom in Belgien (Abb. 17.2).

In der Eifel wie auch entlang der Mosel waren die Siedlungsvoraussetzungen durchaus günstig, zumal die Wiederbewaldung selbst die höchsten Höhenlagen erreichte und damit die Voraussetzungen für eine entsprechende Wilddichte gegeben waren. Ab etwa 10.800 BP bot die Ausbreitung der Haselnuss über Jagd und Fischfang hinaus eine bevorratungsfähige vegetabile Nahrung (17.3). Die Menschen lebten damals in Zelten aus Tierhäuten oder Hütten aus Holz und Zweigen, die ausgrabungstechnisch leider nur schwer nachweisbar sind.

Mittelsteinzeitliche Siedlungsstellen sind daher im Untersuchungsgebiet der Eifel nur in Ausnahmefällen einsedimentiert, sodass ihre Erhaltung und Überlieferung in Abhängigkeit von der Erosionsanfälligkeit unterschiedlicher Bodenarten und -typen sowie ihrer nachsteinzeitlichen, vor allem römischen und späteren Nutzung sehr unterschiedlich ist. Konkret bedeutet dies, dass Fundkonzentrationen auf Sandböden besser erhalten sind, während sie auf den stärker bewirtschafteten Lehmböden häufig erodiert und die Artefakte über weite Flächen verstreut sind (Löhr & Koch 2003). Wie für kaum eine andere Epoche ist das Fundbild in erster Linie als Widerspiegelung gezielter Nachsuche einzelner Sammler zu verstehen, da im Unterschied zu nahezu allen anderen ur- und frühgeschichtlichen Epochen die kleinen, ja winzigen Steinwerkzeuge der Mittelsteinzeit kaum je zufällig gefunden werden. So ist abseits einiger mesolithischer Funde von der unteren Mosel diese Epoche in der Osteifel gänzlich unbekannt (Baales 2005).

Wenngleich die durchschnittliche Bevölkerungsdichte während der Mittelsteinzeit extrem gering anzusetzen ist, wird von Archäologen und Botanikern seit Langem auch für diese letzte wildbeuterische Phase ein deutlicher Eingriff in die natürliche Umwelt postuliert. Dieser geschah durch die sogenannte Brandhege, also die Praxis, durch gezieltes Feuerlegen Waldstücke zur Auflichtung und damit Verbesserung des Unterwuchses abzubrennen, wodurch Wildweide und Haselwuchs gefördert wurden (Vannière & Martineau 2005). Frühholozäne Bodenbildungen (Abb. 17.3) und Quellkalke (Abb. 17.4) sind daher oftmals durch reichliche Holzkohleführung gekennzeichnet.

Mittelsteinzeitliche Funde lassen sich in 1 – 3 km Luftlinienentfernung vom Meerfelder Maar beziehungsweise vom Holzmaar nachweisen; mit Sicherheit sind die fischreichen Maarseen also auch unmittelbar aufgesucht worden. Aschepartikel in den Maarsedimenten wurden leider noch nicht gezielt untersucht; diese Auswertungen könnten zeigen, wann die Praxis der Brandhege genau einsetzte. Da ein voll entwickel-

17.4 Holzkohleschicht an der Basis eines Quellkalkes bei Weilerbach (Kreis Bitburg/Prüm) als Anzeiger mittelsteinzeitlicher Brandhege.

17.3 (links) Begrabene mittelsteinzeitliche Kulturschicht mit Holzkohlen in Hüttingen an der Kyll. Eingelagert sind ein Amboss-Stein, der als Nussknacker diente, und verkohlte geöffnete Haselnuss-Schalen.

ter Laubwald kaum selbstständig brennt, musste diese Praxis im Laufe der Waldsukzession wieder aufgegeben werden.

In die Zeit um 10.300 BP fällt das mittlere Mesolithikum, für das einige Besonderheiten gelten. Sogenannte Mistelblattspitzen, also steinerne Pfeilbewehrungen (Abb. 17.5), bei denen es sich um aufwendig flächig bearbeitete Mikrolithen handelt, belegen gemeinsame Kulturtraditionen in einem Gebiet von mehreren Hundert Kilometern Durchmesser. Diese Spitzen sind bis an die Küste des heutigen Ärmelkanals verbreitet. Vermutlich waren der Meeresspiegelanstieg und die Öffnung des Kanals um 9500 BP bereits so weit fortgeschritten, dass ein Kontakt zwischen den Menschengruppen beiderseits des Kanals kaum noch stattfinden konnte.

Die Eifel mit ihren Maaren liegt in einer Grenzzone verschiedener kultureller Einflüsse, was besonders in der jüngeren Mittelsteinzeit mit trapezförmigen Mikrolithen und – in Westeuropa – asymmetrischen Trapezspitzen deutlich wird. Die Asymmetrie dieser einmal „linksschief" und einmal „rechtsschief" gestalteten Spitzen (Abb. 17.6) lässt zwei räumlich deutlich unterscheidbare Traditionen erkennen (Löhr 1994). Zu Beginn der jüngeren Mittelsteinzeit um etwa 8000 BP schließt sich das Gebiet der Eifel mit rechtsschiefen Trapezspitzen der nord- und nordwestlichen Tradition an, zeigt dann wenige Jahrhunderte später zunehmend einen Einfluss aus dem Südwesten, der sich in verschiedenen Formen linksschiefer Spitzen ausdrückt (Löhr 1994). Ob diese Entwicklung Spiegel einer frühesten Neolithisierung aus dem westmediterranen Raum sein könnte, die noch dem donauländisch-balkanischen Einfluss in der Bandkeramik vorausging, wird zurzeit intensiv diskutiert und untersucht. Hierbei ist jedenfalls interessant, dass sich links-

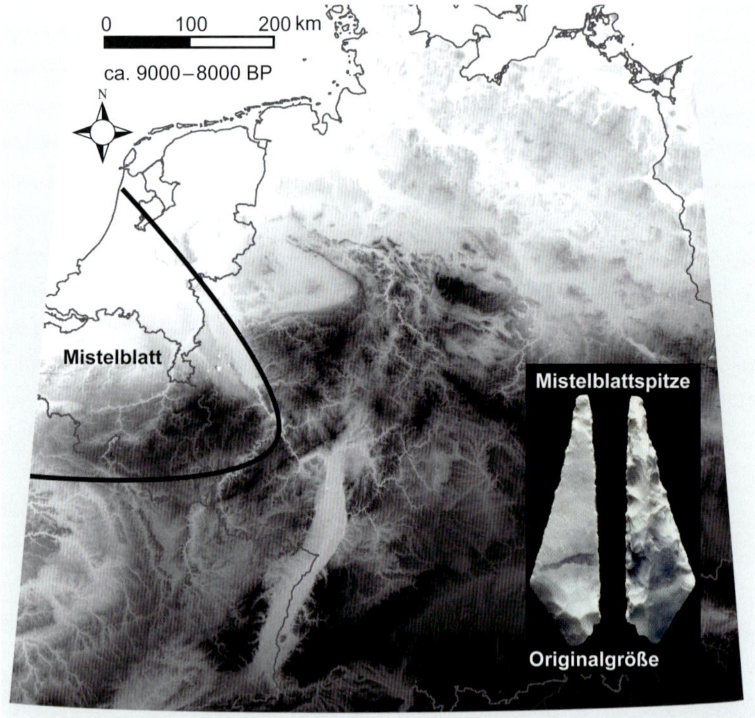

17.5 Pfeilbewehrungen in Form sogenannter Mistelblattspitzen und ihre Verbreitung.

17.6 Linksschiefe und rechtsschiefe Pfeilspitzen des späten linksrheinischen Mesolithikums.

schiefe Spitzen südwestlicher Prägung in der Eifel weit häufiger auf Lehm- als auf Sandböden finden (Löhr & Koch 2003), was als Hinweis auf erste bäuerliche Praktiken gewertet werden kann (Kap. 18).

Der kontinuierliche Rückgang der frühholozänen Haselwälder begann um etwa 8600 BP und umspannt noch ein auf der gesamten Nordhemisphäre spürbares Klimaereignis: den Kälteeinbruch um 8200 BP, oftmals „8,2-ka-Event" genannt. Dieser Kälterückschlag wurde zuerst in hochauflösenden Temperaturkurven aus

17.7 Klimazeitserien des frühen Holozäns: Temperatur über Grönland mit 8,2-ka-Event (rekonstruiert aus dem δ18O des NGRIP-Eiskernes), Kulturstufen, Drifteis im Nordatlantik (rekonstruiert aus Gletscherpartikeln in Sedimenten des Nordatlantiks, IRD = *ice rafted debris*), Sonnenaktivität (rekonstruiert aus ^{14}C-Produktion), Belegungsdichte mit Baumringen (das heißt, wie viele Bäume in der Hohenheimer Datenbank für das jeweilige Jahr vorliegen) sowie Ringweite der Baumringe.

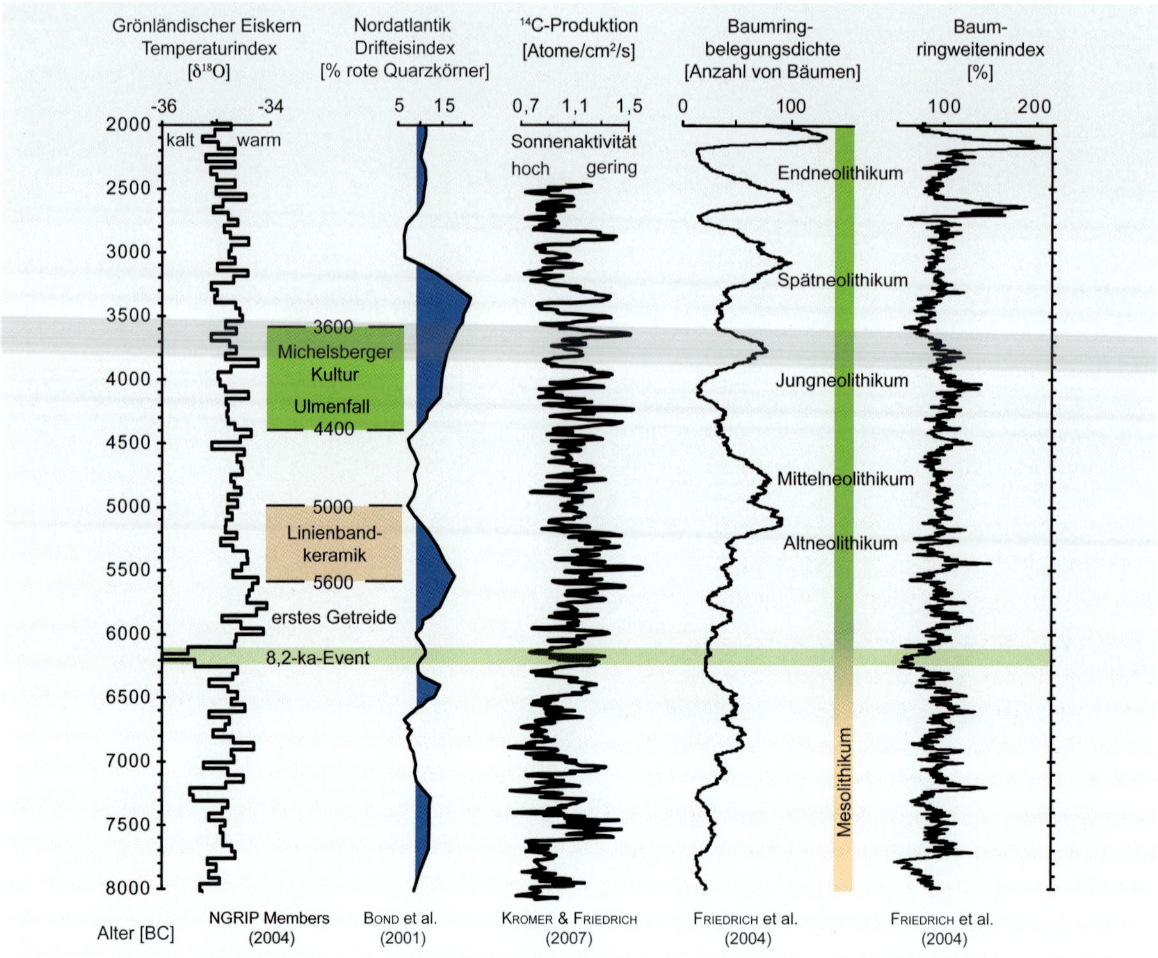

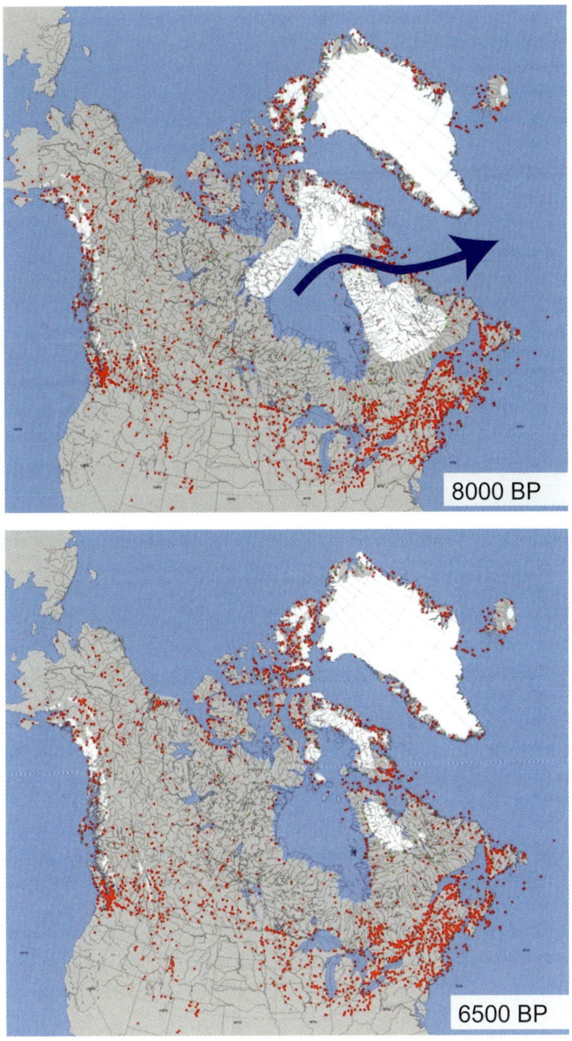

17.8 Rekonstruktion der Endphase des Zerfalls des nordamerikanischen Eisschildes im frühen Holozän (nach DYKE 2004). Rote Punkte kennzeichnen datierte Aufschlüsse.

dem grönländischen Eis sichtbar, in der Folge dann in Seesedimenten des Alpenraumes (VON GRAFENSTEIN et al. 1998) und schließlich auch in Baumringweiten des Main-Donau-Raumes (Abb. 17.7). Die Wuchsanomalie der Bäume begann etwa 8300 BP und dauerte ungefähr 160 Jahre. Die Ursache dieser schnellen Abkühlung wird mit den letzten Schmelzwasserschüttungen vom nordamerikanischen Kontinent in den Nordatlantik in Verbindung gebracht, das heißt mit einer sehr ähnlichen Ursache, die schon den Kälterückschlag der Jüngeren Dryas verursacht hatte, nur dass diesmal das Schmelzwasser aus Nordamerika über die Hudson Bay in den Nordatlantik gelangte (Abb. 17.8). In Grönland betrug die Abkühlung der Jahresmitteltemperatur etwa 3,3 °C, für Mitteleuropa wurden 2 °C angenommen (CLARKE et al. 2003, THOMAS et al. 2007).

Im Kern UM2 ist der 8,2-ka-Event nicht nur durch eine starke Störung der Sedimentation gekennzeichnet, sondern auch mit Umlagerung von Kiesen in die Mitte des Sees verbunden (Abb. 17.9). Vermutlich war das Maar bis in das Frühjahr noch vereist, sodass die Schneeschmelze zu Hochwassern führte, die Sedimente auf das Eis verlagerten, oder es kam im Sommer zu so starken Kälteeinbrüchen, dass sich Einströmungen von kaltem Wasser bis in die Tiefe ergießen konnten. Der 8,2-ka-Event ist im Holzmaar und im Ulmener Maar darüber hinaus mit Karbonatbildung verbunden. Vermutlich hat die starke Durchlüftung des Tiefenwassers zur Ausfällung von Kalk aus dem Bodenwasser geführt. Nach dieser Kälteanomalie erholten sich die frühholozänen Haselwälder nicht wieder, sondern es breitete sich nachfolgend in Mitteleuropa ab etwa 8000 BP ein Eichenmischwald aus.

17.9 Foto des Kernes UM2 (11 – 12 m Tiefe) aus dem Ulmener Maar mit Korngrößenkurve, geglättetem Pollenprofil und Zeitmarken.

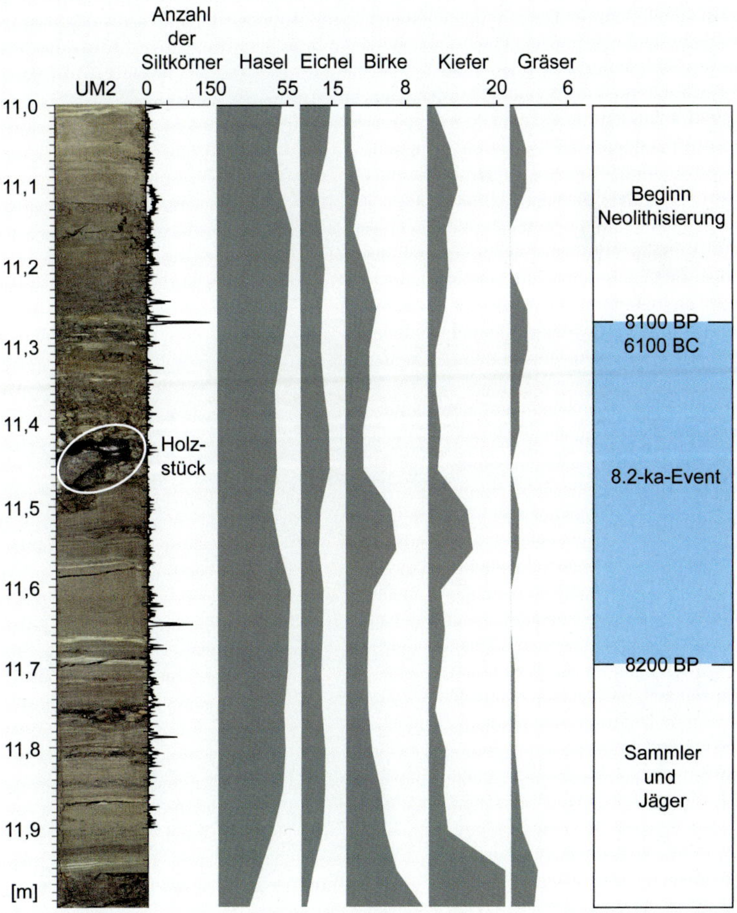

18 Frühholozänes Wärmeoptimum und neolithische Expansion

Detlef Gronenborn und Frank Sirocko

Während des Jahrtausends vor dem 8,2-ka-Event hatte die Nordhemisphäre das Maximum ihrer solaren Einstrahlungsintensität erreicht. Die Erde stand zu dieser Zeit im Nordsommer sehr sonnennah (Abb. 8.1), und die Nordhemisphäre erhielt dadurch eine Einstrahlung, die etwa 10 % über dem heutigen Wert lag. Das Monsunklima der Subtropen war entsprechend warm und feucht (Sirocko et al. 1993 und 1996) und die Sahara bestand aus einer grünen Graslandschaft, die mit Seen durchzogen war (Kuper & Kröpelin 2006, Pachur & Altmann 2006). Das Maximum dieser feuchtwarmen Phase in der Sahara lässt sich durch Datierungen an Seesedimenten gut eingrenzen und reichte demnach von 7000 – 5500 BC* (Abb. 18.1). Der 8,2-ka-Event (8200 BP beziehungsweise 6200 BC) fällt also mitten in diese Wärmephase und ist auch in der Sahara durch einen Einbruch in der Datierungshäufigkeit zu erkennen.

In Mitteleuropa war die Temperatur auch nach dem 8,2-ka-Event deutlich höher als heute, was zu einer Ausbreitung Wärme liebender Laubbäume führte (Abb. 17.1). Die Schneegrenze in den Alpen lag seinerzeit etwa 300 m höher (Nicolussi & Patzelt 2006), entsprechend einer Jahresmitteltemperatur von 2 °C über dem heutigen Wert.

In dieser Warmphase wurde Mitteleuropa von einer der wichtigsten wirtschaftlichen und sozio-politischen Umbruchphasen in der Geschichte des modernen Menschen erfasst. Die Landwirtschaft, am Ende der Eiszeit am oberen Euphrat und im Jordantal entstanden, hatte sich in verschiedenen Schüben nach Westen ausgebreitet. Um 7000 BC wurden Kreta und Griechenland erreicht (Perlès 2001; Abb. 18.2). Auf Kreta sind unterhalb des Palastes von Knossos Reste einer bäuerlichen Siedlung entdeckt worden. Man baute Ge-

* Mit der Neolithisierung werden die Altersangaben in diesem Buch nicht mehr *Before Present* (BP), sondern *Before Christ* (BC) angegeben. Das bedeutet, 8000 BP entspricht 6000 BC.

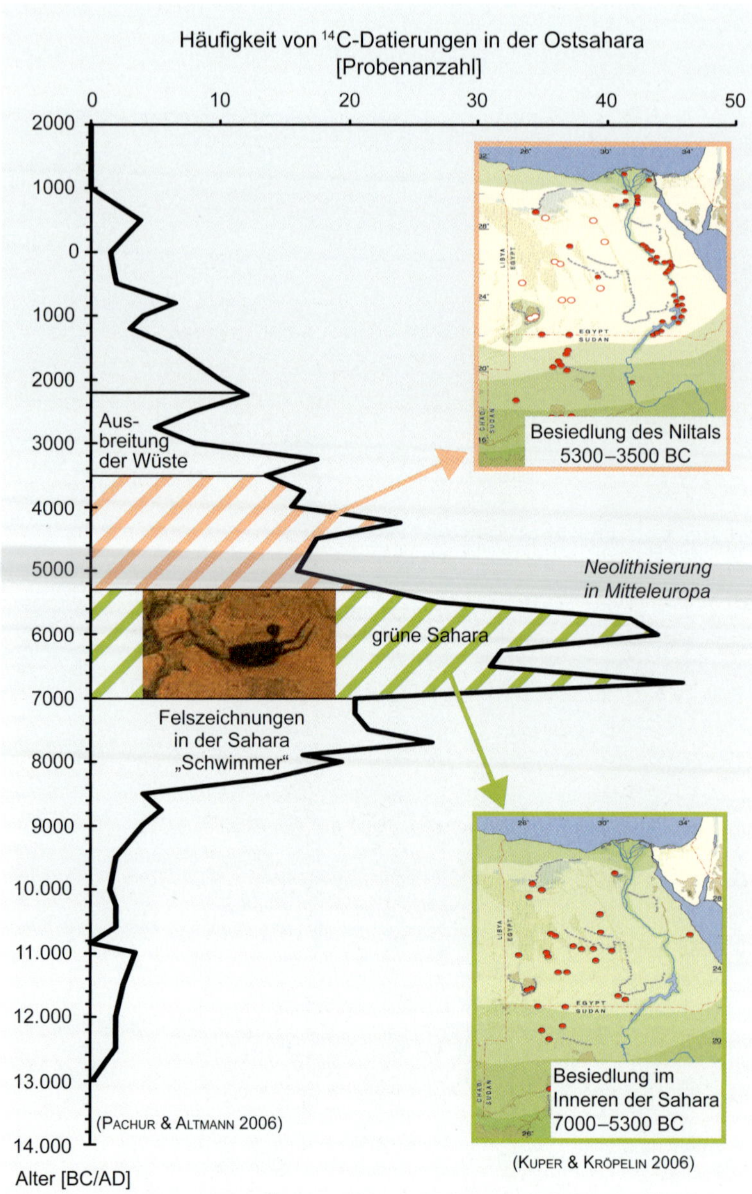

18.1 Rekonstruktion der „grünen Sahara" anhand der Häufigkeit datierter Seesedimente (Pachur & Altmann 2006) und Besiedlungsspuren (Kuper & Kröpelin 2006).

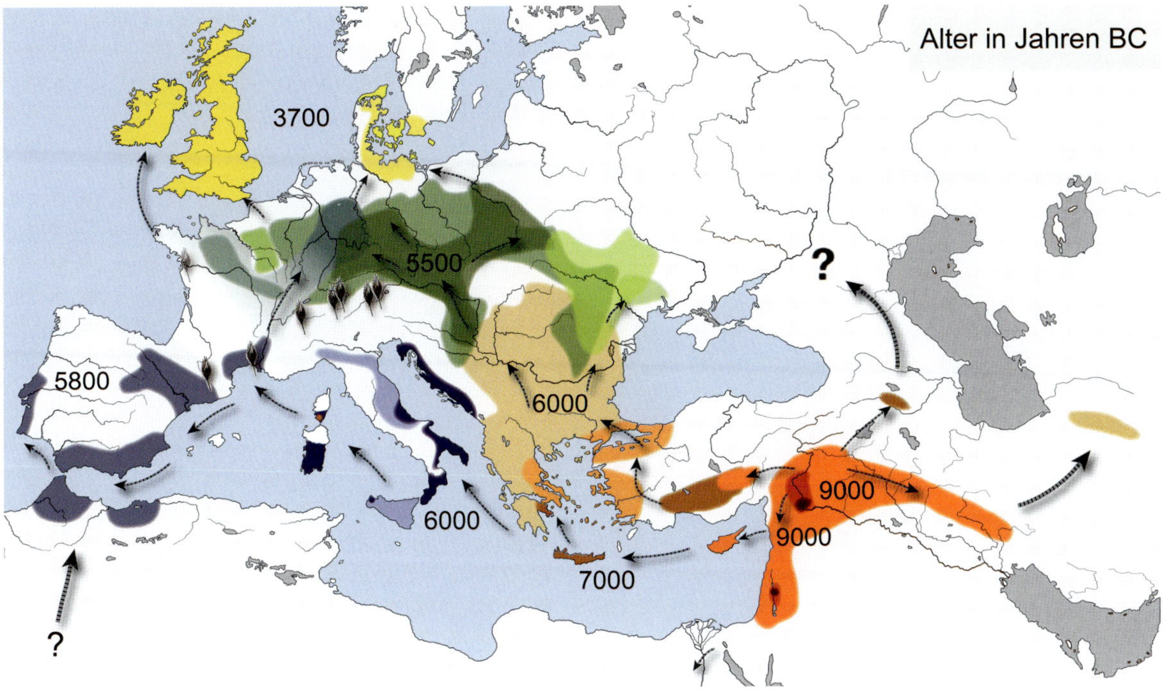

18.2 Ausbreitung der bäuerlichen Lebensweise im westlichen Eurasien. Die Farbflächen verdeutlichen den schubweisen, flächenhaften Prozess (nach Gronenborn 2007).

treide an – Emmer und Einkorn und züchtete Schafe, Ziegen, Rinder und Schweine. In den folgenden 1000 Jahren breiteten sich diese Kulturtechniken und mit ihnen wohl auch Siedler über den Bosporus weiter nach Norden aus (Abb. 18.2). Ein besonderer Schub erfolgte mit dem 8,2-ka-Event, als die Menschen in Kleinasien gezwungen waren, viele ihrer angestammten Dörfer wegen Trockenheit aufzugeben und nach neuen Lebensräumen wie auch anderen Wirtschaftsformen zu suchen (Weninger et al. 2006). Im Zuge der globalen Krisenphase kam es zu einer Ausbreitung bäuerlicher Siedlungen bis in das Karpatenbecken hinein (Whittle et al. 2002).

Diese bäuerlichen Siedler drangen in eine Welt von Sammlern und Jägern vor, von denen sich allerdings archäologisch nur sehr wenig erhalten hat. Nachgewiesen sind kurzfristig belegte Lagerplätze an Seen und Flüssen. Etwas anders ist die Situation in der Umgebung des Donaudurchbruches durch die Karpaten, dem sogenannten Eisernen Tor. Hier kam es während des 8,2-ka-Events zum Ausbau eines schon bestehenden Lagerplatzes am Donauufer und zu einer bis dahin für das mitteleuropäische Waldland unbekannten kulturellen Blüte und Kunstäußerung. Möglicherweise schlossen sich mehrere Verbände zusammen und unterhielten in der Siedlung Lepenski Vir einen zentralen Kultplatz, der wegen seiner steinernen Plastiken von Fisch-Mensch-Gestalten einzigartig ist (Abb. 18.3; Bonsall 2008).

Für Süddeutschland und den Alpenraum wird für diese Jahrhunderte aufgrund einzelner Funde von Getreidepollen ein sporadischer Anbau von Getreide durch noch weitgehend als Sammler und Jäger lebende Gruppen diskutiert (Tinner et al. 2007). Allerdings zweifeln Botaniker einerseits deren Bestimmungssicherheit an, andererseits könnte die Präsenz einiger weniger Getreidepollen auch auf Fernflug zurückgeführt werden (Behre 2007). Somit bleibt eine Nutzung von Getreide durch Wildbeuter zu dieser Zeit im südlichen Mitteleuropa bis zu einer besseren, ar-

18.3 Steinerne Plastiken von Lepenski Vir aus der Zeit von etwa 6000 BC (Srejović 1973).

18.4 Fernkontakte zwischen 7000 und 6000 BC. Solche Schneckengehäuse wurden als Schmuck auf der Kleidung oder auf Kappen aufgenäht getragen (nach GRONENBORN 2006).

chäologisch fundierten Beweislage hypothetisch. Neue Anregungen erhält diese Diskussion allerdings durch einen jüngst in einem Felsüberhang bei Arconciel im Schweizer Kanton Fribourg gefundenen Stempel aus Ton, der seine nächsten Entsprechungen im nördlichen Balkan findet und dort in frühen bäuerlichen Siedlungen zu finden ist (MAUVILLY et al. 2008). Mit solchen Stempeln wurden vielleicht farbige Muster auf Oberflächen aufgetragen. Wenngleich unklar bleibt, ob die Sammler und Jäger in Mitteleuropa wirklich schon Jahrhunderte vor dem Entstehen erster fester bäuerlicher Siedlungen Getreide angebaut haben, so ist immerhin eindeutig, dass diese Gemeinschaften intensive Kontakte zu über Hunderte von Kilometern entfernt wohnenden Bauern gehabt haben (Abb. 18.4).

Die ersten dauerhaften landwirtschaftlichen Siedlungen in Mitteleuropa wurden mit der linienbandkeramischen Kultur (LBK) errichtet. Benannt ist sie nach der charakteristischen Verzierung der Gefäße mit eingeritzten Linien und Bändern (Abb. 18.5). Sie entstand im westlichen Karpatenbecken im Zuge von Kontakten zwischen den dort ab 6000 BC siedelnden Bauern und einheimischen Sammlern und Jägern (GRONENBORN 1999, LÜNING 2007). Von diesen Bauern, die ihre Kenntnisse letztlich aus landwirtschaftlichen Siedlungen Griechenlands und Bulgariens bezogen und wohl zum Teil auch von dort nach Norden migrierten, haben im Karpatenbecken lebende Gruppen bestimmte Techniken und Wirtschaftsweisen zusammen mit den Pflanzen und Tieren übernommen. So kann heute als sicher gelten, dass sowohl die mitteleuropäischen Getreide wie auch Rind und Schaf sowie die Ziege aus dem Nahen Osten nach Europa eingeführt wurden (BOLLONGINO 2006). Auf kleinen Rodungsinseln bauten die Menschen ihre Langhäuser aus Holz mit Lehm und betrieben in der näheren Umgebung Viehzucht und Ackerbau (Abb. 18.6). In relativ kurzer Zeit, zwischen 5600 und 5500 BC, breitete sich diese älteste Phase der bandkeramischen Kultur aus dem Kerngebiet im westlichen Ungarn bis an die Weichsel und den Rhein aus, der für etwa 300 Jahre die westliche Grenze der ältesten Bandkeramik darstellte.

Am Rhein trafen die bandkeramischen Siedler auf Gruppen, die bereits aus einer anderen Richtung neue Technologien und Wirtschaftsformen kennengelernt hatten, denn ein zweiter Weg der Neolithisierung verlief entlang der Küsten des Mittelmeeres (GUILAINE 2007). In günstigen Lagen hatten sich bereits zuvor Siedler niedergelassen, unter anderem auch in Südfrankreich. Von dort aus wurde die neue Wirtschaftsweise mit allen Kenntnissen und Technologien an die Menschen im Inland weitergegeben. Entlang alter Kommunikationswege – vorzugsweise dem Rhône-Saône-Korridor – wurde so die Schaf- und Ziegenzucht bis zum Rhein eingeführt, wie auch die Kenntnis der Keramikherstellung, die nach einem französischen Fundplatz „La Hoguette" genannt wird, weitergegeben

18.5 Gefäß der linienbandkeramischen Kultur aus dem älterbandkeramischen Gräberfeld Flomborn bei Alzey (Gefäßkopie aus den Beständen des Römisch-Germanischen Zentralmuseums Mainz).

wurde. Sie unterscheidet sich technisch und stilistisch deutlich von der Bandkeramik und kann letztlich von der frühesten westmediterranen „Cardialkeramik" abgeleitet werden.

Die Scherben der La-Hoguette-Keramik treten besonders in Südwestdeutschland vereinzelt in älteren bandkeramischen Gruben auf, aber auch als Einzelfunde in der Peripherie der bandkeramischen Siedlungszone, besonders der westlichen. Sie finden sich dabei in Situationen, die für die Bandkeramik eher untypisch sind, so auf Sandböden und in Höhlen oder unter Felsdächern. Das komplette Inventar dieser Kulturerscheinungen ist weitgehend unbekannt. Einzig in einer Grabung bei Stuttgart-Bad Cannstatt konnte bislang ein kleiner Siedlungsausschnitt detailliert untersucht werden, der zur Vorstellung von mit ihren Herden umherziehenden Gruppen von Pastoralnomaden führte, die zum Teil auch noch der Jagd nachgingen (Kalis et al. 2001). Auflichtungen und Vegetationsänderungen, die auf Schaf- und Ziegenherden zurückgeführt werden können, sind in der Wetterau nachzuweisen (Schweizer 2001).

Im Pollenprofil aus dem Ulmener Maar sind für die Zeit der Bandkeramik noch keine grundlegenden Änderungen zu erkennen. Vermutlich war die Eifel zu diesem Zeitpunkt noch nicht besiedelt. Für die Zeit um 5100 BC, als sich die Kultur der Linearbandkeramik beginnt aufzulösen, zeigen die Maarsedimente häufige Hochwasserlagen (Abb. 18.7). Die genaue zeitliche Einstufung dieser Lagen bleibt im Augenblick allerdings noch offen, da im entsprechenden Kernmeter durch ein Problem bei der Bohrung (vermutlich durch ein grobes Holzstück verursacht) ein Abschnitt fehlt (10,57 – 10,78 m).

Die Ursache von Hochwassern um 5100 BC zum Ende der bandkeramischen Zeit könnte eventuell mit zwei Prozessen verbunden sein, denen man im späteren Holozän immer wieder begegnet. Schon in Abbildung 17.8 wurde eine Kurve der Drifteishäufigkeit im Nordatlantik gezeigt, was bedeutet, dass aus den arktischen Gewässern vor Kanada Eisberge bis in den zentralen Nordatlantik vorgedrungen sind. Aus diesen Eisbergen schmolzen eingefrorene Gesteinspartikel (IRD = *ice rafted debris*) aus, die von Bond et al. (2001) und vielen anderen Kollegen der marinen Paläoklimaforschung systematisch kartiert wurden und in rhythmischen Intervallen wiederkehren. Diese IRD-Lagen zeigen ein zeitliches Muster, das dem Verlauf der ^{14}C-Produktion (Kap. 8) vergleichbar ist. Die Abbildung 18.8 bildet die ^{14}C-Produktionskurve und die IRD-Drifteiskurve ab. Bond et al. (2001) schlie-

18.6 Rekonstruktion eines bandkeramischen Hofes auf einer Rodungsinsel (aus Gronenborn 2005).

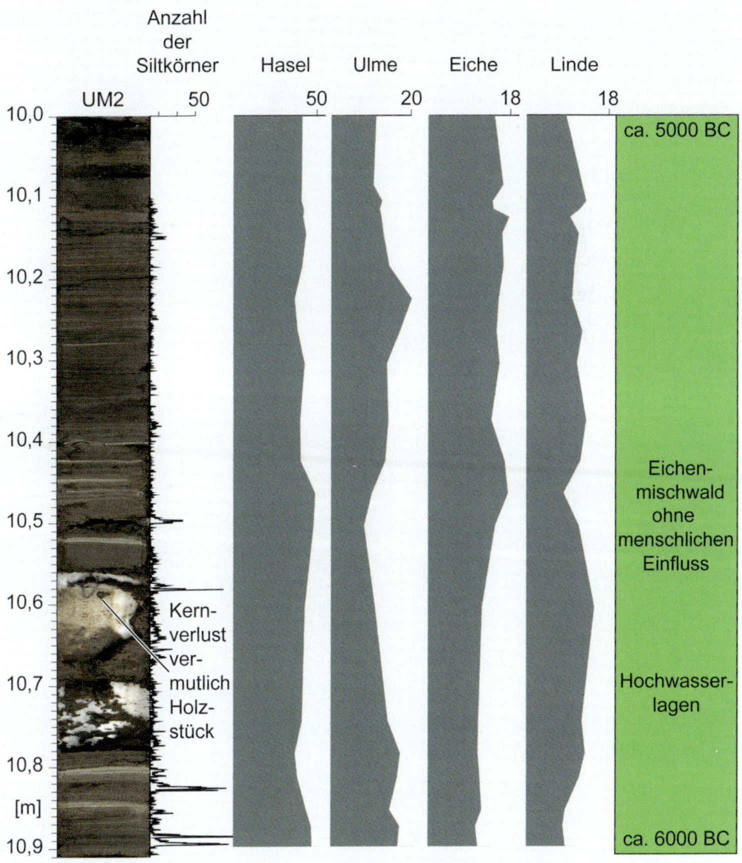

18.7 Foto des Kernes UM2 (10 – 11 m Tiefe) aus dem Ulmener Maar mit Korngrößenkurve und geglättetem Pollenprofil.

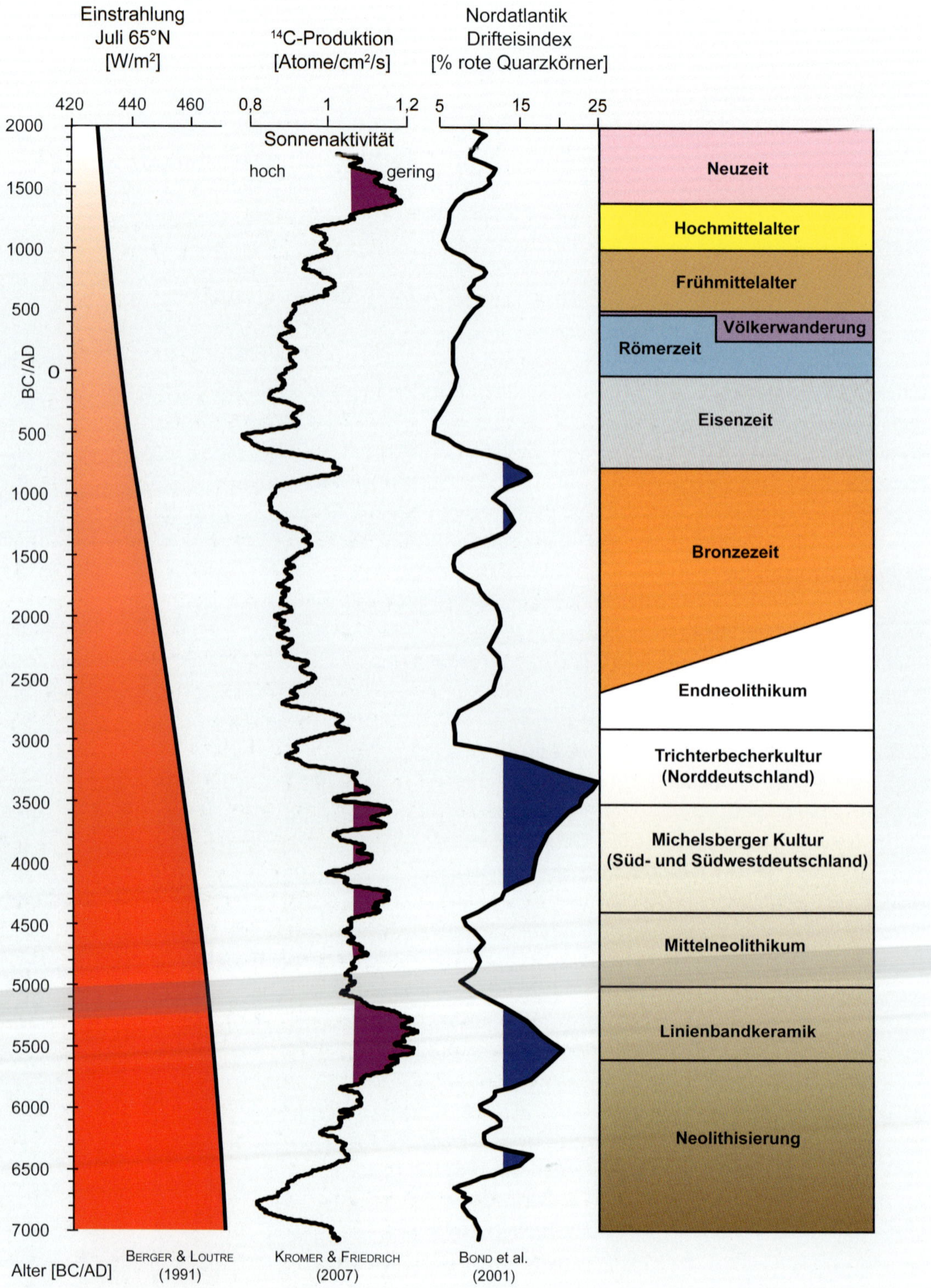

18.8 Sommereinstrahlung auf 65° N (verursacht durch die orbitale Konstellation von Sonne und Erde) im Vergleich zur Sonnenaktivität (rekonstruiert aus der ¹⁴C-Produktion) und den Phasen mit Drifteis im Nordatlantik, welche auf kaltes Oberflächenwasser schließen lassen und Verlagerung von Luftdruckstrukturen verursachen.

ßen aus dieser Ähnlichkeit, dass eine schwache Sonne regelhaft zu kalten Meeresoberflächentemperaturen des Nordatlantiks geführt hat. Der zugrunde liegende Prozess ist unbekannt; denkbar wäre, dass eine geringe Sonnenstrahlung zu einer nur schwachen Aufheizung der subtropischen Gewässer führt, was sich nachfolgend in einer niedrigen Exportrate, das heißt Golfstromintensität, widerspiegelt. Bei geringer Golfstromintensität können sich kalte Wassermassen und Meereis aus dem Nordatlantik aber weiter nach Süden ausbreiten und zu heftigen Schneefällen mit nachfolgenden Winterhochwassern führen (Kap. 7).

Linearbandkeramik, Hinkelstein und die Intensivierung der Waldweide

19

Detlef Gronenborn und Frank Sirocko

Um 5400/5300 BC kam es zu einem Ausbreitungsschub der bandkeramischen Kultur. Zu dieser Zeit wurden das Elsass, die Niederrheinischen Lössbörden einschließlich Niederländisch-Limburgs und des belgischen Haspengaus, das Neuwieder Becken, das Moseltal unterhalb 300 m NN, das Luxemburger Gutland und Lothringen mit bäuerlichen Siedlungen überzogen. In den Dörfern und Weilern zeigten die aus Holz und Lehm gebauten Häuser nun manchmal eine Länge von bis zu 60 m. Wie später erst wieder in römischer Zeit blieben Siedlungsplätze oftmals über etliche Generationen hinweg am gleichen Ort und bekamen erstmals eine Dorfstruktur (Abb. 18.6). Immer wieder kam es zur Errichtung von Gräben mit Wällen als Befestigungen. Die Toten bestattete man in Gräberfeldern in der Nähe der Siedlungen: Sie wurden entweder verbrannt oder in Hockstellung niedergelegt und erhielten diverse Beigaben aus dem täglichen Leben wie Waffen (Pfeil und Bogen, Steinbeile), Tongefäße oder Mahlsteine. Die altneolithischen Dörfer waren durch weit reichende Kontaktnetzwerke verbunden, über die auch Gegenstände und Rohmaterialien ausgetauscht wurden. So standen die Siedlungen in der Wetterau und im Oberrheingebiet, aber auch im Moseltal in enger Verbindung mit denen der Niederrheinischen Bucht, wie importierte Feuersteine aus der Gegend von Maastricht belegen (Zimmermann 1995, Hauzeur 2006).

Mit dem Ende der Bandkeramik nach 5100 BC setzten viele verschiedene Lokalstile ein. Die Austauschnetze dünnten aus und vor Ort vorhandene Ressourcen wurden stattdessen verstärkt genutzt. In einigen Regionen hat man die Siedlungen ganz aufgegeben, so an der Mosel, wo typische Bodenspuren umgestürzter Bäume die bandkeramischen Baustrukturen stören. Offensichtlich wurden die Dörfer nun wieder vom Eichenmischwald überwuchert.

Um 5150 BC bildete sich im Oberrheintal eine neue Keramikgruppe heraus, die nach einer Flurbezeichnung nahe Mainz „Hinkelstein" genannt wird (Meier-Arendt 1975). Bislang gibt es kaum eindeutige Siedlungsfunde aus dieser Periode, lediglich einige Gräberfelder im Rheintal sind bekannt. Die Menschen wurden nun lang ausgestreckt bestattet, während sie vorher seitlich liegend in Hockstellung in die Grabgrube gelegt worden waren (Abb. 19.1 und 19.3). Häufig erhielten sie Fleisch als Beigabe, manchmal sogar ganze Tierhälften. Vielfach hat man eine auf Viehzucht ausgerichtete Wirtschaft vermutet, aber neue Untersuchungen an stabilen Isotopen zeigen, dass die Ernährung, wie im vorangegangenen Altneolithikum, in der Hauptsache aus Getreide bestand (Dürrwächter et al. 2003). Zeitlich überlappt das frühe Hinkelstein die

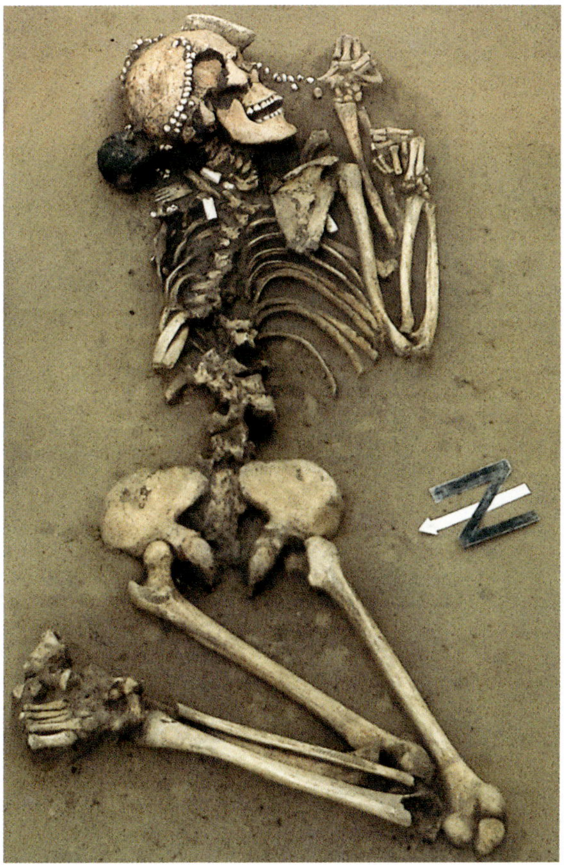

19.1 Grablegung in Hockstellung während der Bandkeramik (aus Lüning 2002).

Endphase der bandkeramischen Kultur, und so finden sich Hinkelsteinkeramik oder zumindest stilistische Anklänge daran auch in bandkeramischen Siedlungen. Die Keramik der Hinkelsteingruppe ist zwar mit der bandkeramischen formal verwandt, weist aber einen eigenen Motivschatz auf, der als stark stilisierte Darstellung hockender oder springender Menschen mit erhobenen Armen gedeutet wurde und gelegentlich als Ausdruck einer religiösen Erneuerungsbewegung gilt (SPATZ 2003; Abb. 19.2). Das Verbreitungsgebiet der Hinkelsteingruppe ist auf das Oberrheintal und den Neckarlauf begrenzt, sie hat aber stilistische Einflüsse, die sich bis in das Moseltal und die Niederrheinische Bucht verfolgen lassen (HAUZEUR 2006). Die Menschen dürften in dieser Zeit auch die Eifel begangen haben, wenngleich dort bislang keine archäologischen Zeugnisse gefunden wurden.

19.2 Typische Topfverzierungen der Hinkelsteinkultur (aus MEIER-ARENDT 1975).

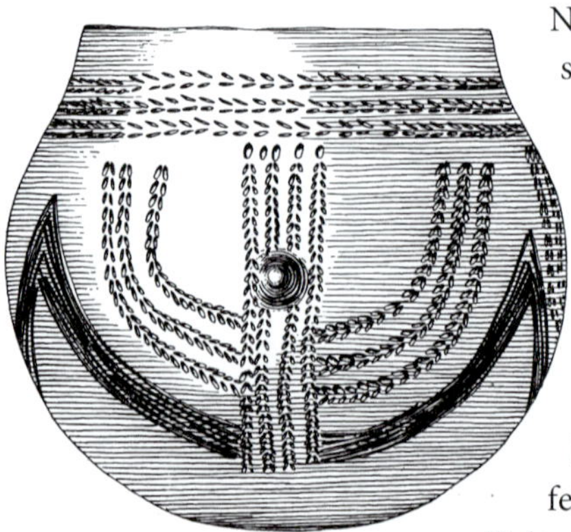

Mit der Hinkelsteinkultur setzt um 5150 BC das Mittelneolithikum ein, dessen wichtigste archäologische Kultur nach einem Gräberfeld in Mitteldeutschland „Rössener Kultur" (4750 – 4600 BC) genannt wird. Sie stellt sowohl die am weitesten ausgedehnte als auch die längste Erscheinung des Mittelneolithikums dar und war von Thüringen bis in das Pariser Becken

19.3 Lang gestreckte Grablegung der Hinkelsteinkultur (aus LÜNING 2002).

verbreitet. Kennzeichnend für das Mittelneolithikum ist nun – neben dem veränderten Keramikstil und teilweise neu entstandenen Silex-Austauschsystemen – eine abgewandelte Architektur. Die Häuser sind trapezförmig gestaltet, zwar auch als Langbauten ausgeführt, aber sie weisen in der Wandkonstruktion deutliche Änderungen auf. Die Wände bestehen nun aus Spaltbohlen statt aus Flechtwänden und Pfosten (Abb. 19.4). Darüber hinaus sind die Dörfer konzentrierter und in ihrer Gesamtzahl reduziert, was darauf schließen lässt, dass die Bevölkerungsdichte im Vergleich zum vorangegangenen Altneolithikum abgenommen hat beziehungsweise die Menschen über größere Territorien verteilt lebten, da die Ansprüche an die Bodenqualität gegenüber der jüngeren Bandkeramik noch weiter zurückgenommen wurden.

Die großräumige Stabilitätsphase des Mittelneolithikums mit der Rössener Kultur endete um 4600 BC mit einer Auflösung in keramische Regionalstile, wo-

19.4 Nachgebautes mittelneolithisches Haus im Archäologischen Freilichtmuseum Oerlinghausen (aus RAETZEL-FABIAN 2000).

bei überleitend zur „Michelsberger Kultur" die Verzierungen sparsamer wurden und auch zunehmend flachbodige Gefäße auftraten. Einen dieser Lokalstile bezeichnet man als „Bischheimer Gruppe". Funde dieser Stilrichtung lassen sich im Luxemburger Liassandsteingebiet nachweisen, aber auch an der auf 550 m ü. NN gelegenen Kartsteinhöhle in der Nordeifel, sodass man davon ausgehen kann, dass das Umfeld der Eifelmaare zumindest zum Wirtschaftsgebiet dieser Zeit gehörte. Der Katzenberg bei Mayen zeigt darüber hinaus, dass seitdem zunehmend bewusst die Höhenlagen zur Besiedlung ausgesucht wurden.

Auch am Ulmener Maar zeigt sich der Mensch nun erstmals im Pollenprofil (Abb. 19.5). Bei 9,70 m deutet ein Eschenmaximum auf die erste intensive Waldweide in der Region hin. Insbesondere die Eschen wurden nämlich zur Laubheugewinnung genutzt, das heißt, grüne junge Zweige wurden im Sommer abgeschnitten. Das Laub trocknete dann am Geäst und diese noch mit den dünnen Ästen verbundenen trockenen Blätter hat man im Winter an das Vieh verfüttert, vergleichbar der heutigen Heuwirtschaft. Daher wird dieses Futter als Laubheu bezeichnet, der Prozess der Ernte als „Schneitelung". Diese Schneitelung kann auch an Ulmen durchgeführt werden.

Während allerdings die Esche auf die Schneitelung mit einer Notblüte reagiert und besonders zahlreiche Stockausschläge bildet und Pollen produziert, leidet die Ulme unter diesen Praktiken und geht in ihrem Bestand zurück. In diesem Kontext ist insofern auch der deutliche Rückgang der Ulme bei 9,60 m (Abb. 19.5) zu betrachten. Dieser Ulmenrückgang wird in ganz Mitteleuropa beobachtet, er findet in Süddeutschland allerdings schon um 4400 BC statt, in Norddeutschland aber erst 4000 BC (Abb. 3.4; Behre 2001). Innerhalb dieser Zeitspanne liegen auch das Eschenmaximum beziehungsweises der Ulmenfall am Ulmener Maar. Eine genaue zeitliche Eingrenzung kann allerdings im Augenblick noch nicht vorgenommen werden. Der enge Zusammenhang von Eschenmaximum und Ulmenfall zeigt aber, dass die Waldwirtschaft der neolithischen Menschen für diesen Vorgang verantwortlich ist. Ein Befall der Ulmen mit Schädlingen, zum Beispiel mit dem Ulmensplintkäfer, wie von Behre (2001) für den norddeutschen flächendeckenden Ulmenfall um 4000 BC nachgewiesen, ist laut Pollenprofil für das Ulmener Maar unwahrscheinlich, insbesondere weil der Zusammenhang mit dem vorausgegangenen Eschenmaximum doch recht eindeutig ist. Das Maximum der Eschenpollen und der nachfolgende Rückgang der Ulmen ist also am Ulmener Maar mit Sicherheit auf die Laubheuwirtschaft um etwa 4400 BC zurückzuführen.

Während nach 5000 BC in den Mittelgebirgen immer neue Landschaften erschlossen wurden, gelangte die Landwirtschaft nur zögerlich weiter in die Norddeutsche Tiefebene hinein. Einzelne Pioniersiedlungen von bäuerlichen Gemeinschaften lassen sich zwar nachweisen, daneben haben aber noch Gruppen von Sammlern und Jägern existiert, insbesondere in den Küstenbereichen, wo die „Erteбölle-Kultur" siedelte. Hier setzte der Übergang zur neuen Wirtschaft erst um 4000 BC ein, als in den Mittelgebirgen und in Süddeutschland bereits eine neue Epoche angebrochen war: das Jungneolithikum.

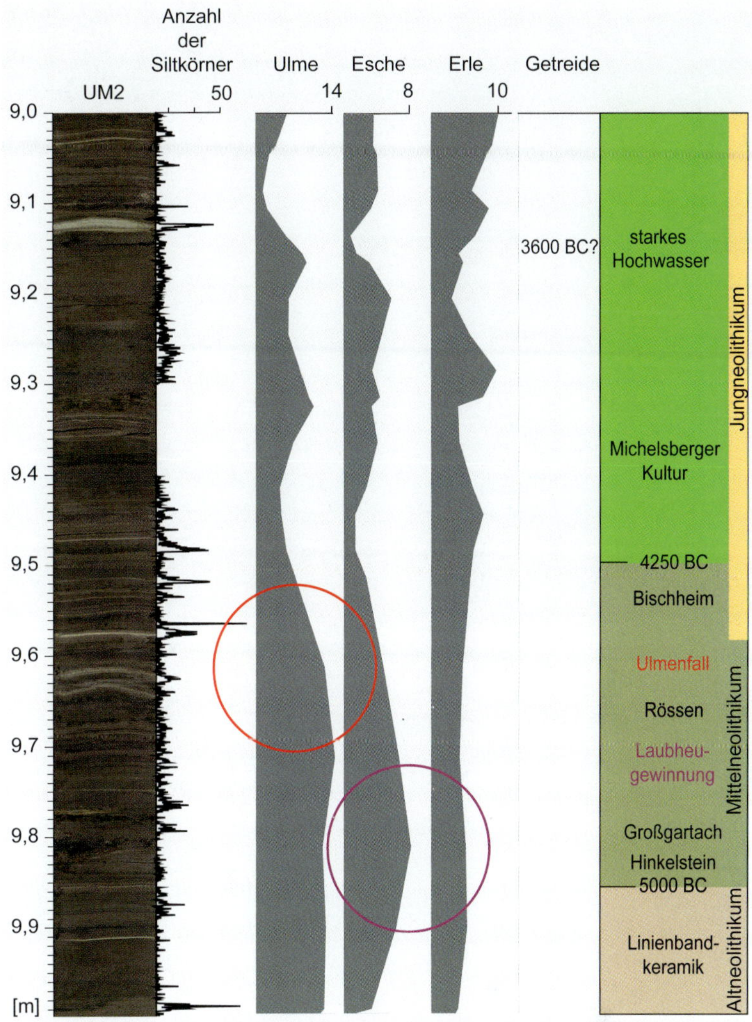

19.5 Foto des Kernes UM2 (9 – 10 m Tiefe) aus dem Ulmener Maar, mit Korngrößenkurve, geglättetem Pollenprofil und Zeitmarken.

20 Viehwirtschaft und die Ausbreitung der Michelsberger Kultur

Detlef Gronenborn und Frank Sirocko

Mit Beginn des Jungneolithikums wurde – ausgehend vom Pariser Becken – das westliche Mitteleuropa von deutlichen kulturellen Änderungen erfasst, aus denen die länger andauernde überregional verbreitete Michelsberger Kultur erwuchs. Mit diesem Wandel kam es zur Herausbildung einer neuen, fast verzierungsfreien Keramik, die sich von Frankreich nach Osten auszubreiten begann und kurze Zeit später bereits die südliche Niederrheinische Bucht und das Oberrheingebiet erreichte (Abb. 20.1). Benannt ist diese Keramik und die sie begleitende materielle Kultur nach dem Michaelsberg bei Karlsruhe (Lüning 1968). Ihre nördlichsten Einflüsse sind in Niedersachsen greifbar, im Osten und Süden in Böhmen und am Bodensee, ihre Hauptverbreitungszone hat sie jedoch im mitteleuropäischen Mittelgebirgsraum, im nördlichen Oberrheintal sowie im Neckarraum (Abb. 20.2).

Insbesondere im Mittelgebirgsraum ist die Expansion der Michelsberger Kultur gut erforscht, denn sie begann im Rheinland und im Oberrheintal um 4400 BC und endete in der Niederrheinischen Bucht bereits früher als in Südwestdeutschland, wo sich diese Erscheinung bis um 3600 BC belegen lässt (Lüning 1998). Im Alpenvorland sind Befunde jener Zeit archäologisch gut in Feuchtboden- und Seeufersiedlungen konserviert (Köninger & Schlichtherle 2004; Kap. 21). Hier hat der Erhalt organischer Materialien zu einer Fülle von Detailkenntnissen geführt, die leider auf den Mineralböden vollkommen fehlen, denn dort sind Siedlungszeugnisse nur noch selten nachzuweisen, was in der im Vergleich zum Mittelneolithikum deutlich veränderten Architektur und Siedlungsweise begründet ist (Schlichtherle 2004a). Die Häuser und Weiler der Michelsberger Kultur lagen nicht mehr verstreut, sondern es wurden geschlossene Dörfer errichtet, wobei allerdings die einzelnen Bauten wesentlich kleiner und leichter ausgeführt waren. Andererseits haben die Siedlungen nun nicht mehr über Jahrhunderte bestanden, wie dies zumindest für das Altneolithikum nachgewiesen ist, sondern sie wurden nach kürzerer Zeit aufgelassen und an anderer Stelle neu gegründet (Bleicher 2007). Infolgedessen ist archäologisch auf dem festen Land nur wenig erhalten geblieben und die meisten Befunde dieser Zeit stammen aus den Seeufersiedlungen des Alpenvorlandes, die allerdings nicht der Michelsberger Kultur zuzuordnen sind (Abb. 20.2).

Typisch für die Michelsberger Kultur sind sogenannte Erdwerke, das heißt Anlagen von bis zu 1 km Durchmesser, die durch Ringwälle geschützt sind. Die größten dieser Erdwerke liegen im Rheintal, dazu gehören Anlagen wie Schierstein bei Wiesbaden oder Urmitz im Neuwieder Becken (Abb. 20.3). Sie waren möglicherweise sozio-ökonomische oder religiöse Mittelpunkte der zerstreut siedelnden Gemeinschaften (Zimmermann et al. 2006). Ob sie eine militärische Bedeutung in Notzeiten hatten, wird ebenfalls diskutiert. Funde von Skelettresten mit Spuren von Gewalt in den Gräben der Erdwerke (Abb. 20.4) zeigen jedenfalls, dass gewalttätige Auseinandersetzungen in dieser Zeit häufig waren. Die Lage der beiden Erdwerke direkt am Rheinufer weist in jedem Fall darauf hin, dass der Fluss eine wichtige Bedeutung als Kommunikationsader der Michelsberger Kultur gehabt haben dürfte.

Die Zeit der großen Erdwerke und der Michelsberger Kultur fällt zusammen mit der Einführung des Hausrindes in Norddeutschland. Dominierten in der Grabung Wangels bei Fehmarn noch bis etwa 4000 BC Überreste der Jagd auf den auch als Ur bezeichneten Auerochsen, der seit dem Spätglazial in den mitteleuropäischen Wäldern heimisch war, so überwiegen seit etwa 3900 BC die Knochen von wesentlich kleineren Hausrindern. Da diese Rinder relativ kurzfristig in

20.1 Sogenannter Tulpenbecher der Michelsberger Kultur aus dem Fundplatz Bodman am Bodensee (Original aus den Beständen des Römisch-Germanischen Zentralmuseums Mainz).

großer Anzahl weit verbreitet auftraten, wird vermutet, dass sie durch Handel mit südlichen Kulturen in den Norden gelangten. Welche Rolle die Michelsberger Kultur entlang des Rheins dabei spielte, muss noch erforscht werden.

Mit dem Ende der Michelsberger Kultur um etwa 3700 BC beginnt im Mittelgebirge eine im Grunde bis zur Spätbronzezeit andauernde Phase „nebulöser“ archäologischer Sichtbarkeit. So sind zwar zahlreiche Steinartefakte, zumeist Waffen, aufzufinden, sie lassen sich allerdings nur grob der Zeitspanne 4000 – 3000 BC zuweisen. Diese Steinartefakte entstammen nachweislich der Ausbeutung großer Feuersteinminen – hauptsächlich in Frankreich, Belgien und den Niederlanden gelegen, die sich seit 4300 BC zunehmend entfaltete (Abb. 20.5). Solche Silexprodukte (Silex = Feuerstein) wurden damals über Entfernungen von etlichen Hundert Kilometern transportiert. Überragende Bedeutung hatten die Minen von Rijckholt und Spiennes in den Niederlanden und Belgien. Aus einem noch weiter westlich gelegenen Gebiet stammt der *silex bajocien* von Romigny-Lhéry bei Reims, der in Luxemburg und der Südwesteifel noch recht häufig ist und sich auch in der Maarregion nachweisen lässt (Le Brun et al. 2005).

In dem Kern UM2 aus dem Ulmener Maar ist die Michelsberger Kultur nicht direkt sichtbar. Obwohl die Michelsberger Kultur im Mittelrheintal das große Erdwerk Urmitz unterhalten hat, ist sie – sieht man von wenigen Keramikfunden ab – in der Eifel schlecht erfasst. Erst ab etwa 3600 BC, das heißt nach der Auflassung des Erdwerkes Urmitz, finden sich erstmals Getreidepollen in den Maarablagerungen. Gleichzeitig gehen Linde,

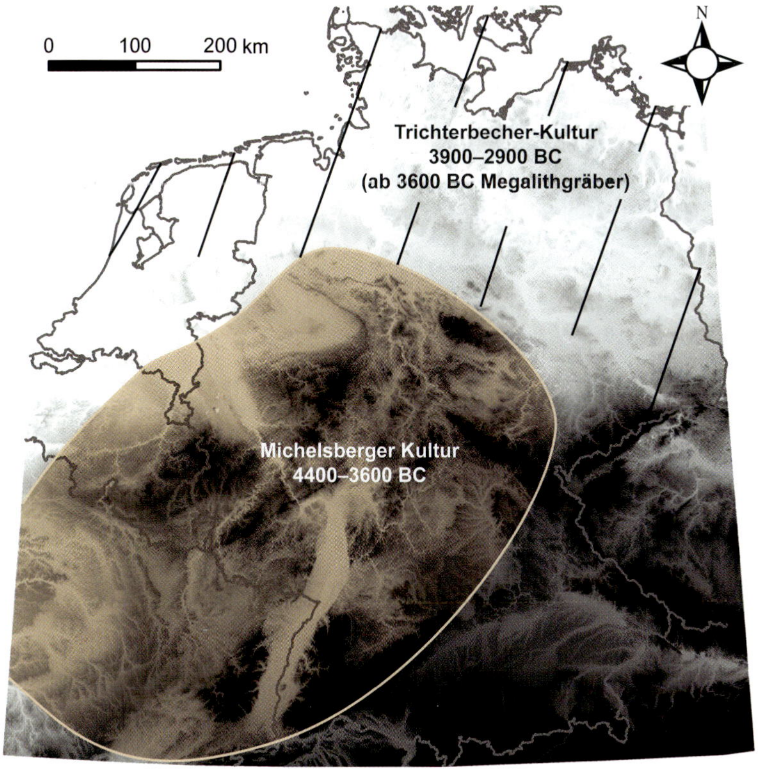

20.2 Verbreitung jung- und spätneolithischer Kulturen in Mitteleuropa (nach Probst 1991, Raetzel-Fabian 2000).

20.4 Skelettreste der Michelsberger Kultur in einem Graben des Erdwerkes von Ilsfeld bei Heilbronn (aus Biel et al. 2000).

20.3 Rekonstruktion des Erdwerkes Urmitz (nach Probst 1991).

20.5 Feuersteinmine von Rijckholt in den südlichen Niederlanden (aus Bloemers et al. 1986).

Esche und Birke zurück, was für Rodungen spricht. Vermutlich gab es in der Spätphase der Michelsberger Kultur – oder unmittelbar danach – Gehöfte am Übergang zwischen Jungferweiher und Ulmener Maar, das heißt in einem Bereich mit fließendem Wasser, dicht an den Feldern des Jungferweihers, zugleich aber mit direktem Zugang zum fischreichen Maar.

Insgesamt stellt die Zeit der Michelsberger Kultur eine klare Zäsur gegenüber dem vorangegangenen Alt- und Mittelneolithikum dar. Innovationen erreichten das westliche Mitteleuropa um 4400 BC nicht mehr aus dem Südosten, sondern aus dem Westen über das Pariser Becken, das in dieser Zeit eine hohe kulturelle Dynamik erfasste. Während der Dauer der Michelsberger Kultur verbreitete sich die Landwirtschaft nach Nordeuropa und bis auf die Britischen Inseln (Whittle 2007, Sheridan 2007). Insbesondere fällt in diese Zeit die Einführung kleinerer Hausrinder aus Südeuropa (Abb. 20.6), während Knochenfunde des Auerochsen, der in den Eichenmischwäldern einheimisch war, rückläufig sind. Dies gilt als Indiz dafür, dass die Nutzung der domestizierten Form für die Verdrängung des Auerochsen verantwortlich war.

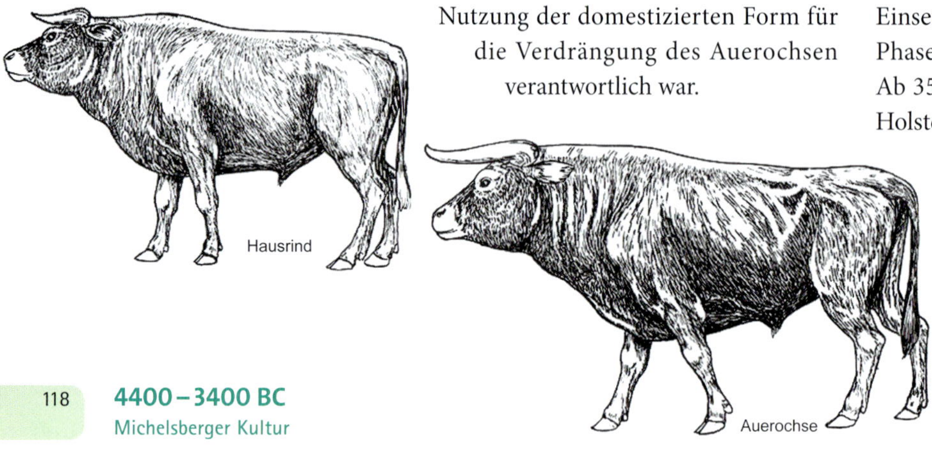

20.6 Auerochse und Hausrind (aus Uerpmann 1983).

Zahlreiche Skelettfunde mit sichtbaren Schädelverletzungen ebenso wie die Siedlungsweise mit Befestigungen auf gut zu verteidigenden Höhen deuten außerdem darauf hin, dass in diesen Jahrhunderten gewaltsame Auseinandersetzungen herrschten. Eine der markantesten Krisenphasen während des Jungneolithikums ist das 37. Jahrhundert. In Südwestdeutschland und der Nordschweiz konnte an verschiedenen Fundplätzen ein deutlich erhöhter Anteil an gejagten Wildtieren festgestellt werden (Schibler 2004). Dies wurde mit einem klimatisch bedingten Rückgang der Getreideernten erklärt. Die so entstandene Unterversorgung musste mit verstärkter Jagd ausgeglichen werden.

Im Rheinland endete die Michelsberger Kultur bereits nach 3800 BC, am Mittelrhein, im Rhein-Main-Gebiet und am Oberrhein reichte sie weiter bis um 3600 BC (Höhn 2002). Was genau das Ende dieser großen westmitteleuropäischen Kultur eingeleitet hat, ist unbekannt. Die Abbildung 18.8 zeigt aber, dass das Ende dieser Kultur und die gewaltsamen Auseinandersetzungen genau mit dem Maximum der IRD-Lage 4 von Bond et al. (2001) zusammenfällt, das heißt geringe Golfstromintensität, kalte schneereiche Winter, vermutlich feuchtkalte Sommer. 3600 BC entspricht exakt einem Minimum der Sonnenintensität (Abb. 18.8 und 22.8), einem Minimum, das vor allem auch in den Eiskern-^{10}Be-Daten deutlich hervortritt. Die kulturellen Umbrüche während und unmittelbar nach 3600 BC fallen also nicht nur mit einem kalten Nordatlantik zusammen, sondern ebenso mit einem Minimum der primären Sonneneinstrahlung.

Die genauen Wetteranomalien zum Maximum der IRD-Lage sind aus den Maarkernen noch nicht rekonstruiert, da die exakte Datierung im Augenblick noch schwierig ist. Auf heftige Wetteranomalien deutet aber eine 20 cm mächtige Hochwasserlage bei 8,3 m hin, die eine der mächtigsten Hochwasserlagen des gesamten Holozäns darstellt.

Der Beginn des Ackerbaues am Ulmener Maar fällt damit genau in die Endphase des IRD 4 und die Zerstörung der Michelsberger Erdwerke entlang des Rheins. In Norddeutschland ist diese Zeit ebenfalls prominent sichtbar, denn 3500 BC entspricht dem Einsetzen von großräumigen Rodungen („Landnam"-Phase der Trichterbecherkultur in Norddeutschland). Ab 3500 BC wird in ganz Niedersachsen, Schleswig-Holstein und Dänemark der Ackerbau flächendeckend eingeführt. Heute noch sichtbares Merkmal dieser „Landnam" durch die Trichterbecherkultur sind die in ganz Norddeutschland verbreiteten Megalithgräber.

Weiträumiger Kulturwandel am Beginn der einsetzenden Abkühlungen Mitteleuropas

21

Niels Bleicher und Frank Sirocko

Die Jahrhunderte zwischen 3400 und 2800 BC sind klimatisch durch den Beginn einer langsamen Abkühlung nach dem früh- und mittelholozänen Klimaoptimum gekennzeichnet. Dies zeigt sich einerseits durch einen Rückgang der Einstrahlung auf der Nordhemisphäre, aber auch in der Absenkung der Schneegrenze in den Alpen, woraus Nicolussi & Patzelt (2006) eine Verringerung der Jahresmitteltemperatur um 2°C schließen. Auch weltweit drangen seit etwa 4000 BC die Gletscher deutlich vor. Viele der heute vergletscherten Hochgebirge waren davor noch eisfrei, nicht nur in Europa, sondern ebenfalls in den südamerikanischen Anden oder auf dem afrikanischen Kilimandscharo (Thompson et al. 2002). In der Sahara fand von 4000 – 3000 BC eine kontinuierliche, in mehreren Schüben verlaufende Austrocknung und Ausbreitung der Wüste statt (Abb. 18.1). Siedlungen im Inneren der frühholozänen „grünen Sahara“ wurden aufgegeben und die Menschen zogen sich bis etwa 3500 BC kontinuierlich in das Niltal zurück (Kuper & Kröpelin 2006, Pachur & Altmann 2006), wo in den folgenden Jahrhunderten die ersten großen ägyptischen Hochkulturen gegründet wurden. Auch der indische Monsun verlor deutlich an Stärke (Sirocko et al. 1993 und 1996) und die Menschen zogen aus der im frühen Holozän noch recht feuchten Arabischen Wüste in das mesopotamische Zweistromland. Generell wird damit für die Zeit um 3500 BC eine Aridifizierung der Subtropen bei gleichzeitiger Abkühlung der Kontinente und Ausbreitung von Gletschern weltweit deutlich. Modellexperimente sehen die grundlegende Ursache dieser Abkühlung in der langsam zurückgehenden Einstrahlung auf der Nordhemisphäre bis zu einem Schwellenwert, unter dem der afrikanische und der asiatische Monsun zusammenbrechen (Monsun ist stark bei hoher Sonneneinstrahlung), die Sahara und Zentralarabien keinen Niederschlag mehr erhalten und die Wüsten sich ausbreiten. Bei geringer Sonnenstrahlung in den niederen Breiten verliert auch der Golfstrom an Kraft und der Energieexport in die mittleren Breiten ist verringert, sodass die Schneegrenze über den Gebirgen sinkt und die Höhenzüge der Gebirge vereisen. Die Zeit um 3500 BC stellt damit die größte Reorganisation der globalen Klimasysteme nach Ende der Jüngeren Dryas dar.

In der Eifelregion und auch anderen Teilen Mitteleuropas ist die Zeit nach 3500 BC generell durch ein Ausdünnen jeglicher Funde und Siedlungsspuren gekennzeichnet. Selbst in der Niederrheinischen Bucht zeigt sich eine Fundlücke (Richter 1997). Spuren menschlichen Wirtschaftens in Pollenprofilen derselben Region belegen aber, dass sie dennoch besiedelt gewesen sein muss (Kalis & Meurers-Balke 1997). Rein archäologisch gibt es in Eifel und Umland nur wenige zufällige Einzelfunde von Keramikfragmenten und Steingeräten (Kap. 9). In vielen Regionen kennt man mangels gezielter Grabungen kaum Baubefunde. Die Gründe dafür liegen größtenteils im Dunkeln. Mancherorts hat man mit einer Bautradition zu rechnen, die weniger tief in den Erdboden eingriff als im Altneolithikum. Daher können sich ältere Baubefunde im Boden erhalten haben, während jüngere durch späteren Ackerbau zerstört wurden. Außerdem ist die Keramik dieser Zeit weich gebrannt, erhält sich schlecht und ist verhältnismäßig unspezifisch, sodass sie nur erkannt werden kann, wenn größere Fundkomplexe vorliegen. Aus solchen Gründen ist im westlichen Mittelrheingebiet der Fundbestand der verschiedenen Epochen unter anderem auch davon abhängig, wie auffällig und charakteristisch die Denkmäler jeweils sind (Nortmann 2000).

Besonders signifikante archäologische Objekte finden sich dagegen im norddeutschen Raum, wo sich seit etwa 3900 BC die Trichterbecherkultur entwickelte, von der dann nach 3500 BC in ganz Niedersachsen, Schleswig-Holstein und Dänemark in großer Anzahl Megalithgräber, das heißt Kollektivgräber aus überhügelten, großen Steinblöcken, geschaffen wurden (Abb. 21.1).

21.1 **a)** Restauriertes Großsteingrab von Karlsminde bestehend aus drei Grabkammern mit umlaufender Steinumfassung (Länge: 56 m, Breite: 5,5 m, Alter 3600 – 3000 BC; nach PAULSEN 1990);
b) Nachbildung eines Langbettes vom Typ Karlsminde (Original im Archäologischen Landesmuseum Schleswig).

Neben den Megalithgräbern findet man zeitgleich in Niedersachsen, Schleswig-Holstein und Dänemark aber auch erstmals Erdwerke (zum Beispiel in Walmstorf und Sarup), das heißt große umfriedete Anlagen, wie es sie zur Zeit der Michelsberger Kultur nur weiter südlich gab (Abb. 20.3). In jedem Fall begann ab 3500 BC in Nordeuropa eine Art Landesausbau mit der Besiedlung neuer Flächen und intensiven Rodungen für den Getreideanbau, von IVERSEN (1944) erstmals als „Landnam" bezeichnet (DÖRFLER 2001). Diese sprunghafte Entwicklung hängt unter Umständen mit einem Bevölkerungswachstum in der Region zusammen. Das Ende der Michelsberger Kultur in Südwestdeutschland um 3600 BC und die „Landnam" in Norddeutschland ab 3500 BC fallen zeitlich fast zusammen.

In Nordhessen findet man ab etwa 3400 BC die „Wartbergkultur". Während man in Hessen zwischen 3400 und 3000 BC kaum Erdwerke errichtete, sondern allenfalls ältere der vorherigen Michelsberger Kultur weiterhin nutzte, wurden kurz nach 3000 BC hier wie auch in der „Chamer Kultur" in Bayern wieder mehr Erdwerke gebaut. Von diesen wird angenommen, dass es tatsächlich befestigte Siedlungen waren (MEYER & RAETZEL-FABIAN 2006). Ältere Erdwerke scheinen dagegen oft kultische Funktionen gehabt zu haben. Eines der auffälligsten Phänomene der Wartbergkultur ist, dass man anstelle der zuvor üblichen individuellen Gräber nun ebenfalls Megalithgräber errichtete, wie sie zuvor in Norddeutschland, Spanien, Britannien und Frankreich schon existierten. Solche Veränderungen sind Zeichen eines tief greifenden Wandels religiöser und gesellschaftlicher Vorstellungen. Die Sitte Megalithgräber anzulegen breitete sich in dieser Zeit flächendeckend aus. Schließlich ist auch im Mittelelbe-Saale-Gebiet in der Zeit nach 3400 BC eine Zeit intensiven Wandels festzustellen, der sich abermals in der Anlage von Megalithgräbern, der frühen Metallverarbeitung und veränderten Keramikstilen zeigt sowie in Hinweisen auf die Einführung von Wollschafen (MÜLLER 2004).

In Südwestdeutschland sind spätneolithische Siedlungsreste hauptsächlich an den Seeufern und in Mooren erhalten, wie zum Beispiel an Bodensee und Federsee, wo aufgrund der Wasserüberdeckung auch organische Materialien erhalten geblieben sind, sodass man außergewöhnliche Einblicke in die Wirtschaft und Umwelt der Zeit nach 3400 BC gewinnen kann. In diesem Zeitraum handelt es sich dort um Dörfer der „Horgener Kultur" (Abb. 21.2), die nach einer etwa 100-jährigen Fundlücke auf die „Pfyner Kultur" folgte. Seit Langem wird diskutiert, ob diese Fundlücke auf klimatische Einflüsse zurückgeht, die auf die Bevölkerungsdichte oder als Quellenfilter gewirkt haben können. Untersuchungen an Pollen und Holz legen nahe, dass man ab 3500 BC tatsächlich mit deutlich weniger Besiedlung zu rechnen hat (BILLAMBOZ 2006; Abb. 21.4). Allerdings könnte auch ein zeitweise höherer Seespiegel dazu geführt haben, dass die Dörfer höher am Hang gebaut und später erodiert wurden.

Der Zeitraum zwischen 3400 und 2800 BC ist also durch zwei weiträumige Phasen von Neuerungen gekennzeichnet: Um 3400 BC beginnt die Megalithgrabsitte überregional, und in Hessen endet der Brauch Erdwerke anzulegen, während sie im Norden erstmals auftreten.

Dieser Kulturwandel ist darüber hinaus mit großräumigen wirtschaftlichen Neuerungen verbunden. In

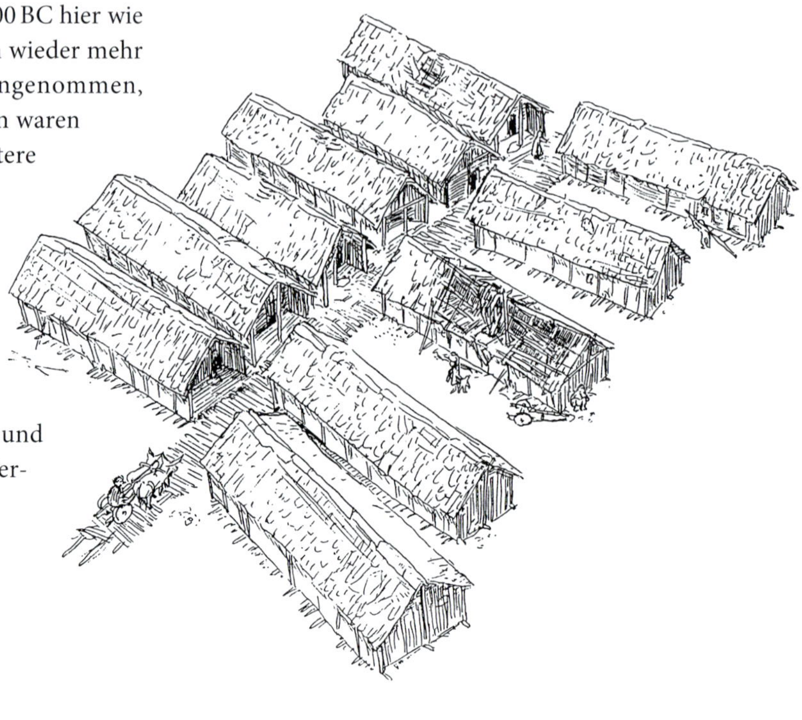

21.2 Pfahlbau einer Seeufersiedlung am Bodensee aus der Zeit 3500 BP (aus SCHLICHTERLE 2004).

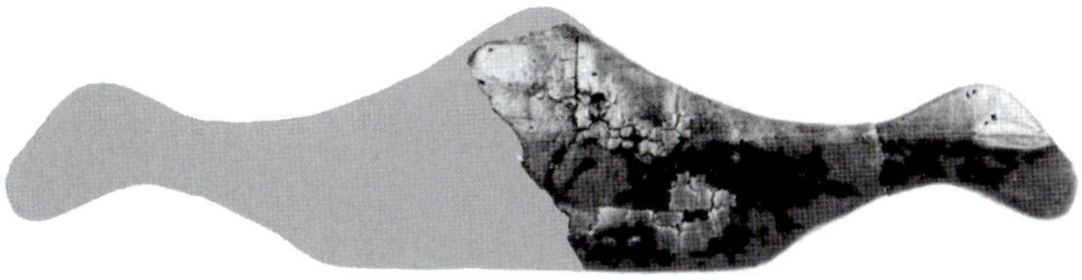

21.3 Scheibenräder aus dem Federseemoor (aus Schlichtherle 2004b) und Joch von der Fundstelle Arbon-Bleiche III am Bodensee (aus Leuzinger 1999).

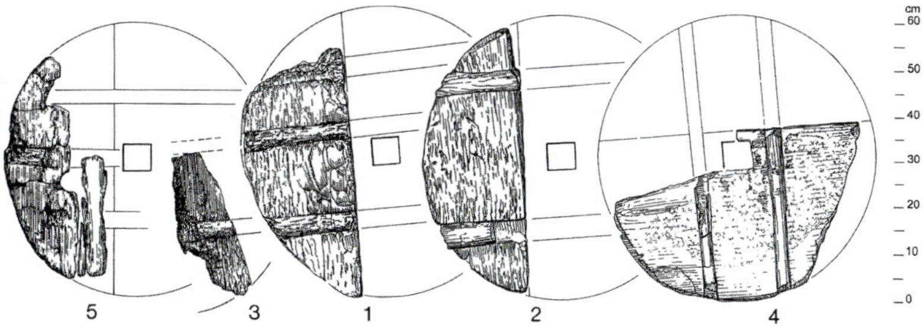

die zweite Hälfte des 4. Jahrtausends fällt die Einführung des Rades (Abb. 21.3). Auch wenn die Zugkraft der Rinder wahrscheinlich schon früher genutzt wurde (Bakker 2004), stammen aus der Zeit ab 3400 BC weit verbreitete Hinweise auf den Einsatz von Ochsengespannen. Das früheste bekannte Joch (Abb. 21.3) wurde am Bodensee in einer Siedlung der Zeit von 3384 – 3370 BC gefunden (Leuzinger 2002). Im Galeriegrab von Züschen (Schwalm-Eder-Kreis) und ebenso in Warburg (Kreis Höxter) fanden sich Darstellungen von Rindergespannen. Schließlich fanden sich im Norden unter Grabhügeln der Zeit vor 3350 BC mehrfach Wagenspuren (Bakker 2004). Im Alpenvorland wurde die Einführung von Ochsengespannen von landwirtschaftlichen Neuerungen begleitet, was sich in einer Intensivierung der Feldbearbeitung und im verstärkten Anbau von Textilfasern niederschlug. Sogar die Dörfer selbst veränderten sich, denn mancherorts baute man nun die Häuser in Zeilen um eine zentrale Straße (Schibler et al. 1997, Schlichtherle 2004a). Das Aufkommen von Wagen kann aber nicht als Zeichen vermehrten Ferntransportes von Waren gewertet werden, denn dafür fehlte das Wegenetz. Für solche Zwecke nutzte man wohl weiterhin die Wasserwege, die ein ganz Mitteleuropa umfassendes, aber auch noch darüber hinausreichendes Handelsnetz ermöglichten.

Neben Kultur und Wirtschaft veränderte sich auch die Vegetation Mitteleuropas. In den Sedimenten dieser Zeit zeigt sich auch in den Bohrkernen der Eifelmaare ein deutlicher Rückgang der Ulmen und Linden, parallel zum ersten Vorkommen von Getreidepollen und damit den ersten Hinweisen für eine intensive menschliche Einflussnahme auf die Landschaftsgestaltung (Abb. 21.4).

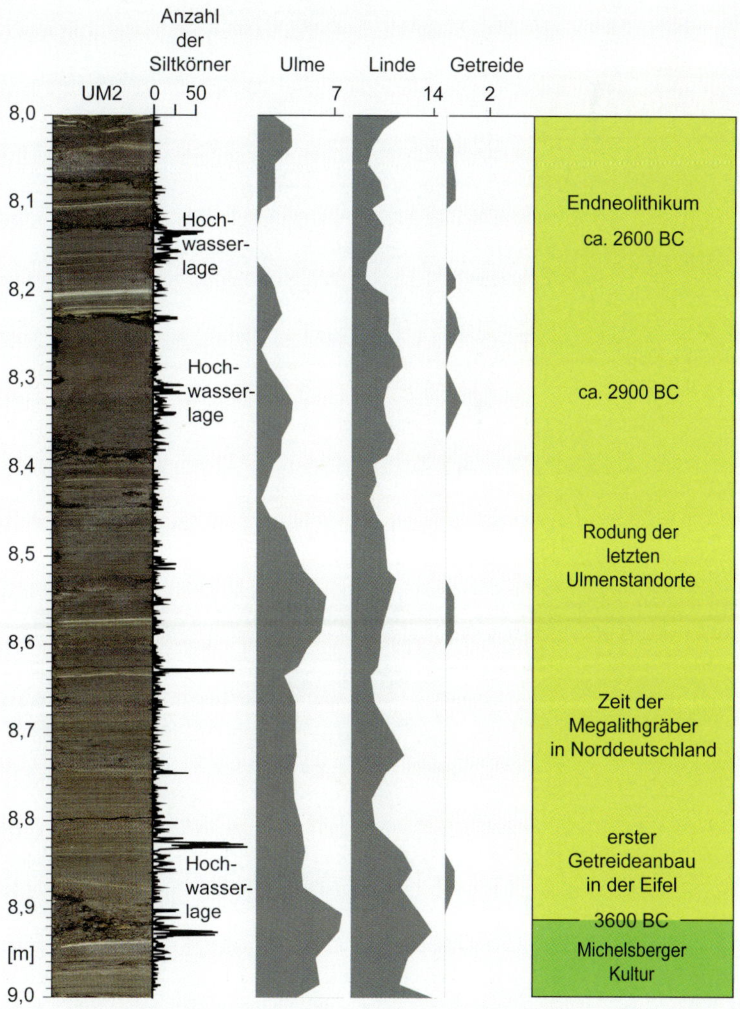

21.4 Foto des Kernes UM2 (8 – 9 m Tiefe) aus dem Ulmener Maar, mit Korngrößenkurve, geglättetem Pollenprofil und Zeitmarken.

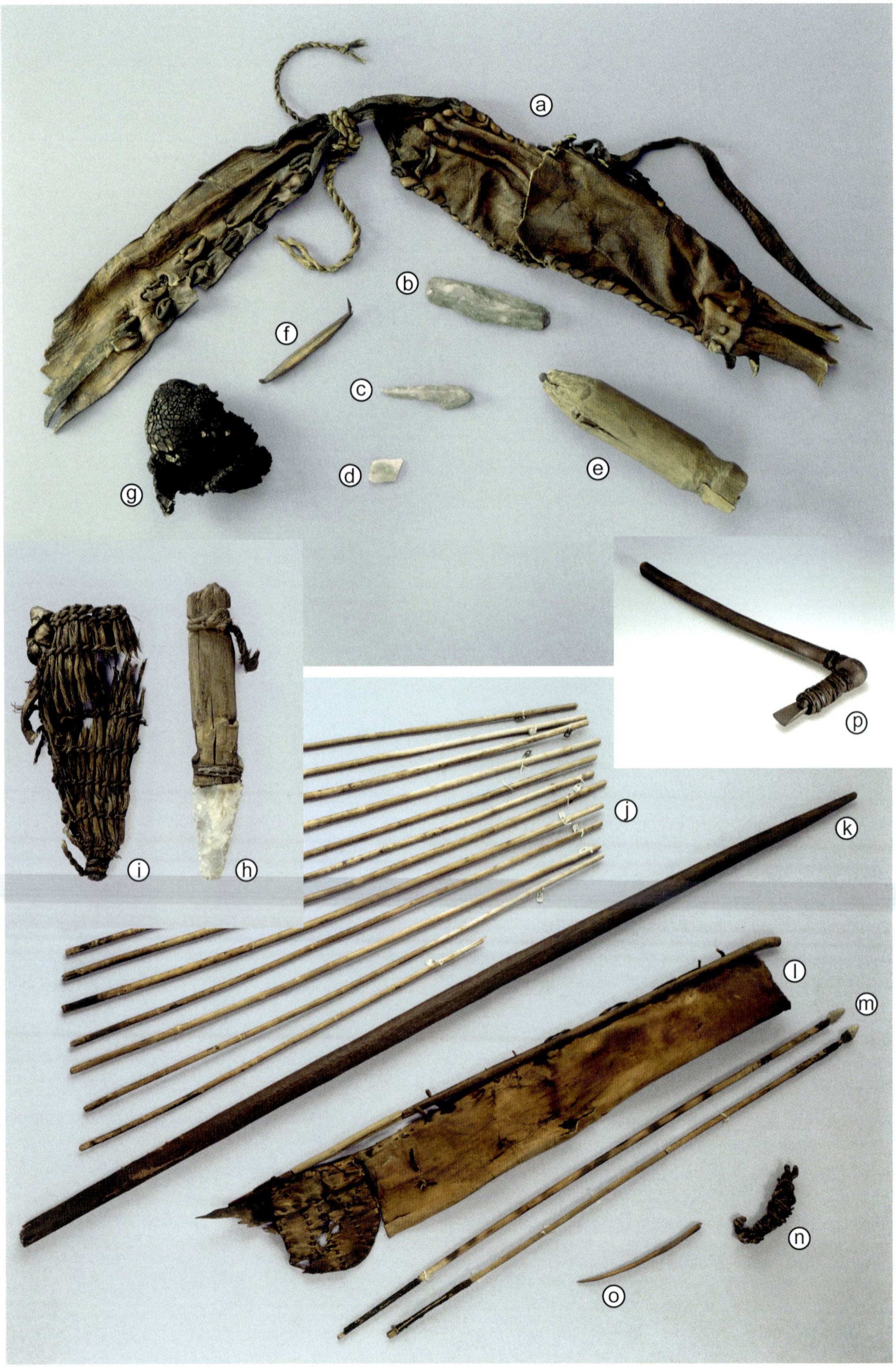

21.5 Ausrüstungsgegenstände der Gletschermumie „Ötzi“ vom Hauslabjoch: **a)** Gürteltasche aus Leder; **b)** große Feuersteinklinge; **c)** Feuersteinbohrer; **d)** kleine Feuersteinklinge; **e)** Retuscheur für Feuersteingeräte; **f)** Knochenahle; **g)** Fragmente vom Zunderschwamm; **h)** Feuersteindolch; **i)** Dolchscheide aus Baumbast; **j)** unfertige Pfeilschäfte; **k)** Bogen aus Eibenholz; **l)** Fellköcher; **m)** fertige Pfeile mit Feuersteinspitzen; **n)** Bastschnur; **o)** Geweihdorn; **p)** Beil mit Kupferklinge.

In den Alpen wurde der Gletschermann „Ötzi" (Abb. 21.6) zwischen 3350 und 3100 BC auf einer Höhe von 3210 m ü. NN eingefroren und ist bis 1991 nicht wieder aufgetaut, was ebenfalls belegt, dass es seither nicht wieder so warm war wie zu jener Zeit. Dies ist der einzige Fund, an dem noch Kleidung und organische Gegenstände des täglichen Bedarfes vorhanden sind. Dinge wie Schuhe, Gürtel, „Feuerzeuge" oder Rucksäcke blieben im Eis eingefroren bis heute erhalten (Abb. 21.5). Daneben existieren weitere Funde von Kleidung, Werkzeug und Ausrüstung, die zwischen 2900 und 2500 BC auf etwa 2750 m ü. NN eingefroren wurden und ebenfalls erst heute wieder ausfrieren (Suter et al. 2005); ein weiterer Beleg für eine sinkende Schneegrenze von etwa 3200 bis 2800 BC. Da die Schneegrenze eine Funktion der Jahresmitteltemperatur ist, muss man für die Zeit vor 3200 BC auf Temperaturen schließen, die über den heutigen lagen und die nach 3200 BC dann um 1 – 2 °C absanken. Es bleibt unklar, ob die Vegetation in Mitteleuropa diesen Entwicklungen direkt gefolgt ist. Könnte es sein, dass die kräftige Sonne in der Zeit von 3200 – 3000 BC (Abb. 18.8) eine klimatische Gunstphase verursachte, die zu guten Getreideernten und Bevölkerungswachstum geführt hat? Unklar ist auch, ob sich derselbe Klimawandel in ganz Mitteleuropa gleichartig ausgewirkt hat. Oder war der beobachtete Kulturwandel unabhängig vom Klima? Im Rahmen dieses Buches können diese Fragen angerissen, aber sicherlich noch nicht beantwortet werden; auffällig ist aber die Zeitgleichheit der globalen Gletschervorstöße ab 3500 BC mit der Intensivierung der Landwirtschaft in Mitteleuropa und der Schaffung großer megalithischer Steingräber.

21. 6 Rekonstruktion des „Ötzi" (mit freundlicher Genehmigung des Südtiroler Archäologiemuseums, www.iceman.it).

22 Die ältere Bronzezeit – mehr Fragen als Antworten

Hartwig Löhr und Frank Sirocko

In den vorangegangenen Kapiteln zur ausgehenden Steinzeit hat man bereits gesehen, dass sich die kulturelle Entwicklung um die Maare herum durchaus im Rahmen überregionaler Prozesse abspielte; dies gilt ohne Zweifel auch für die Bronzezeit. Regelhaft mit kupfernen, seltener auch mit goldenen Beigaben reich ausgestattete Gräber setzten an der bulgarischen Schwarzmeerküste etwa um 3800 BC ein, sodass man dort von „Kupferzeit" spricht. Dort hatte auch ein Handel von metallenen Fertigprodukten im gesamten europäischen Raum seinen Ausgangspunkt. Dagegen setzte in Westeuropa die Metallurgie erst später um 2000 BC ein. Im Balkanraum und im Nahen Osten begann die Metallverarbeitung also weitaus früher.

Schon der „Ötzi" hatte Kupfergegenstände mit sich geführt (Kap. 21) und auch die Region von Eifel und Mosel erreichten erste Metallgegenstände in Form kupferner Beilklingen bereits in den spätesten Phasen der hier noch als Jungsteinzeit bezeichneten Epoche. Auch „Endneolithikum" genannt, ist sie in Mittel- und Westeuropa durch zwei mehr oder weniger aufeinanderfolgende kulturelle Phänomene gekennzeichnet. Dies ist einmal die Schnurkeramik und zum anderen die Glockenbecherkultur, deren kennzeichnende Elemente von Ungarn bis Spanien verbreitet sind.

Über die namengebenden Keramikstile hinaus sind diese Epochen durch das Auftreten von Individuen mit dem sozialen Status eines „Häuptlings" ausgezeichnet. Sie sind in – oftmals überhügelten – Einzelgräbern unter Mitgabe von Statussymbolen wie steinernen Streitäxten bestattet, die oftmals Nachbildungen metallener Formen sind. In der Glockenbecherkultur spielte diese Rolle eher ein kupferner Dolch und Pfeil und Bogen. In diese Entwicklungen war ohne Zweifel auch das Umfeld der Eifelmaare eingebettet, auch wenn dort, im Unterschied zum Neuwieder Becken, bislang kaum konkrete Fundbelege sichtbar sind.

Nach diesem endneolithischen, auch kupferzeitlich genannten Vorlauf fand die Bronzetechnologie, also das absichtsvolle Legieren von rund 85 % Kupfer mit 15 % Zinn in ganz Mitteleuropa seit etwa 2100 BC zunehmend Verbreitung. Ob die Kupfervererzungen im Buntsandstein des Kylltales (Abb. 22.1) schon in dieser Zeit genutzt wurden, ist offen; nachgewiesen ist ein Abbau dort erst für die römische Zeit.

In der eigentlichen Eifel – im Unterschied zum Neuwieder Becken – sind Fundnachweise der älteren Bronzezeit ausgesprochen rar. Bronzene Waffen, Werkzeuge oder Schmuckstücke gelangten wegen ihres damaligen Materialwertes kaum als Verlust oder Abfall in den Boden, sondern sie wurden recycelt, es sei denn, sie wurden als rituelle Depots oder Grabbei-

22.1 Kupfervererzungen im oberen Buntsandstein des unteren Kylltales.

22.2 Keramik, Steinbeile und Feuersteinklingen aus der Übergangszeit des Endneolithikums zur älteren Bronzezeit. Dietzenlay bei Gerolstein. Maßstab ca. 1:6.

gaben absichtsvoll dem Boden oder den Gewässern übergeben. In weiten Teilen verbleibt die Eifelregion aber zur Zeit der „Glockenbecherkultur" (2500 – 2200 BC) noch in der neolithischen Tradition der späten Jungsteinzeit; dazu gehören Steinbeilklingen aus lokaler Grauwacke sowie Klingen aus importiertem Maasfeuerstein (Abb. 22.2). Alle diese Funde deuten an, dass sich Siedlungsweise und Existenzgrundlage nicht wesentlich von der des vorangegangenen Spätneolithikums unterschieden.

Einen besonderen Siedlungsfund und zugleich die ältesten überlieferten Holzkonstruktionen der Eifel stellen mehrere Brunnenfassungen vom „Römersprudel" bei Trier dar, deren älteste um 1990 BC abgesenkt wurde. Eine weitere Fassung wurde 1553 BC gezimmert (Abb. 22.3). Diese Brunnenfassungen sind

22.3 Fassung der Mineralquelle „Römersprudel" bei Trier von 1553 BC.

zugleich der früheste Nachweis für die Nutzung einer Mineralquelle im rheinischen Vulkangebiet, die in diesem Fall bis in die römische Zeit andauerte.

Eine weitere Besonderheit der Eifel während der jüngeren Steinzeit bis zum Ende der Bronzezeit ist die ausgesprochene Häufigkeit von zahlreichen Pfeilspitzen aus Feuerstein. Es ist offen, ob darin Indikatoren für Kampf oder verstärkte Jagd oder beides zu sehen sind. Zum Teil sind die steinernen Pfeilspitzen mit Schaftdorn und Widerhaken den Formen aus Bronze nachempfunden oder umgekehrt (Abb. 22.4).

Ein besonders prächtiges Beispiel für eine absichtsvolle Deponierung von Waffen und Schmuck bildet der Hortfund von Trassem im Saargau aus der Zeit um 1600 BC. Er umfasst sechs sogenannte Randleistenbeile, ein Kurzschwert, vier goldene Drahtspiralen, einen tordierten Goldarmring und eine goldene Gewandnadel (Abb. 22.5).

Auf den Beginn der älteren Bronzezeit fällt ein Extremereignis des Wetters, durch das Stämme mächtiger Eichen nach dendrochronologischer Datierung im Jahr 2144 BC in einem Altarm der Mosel in Trier (Dörfler et al. 1998) und an der Kyll (Löhr & Neyses-Eiden 2001) in die Fluss-Sedimente eingelagert wurden (Abb. 22.6). Das gleiche Phänomen lässt sich

Länge 4,9 cm

22.4 In ungebrochener Tradition hergestellt: Pfeilspitzen aus Bronze. Maßstab ca. 2:1.

22.5 Bronze-Depotfund von Trassem, Kreis Trier-Saarburg. Maßstab ca. 1:3.

Länge 41,5 cm

22.6 Während eines extremen Hochwassers eingelagerte Stämme alter Eichen in einem Altarm der Mosel bei Trier – dendrochronologisch datiert auf 2144 BC.

auch an anderen mitteleuropäischen Flüssen fassen (Friedrich et al. 2004). Selbst im Ulmener Maar findet sich exakt zu dieser Zeit das größte sichtbare Holzstück (7,50 m in Abb. 22.7) mit einem ^{14}C-Alter von 2100 BC, offensichtlich aus dem gleichen verheerenden Wetterereignis, das auch die Eichen in der Mosel umgelagert hat. Über dendrochronologische Verfahren kann dieses Jahrtausendhochwasser auf das Jahr 2144 BC eindeutig datiert werden. Die Jahreszeit des Hochwassers wird zurzeit aus Samenresten in der entsprechenden Lage des Ulmener Maares bestimmt. 2144 BC entspricht exakt dem ausgeprägtesten Minimum in der Kurve der Baumringbelegungsdichte (Friedrich et al. 1999). Die Belegungsdichte stellt die Menge von Baumstämmen dar, die das entsprechende Jahr dokumentieren. Offensichtlich sind durch das extreme Hochwasser im Jahr 2144 BC alle im Flusseinzugsgebiet vorhandenen Bäume fortgespült worden. Danach dauert es einige Jahrhunderte, bis erneut wieder alte Bäume umgestürzt sind und umgelagert werden können. Auffallend ist die zeitliche Koinzidenz des Jahrtausendhochwassers mit einem kulturellen Umbruch vom mitteleuropäischen Endneolithikum zum Beginn der systematischen Bronzeproduktion der „Aunjetitzer Kultur“ (Abb. 22.8; Kap. 23).

Die Zeit 4170 ±150 Jahre BC zeigt aber auch außerhalb Europas einen prominenten Umbruch in Klimazeitreihen und archäologischen Entwicklungen. In Mesopotamien endet in diesem Zeitintervall das

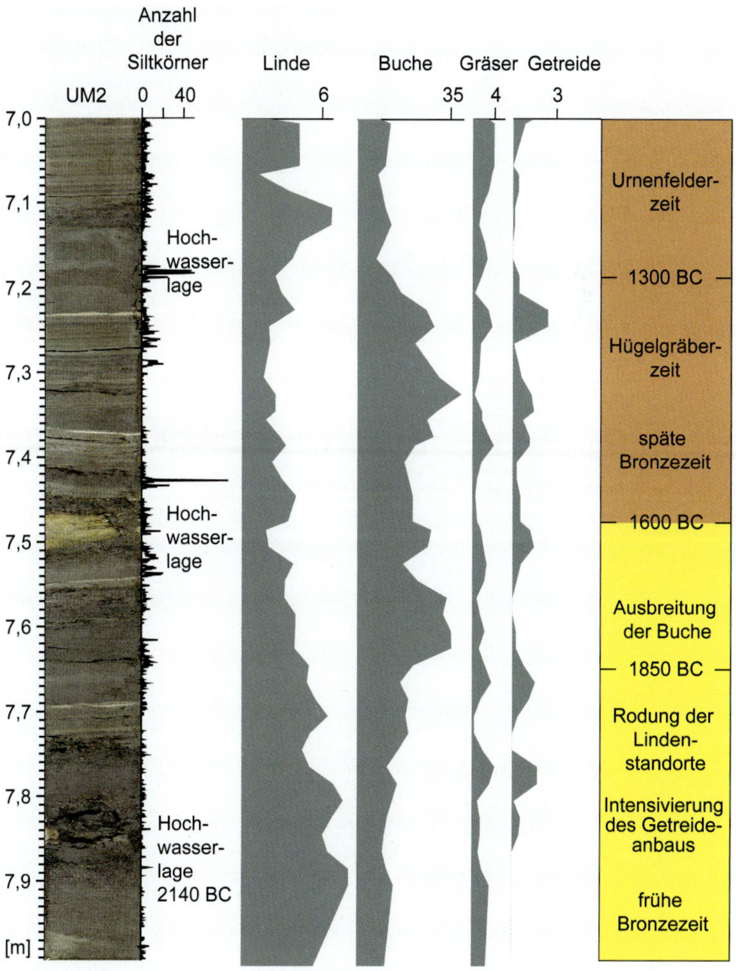

22.7 Foto des Kernes UM2 (7 – 8 m Tiefe) aus dem Ulmener Maar, mit Korngrößenkurve, geglättetem Pollenprofil und Zeitmarken.

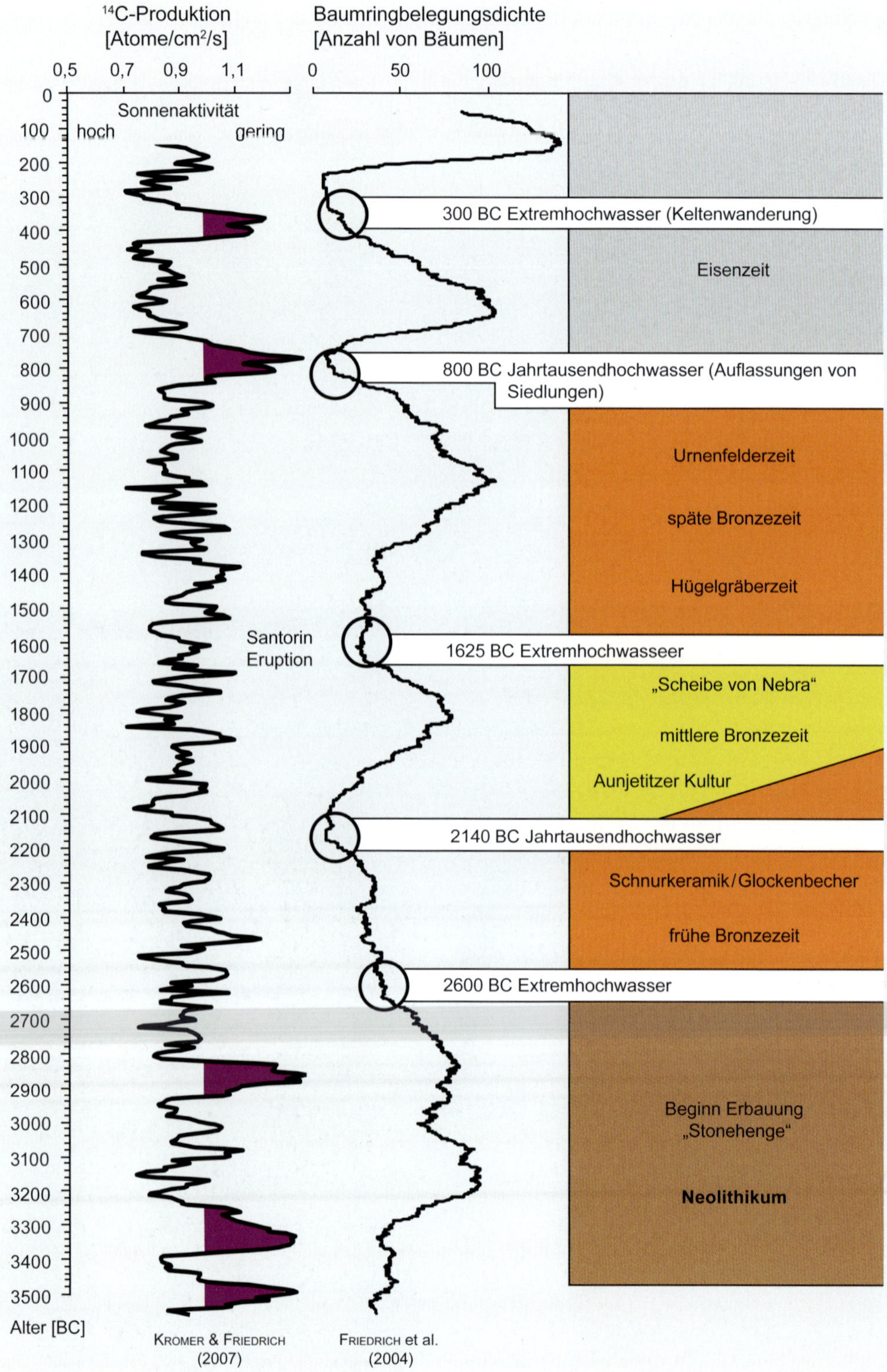

22.8 Kurven der ¹⁴C-Produktion und Häufigkeit der Einlagerung von Stämmen in Donauschottern.

Akkadische Königreich – ein Umbruch, der von Cullen et al. (2000) mit einer starken Aridifizierung in ganz Arabien und Nordafrika in Verbindung gebracht wird (Abb. 18.1). Offensichtlich war das extreme Hochwasser in Mitteleuropa zeitnah, wenn nicht sogar zeitgleich, mit starken Wetteranomalien in den niederen Breiten der Nordhemisphäre. In Mesopotamien werden vulkanische Aschen in den Sedimenten der Aridifizierungsphase gefunden. Andererseits könnte die Aridifizierung dort auch nur ein extremer Schritt in der kontinuierlichen Entwicklung von der frühholozänen grünen Sahara zur heutigen Wüste sein.

Der „Sonnenkult" der Bronzezeit

23

Axel von Berg und Frank Sirocko

Bronzezeitliche Hochkulturen im Mittelmeerraum sind durch reichhaltige Funde gut überliefert, zum Beispiel auf Kreta, in Mykene oder Troja. In diese Zeit fällt auch die erste europäische Epoche einer wachsenden Einheit, dokumentiert durch die Verbreitung gleichartiger archäologischer Zeugnisse und einer gleichen religiösen Grundprägung, die durch einheitliche Riten und Opferverhalten bestimmt ist (Abb. 23.1). In Deutschland liegen Fundstellen eines herausragenden Zentrums der Frühbronzezeit (2100 BC–1700 BC), der Aunjetitzer Kultur, in Sachsen-Anhalt, wo auf den fruchtbaren Böden der Lössbörden Großbauten wie Ringanlagen – sogenannte Henge-Monumente – seit der Jungsteinzeit entstanden waren, so zum Beispiel die Kreisgrabenanlage von Goseck (Abb. 23.2).

In der Eifel mit ihren angrenzenden Landschaften dagegen fehlen diese frühbronzezeitlichen Kulturen weitgehend. Offensichtlich lag die Region an Mittelrhein und Mosel nicht im direkten Einflussbereich der großen Kulturzentren Mitteleuropas. Sie war vielmehr bis zum Beginn der mittleren Bronzezeit (um 1600 BC) noch stark an spätneolithische Traditionen gebunden, die sich erst nach einem länger andauernden Prozess den Fortschritten und Veränderungen der neuen Zeit anpassten.

Die Bildzeugnisse der Bronzezeit ermöglichen interessante Einblicke in grundlegende Vorstellungen vom Kosmos, die ganz offensichtlich auf die Sonne als zentrales Element ausgerichtet waren. Schon die Ringanlagen (Abb. 23.2) dokumentieren die Bedeutung der Sonne für die damaligen Menschen, da die Öffnungen in der Regel auf die Position des Sonnenauf- beziehungsweise -untergangs zur Winter- und Sommersonnenwende ausgerichtet waren (Bertemes & Schlosser 2008). Es wird vermutetet, dass diese Ringanlagen als multifunktionale Bauten daher zum einen als astronomischer Kalender, zum anderen aber auch als Versammlungsort für kultische Handlungen an den wichtigsten Tagen des Sonnenjahres dienten.

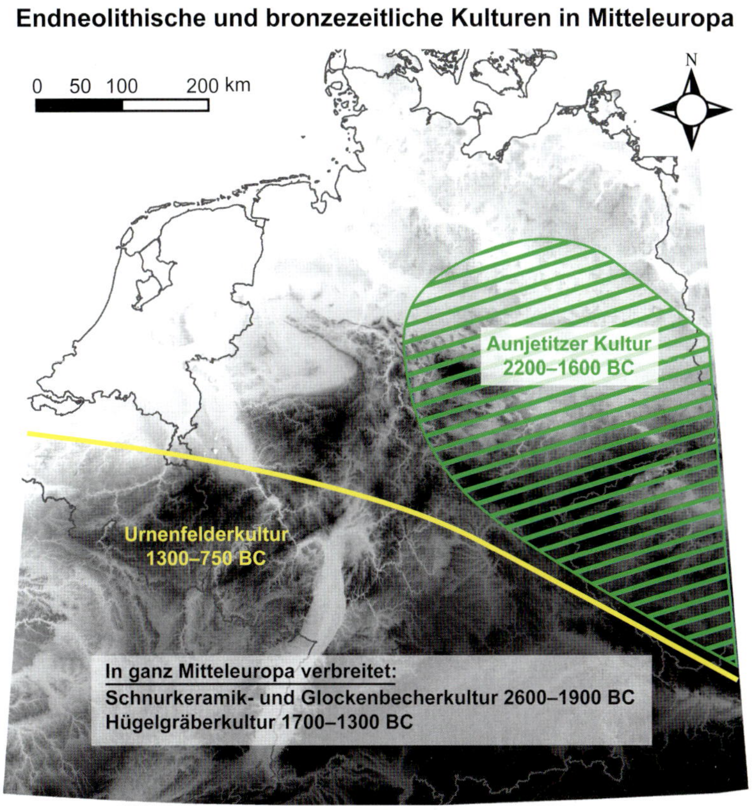

23.1 Übersichtskarte der bronzezeitlichen Kulturen in Europa.

Das zentrale Motiv dieser Sonnenreligion war die Reise der Sonne durch Tag und Nacht. Eindrucksvoll zeigt die frühbronzezeitliche Scheibe von Nebra das Bild des Himmels, verknüpft mit astronomischen Beobachtungen und mythischem Hintergrund (Abb. 23.3; Meller 2004). Die Scheibe wurde vermutlich zwischen 2000 und 1600 BC geschmiedet und gegen 1620 BC als Bestandteil eines Hortes vergraben.

Neben der Ausrichtung der Ringanlagen und der Scheibe von Nebra ist das Sonnenschiff mit der über den Horizont wandernden Sonne ein zentrales Element dieser Kulturen (Abb. 23.4). Darstellungen des Sonnenschiffes finden sich über ganz Mitteleuropa verteilt. Oftmals werden neben dem Sonnenschiff die Plejaden dargestellt, wobei viele alte Kulturen die

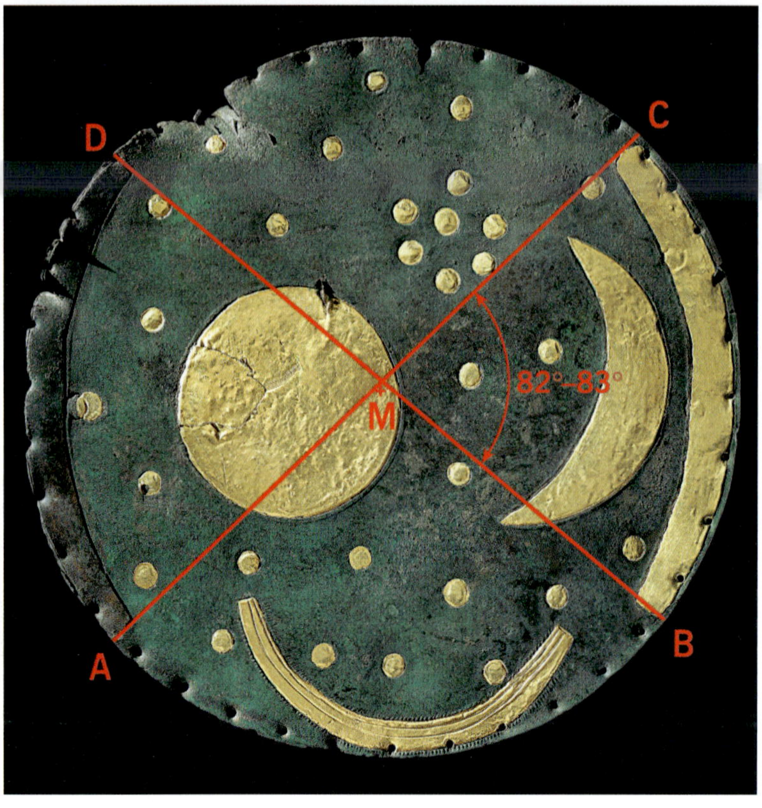

23.2 Ansicht der Ringanlage von Goseck von etwa 5000 BC (aus MELLER 2008).

Sichtbarkeit dieses Sternhaufens als Zeitmarke für den Beginn des bäuerlichen Jahres nutzten.

Erste Hinweise auf systematische Himmelsbeobachtungen finden sich schon in der ausgehenden Jungsteinzeit auf den Britischen Inseln. Bekanntestes Beispiel hierfür ist die Ringanlage von Stonehenge in Südengland, die bereits seit 3100 BC als Kultanlage diente, deren Monolithen aber erst in der Zeit von 2500 – 2000 BC aufgerichtet wurden. Auch für die britischen Anlagen wird eine multifunktionale Nutzung angenommen. Dass es in der Ausrichtung der Anlagen

23.3 Himmelsscheibe von Nebra. Die Enden des goldenen Horizontbogens am rechten Rand der Scheibe weisen exakt auf den Sonnenuntergang zur Wintersonnenwende beziehungsweise zur Sommersonnenwende. Der Winkel zwischen diesen beiden astronomischen Richtungen beträgt auf der Höhe von Sachsen-Anhalt 82 – 83° und belegt damit die exakte astronomische Beobachtung der Menschen der Bronzezeit (aus MELLER 2008).

23.4 Sonnenwagen von Trundholm (Dänemark) von 1400 BC (aus MELLER 2008).

und deren Einbauten Bezüge zum Lauf der Gestirne gibt – insbesondere Winter- und Sommersonnenwende –, ist unbestritten.

Die kultische Verehrung der Sonne in der Bronzezeit ist damit ein durchgehendes Merkmal – vom Osiris-Kult im alten Ägypten bis zu den großen Ringanlagen in Schottland. Diese Erscheinung lässt sich vor dem Hintergrund der Entwicklung der Sonnenaktivität gut nachvollziehen. Von 2200 – 800 BC zeigt die Sonnenaktivität nur geringfügige Änderungen. Das letzte starke ^{14}C-Produktionsmaximum lag bei 2800 BC am Beginn des Spätneolithikums, das nächste dann erst wieder bei 800 BC, also am Ende der Bronzezeit beziehungsweise am Übergang zur Eisenzeit. Die Menschen der frühen und mittleren Bronzezeit dürften also von kalten, regenreichen Sommern mit Ernteausfall, die die Phasen schwacher Sonnenaktivität kennzeichnen (Kap. 30), verschont geblieben sein. Aus Sicht der Sonnenaktivität war die Bronzezeit bis kurz vor ihrem Ende deshalb sicherlich eine günstige Zeit; nicht so sehr weil die Einstrahlung ungewöhnlich hoch war, sondern weil es über viele Jahrhunderte keine gravierenden Änderungen gab. Über lange Zeiten muss das Klima freundlich warm ohne große Anomalien und Schwankungen gewesen sein.

Dennoch gilt der Beginn der mittleren Bronzezeit besonders für den mediterranen Raum ab 1600 BC als eine Epoche der Krisen und Katastrophen. So bedrohen kriegerische Scharen – die sogenannten „Seevölker“ – das altägyptische Reich und die gesamte Levanteküste. Bei diesen Seevölkern handelt es sich um Land suchende unterschiedliche ethnische Gruppen, die in altägyptischen Quellen als „Nordleute“ oder „Bewohner von den Inseln des Meeres“ bezeich-

23.5 Typische Bronzegegenstände der Urnenfelderkultur aus Ochtendung/Eifel (2008 BC).

net werden. Die Darstellungen der fremden Schiffe mit Vogelkopfsteven erinnern an Wasservogeldarstellungen der mitteleuropäischen Urnenfelderkultur. In diesen von Kriegswirren erschütterten Zeiten versinkt das hethitische Großreich, endet die mykenische Palastkultur und selbst der trojanische Krieg lässt sich mit den Auseinandersetzungen dieser „Dunklen Jahrhunderte" verknüpfen. Die Epen des Homer, die um 750 BC entstanden sind, reichen bis weit in die mykenische Zeit zurück und illustrieren diese Kämpfe zwischen 1600 und 1000 BC.

Die Ursachen für die geschilderten Unruhen im Mittelmeerraum nach 1600 BC werden in der Literatur immer wieder mit dem Ausbruch des Santorin in Verbindung gebracht, der mit etwa 40 km^3 Lava zu den weltweit größten Eruptionen des Holozäns gehört (Schmincke 2000) (Abb. 32.2). Ähnlich wie die in Kapitel 32 dokumentierte Laki-Explosion muss auch der Santorin-Ausbruch den Strahlungshaushalt der Atmosphäre intensiv beeinflusst haben. Lange Zeit wurde dieses Ereignis auf etwa 1520 BC datiert, neue Ergebnisse der Dendrochronologie und der ^{14}C-Datierungen weisen jetzt allerdings auf etwa 1620 BC. Zur selben Zeit zeigen sich darüber hinaus im grönländischen Eis und nordamerikanischen Baumringen Anzeichen für eine mehrjährige Klimaverschlechterung. Vermutlich war um 1620 BC die Atmosphäre der Nordhemisphäre für mehrere Jahre deutlich getrübt, verbunden mit einigen kühlen Sommern und extrem kalten Wintern, und damit vergleichbar dem Jahr ohne Sommer (1816 AD) nach der Tambora-Explosion (Kap. 32). Der Santorin-Ausbruch 1620 BC dürfte daher in einer Abfolge ansonsten ruhiger warmer Sonnenjahre eine extreme Zäsur dargestellt haben. Auch in den mitteleuropäischen Breiten gibt es Anzeichen, dass diese kühlen Jahre die mittelbronzezeitlichen Kulturen verändert haben. So endet die Nutzung der Ringanlage von Stonehenge etwa 1600 BC und genau um diese Zeit wurde auch die Scheibe von Nebra in einem Hortdepot vergraben; ebenfalls fällt der Hortfund von Trassem (Abb. 22.5) in die Zeit des Santorin-Ausbruches. Ganz offenkundig ist hier die zeitliche Nähe der Hortdeponierung zu den kalten Jahren nach der Santorin-Explosion. Doch war es in dieser Zeit wohl nicht nur kalt, sondern die Trübung der Atmosphäre verursachte extrem rote Abend- und Morgenhimmel, die eine Kultur der Sonnenverehrung beeinflusst haben dürften.

In der anschließenden mittleren Bronzezeit von etwa 1600 – 1200 BC änderte sich das Kulturgefüge drastisch, deutlich ablesbar an den Begräbnissitten. Als Oberbegriff dieser Zeit gilt die Bezeichnung „Hügelgräberzeit", da die Bestattungen in der Regel von Grabhügeln überwölbt wurden. Charakteristisch war allgemein die Körperbestattung, wobei die Toten nun je nach Geschlecht mit Waffen und Bronzeschmuck ausgestattet wurden. Die Dürftigkeit der Grabausstattungen, in der Regel eine Nadel oder ein Dolch beziehungsweise eine Beilklinge aus Bronze, scheint für die Mittelgebirgsregion am nördlichen Mittelrhein typisch zu sein. Die Toten wurden in gestreckter Rückenlage in hölzernen Grabkammern bestattet. Im Siedlungswesen dominierten kleine Hofareale mit eingetieften Grubenbauten und Siedlungsgruben. In die mittlere Bronzezeit fällt auch die Herstellung des Sonnenwagens von Trundholm (Abb. 23.4), ein Motiv, das vor allem in Skandinavien in diesen Jahrhunderten vielfach dargestellt wird (Capelle 2008) und deutlich macht, dass zumindest im Norden Europas die Sonnenverehrung weiterhin intensiv kultiviert wurde.

Um 1300 BC entwickelte sich dann in Mitteleuropa die „Urnenfelderkultur", die bis um 800 BC reichte. Diese Phase wird nach der nun allgemein üblichen Leichenverbrennung mit Urnenbestattung in größeren Gräberfeldern bezeichnet. Die Urnenfelderzeit gehört zu den vorgeschichtlichen Zeitepochen, aus denen sehr viele Funde überliefert sind, die aus Gräbern, Siedlungen und Deponierungen stammen (Abb. 28.5). Vielfältige Bezüge zu Nachbarregionen und ein reger Güteraustausch bestimmten diese gesamteuropäische Kulturepoche. Neu und europaweit typisch waren Brandbestattungen in Flachgräbern beziehungsweise Einzelbestattungen in einer Urne. Männer- und Frauengräber lassen sich aufgrund veränderter Beigabenausstattungen kaum unterscheiden, da die älterbronzezeitlichen Beigabenkombinationen mit geschlechtsspezifischen Objekten fast vollständig verschwunden sind. Große Steinkisten als Kennzeichen herausragender Bestattungen sind belegt, wobei die Sitte der Kammergräber ihren Ursprung im nordalpinen Raum hat. Die Bestattungen sind mit Bronzeschwertern, Pfeilspitzen und Goldschmuck ausgestattet und kennzeichnen das Entstehen einer Adelsschicht, deren Gräber sich durch reiche Beigaben von den einfachen Urnengräbern abhoben.

Während in der ausgehenden Jungsteinzeit und der älteren Bronzezeit die Weidewirtschaft mit teils halbnomadischer Lebensweise im Vordergrund stand, entwickelte sich in der Urnenfelderzeit der Ackerbau als wirtschaftliche Grundlage. Große Gehöfte mit Wohn- und Wirtschaftsbereichen wurden kennzeichnend. Webgewichte und zahlreiche Spinnwirtel sind Nachweise ei-

23.6 Zeichnung des Goloringes (800 – 300 BC) bei Kobern-Gondorf, Landkreis Mayen-Koblenz (Schmickler 2001).

ner in den Siedlungen praktizierten Textilherstellung. Die Versorgung mit Metall erfolgte durch Wanderhandwerker, die die Siedlungen mit Metallgerät belieferten.

In der Endphase der Urnenfelderzeit um 800 BC wurden befestigte Höhensiedlungen angelegt. Nach dem derzeitigen Kenntnisstand waren die befestigten Anlagen Dauersiedlungen und Sitz von Adeligen, die Rohstoffquellen und Handelsrouten kontrollierten und ihren Machtbereich nun durch befestigte Orte schützten. Welche Rolle dabei das Klima spielte, ist nicht eindeutig belegt. Die Sonne war bis in das erste Jahrtausend BC aktiv und kann eigentlich erst für die deutliche Klimaverschlechterung ab 800 BC verantwortlich gemacht werden. Die zu diesem Zeitpunkt einsetzende Phase geringerer Sonnenaktivität fällt mit dem Ende der Urnenfelderkultur exakt zusammen und lässt in der Folge die neuen Kulturgefüge der Eisenzeit entstehen.

In der Eifel beziehungsweise der Mittelrheinregion begann mit der Eisenzeit die Nutzung der mächtigen Kultanlage des Goloringes (Abb. 23.6), die ihre jetzige Ausdehnung in der Hunsrück-Eifel-Kultur der Hallstatt- und Latènezeit um 600 – 400 BC erreichte. Der Goloring stellt die bisher einzige eisenzeitliche Kultanlage auf dem europäischen Festland dar. Ob es sich dabei noch um Sonnenverehrung oder nicht doch schon um ein Heiligtum für den Totenkult handelte, ist noch nicht erforscht. Die Lage der eisenzeitlichen Gräberfelder im Umfeld des Goloringes wie auch die monumentalen Großgrabhügel beziehungsweise die Adelsgräber mit ihrem Sichtkontakt zum Goloring zeigen jedenfalls eine enge Verbindung zum zentralen Heiligtum. Zusammen mit größeren dorfähnlichen Anlagen in der näheren Umgebung hat es um die Ringanlage ein offensichtliches Siedlungszentrum gegeben, dessen Träger mehrere Familien- und Sippenverbände waren, die über mindestens vier Jahrhunderte – von 700 – 300 BC – dort siedelten. Der zugehörige Adelssitz lag vermutlich auf dem benachbarten Karmelenberg, einem quartären Vulkankegel.

Der Sedimentkern aus dem Ulmener Maar zeigt für die gesamte Urnenfelderzeit durchgängig Getreidepollen und beweist die ackerbauliche Nutzung fruchtbarer Böden auch in der Eifel. In der Region hatten sich im Verlauf der mittleren Bronzezeit umfangreiche Buchenwälder entwickelt. Insbesondere die Rotbuche dominierte die Waldvegetation seit etwa 1850 BC, das heißt schon vor den kühlen Santorin-Jahren. Die Ausbreitung der Buche wird von manchen Autoren mit einem kühleren Klima (im Vergleich zu den wärmeren frühholozänen Eichenmischwäldern; Kap. 17, 18) in Verbindung gebracht. Andere Autoren sehen die Ausbreitung dieses Baumes als Folge der Landnutzung seit Ende des Neolithikums (Frenzel 1991). In den Maarkernen fallen für die gesamte Bronzezeit sehr geringe Sedimentationsraten auf, aber auch das weitgehende Fehlen von klastischen Partikeln. Das bedeutet, dass die Bronzezeit generell eine Zeit mit wenigen Hochwassern und Wetterextremen war. Einzige Ausnahme ist das Hochwasser von 2144 BC (Kap. 22). Sichtbar wird erst wieder die extreme Umlagerung von Sedimentmaterial mit Einsetzen der Phase schwacher Sonnenaktivität um 800 BC im Übergang zur nachfolgenden Hallstattzeit.

24 Änderung der Sonnenaktivität am Beginn der Hallstattzeit

Christopher Pare, Markus Egg, Hans Nortmann und Frank Sirocko

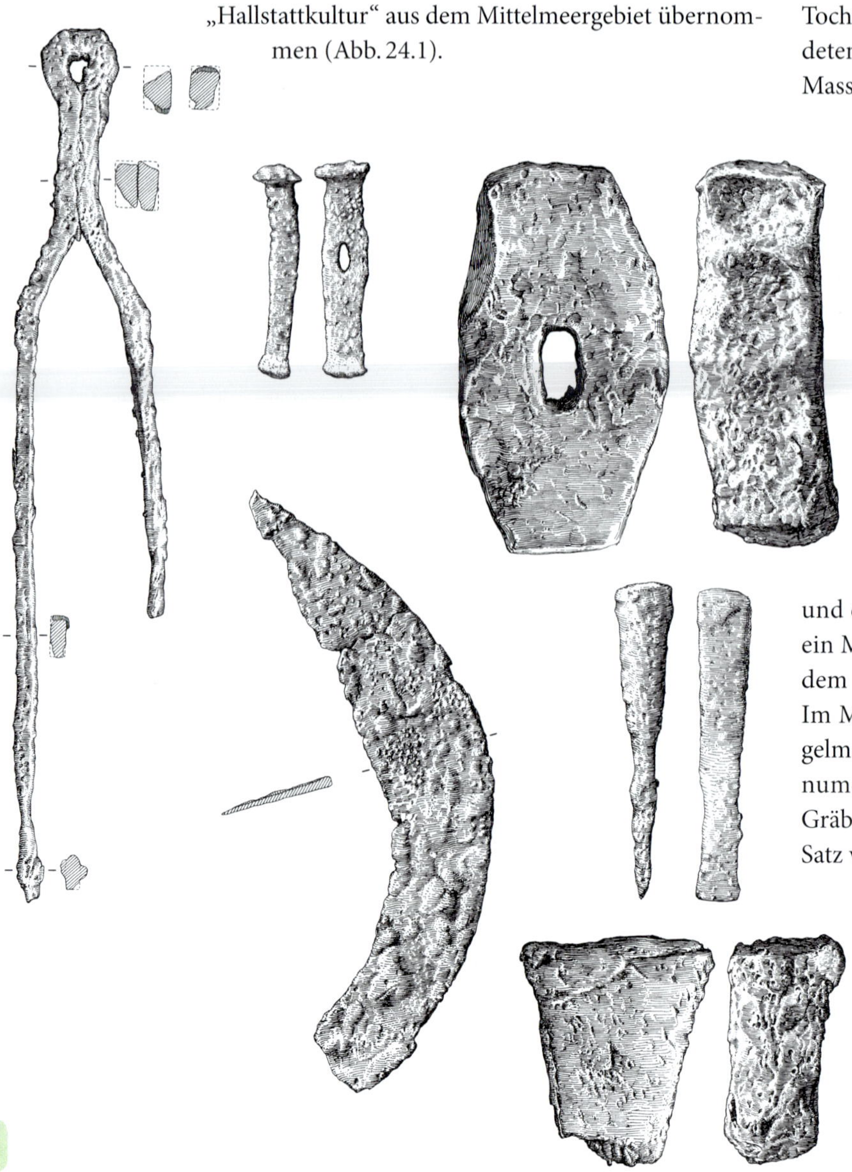

24.1 Hallstattzeitliche Werkzeuge aus der Býčí-skála-Höhle in Mähren (nach Parzinger et al. 1995).

Eine wesentliche technologische Neuerung der „Hallstattzeit" beziehungsweise der älteren Eisenzeit (800–450 BC) stellt der konsequente Einsatz des neuen Werkstoffes Eisen dar. Neben seiner Härte ist vor allem das im Gegensatz zum selteneren Kupfer oder Zinn häufige natürliche Vorkommen der Eisenerze ein wichtiger Vorteil dieses Metalls. In der Eisenzeit konnten daher erheblich größere Mengen an Werkzeugen und Waffen produziert werden. Diese neue Technologie wurde wie so manch anderes in der „Hallstattkultur" aus dem Mittelmeergebiet übernommen (Abb. 24.1).

Dem Untergang der wohlhabenden Paläste und Städte der spätbronzezeitlichen Hochkulturen im Vorderen Orient und im östlichen Mittelmeerraum (zum Beispiel Troja 1200 BC) folgte eine Phase weit verbreiteten kulturellen Niederganges, die in der archäologischen Literatur als „Dunkles Zeitalter" bekannt ist. In diese Zeit datiert in Mitteleuropa die Urnenfelderkultur (1300–800 BC; Kap. 23). Im 8. Jahrhundert BC begann dann die Genese der klassischen griechischen Stadtstaaten, die vor allem zwischen 750 und 550 BC Tochterstädte im Schwarz- und Mittelmeerraum gründeten, zum Beispiel das heutige Marseille (griechisch Massalia). Parallel dazu entwickelte sich in Mittelitalien die etruskische Zivilisation; nicht zuletzt lag auch die Gründung Roms in dieser Zeit.

Vor diesem Hintergrund ist die Hallstattkultur (800–450 BC) in Mitteleuropa zu sehen (Abb. 24.2). Angeregt von immer stärker ausgebauten Handelsbeziehungen zu den Mittelmeerkulturen, bildeten sich zunächst im Südostalpenraum, dann nordwestlich der Alpen mächtige Zentren heraus. Bekanntestes Beispiel für ein solches Zentrum – einen sogenannten Fürstensitz – ist die Heuneburg an der oberen Donau, die seit den 1950er-Jahren intensiv erforscht wird (Abb. 24.3). Zwischen dem Ende des 7. und der Mitte des 5. Jahrhunderts BC existierte dort ein Machtzentrum von überregionaler Bedeutung, in dem mehrere Tausend Menschen gleichzeitig lebten. Im Mittelpunkt befand sich eine mit einer Lehmziegelmauer befestigte Burganlage; im Umfeld lagen monumentale Grabhügel mit prunkvoll ausgestatteten Gräbern. Regelhaft folgten diesen „Fürsten" ein großer Satz von metallenen Trinkgefäßen, Goldringschmuck, ein vierrädriger Wagen und aufwendige Waffen ins Grab. Die Abbildung 24.4 zeigt die Befundlage im Fürstengrab von Eberdingen-Hochdorf. Sichtbar auf der rechten

Seite des Bildes ist ein aus der griechischen Welt importierter Kessel, der mit Met gefüllt war (Abb. 24.5).

Neben diesen herausragenden Zentren lässt sich auch eine deutliche Zunahme ländlicher Siedlungen beobachten, die andeutet, dass vor allem das 6. und 5. Jahrhundert BC offensichtlich eine Phase des Wohlstandes in Mitteleuropa darstellten. In dieser Zeit kam es zur Gründung weiterer Fürstensitze und einer generellen Aufsiedlung der Landschaft. Über die berühmten Zentren nordwestlich der Alpen hinaus wurden wohl in der Zeit um 500 BC auch weiter im Norden und Westen während der Späthallstattzeit befestigte Höhensiedlungen angelegt, sehr wahrscheinlich angeregt von den genannten Fürstensitzen Südwestdeutschlands.

Ab 600 BC setzte sich auch in der Eifel die Grabhügelsitte durch. Die Eifel ist ab diesem Zeitpunkt als Siedlungsraum eindeutig belegt (Haffner 1976). Vollständig sind Friedhöfe mit 40 bis 120 Hügeln nur noch in heutigen Waldgebieten erhalten (Abb. 24.6a). Sogar über die Dauer dieser Bestattungssitte von 600 – 250 BC hinaus sind mitunter solche Friedhöfe kontinuierlich belegt. Zwischen Mittelrhein und oberer Nahe werden diese eisenzeitlichen Grabfunde unter dem Begriff „Hunsrück-Eifel-Kultur“ zusammengefasst (Haffner 1976), die auch für den Raum Ulmen an mehreren Stellen nachgewiesen ist.

Die vielfältigen einheimischen Eisenerzvorkommen der Eifel wurden, wie Beobachtungen bei Hillesheim zeigen, spätestens im 6. Jahrhundert BC, also nicht allzu lange nach Einführung des neuen Werkstoffes, genutzt. Eisenabbau und -verhüttung lieferten den landwirtschaftlich benachteiligten Mittelgebirgsregionen dabei sicherlich gewisse Tauschwerte, jedoch waren Eisenerze zu weiträumig verfügbar, um der Region damit eine wirtschaftliche Vorrangstellung zu verschaffen, wie manche Autoren es im Hinblick auf die kulturelle Entwicklung ab Ende der Hallstattzeit vermutet hatten (Driehaus 1965).

Die frühesten Bestattungen der sogenannten Hunsrück-Eifel-Kultur sind Brandgräber. Mit dem Übergang zur Körpergrabsitte im Laufe des 6. Jahrhunderts BC finden sich dann auch vermehrt Grabbeigaben aus Bronze und Eisen, selten auch erstes Glas. Selbstverständnis von Mann und Frau, soziale Abstufungen, handwerkliche Fähigkeiten und Außen-

24.2 Die Verbreitung der Hallstattkulturen in Mitteleuropa (aus Krausse 2005).

24.3 Luftbild der hallstattzeitlichen Heuneburg an der oberen Donau. Im Vordergrund zwei Großgrabhügel (aus Krausse 2005).

24.4 Grabkammer des Großgrabhügels von Eberdingen-Hochdorf (aus Biel 1985).

24.5 Prunkkessel aus der Grabkammer von Eberdingen-Hochdorf (aus Biel 1985).

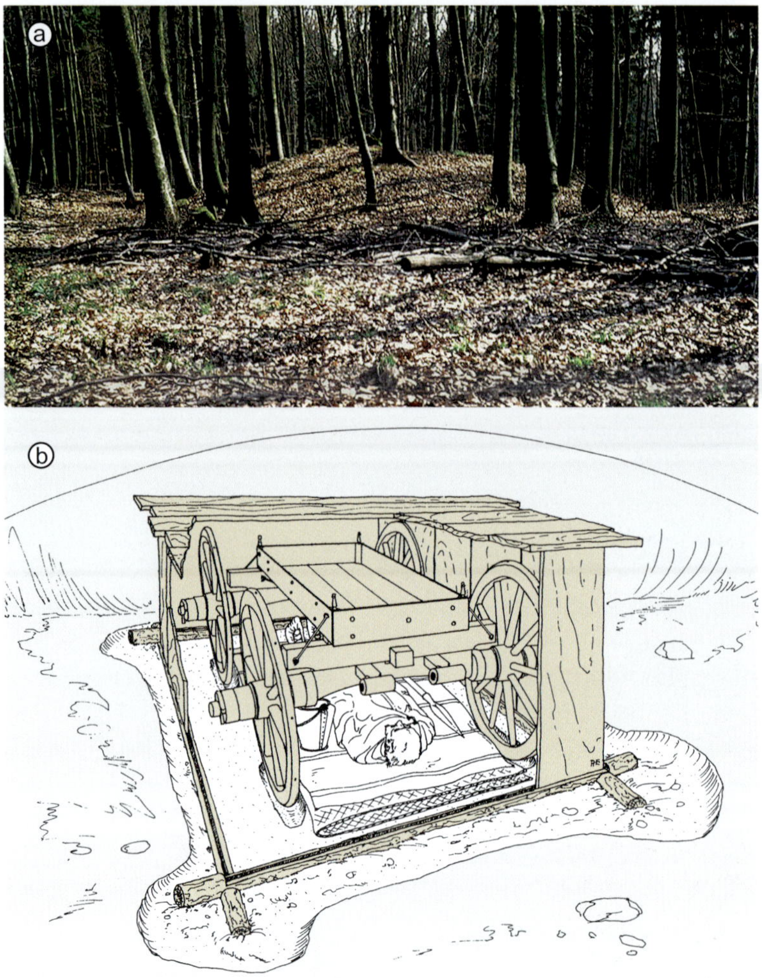

kontakte lassen sich auf dieser Basis besser beurteilen. Männer erscheinen regelmäßig mit Eisenlanzen und -speeren ausgestattet, definieren also ihr Ansehen über die Rolle als Krieger.

Importfunde (Abb. 24.7) zeigen, dass auch die Hunsrück-Eifel-Kultur durchaus unter dem Einfluss der südlich anschließenden Nachbarregionen stand. Sie nahm jedoch an der Sonderentwicklung der südmitteleuropäischen Hallstattkultur zunächst nicht teil. Erst gegen 520 BC kam es zu Änderungen, die sich allerdings im Rahmen der bestehenden Kultur und der lokal ansässigen Gemeinschaften vollzogen. Auf geeigneten Kuppen und Spornen entstand ein Netz von Burgen, bei denen es sich um nicht oder kaum bewohnte herrschaftliche Stützpunkte in Kleinterritorien von vielleicht 110 km³ handelte, die auch nur für wenige Jahrzehnte um die Mitte des ersten Jahrtausends BC unterhalten wurden. Die dafür erstmals eingesetzte Steinarchitektur hatte bewusst demonstrativen Charakter und verweist in ihren konstruktiven Merkmalen auf Vorbilder aus der standesbewussten Welt der Hallstattkultur.

Etwa zeitgleich mit dem Entstehen der Burgen begann auch im rheinischen Mittelgebirge, zunächst noch bescheiden, eine Entwicklung, bei der herausragende Vertreter der Gemeinschaften durch repräsen-

24.6 a) Eisenzeitlicher Grabhügel bei Enkirch; **b)** Zeichnung des Wagengrabes von Bell.

tative Grabausstattungen – unter anderem mit vierrädrigen Wagen – ausgezeichnet wurden (Abb. 24.6 b). Neben Wagen sowie Goldobjekten spielte von Anfang an auch Metallgeschirr aus Italien eine Rolle (Abb. 24.7). Die Begegnung mit Südeuropa zeigte nunmehr Wirkung bis in die Eifel und bestimmte in der folgenden Latènezeit ab 450 BC maßgeblich das kulturelle Geschehen (Kap. 25).

Die Hallstattzeit wird von zwei in der archäologischen Überlieferung deutlich sichtbaren Ereignissen begrenzt. Am Anfang dieser Zeit, das heißt am Übergang von der vorausgegangenen Urnenfelderzeit, steht ein Jahrhundert (800 – 700 BC), das durch die Aufgabe von spätbronzezeitlichen Seeufersiedlungen charakterisiert ist (Maise 1998, van Geel et al. 1996). Insbesondere die nordwestalpinen Seeufersiedlungen wurden verlassen, was vermutlich durch den Anstieg der Seespiegel am Beginn einer von häufigen Hochwassern betroffenen Zeit verursacht wurde. Im Verlauf des 4. Jahrhunderts BC kam es vielerorts zur Aufgabe von Siedlungen – in diese Zeit fällt außerdem die erste Welle der keltischen Wanderungen mit der Eroberung von Rom 389 BC. Die Abbildung 24.8 zeigt nun, dass beide Krisenzeiten zu einer Zeit minimaler Sonnenaktivität beginnen und bis in die Zeit einer Zunahme der Sonnenaktivität anhalten. Die Grundlagen der ^{14}C-Produktion und die Klimakoppelung wurden in Kapitel 6 ausführlich erläutert und auch die Verbindung mit der eisenzeitlichen Kulturentwicklung wurde schon erwähnt (Schmidt & Gruhle 2006). Da eine schwache Sonne mit geringer Einstrahlungsintensität mit kaltfeuchten Sommern, schneereichen Wintern und häufigen Hochwasserereignissen einhergeht (his-

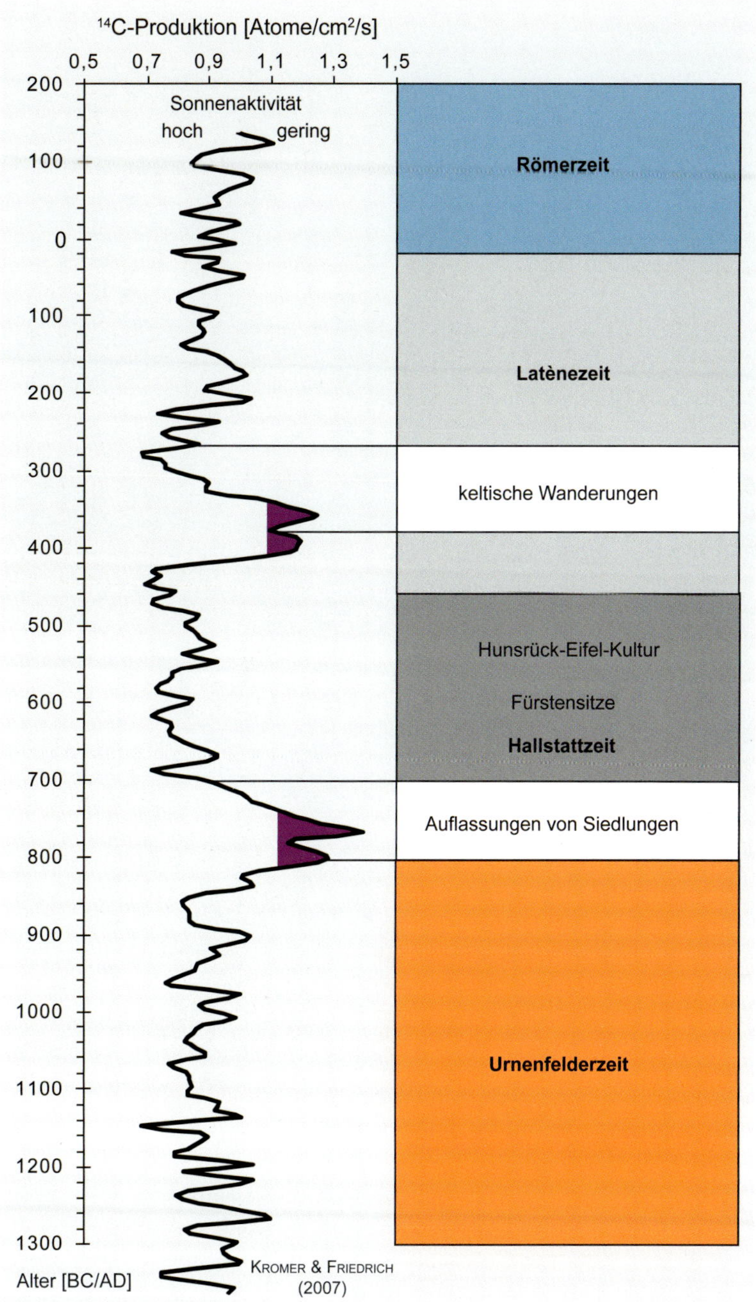

24.8 Kurve der Sonnenaktivität, abgeleitet aus der ^{14}C-Produktionsrate in der Atmosphäre (Kromer & Friedrich 2007) im Vergleich zu wichtigen Marken der eisenzeitlichen Kulturen.

24.7 Aus Oberitalien importierte Bronze-Situlen aus der Hunsrück-Eifel-Kultur.

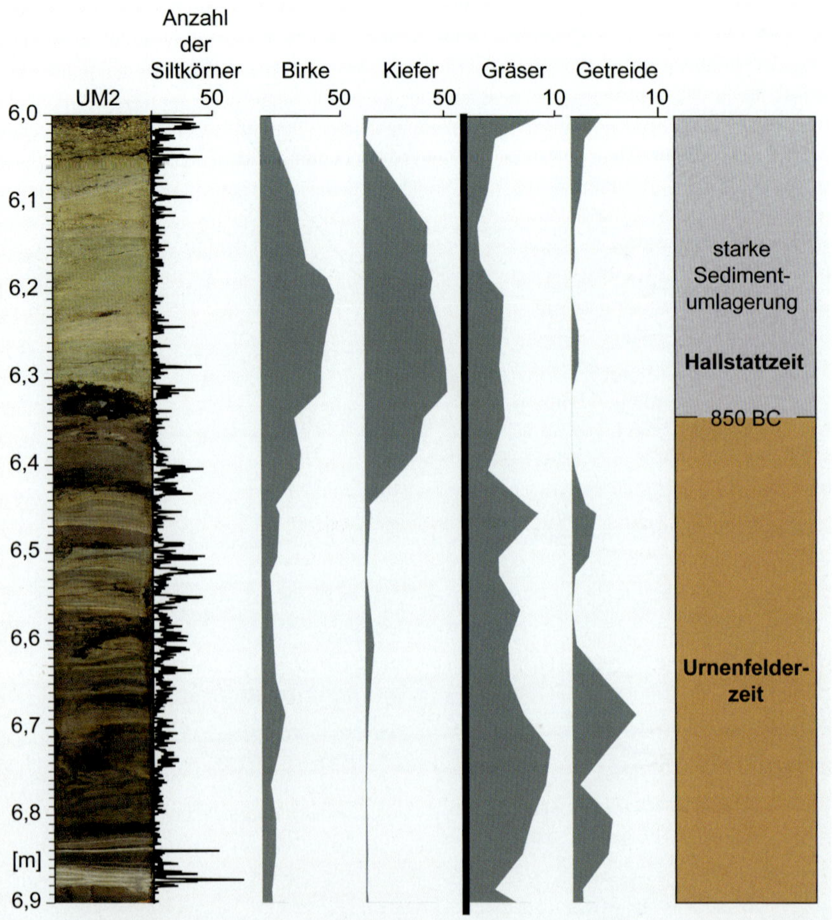

24.9 Foto des Kernes UM2 (6–7 m Tiefe) aus dem Ulmener Maar mit Korngrößenkurve, geglättetem Pollenprofil und Zeitmarken.

torisch dokumentiert für das 14. Jahrhundert und die Kleine Eiszeit; Kap. 30, 31), könnte erwartet werden, dass ein kühlfeuchtes Klima und häufige Wetteranomalien zu einer Ernährungskrise sowie zu Auswanderungen auch schon in der Eisenzeit geführt haben.

Auf Hochwasser und starke Umlagerung zwischen 800 und 700 BC weist in dem Sedimentkern aus dem Ulmener Maar ein etwa 30 cm mächtiger Sedimentabschnitt zwischen 6,30 und 6,00 m, der viel Karbonat enthält, aber auch Pflanzenreste und klastische Partikel (Abb. 24.9). Diese Pflanzenreste haben zum Teil ein sehr hohes Alter (Abb. 6.4) und sind verbunden mit einem hohen Gehalt an Birken- und Kiefernpollen, die in den Böden des frühen Holozäns häufig sind. Die hohen Karbonatanteile dieser Lage weisen auf einen hohen Seespiegel hin, da Kalk sich insbesondere im Flachwasser eines Sees bildet. Die drei Befunde – hoher Kalkgehalt, alte organische Substanz und starke Umlagerung – sind nicht einfach zu interpretieren, passen aber gut zur Klima- und Wettersituation am Beginn des ^{14}C-Produktionsmaximums um 800 BC, als in Süddeutschland bei steigendem Wasserspiegel durch häufige Regenfälle die ufernahen Siedlungen aufgegeben werden mussten. So könnte die außergewöhnliche Karbonatlage bei 6,30–6,00 m unter Umständen durch rein klimatische Prozesse erklärt werden, das heißt, Umlagerungen von altem Bodenmaterial aus dem Einzugsgebiet des Jungferweihers haben bei extremen Hochwasserereignissen stattgefunden.

In den Maarsedimenten ist die gesamte Eisenzeit, das heißt die Hallstatt- und die nachfolgende Latènezeit, durch eine typische lithologische Ausprägung gekennzeichnet. Das Kernfoto der Abbildung 24.9 zeigt für diese Zeit eine gelbliche Färbung, die das Sediment zwischen 6,50 und 5,30 m kennzeichnet und auf hohe Gehalte des Minerals Siderit zurückgeht. Siderit ist ein Eisenkarbonat und fällt als Mikrokristall aus dem Maarwasser aus oder bildet sich im Porenraum. Die chemischen und hydrologischen Bildungsbedingungen dieses Minerals sind bisher kaum untersucht. Man kann nur vermuten, dass Eisen im Wasser im Überschuss vorhanden war. Dies wiederum könnte eine Folge des Bergbaues in der Region sein. Interessanterweise finden sich im Umfeld von Ulmen auf den Höhen häufig alte Bergbaupingen und Halden mit vererzten Gesteinstrümmern. Eine präzise Datierung dieser Abbauspuren steht noch aus, aber es wäre durchaus vorstellbar, dass dieser Bergbau schon in der Hallstattzeit einsetzte. In Verbindung mit intensiver Landwirtschaft und dadurch verursachter starker Bodenerosion wurden vermutlich erhöhte Konzentrationen von gelöstem Eisen in die Maarseen gespült und führten dort zu der Ausfällung des Eisenkarbonats Siderit. Damit ist die Eisenzeit visuell in dem Sedimentkern aus dem Ulmener Maar gekennzeichnet.

Latènezeit – Fürstengräber, Keltenwanderung und die ersten Städte

25

Hans Nortmann und Martin Schönfelder

Der für das südliche Mitteleuropa gesetzte Epocheneinschnitt um 450 BC markiert den Übergang zwischen der frühen und der späten Eisenzeit, die man archäologisch den Kelten zuordnen kann. Nach dem bedeutenden Schweizer Fundort La Tène spricht man von der Latènekultur (Rieckhoff & Biel 2002, Fries-Knobloch 2002). Wenn für die Hallstattzeit noch ein Zentrum der kulturellen Entwicklung allgemein in Süddeutschland zu fassen war, verschiebt sich dieses nun nach Norden (Abb. 25.1). Besonders der Bereich von Saar, Pfalz und dem Oberrheingebiet ist hier zu nennen, aber auch Hunsrück und Eifel rücken aufgrund einer hohen Funddichte und reicher Gräber in den Mittelpunkt (Haffner 1976, Kunow & Wegner 2006). In großen Teilen Süddeutschlands – und auch beiderseits der Mosel, in Eifel und Hunsrück – besteht eine beständige Besiedlung durch stabile lokale und regionale Gemeinschaften. Anhand der für diese Zeitspanne typischen und auffälligen Grabhügelfriedhöfe lassen sich viele Kenntnisse über diese Gemeinschaften gewinnen (Haffner 1976, Joachim 1997, Hornung 2008) – Siedlungen sind bisher seltener ausgegraben worden, und langjährige Großforschungsprojekte, wie die Heuneburg für die Hallstatt- und Manching für die späte Latènezeit, liegen für die frühe und mittlere Latènezeit nicht vor.

In siedlungsgeeigneten Höhenlagen bis um 550 m lassen sich Grabhügelfelder bei guten Erhaltungsbedingungen und Bewaldung, wie in der Süd- und Zentraleifel, flächendeckend nachweisen. So kann indirekt

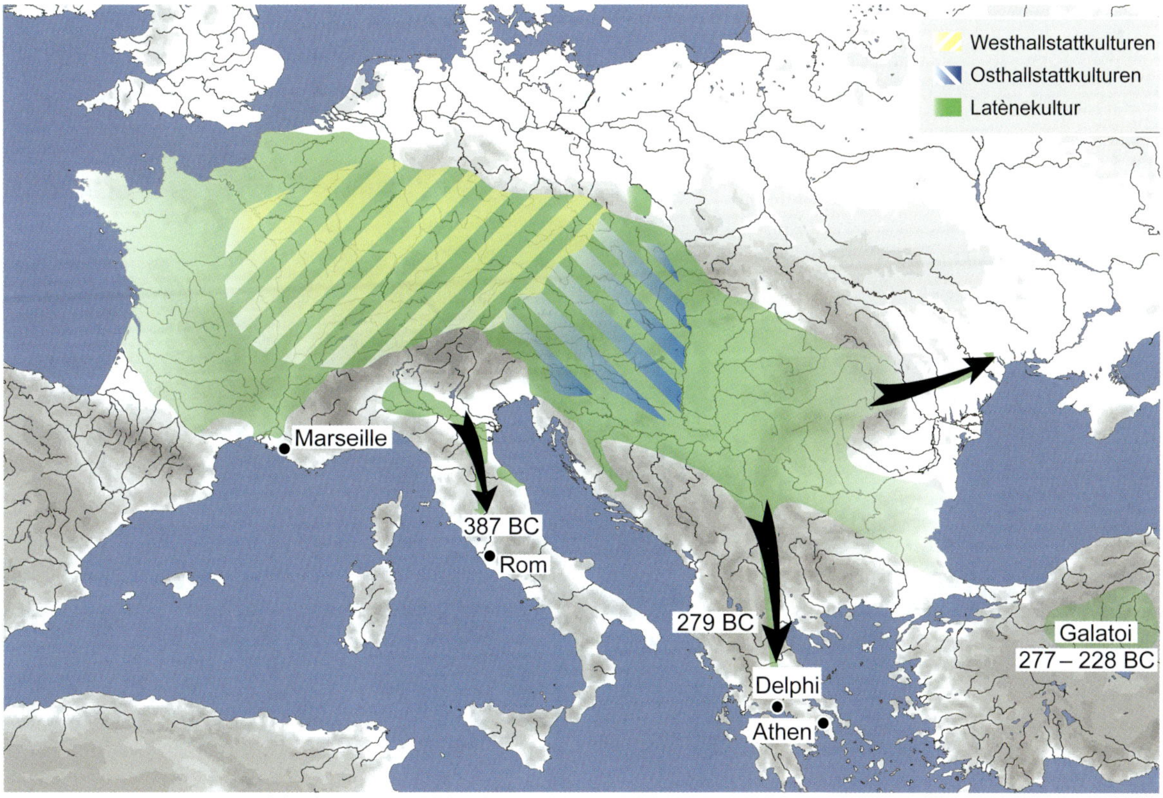

25.1 Ausbreitung der Latènekultur und keltische Wanderungen im 4. und 3. Jahrhundert BC. Als Kerngebiet sind die Gebiete der West- und Osthallstattkulturen markiert (nach Pauli 1980).

25.2 **a)** Ein figürlich verzierter Schwertgriff aus Bescheid; **b)** Speerspitzen und ein Hiebmesser aus Hochscheid.

die Besiedlungsstruktur erschlossen werden. Solche Gräberfelder mit einem weitläufigen Einzugsbereich von jeweils etwa 18 km² werden Kleingruppen von etwa 4 – 20 Personen zugeordnet (Nortmann 2002). Beigaben von Eisenwaffen verraten ein Selbstbewusstsein der Männer als Krieger, während der Status der Frauen sich besonders an Schmuckgarnituren aus Bronze und Glas, bestehend aus Hals- und Armringen sowie Fibeln, ablesen lässt (Abb. 25.2 und 25.3). Die oft aufwendig gestalteten Keramikgefäße für Speisebeigaben wurden erstmals gelegentlich schon auf der Töpferscheibe gedreht. Das Siedlungsbild wurde im Wesentlichen von umzäunten Hofsiedlungen mit Häusern und Speichern geprägt (Abb. 25.4). Die auf eine oder zwei Generationen angelegte Lebensdauer dieser aus Holz und Lehm errichteten Bauten begünstigte eine regelmäßige Verlegung im zugehörigen Siedlungsland. Die lockere Verteilung der Grabhügel in großen Nekropolen mit bis zu 2 km Ausdehnung legt eine stärker gerodete und durch Beweidung freigehaltene Landschaft auch in den Höhenlagen nahe. Die Vorkommen von Basaltlava in der Vulkaneifel wurden in der frühen Eisenzeit zur Herstellung von Mahlsteinen in der Form von „Napoleonshüten" genutzt, die als Exportartikel bis in das Niederrheingebiet gelangten (Abb. 25.5). In der jüngeren Latènezeit wurden dann Drehmühlsteine aus der Eifel im gesamten Rheingebiet und darüber hinaus gehandelt.

25.3 **a, b)** Keltischer Frauenschmuck aus Farschweiler und Niederweis; **c)** auf der Drehscheibe hergestellte Tongefäße aus Hermeskeil.

Bereits gegen 520 BC machten sich in dieser auf Landwirtschaft und Eigenproduktion beruhenden Existenz Veränderungen bemerkbar. In zunehmendem Maße wurden führende Vertreter der kleinen Siedlergruppen durch eine betont repräsentative Grabausstattung hervorgehoben, bei der unversehens südliche Einflüsse und entsprechende Importe eine wichtige Rolle spielten. Das neu entstandene Selbstbewusstsein dieser einheimischen Führungsschicht, ein Beziehungsnetz über weite Teile Mitteleuropas und Impulse aus der mittelmeerischen Hochkultur bewirkten ab 450 BC die geistigen und künstlerischen Umbrüche zur typisch „keltischen" Latènekultur am nördlichen Rand der hallstattzeitlichen Zentren in Süddeutschland. Der intensivierte Kontakt mit griechisch und etruskisch verzierten Gegenständen führte zur Entwicklung eines eigenen Stils mit neuen Ornamenten auf der Basis von Zirkelornamentik und ins Fantastische stilisierter Figürlichkeit. Eimer aus Bronzeblech – sogenannte Situlen –, die in Norditalien für luxuriöse Trinkgelage gefertigt wurden, ersetzten nun in Gräbern vor allem im Bereich von Hunsrück und Eifel heimisches Tongeschirr als Urne oder Speisebehälter. Wenig später verwendete man technisch anspruchsvolleres etruskisches Bronzegeschirr – Schnabelkannen und Schöpfer – in Verbindung mit künstlerisch bemerkenswertem Goldschmuck. Die Schnabelkannen sind aus einem Stück getrieben, an das der gegossene Henkel angesetzt wurde (Abb. 25.6). Für Importe und Goldschmuck sind als Zentren der Verbreitung in Mitteleuropa die Bereiche Saar, Mosel und das nördliche Oberrheingebiet zu nennen. In Hunsrück und Eifel wurden darüber hinaus in reich ausgestatteten Grabkammern zweirädrige Paradewagen deponiert (Haffner 1976).

25.5 Ein in Benutzung befindlicher Mahlstein für Getreide in der Form eines Napoleonshutes aus Basaltlava. Diese Reibsteine sind die Vorläufer der Drehmühlen.

25.4 Rekonstruktion eines keltischen Gehöftes an der Altburg bei Bundenbach im Hunsrück.

Aus schriftlichen Quellen weiß man von keltischen Wanderungen und Plünderungszügen nach Italien und Griechenland – so standen Kelten 387 BC vor Rom, 279 vor Delphi. Aber auch als Söldner und Hilfstruppen wurden Kelten im Mittelmeergebiet angeworben – im Fall der Galater in der Türkei geriet die Entwicklung außer Kontrolle und kurzfristig entstanden eigene Reiche. Daneben breitete sich gerade im 3. Jahrhundert BC die Latènekultur über ihren ehemals hallstättischen Kernraum in Mitteleuropa hinaus aus – keltischer Schmuck und Stil sowie die Bewaffnung wurden beispielsweise in Südfrankreich, Norditalien, Südpolen und im Karpatenbecken bestimmend.

Während der ersten Welle der keltischen Wanderungen kurz nach 400 BC verzeichnet die Latènekultur in Süddeutschland sowie in Hunsrück und Eifel bei weiterhin stabilen Verhältnissen gerade den Höhepunkt der oben beschriebenen Prunkgrabsitte. Erst als diese nach einigen Jahrzehnten aussetzt, ferner zunehmend schlichte Brandbestattungen überwiegen und gegen 250 BC auch keine Grabhügel mehr die Friedhöfe anzeigen, entsteht in manchen Regionen geradezu der Eindruck von Niedergang – in der Eifel sogar von Siedlungsrückgang (Nakoinz 2001). Im Hunsrück und in der moselnahen Eifel entstanden aber noch im 4. Jahrhundert erneut kleine burgartige Höhensiedlungen, die bis fast an die Schwelle zur Römerzeit unterhalten und bewohnt wurden. Zweifellos dienten diese mit holzverstrebten Steinmauern befestigten „Burgen" als Stützpunkte kleiner Territorialherren. Im Hunsrück

25.6 Bronzene Situlen, Kessel und Schnabelkannen – Letztere aus Wallscheid und Hochscheid – kamen aus Italien nach Mitteleuropa und dienten einer Elite zur Statusdarstellung. Aus Gold wurden außerdem Schmuckstücke und Appliken gefertigt – hier Beispiele aus Ferschweiler. Ihre dichteste Verbreitung nördlich der Alpen finden sie im Bereich von Hunsrück und Eifel.

ist in Brandgräberfeldern auch die durchgehende Besiedlung der höheren Mittelgebirgslagen bis in die Römerzeit hinein bezeugt (Abb. 25.8; Haffner 1989). Eine eindeutige Berechnung der jeweiligen Bevölkerungszahlen ist allerdings schwierig, da die offensichtliche Grabhügelsitte von diskreter angelegten Brandgräbern abgelöst wurde – so bleiben gewisse Unsicherheiten für die Besiedlungsstärke im 4./3. Jahrhundert BC. Quellenkritische Erwägungen widerlegen vereinfachte historische Thesen einer Abwanderung ganzer Stämme. Die Archäologie sucht nach Ursachen für die keltischen Beutezüge und Wanderungen. Wie groß waren die Verlockungen des Südens? Wie stark fallen andere Faktoren als Initiatoren ins Gewicht?

Im Kapitel zur Hallstattzeit wurde sichtbar, dass schon die erste eisenzeitliche Krise von 800 – 700 BC mit dem Beginn eines ^{14}C-Produktionsmaximums zusammenfiel (Kap. 6); letztendlich bedeutet eine hohe ^{14}C-Produktion eine schwache Sonnenaktivität und Rückgang der Einstrahlung. Im Falle dieser Krise wird deutlich, dass in der Anfangsphase der schwachen Sonnen die Seespiegel gestiegen waren – ein Hinweis auf vermehrte Niederschläge und/oder verringerte Verdunstung. Im Kern UM2 aus dem Ulmener Maar kann in dieser Phase die stärkste Umlagerung von Sediment beobachtet werden – vermutlich durch starke Hochwasser bei zeitgleich hohem Wasserspiegel.

Auch die zweite eisenzeitliche Krise, parallel zur Zeit der keltischen Wanderungen mit den Eckdaten 387 und 279 BC, fällt wieder mit einem ^{14}C-Produktionsmaximum zusammen. Der Vergleich der auf Baumringzählungen basierenden ^{14}C-Produktionsreihe mit den historischen Daten zeigt die Gleichzeitigkeit mit erstaunlicher Deutlichkeit (Abb. 24.8). Im Kern UM2 wird diese Zeit in einem Maximum der Birkenpollenhäufigkeit bei 5,70 m sichtbar. Gleichzeitig zeigt die Kurve der Gräser und Getreidepollen aber eine durchgängige Agrarproduktion an. Da Birken die erste Pioniervegetation auf aufgelassenen Ackerflächen darstellen, ist also vermutlich nur ein Teil der Felder um etwa 390 BC aufgelassen worden, andere wurden weiter bestellt. Es ist also auch nur ein Teil der Bevölkerung weggezogen. Der Kern UM2 zeigt für diese Zeit kontinuierliche Hochwasseraktivität, aber keine katastrophalen Einzelereignisse (Abb. 26.4).

Der gleiche Zusammenhang zwischen schwacher Sonneneinstrahlung und gesellschaftlichen Krisen ist für das 14. Jahrhundert hervorragend dokumentiert. Dort sehen wir, dass es in den ersten Jahrzehnten der schwachen Sonne zu einer Folge von nasskalten Sommern gekommen war, die wiederum zu Ernteausfällen führten (Kap. 31). Im 14. Jahrhundert reichten drei solcher nasskalten Sommer in Folge (1315 – 1318), um zu einer verheerenden Hungersnot zu führen. Überträgt man einen ähnlichen Ablauf in die Zeit der Keltenwanderung, so lässt sich vermuten, dass eine Gesellschaft, die nach ein oder zwei Jahren des Mangels feststellt, dass das Saatgut für das nächste Jahr nicht mehr reichen wird, um alle zu ernähren, auch damals Auswege suchen musste. Diese bestanden zum Beispiel im Rückzug aus siedlungsungünstigen Höhenlagen oder der Abwanderung von Bevölkerungsteilen – vielleicht in der Art eines *„ver sacrum"* (Heiliger Frühling), bei dem eine Mannschaft junger Männer, oft ein gesamter Jahrgang, aus dem Stammesverband ausgestoßen oder auch nur ausgesandt wurde, um neues Land zu erobern.

Im Laufe des 2. Jahrhunderts BC stabilisierten sich die Siedlungsverhältnisse in Mitteleuropa und es entstanden überall in der keltischen Welt befestigte Großsiedlungen mit mehreren Tausend Einwohnern. Diese von Cäsar als *„oppida"* bezeichneten Plätze sind zweifellos Zentralorte städtischen Charakters für ein größeres Umland von 50 – 60 km Ausdehnung (Abb. 25.7). Während den *oppida* in Süddeutschland nur eine kurze Blüte gegönnt war, wiesen in Gallien viele eine Kontinuität bis in die römische Kaiserzeit und bis heute auf: Lutetia/Paris, Vesontio/Besançon, Avaricum/Bourges – um nur drei Beispiele zu nennen. Die *oppida* der Treverer mit einer im Einzelnen sicher-

25.7 Das *oppidum* auf dem Martberg bei Pommern an der Mosel umfasst das Hochplateau. Hier wurden keltische Münzen geprägt und in einem Heiligtum wurde den Göttern geopfert.

lich unterschiedlichen Geschichte überdauerten den Gallischen Krieg (58 – 50 BC) und erlebten danach sogar eine Spätblüte (Krausse 2006). Dieser Stamm lavierte sich geschickt durch diese Zeit, musste den Römern aber teilweise größere Truppenkontingente seiner gerühmten Reiterei zur Verfügung stellen.

Die Eifel liegt im Einzugsbereich der *oppida* „Kasselt" bei Wallendorf (Sauer) und „Martberg" bei Pommern (Untermosel), gut 20 km von Ulmen entfernt. Beide *oppida* waren auch Münzprägestätten und zeigen damit den allmählichen Übergang zu einer Geldwirtschaft an. Solche Zentralorte sind als politische, religiöse und wirtschaftliche Mittelpunkte nicht vorstellbar ohne die zur gleichen Zeit entstandenen keltischen Stammesstaaten. Möglicherweise ging die allmähliche Ablösung der älteren Burgen mit ihren Kleinterritorien durch neue Zentren mit weitaus größeren Einzugsgebieten mit der Verfestigung solcher Stammesverbände einher. Erst die Neuordnung Galliens unter Kaiser Augustus mit der Neugründung von Trier (17 BC) im Kreuzungspunkt neuer Straßenachsen bewirkte den politischen und wirtschaftlichen Niedergang der alten *oppida*. Lediglich die fortdauernde Nutzung als Heiligtum knüpfte an die ältere Tradition an.

Das weltgeschichtlich folgenreiche Vorrücken Roms bis zum Rhein hatte auf den Alltag des Trevererlandes keine dramatischen Auswirkungen. Dies zeigen die bruchlos belegten Friedhöfe südlich der Mosel (Miron 1986, Haffner 1989). Bevölkerung und soziales Gefüge blieben im Wesentlichen bestehen. Zuerst fast unmerklich und besonders im ländlichen Raum über mehrere Generationen hinweg, passten sich Bräuche und Gewohnheiten im Zuge der Romanisierung an neue Vorbilder an und verschmolzen in der gallo-römischen Kultur (Krausse 2006). Im übrigen Süddeutschland hatte stattdessen schon in der Zeit von 80 – 50 BC ein Niedergang eingesetzt, eventuell auch ausgelöst durch politische Umwälzungen und Plünderungszüge germanischer Stammesverbände (Abb. 25.8). Hier fanden die römischen Eroberungen um 15 BC keine Strukturen mehr vor, wenngleich das Land sicher nicht ganz verlassen gewesen ist.

25.8 Kriegsbeute oder Ahnenkult aus der Zeit Cäsars? Ein menschlicher Schädel mit Nagel aus einem Brunnen in Kobern-Gondorf, Landkreis Mayen-Koblenz.

26 Klimagunst und die Blütezeit des Römischen Reiches

Angelika Hunold und Frank Sirocko

Die Eifel gehörte politisch seit Cäsars Gallischem Krieg (58 – 50 BC) zum römischen Reich (Abb. 26.1). Dennoch blieb zunächst die materielle Kultur der späten Eisenzeit bestehen. Als Bewohner des Gebietes nennt Cäsar in seinen Schriften vor allem die Treverer.

Um 30 BC wurde auf dem Petrisberg bei Trier römisches Militär stationiert. Im Zuge des Fernstraßenbaues entlang der durch die Eifel führenden Trasse von Lyon nach Köln veranlasste Kaiser Augustus 18/17 BC an strategisch wichtiger Stelle einen Brückenschlag über die Mosel und begründete so die Anfänge der Stadt Trier. Ebenso bedeutsam für einen Ausbau der römischen Infrastruktur waren die Wasserwege. Unter Augustus setzte allmählich auch eine kulturelle Romanisierung ein. Sie ist beispielsweise in keltisch-römischen Heiligtümern wie dem Tempelbezirk des Lenus Mars auf dem Martberg bei Pommern greifbar, die auf eine kontinuierliche Besiedlung seit spätkeltischer Zeit hinweisen (Thoma 2000).

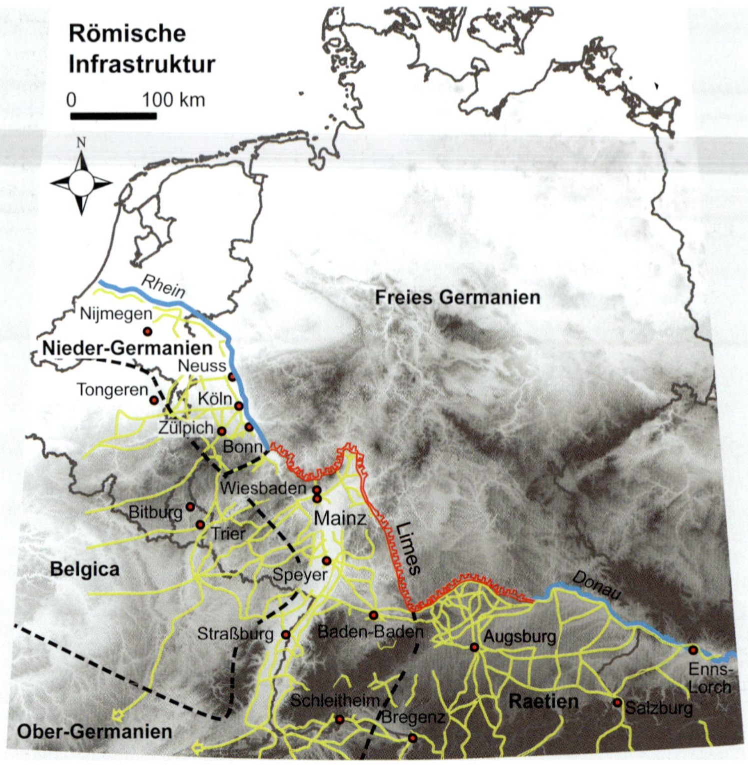

26.1 Römische Provinzen, Verkehrswege und Siedlungen auf dem Gebiet des heutigen Deutschlands im 2. Jahrhundert AD.

Die Eifelregion war Teil dreier Provinzen (Cüppers 1990). Während der östliche Teil bis zum Rhein zu Obergermanien *(Germania superior)* gehörte, war die Westeifel Teil von *Belgica*; im Norden reichte die Provinz Niedergermanien *(Germania inferior)* in die Eifel hinein. Entlang der Straßenverbindungen entstanden stadtartige Siedlungen *(vici)*, häufig durch Ausbau vorrömischer Anlagen. Besonders bekannt sind Bitburg *(Beda)*, Jünkerath *(Icorigium)*, Tawern *(Tabernae)*, Marmagen *(Macomagus)*, Wederath *(Belginum)*, Bad Bertrich, Alflen, Nachtsheim, Mayen, Treis-Karden *(Cardena)*, Kobern-Gondorf und Andernach *(Antunnacum)*. Die Abbildung 26.2 zeigt den *vicus* von Bliesbruck-Reinheim im saarländisch-lothringischen Grenzgebiet.

Die Landwirtschaft wurde von einzeln liegenden Gutshöfen aus betrieben, den sogenannten *villae rusticae*, die die günstigeren Böden in 800 – 1000 m Abstand überzogen (Miks 2007; Abb. 26.3). Deren Bautechnik stammt zwar aus dem Mittelmeerraum, die Siedlungsform entspricht aber mit ihrer Anlage mehrerer, über ein umgrenztes Hofareal verteilter Einzelgebäude durchaus einheimischen Vorbildern. Die Anwesen bestanden aus einem Hauptgebäude mit Neben- beziehungsweise Wirtschaftsgebäuden, waren allerdings nach Größe und Qualität sehr unterschiedlich (Bender 2001, Henrich 2006). Vor allem im Moseltal fanden sich eine Reihe teils palastartiger Großvillen mit gehobener Ausstattung.

Kennzeichnend für die römische Landwirtschaft war eine Überschussproduktion. Sie war Voraussetzung für die Entstehung städtischer Kultur, aber auch Grundlage für die Versorgung des Militärs. Eine wichtige Neuerung war der Gartenbau mit Obst, Gemüse und Gewürzen (Kreuz 2001, Wiethold 2000). Zahlreiche

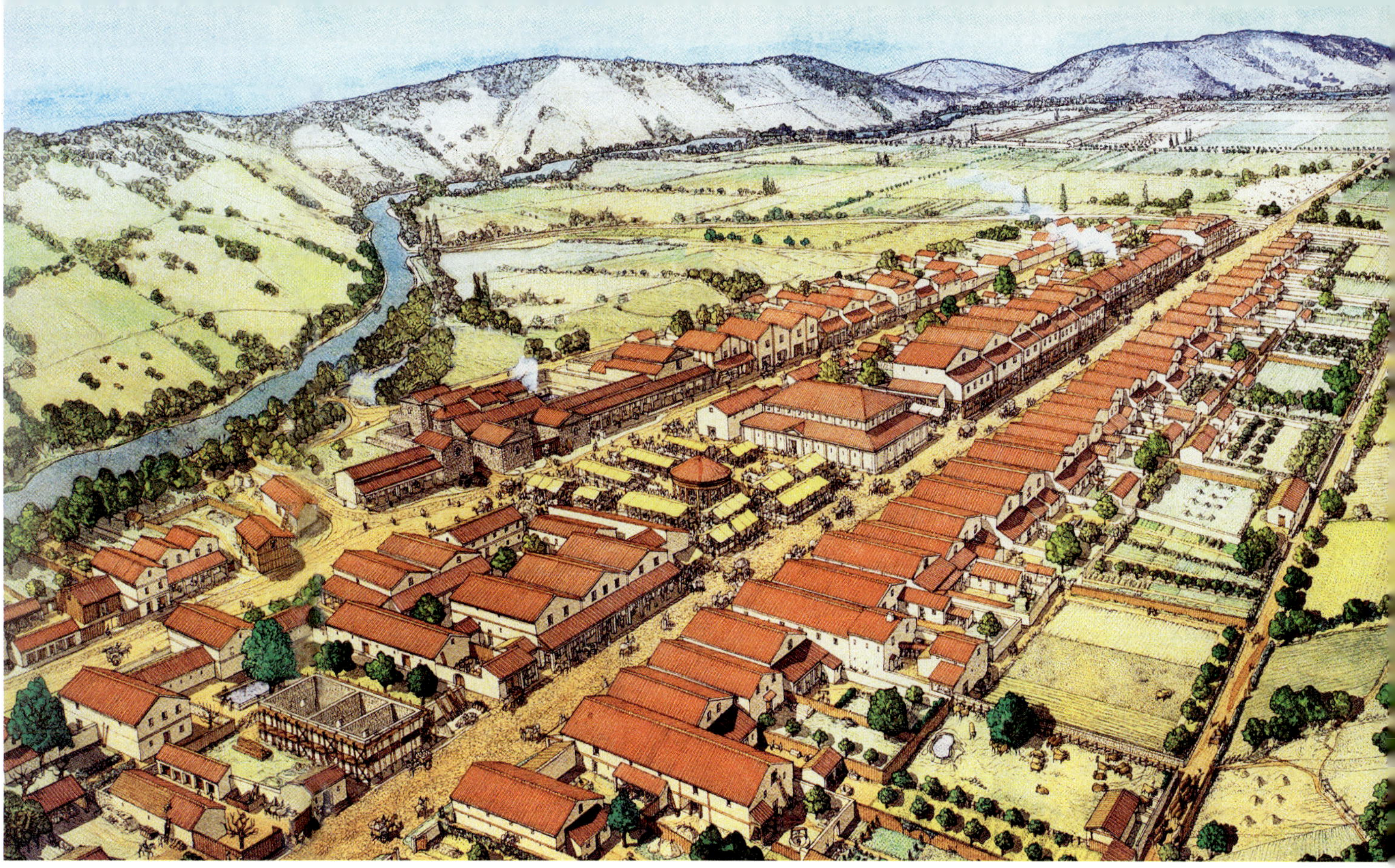

26.2 Nach Ausgrabungsbefunden gezeichnetes Lebensbild der Kleinstadt (*vicus*) von Bliesbruck-Reinheim. Deutlich ist die Bebauung mit den typischen lang-schmalen „Streifenhäusern" zu erkennen (aus GOLVIN 2005).

26.3 Rekonstruiertes Herrenhaus der *villa rustica* von Borg, Kreis Merzig-Wadern (aus THIEL 2008).

Kulturpflanzen traten nun erstmals in Erscheinung, insbesondere Walnuss, Kirsche, Beerenobst, Spargel und wohl auch Gurke sowie zahlreiche weitere Gemüse und Kräuter. In Pollenprofilen der hessischen Wetterau zeigt sich in römischer Zeit ein Übergang von der Waldweide zur effizienteren Wiesenwirtschaft. Gleichzeitig wurden Rinder und Pferde tendenziell größer. Vielfach wurde in den römischen Nordwest-Provinzen der ertragsstarke Dinkel zur vorherrschenden Getreideart (WIETHOLD 2000, KREUZ 2001). Im Moseltal lässt sich vor allem seit dem 3. Jahrhundert AD intensiver Weinbau in Lagen nachweisen, die noch heute zu den bevorzugten Anbauflächen gehören (GILLES 1995).

Im verkehrsgünstig gelegenen Bereich der heutigen Ortschaft Ulmen, wo der Uessbach zur Mosel hinführt, liegen entlang von Wegeverbindungen mehrere Gutshöfe des 2.–4. Jahrhunderts AD mit Gräbern. Mehrere Münzfunde vom Fuß des Burgberges zeigen den Kaiser Antoninus Pius, der von 138 – 161 AD regierte, und weisen damit auf die erste Blütezeit der *villae rusticae* in der Region hin. Auch um Schalkenmehrener Maar und Holzmaar herum bestand vom 1.–5. Jahrhundert AD eine dichte ländliche Besiedlung mit Gutshöfen, Gräbern, mehreren Heiligtümern sowie zwei Straßenverbindungen zur Mosel (HENRICH 2006).

Im Pollendiagramm aus dem Ulmener Maar beginnt die Römerzeit bei etwa 5,50 m (Abb. 26.4). Einziges Merkmal zur Abgrenzung gegen die vorausgegangene keltische Eisenzeit ist in dieser Tiefe ein Maximum der Birken, das unter Umständen den Gallischen Krieg und die Zeit danach markieren könnte.

In der Eifel spielte während der gesamten Römerzeit Holz eine wichtige Rolle als Werkstoff und Energielie-

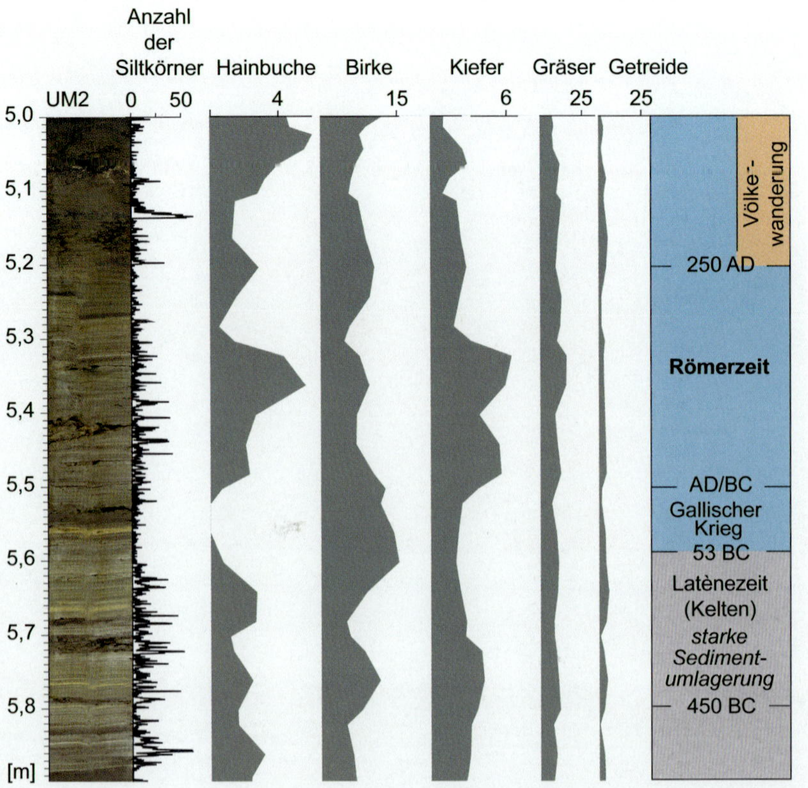

26.4 Foto des Kernes UM2 (5–6 m Tiefe) aus dem Ulmener Maar, mit Korngrößenkurve, geglättetem Pollenprofil und Zeitmarken.

ferant. Vor allem die Erzverhüttung sowie die Kalk-, Glas- und Keramikproduktion, die immense Mengen an Holz oder Holzkohle benötigten, veränderten im Umfeld großer Köhlereien in den Ardennen im Lauf der Römerzeit den Bewuchscharakter sehr deutlich (Herz 2001). Demnach sind vor allem Buchen und Eichen für die Holzkohleproduktion genutzt worden. Dies zeigt sich auch im Pollendiagramm des Kernes UM2 bei 5,37 m in einem Rückgang der Eichen (Abb. 26.4). Wichtigste Änderung der römischen Forstwirtschaft war die Einführung der Niederwaldwirtschaft (Nenninger 2001), die durch Ausbreitung der Hainbuche gekennzeichnet ist. Die Römer hatten schnell erkannt, dass es nach Abholzung aller Buchenbestände lange dauerte, bis schlagreifes Holz nachgewachsen war. Setzt man aber Bäume auf den Stock, bilden einige Baumarten (zum Beispiel Hasel, Pappel und Hainbuche) schnell neue Triebe, die nach einigen Jahren mit „armdicker" Aststärke wieder geschlagen werden können. Das beste Holz für diese Wirtschaftsform liefert die Hainbuche. Diese Baumart profitierte daher am ehesten von der römischen Forstnutzung und breitete sich vor allem nach der Römerzeit schnell wieder in den Wäldern aus (Kap. 27).

Direkte Hinweise auf eine gezielte, Ressourcen schonende Waldwirtschaft gibt es allerdings nicht (Herz 2001). Entsprechend traten nicht nur in der Trierer Talweite seit der zweiten Hälfte des 1. Jahrhunderts AD starke Erosionsvorgänge auf, die offensichtlich durch Entwaldung und intensiven Ackerbau bedingt waren. Anthropogene Eingriffe scheinen hier stärker gewirkt zu haben als Klimaeinflüsse, wenn auch extreme Niederschläge die Erosion beschleunigt haben könnten (Löhr 2000).

Weitere wichtige Produktionszweige mit hohem Energieverbrauch waren die Ziegelbrennerei sowie die Herstellung von Töpferwaren. Neben Betrieben für den lokalen Bedarf (Luik 1999) gab es große, exportorientierte Werkstätten. Bedeutende Töpferzentren waren Trier und Speicher mit einem großen Warenspektrum und weiträumiger Verbreitung: Trierer Keramik erreichte weite Teile der Nordwest-Provinzen, Norddeutschland, Nordfrankreich, die Beneluxländer

26.5 Römische Töpferware aus Mayen.

und Südengland (Luik 2001). Etwa seit 300 AD entwickelte sich auch Mayen zu einem Produktionsstandort für Gebrauchsgeschirr, das bis in die Alpenregion und nach Britannien exportiert wurde (Redknap 1999; Abb. 26.5).

Eisengewinnung und Eisenverhüttung gab es in größerem Umfang vor allem in der Nordeifel, ebenso die Gewinnung von Buntmetall und Blei (Sölter 1974, Luik 1999). Von dort stammt auch zumindest einer der schweren Bleibarren aus der ersten Hälfte des 5. Jahrhunderts AD von St. Aldegund an der Mosel (Rothenhöfer 2007). Darüber hinaus ist von Zolitschka et al. (2003) während der Römerzeit ein erhöhter Bleiniederschlag in den Maarsedimenten beobachtet worden. Kalkbrennereien konzentrierten sich um die mitteldevonischen Kalkmulden der Nordeifel herum (Sölter 1974), von denen die Militärbetriebe von Iversheim am bekanntesten sind.

Neben der Land- und Forstwirtschaft spielte in der an Gesteinen reichen Eifel das Steinbruchwesen eine wichtige Rolle. Für den Fernhandel produzierten die Mühlsteinbrüche des Bellerberg-Vulkankomplexes bei Mayen (Abb. 26.6), deren Absatzgebiet dem der Mayener Keramik entsprach (Mangartz 2008). Weitere Gesteine fanden im Haus- beziehungsweise Straßenbau Verwendung und sind so unmittelbar mit der Einführung der Steinbauweise während der römischen Epoche verknüpft. Dazu gehört der Tuffstein aus den unterirdischen Steinbrüchen im Laacher-See-Gebiet (Schaaff 2000). Weiterhin wurden unter anderem Palagonittuff (Henrich 2006), Sandstein (Luik 2001) und Diabas als Baustoffe sowie devonische Schiefer zur Dachdeckung gewonnen.

26.7 Teilweise wieder aufgebaute Aquäduktbrücke der Eifelwasserleitung bei Mechernich-Vussem, Kreis Euskirchen (aus Schmidt 2000).

26.6 Römischer Mühlsteinbruch im Bellerberg-Vulkankomplex bei Mayen, Kreis Mayen-Koblenz.

Die notwendige Wasserzufuhr sowohl für ländliche Regionen als auch besonders für die Städte sicherten technisch hoch entwickelte Wasserleitungen (Henrich 2006). Das größte derartige Bauwerk war mit beinahe 100 km Gesamtlänge zweifellos die sogenannte Eifelwasserleitung zur Versorgung des römischen Köln (Abb. 26.7), aber auch aus Mainz und Trier sind Aquädukte bekannt. Lange Zeit hat man vermutet, dass die Wasserbaukunst der Römer auch am Ulmener Maar ihre Spuren hinterlassen hat. Dort gibt es einen Stollen (im Volksmund „Maarloch" genannt), der vom Jungferweiher zum Maarsee reicht. Die Alterseinstufungen am Kern UM2 datieren diesen Stollen jetzt allerdings eher an den Beginn des Hochmittelalters (Kap. 29).

Das Klima während der ersten beiden Jahrhunderte AD wird bisher meist als siedlungsgünstig eingeschätzt, wenn auch Datierungsprobleme konkrete

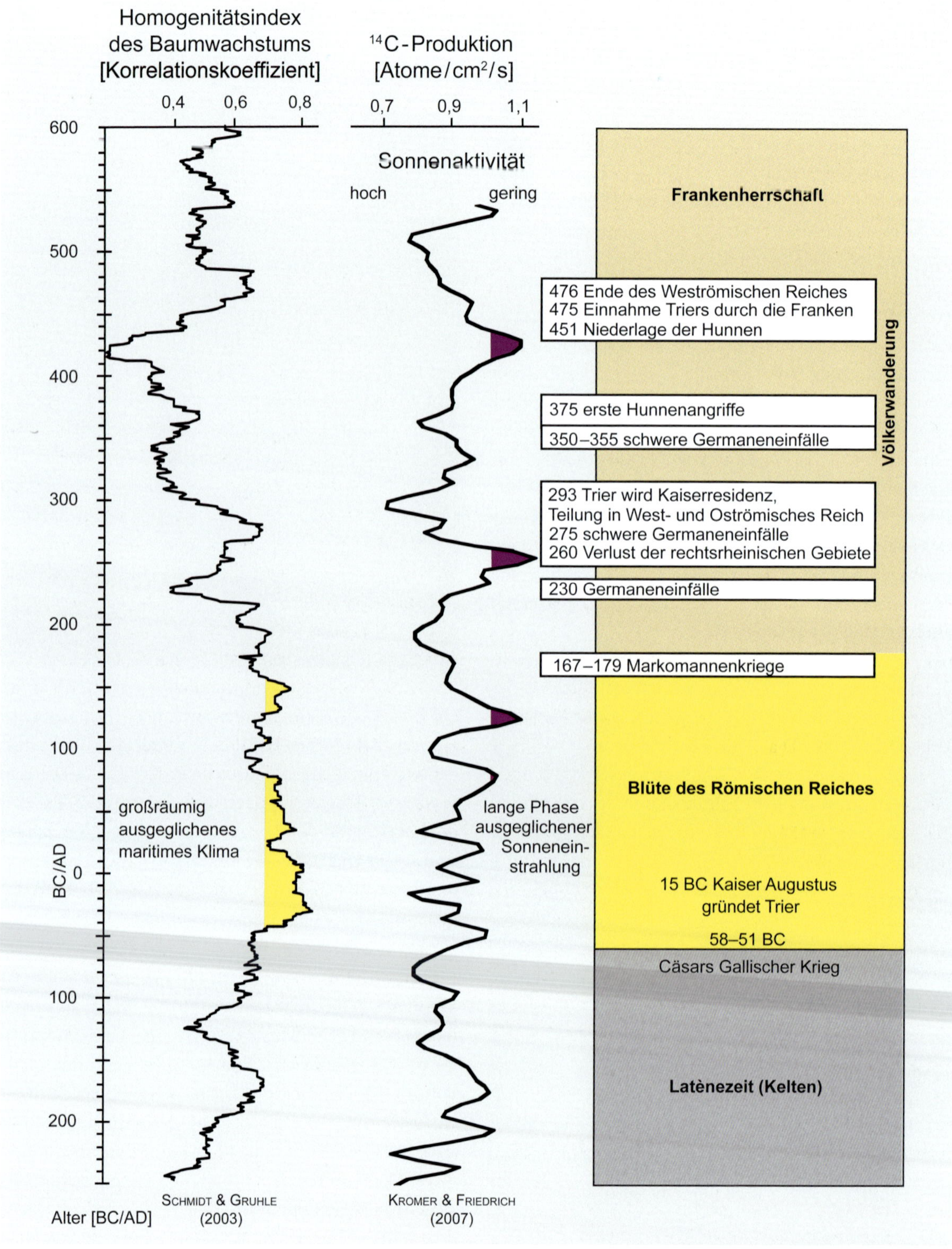

26.8 Wachstumshomogenität von Bäumen in Zentraleuropa (nach Schmidt & Gruhle 2006) in Zusammenschau mit wichtigen Zeitmarken der Römerzeit.

Aussagen erschweren (Patzelt 1994, Löhr 2000). Ein sehr präzise bestimmter Datensatz, der klare Rückschlüsse auf die großräumige Klimasituation ermöglicht, ist von Schmidt & Gruhle (2006) vorgestellt worden (Abb. 26.8). Für diese Zeitreihe der Homogenität des Baumwachstums in Zentraleuropa wurden alle verfügbaren dendrochronologisch datierten Hölzer zusammengestellt und daraufhin analysiert, ob Änderungen in der Jahresringbreite identische Muster zeigen oder ob sich lokale beziehungsweise regionale Wuchsanomalien abbilden. Homogene Wachstumsbedingungen für Bäume können nur durch großräumig

26.9 Teilweise wieder aufgebaute spätrömische Höhenbefestigung auf dem Katzenberg bei Mayen im Kreis Mayen-Koblenz.

gleichmäßige Niederschläge geschaffen werden, ohne eine Unterbrechung des Wachstums durch regionalen Trockenstress. Ein hoher Korrelationskoeffizient zwischen den Baumringdicken weist daher auf ein ausgewogen mildes Klima mit ständiger Verfügbarkeit von Wasser, das heißt auf regelmäßige Niederschläge, hin. Nach Abbildung 26.8 wird die Zeitspanne zwischen etwa 40 BC und 180/190 AD in Zentraleuropa durch ein für die Landwirtschaft günstiges feuchtwarmes Klima ohne starke Wetteranomalien bestimmt. Die wirtschaftliche Blüte der Römerzeit zeigt sich auch im Silbergehalt des römischen Denars, der bis zur Mitte des 1. Jahrhunderts AD aus reinem Silber bestand (Tainter & Crumley 2007). Die Zumischung von Kupfer und anderen Metallen begann in der Regierungszeit des Kaisers Nero (54 – 68 AD) und setzte sich während der an Neros Tod anschließenden Reichskrise mit dem Vierkaiserjahr 68/69 AD fort. Die Entwertung beschleunigte sich deutlich nach der Regierungszeit des starken Kaisers Marc Aurel (gestorben 180 AD), dessen Nachfolger zunächst mit inneren Spannungen im Reich, nach 200 AD immer häufiger auch mit äußeren Feinden an verschiedenen Grenzen zu kämpfen hatten. Hinzu kamen wirtschaftliche Probleme, zu denen aufgrund der klimatischen Verschlechterung (Schmidt & Gruhle 2006) nicht zuletzt auch nachlassende Erntemengen beigetragen haben dürften.

Mit Beginn der Krisenzeit des Römischen Reiches nach Aufgabe der rechtsrheinischen Gebiete um 260 AD, dem sogenannten Limesfall, erreichten Germaneneinfälle auch die Eifel – die verheerendsten sind aus der Mitte und der zweiten Hälfte des 3. Jahrhunderts sowie um 350/353 AD zur Zeit der Wirren um den Gegenkaiser Magnentius überliefert. Die Einfälle der Germanen werden von vielen Autoren mit Klimaänderungen in Verbindung gebracht. In der Homogenitätskurve neigt sich jedenfalls um 240 AD die milde feuchte Gunstphase eindeutig ihrem Ende zu (Abb. 26.8, Kap. 27); auch die Korngrößenzeitreihe zeigt bei 5,10 m (etwa 250 AD) einzelne starke Hochwasser (Abb. 26.4).

Nach den ersten Germaneneinfällen veränderten sich Besiedlungs- und Wirtschaftsstruktur. Das bisher linear entlang der Grenzen stationierte Militär wurde jetzt in die Tiefe gestaffelt und hielt so auch in der Eifel Einzug. Neue Militärstützpunkte, häufig Höhenbefestigungen wie der Katzenberg bei Mayen (Abb. 26.9), sicherten Straßen und Wasserwege (Hunold 2000). Auch am Höchstberg nordöstlich von Ulmen könnte ein Kleinkastell oder Straßenposten existiert haben. In der nördlichen Eifel wurden in dieser Zeit Siedlungsgebiete aufgegeben (Gechter & Kunow 1986). Ein gewisser Rückgang ist auch in der westlichen Vulkaneifel im Umfeld der Maare zu verzeichnen, doch kam es dort im Gegenzug gleichzeitig zum Ausbau bestehender Anwesen. Einige Siedlungen in diesem Gebiet überdauerten jedenfalls bis in das 5. Jahrhundert AD (Henrich 2006).

Das Moselmündungsgebiet hingegen blieb bis zur Mitte des 5. Jahrhunderts (Ende des Weströmischen Reiches im Jahr 476 AD) dicht besiedelt (Grunwald 2007). Trier und sein Umland erlebten mit dem Ausbau zur Kaiserresidenz 293 AD sogar eine ausgesprochene Blüte. Ein umfangreicher Beamtenapparat sowie große Bauvorhaben erforderten ein hohes Maß an Produktivität auf allen Gebieten (Bender 2001). Münzprägung, Edelmetallverarbeitung, Glasproduktion und Steinbearbeitung mithilfe wassergetriebener Sägen nahmen Aufschwung; auch Waffenfabriken der Armee wurden eingerichtet (Luik 2001). Außerhalb bestimmten große Landgüter, teils kaiserliche Domänen, das Bild. Die römischen Verwaltungsstrukturen blieben noch bis in das letzte Drittel des 5. Jahrhunderts AD bestehen (Luik 2001, Grunwald 2007, Rothenhöfer 2007).

27 Völkerwanderung und Umweltkrise – das Ende des römischen Weltreiches

Rainer Schreg und Frank Sirocko

Das 5. Jahrhundert AD* gilt in Mitteleuropa in der Geschichtswissenschaft als ein „dunkles Jahrhundert". Rückblickend markiert es das Ende der römischen Reichsstrukturen, zugleich aber auch den Höhepunkt der spätantiken Völkerwanderung (Abb. 27.1 und 27.2). Hier liegen die Anfänge einer „germanischen" Besiedlung der Eifel, die im Osten nahe am Rhein – der Grenze des Römischen Reiches – wohl intensiver war als im Westen dicht an der römischen Metropole Trier.

* Auf die Angabe AD wird im Folgenden zum Teil verzichtet.

Seit 260 waren wiederholt Kriegerverbände der Franken, Vandalen und Sueben sowie der Alanen, einem Stamm iranischer Herkunft, ins römische Reichsgebiet eingefallen. Im 3. und 4. Jahrhundert konnte man diese Gefahr durch militärische Sicherungsmaßnahmen am Rhein jedoch so weit kontrollieren, dass Trier als sicheres Hinterland galt und unter Konstantin (306 – 337 AD) dort sogar eine Kaiserresidenz entstand.

In der Neujahrsnacht 406/407 überquerten Vandalen, Quaden und Alanen bei Mainz den Rhein (Abb. 27.3). Die mit Rom verbündeten Franken hatten sie nicht aufhalten können, obgleich angeblich der vandalische Heerführer Godegisel mit 20.000 seiner Krieger in einer Schlacht am Mittelrhein gefallen war. Mainz, Speyer und Worms sowie der gesamte römische Grenzabschnitt zwischen Bingen und Seltz im Nordelsass fielen den Angreifern zum Opfer. Tatsächlich bedeutete der Einfall in den Jahren 406/407 nicht nur eine militärische Niederlage gegen äußere Feinde, sondern war auch Spiegel innerrömischer Machtkämpfe, bei denen allerdings germanischen Heerführern eine wichtige Rolle zukam. 451 AD brachen die Hunnen unter ihrem Anführer Attila in Gallien ein. Mainz, Trier und Metz wurden dabei zerstört. Noch im gleichen Jahr erlitten die Hunnen in der Champagne in der Schlacht auf den Katalaunischen Feldern eine Niederlage. Politisch wurde die römische Macht durch diese Schlacht enorm geschwächt, denn auf beiden Seiten agierten vor allem germanische Kriegerverbände. In der Folge etablierte sich die Macht der Rheinfranken, die sich 455 in der Schlacht gegen den römischen Heermeister Aegidius durchsetzten. Im selben Jahr wurde Trier geplündert, das aber bis in die späten 70er-Jahre des 5. Jahrhunderts eine autonome römische Herrschaft besaß, ehe es dann in den fränkischen Herrschaftsbereich kam. Rom blieb aber immer Vorbild der Verwaltung und eine

27.1 Karte der Völkerwanderungszeit (375 – 450 AD).

Quelle der Herrschaftslegitimation (Cüppers 1990, Geuenich 1998, Wolfram 1998).

Viele der „Völkerwanderungen" waren keineswegs lange Trecks nach Süden wandernder Stämme und Familien, sondern viel eher Truppenbewegungen. In der Spätantike basierte das römische Militär zunehmend auf Foederaten – fremdstämmige Milizionäre, die mit Rom vertraglich verbunden und mitsamt ihren Familien auf römischem Gebiet angesiedelt wurden (Abb. 27.3). Verträge mit germanischen Stämmen östlich des Rheins wie den Franken oder – weniger erfolgreich – mit den vor allem im ehemals römischen rechtsrheinischen Limesgebiet sitzenden Alemannen dienten einerseits dazu, diese von neuen Einfällen ins Reichsgebiet abzuhalten, sicherten andererseits dem Reich aber auch Truppen. Dies führte Angehörige ganz unterschiedlicher Stämme aus Mittel- und Osteuropa in neue Gegenden, in denen sie sich auch ansiedelten und eigene Herrschaftsstrukturen entwickelten. Dabei hielt man oft über längere Zeit Kontakte zu Verwandten und Stammesgenossen in weit entfernten Gegenden. Vor allem Franken übernahmen im 4. Jahrhundert zentrale militärische Führungspositionen des Reiches. Der Franke Bauto wurde sogar römischer Konsul, Schwiegervater des Kaisers Arcadius und Großvater des Kaisers Theodosius II. (401 – 450 AD). Waffen führende Gräber in den linksrheinischen Regionen repräsentieren mit ihren Ausstattungen eine nichtrömische Bestattungssitte, die man mit den genannten germanischen Foederaten verbinden kann.

Die unsicheren und wechselnden Machtverhältnisse hatten massive Auswirkungen auf die Wirtschaft des Römischen Reiches. Plünderungen und Heeresdurchzüge führten zu Zerstörungen und Ernteverlusten; die Schließung der Münzstätten in Trier, Lyon und Arles in der ersten Hälfte des 5. Jahrhunderts entzog darüber hinaus der römischen Münzwirtschaft ihre Basis.

Eine drastische Schilderung (s. S. 152) der Verhältnisse zu dieser Zeit, insbesondere in Trier, liefert der Kirchenvater Salvianus von Marseille, der vermutlich aus der Eifelregion stammte. Er erklärt die Drangsale der Völkerwanderung, die dem Römischen Reich ein Ende bereiteten, aus der Vorsehung Gottes und als Strafgericht für den Zerfall der Moral, den er insbesondere in der Begeisterung der Römer für die blutigen Circusspiele erkennen möchte.

Die Frage der Siedlungskontinuität in diesen unruhigen Zeiten ist seit Langem Gegenstand intensiver Forschung. Im Mittelpunkt des Interesses stand dabei das Weiterleben römischer Traditionen, wie es sich vor allem an sprachlichen Relikten in den Ortsnamen (Kap. 28) oder an weiterlebenden kirchlichen Strukturen widerspiegelt.

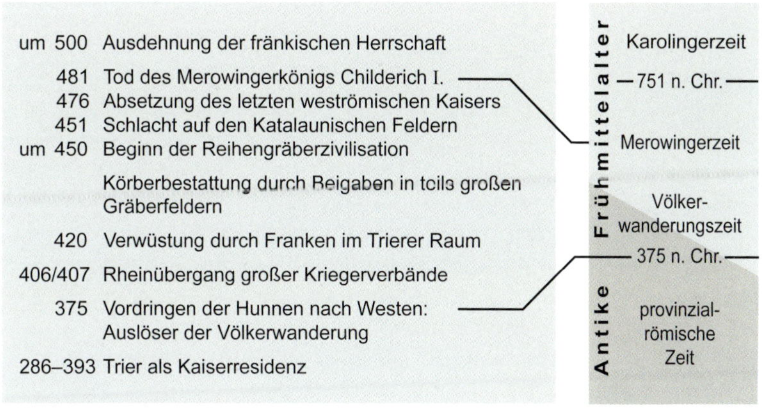

27.2 Zeittafel der Völkerwanderungszeit mit ausgewählten Zeitmarken.

Archäologisch ist es schwierig, Funde des 5. Jahrhunderts sicher zu benennen. Dabei ist zu bedenken, dass der veränderte Charakter der archäologischen Überlieferung eine wichtige Rolle spielen kann. Waren die Siedlungen der römischen Zeit durch Steinarchitektur gekennzeichnet, so wurde in der Krisenzeit des 5. Jahrhunderts kaum noch in aufwendige Neubauten investiert. Ohnehin ist damit zu rechnen, dass germanische Siedler ihre traditionelle Holzarchitektur bevorzugten, die weit schlechter nachzuweisen ist. Belege dafür sind in der Region von Metz bekannt, wo Pfostenbauten in den Ruinen römischer Steinbauten errichtet wurden (Blaising 2002).

27.3 Übergang der Vandalen, Alanen und Sueben in der Silvesternacht 406/407 AD über den zugefrorenen Rhein bei Mainz. Illustration: Pierre Joubert; aus „Au temps de royaumes barbares, de Grandes Invasions à Charlemagne" (Collection Le Vie privée des hommes) @ Hachette, 1984.

„Ich habe das Schicksal der berühmtesten Stadt (Galliens – Trier) schon erwähnt. Was aber ist mit den anderen Städten in den verschiedenen Teilen Galliens? Sind sie nicht grad so wie ihre Einwohner über ihre Laster gefallen? Ihre Verbrechen bedrängen sie so sehr, dass sie keine Gefahr fürchten: Sie sahen ihre Gefangenschaft kommen, aber es kümmerte sie nicht. Freilich hat Gott den Sündern die Furcht genommen, damit sie nicht Vorsicht walten lassen würden. Obwohl die Barbaren fast in Sichtweite wohnten, empfanden die Leute keine Furcht und ließen ihre Städte unbewacht. Die Blindheit ihrer Herzen oder vielmehr ihrer Sinne war so groß, dass keiner etwas gegen die Todesgefahr unternahm – auch wenn keiner wirklich sterben wollte.
Sorglosigkeit und Faulheit, Nachlässigkeit und Völlerei, Rausch und Träumerei beherrschte die Leute, über die geschrieben steht: ‚Denn es war ein tiefer Schlaf vom Herrn auf sie gefallen' (1. Sam. 26,1) – ein Schlaf freilich, damit der Untergang folge!
…
Dreimal hintereinander wurde (Trier) die Hauptstadt Galliens zerstört – aber trotzdem nahmen die Leiden nach den Zerstörungen noch zu. Denn diejenigen, die vom Feind nicht niedergemetzelt wurden, die wurden vom folgenden Chaos verschlungen. Die, welche die Eroberung überlebt hatten, kamen danach in der Not um. Einige starben nach langen Qualen an ihren schweren Wunden, andere, versengt durch das Feuer des Feindes, wurden auch nachdem das Feuer verlöscht war noch gepeinigt. Einige kamen um, weil sie Hunger litten, andere, weil sie nichts mehr auf der Haut trugen, einige siechten dahin, andere sind erfroren – so kamen alle auf verschiedene Weise um!
Durch die Zerstörung dieser einen Stadt wurden auch andere getroffen: Ich selbst musste den Anblick nackter und zerfleischter Leiber von Männern und Frauen ertragen, von Vögeln und Hunden zerrissen – eine Schande für den Anblick der Stadt. Der Hauch des Todes brachte Verderben den Lebenden: Der Tod hauchte neuen Tod aus!" (Salvianus von Marseille um 450)

Eine Kelteranlage bei Erden (Gilles 1994), die mit einer Ausdehnung von 38 × 16 m zu den größeren Anlagen nördlich der Alpen zählt, bietet interessante Einblicke in das Schicksal ländlicher Siedlungen im 3. – 5. Jahrhundert. Zu Beginn des 5. Jahrhunderts wurde der Kernbau grundlegend umgebaut, was eine deutliche Reduzierung der Produktion andeutet. In der Mitte des 5. Jahrhunderts wurde die Anlage dann zerstört und aufgegeben. Interessanterweise zeigen jedoch einige Einzelfunde jüngere mittelalterliche Siedlungsaktivitäten in der näheren Umgebung, sodass nicht ausgeschlossen werden kann, dass der Siedlungsplatz als solcher doch kontinuierlich weitergenutzt wurde.

Zahlreiche römische Bestattungsplätze brechen im 5. Jahrhundert nicht ab, sondern reichen von der spätrömischen Zeit bis ins frühe Mittelalter, so beispielsweise der Bestattungsplatz von Trier-Ehrang oder das Gräberfeld von Andernach. Nicht selten liegen die Bestattungsplätze des späten 5. Jahrhunderts und der folgenden Merowingerzeit benachbart zu römischen Ruinen.

Deutlicher zeichnet sich eine Kontinuität beispielsweise bei den Töpfereien in Trier und vor allem in Mayen ab (Redknap 1999). In Mayen zeigt sich im Formenbestand der Gefäßproduktion eine Tradition über das 5. Jahrhundert hinweg. Veränderungen in der Scherbenbeschaffenheit erklären sich aus einem Wechsel der genutzten Tonvorkommen. Zwischen der Mitte des 5. Jahrhunderts und dem frühen 6. Jahrhundert wurden die Töpfereistandorte verlegt. Ob hier die Unruhen der Völkerwanderungszeit oder schlicht eine Erschöpfung der Tonvorkommen maßgebend waren, bleibt unklar.

Diese Hinweise auf Kontinuität betreffen jedoch vor allem den Trierer Raum, das Moseltal und den Mittelrhein, während Eifel und Hunsrück kaum Fundstellen dieser Zeit aufweisen. In dieser Situation bieten die Bohrungen in den Eifelmaaren eine wertvolle Ergänzung der archäologischen Daten.

Die Abbildung 27.4 zeigt das Foto des Kernmeters 4 – 5 m aus dem Ulmener Maar sowie die Ergebnisse der Korngrößen- und Pollenanalysen. Dominierendes Merkmal dieses Kernabschnittes ist ein Doppelgipfel der Birkenpollenkonzentrationen bei 4,6 m, unmittelbar nach zwei deutlichen Hochwasserlagen (weiße Schichten bei 4,67 und 4,76 m). Das untere Birkenmaximum liegt einige Zentimeter (entsprechend einige Jahre) über dem starken Hochwasser. ^{14}C-Datierungen zeigen, dass das Birkenmaximum auf etwa 450 – 470 AD fällt. Ein vergleichbares Birkenmaximum ist in Pollenprofilen aus anderen Maaren schon mehrfach beobachtet worden (Abb. 3.5 und Tab. 3.1). Birken sind ein typischer Anzeiger für die Frühphase einer Waldsukzession, die sich auf aufgelassenen Nutzflächen entwickelt. In dieses Bild passt der phasenweise Rückgang der Gräser (Weidewirtschaft) und Getreidepollen (Abb. 27.4). Unmittelbar danach breitete sich bei Ulmen und um alle anderen Maare der Eifel ein Buchenwald aus. In der natürlichen Waldentwicklung auf Freiflächen überschattete die Buche nach einigen Jahrzehnten die Pioniergehölze (Birke) und es entwickelten sich lichte Buchenwälder. In diesen Buchenwäldern war auch die Hainbuche in großer Zahl vertreten. Sie wurde im Niederwald der römischen Zeit intensiv bewirtschaftet (Kap. 26). Das Hainbuchenmaximum ist ein typisches Merkmal aller Pollenprofile aus dieser Zeit. Während des Buchenmaximums (Abb. 27.4; 4,6 – 4,2 m) sind Getreidepollen jedoch durchgängig präsent, während Gräserpollen auf einem geringen Niveau bleiben. Offenbar wurden die Weideflächen der Römerzeit vom Wald überwachsen; die wenigen guten Böden, die Getreideanbau erlaubten, blieben aber nur für kurze Zeit unbeackert. Das Birkenmaximum und die Auflassung der Felder fallen damit in die Zeit, als die Eifel mit der Zerstörung Triers um 450 unmittelbar von den Auswirkungen der Völkerwanderungen betroffen war.

Ist so vordergründig die Landschafts- und Nutzungsgeschichte der Region zu erfassen, erlauben die Maaruntersuchungen auch die Reflexion einer Frage, die die Forschung seit Langem beschäftigt: Inwiefern sind die Unruhen der Völkerwanderungszeit Folgen einer Umweltkrise? Mehrere Szenarien und beteiligte Komponenten werden dabei diskutiert. So wird vermutet, dass eine Abkühlung des Klimas dazu beigetragen hat, dass Menschen ihre angestammte Heimat verlassen haben (Hsü 2000).

Die Maarsedimente zeigen nun, dass unmittelbar vor dem Birkenmaximum und der Unruhezeit des 5. Jahrhunderts zwei extreme Hochwasser die Landschaft um Ulmen verwüstet haben müssen. Wenn diese Hochwasser nicht nur regionale Starkregenfälle darstellen, sondern kalte Sommer mit viel Regen in ganz Mitteleuropa repräsentieren, gewinnen die Rollen des Klimas und der Wetteranomalien kräftig an Bedeutung. Im Kapitel zum 14. Jahrhundert (Kap. 30) wird die Bedeutung des Sommerwetters als wesentlicher Krisenfaktor besonders deutlich, da für diese Zeit die Abfolge der Wetterereignisse und nachfolgender Hungerkatastrophen historisch dokumentiert ist. Ein Ernteausfall infolge eines kalten, regenreichen Sommers stellt für die Subsistenzwirtschaft der Landbevölkerung ein ernstes Problem dar – zumal in politisch unruhigen Zeiten. Zur Katastrophe kommt es, wenn zwei oder gar drei schlechte Sommer mit Ernteausfall aufeinanderfolgen. Dann sind Hunger, Flucht, Krieg und gesellschaftliche Instabilität fast zwangsläufig die Folge. Die Frage für die Klimaforschung ergibt sich in Bezug auf die Aufdeckung der Ursachen nasskalter Winter. Im Kapitel 30 werden vor allem Maxima der ^{14}C-Produktion für feuchte Klimaanomalien verantwortlich gemacht; auch die Germaneneinfälle (Kap. 26) und die Verwüstung Triers (Rückzug der Römer) fallen exakt in derartige solare Aktivitätsminima (Abb. 28.7).

Neben einer klimadeterministischen Erklärung ist allerdings auch zu fragen, welche Rolle die intensive Landnutzung römischer Zeit und deren negative Auswirkungen auf die Böden spielten (Kuhnen 2005). Tatsächlich gibt es etwa an den Schwemmfächern des Moseltales Indizien für starke Erosion in römischer Zeit, die während der Völkerwanderungszeit von einer Stabilitätsphase abgelöst wird (Kausch 2006). Die deutlichen Hochwasserlagen im Ulmener Kern müssen nicht allein auf das Wetter zurückgehen, sondern könnten auch Folge eines Wasseraufstaus oder einer übermäßigen Zerstörung der Vegetationsdecke sein. In einer erosionsgefährdeten Landschaft wirken schon mittlere Starkregenereignisse unter Umständen katastrophal auf die Bodenerosion und können die Aufgabe von Wirtschaftsflächen und Siedlungen nach sich ziehen. In den nächsten Jahren werden die Hochwasserlagen intensiv auf ihre genaue Zusammensetzung an Resten von Feldfrüchten, Nutzpflanzenpollen und Organismenreste untersucht werden, um die heute noch offene Frage nach „Klimakatastrophe oder Umweltkrise" letztendlich dann doch beantworten zu können.

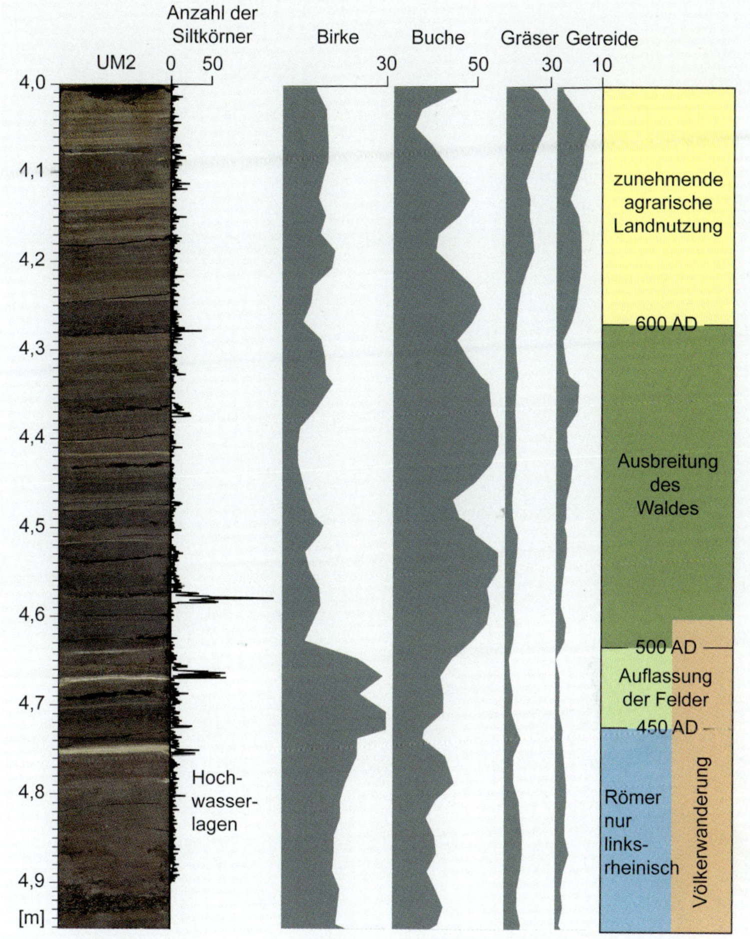

27.4 Foto des Kernes UM2 (4–5 m Tiefe) aus dem Ulmener Maar, mit Korngrößenkurve, geglättetem Pollenprofil und Zeitmarken.

28 Siedlungsverdichtung und Stollenbau – der Mensch gestaltet die Landschaft nach seinen Vorstellungen

Rainer Schreg

28.1 Innenansicht der Aachener Pfalzkapelle (aus Binding 1996; gebaut am Ende des 8. Jahrhunderts).

Das frühe und hohe Mittelalter ist charakterisiert durch einen enormen Ausbau der Siedlungslandschaft. Noch um 900 war die Eifel eine nur dünn besiedelte Landschaft. Die politischen und wirtschaftlichen Zentren lagen im Süden, im Norden und im Osten. In Trier, Köln und Mainz saßen mit den Bischöfen die kirchlichen Mächte, während Aachen (Abb. 28.1) und Ingelheim für die Karolinger wichtige Pfalzen waren. Es war die Zeit der beginnenden Staatswerdung und Identitätsbildung. Der immer wieder erneuerte und bestrittene Anspruch auf die Rechtsnachfolge der römischen Kaiser ebenso wie die äußere Bedrohung durch Wikinger beziehungsweise Normannen, Sarazenen und Ungarn (Abb. 28.2) waren wichtige Faktoren dieses Prozesses, der jedoch erst im Spätmittelalter und der frühen Neuzeit zur Bildung einer „Nation" führen sollte. Im Frühmittelalter dominierten Verwandtschaftsbeziehungen oder unmittelbare Abhängigkeitsverhältnisse das Sozialgefüge; Herrschaft basierte auf persönlichen Beziehungen, dem Prestige und dem Sozialstatus des Einzelnen.

In der Eifel ragt das Kloster Prüm als Zentrum einer ausgedehnten Grundherrschaft hervor. Die erste Gründung von 721 durch eine den Karolingern verwandte, im Maas-Mosel-Raum begüterte Familie ging allerdings schon bald zugrunde, sodass 751/752 König Pippin III. das Kloster erneuerte und rechtlich, materiell und religiös auf neue Grundlagen stellen musste. Prüm entwickelte sich zum sozialen, kulturellen und religiösen Zentrum der Karolinger, in dem 855 Kaiser Lothar I. beigesetzt wurde. Diese Stellung des Klosters führte zu einer reichen Güterausstattung, die sich im Prümer Urbar – einem Güterverzeichnis der Abtei – von 893 widerspiegelt. Dieses verzeichnet 1700 Güter in mehr als 400 Orten zwischen Ijssel, Oberrhein, Maas und Lahn und hält die Fron- und Transportdienste sowie die Abgaben fest, die die ansässigen Hörigen und Bauern dem Kloster zu liefern hatten. Für viele Orte in der Eifel bedeutet die Nennung in diesem Verzeichnis

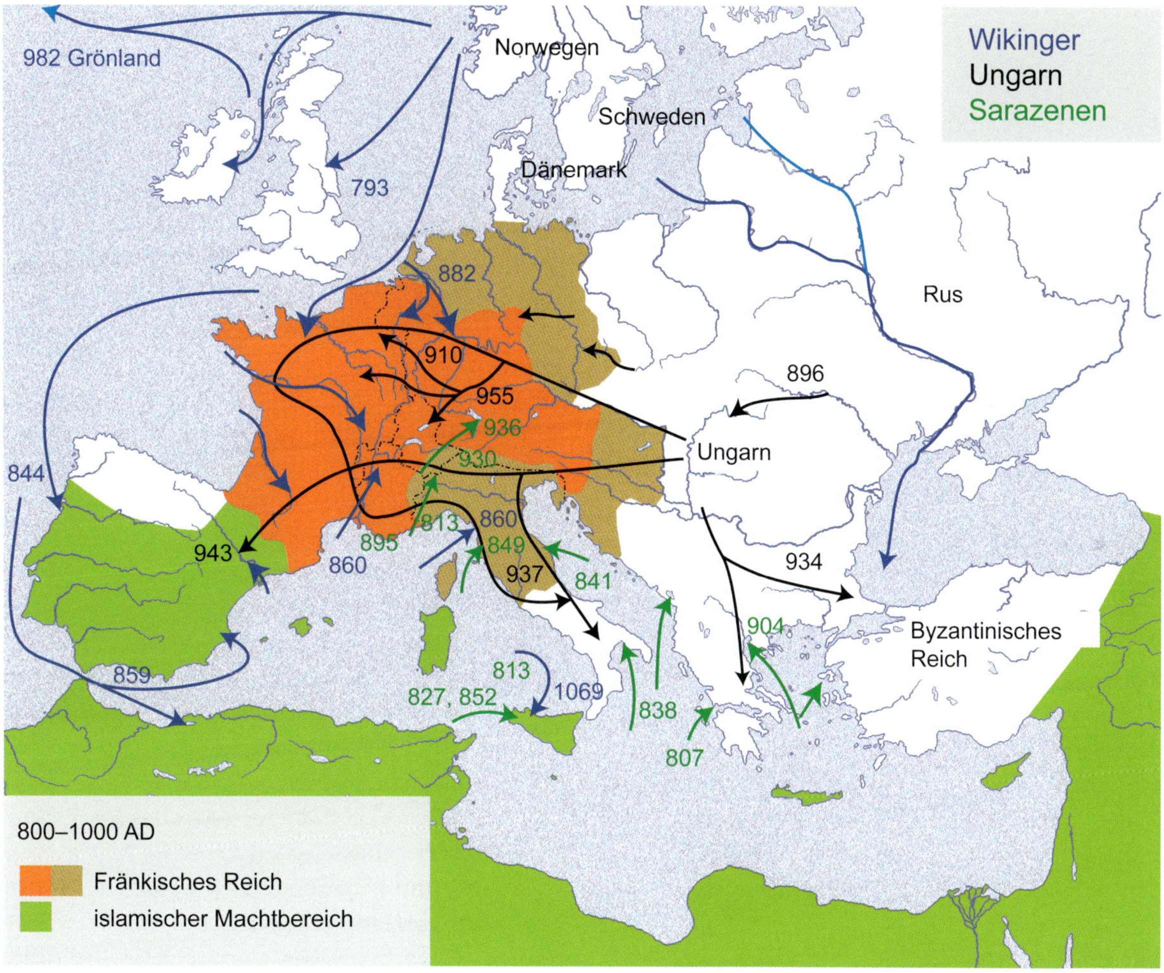

28.2 Die Bedrohung durch Wikinger, Ungarn und Sarazenen.

die erste schriftliche Überlieferung. Orte, die weltlichen Herrschaften unterstanden, rückten hingegen erst später ins Licht schriftlicher Quellen: Gillenfeld wird erst 1016, Ulmen 1074 und Schalkenmehren erst 1287 erstmals erwähnt. In der Regel sind die Siedlungen aber älter, da die schriftliche Überlieferung eher zufällig einsetzte: Das Prümer Urbar beispielsweise wurde erst nachträglich angelegt, nachdem 893 das Kloster bereits zum zweiten Mal von den Normannen zerstört worden war und in den Wirren danach die klösterlichen Ansprüche verteidigt werden mussten.

Das Prümer Urbar spiegelt die regionale Wirtschaft wieder. Vorherrschende Abgabenprodukte sind Wolle, Holz und Vieh. Getreide gehört ebenso zu den üblichen Abgaben, auch bei den meisten Besitzungen in der Eifel mit Ausnahme der im direkten Umfeld des Klosters Prüm gelegenen Orte. Die Verteilung des Prümer Besitzes des 9. Jahrhunderts zeigt, dass er sich in der Eifel lediglich in einem Streifen über Bitburg nach Trier konzentrierte, während die Hochlagen der Eifel sowie der Hunsrück kaum dazugehörten. Dieser Befund wirft die Frage nach der Besiedlung der Vulkaneifel im frühen Mittelalter auf. Angesichts der skizzierten Überlieferungssituation ist es schwierig zu entscheiden, ob das Kloster in den Orten dort einfach keinen Besitz hatte oder ob dies den Stand der Aufsiedlung widerspiegelt.

Eine wichtige siedlungsgeschichtliche Quelle sind stets die Ortsnamen. Es sind vor allem die Namensendungen, die einen Ansatzpunkt für ihre zeitliche Einordnung bieten. Zahlreiche Ortsnamen, die auf -ich, -ig, -ch oder -sch enden, gehen auf das römerzeitliche *-acum* oder *-iacum* zurück. So ist beispielsweise der Ortsname Köwerich an der Mosel auf das in Echternacher Quellen im 8. Jahrhundert genannte lateinische *Cabriacum* zurückzuführen. Diese Ortsnamen konzentrieren sich weitgehend im Umfeld der römischen Zentren Trier und Zülpich sowie Köln im Norden: Die Höhen der Eifel, die durchaus römische Fundstellen aufweisen, bleiben hingegen ausgespart und deuten darauf hin, dass es hier zu einem mittelalterlichen Neubeginn kam. Erst die jüngeren Namen auf -heim oder -dorf finden sich in einem etwas größeren Gebiet. Ihre Entstehung wird in die frühe Me-

28.3 Rekonstruktion eines Grubenhauses in Vingsted (Dänemark). Solche in den Boden eingetiefte Nebengebäude sind typisch für Siedlungen des frühen und hohen Mittelalters.

rowingerzeit des späten 5. und des 6. Jahrhunderts datiert. Sie finden sich auch in den Randlagen der Eifel. Charakteristisch für die Hochlagen sind schließlich Ortsnamen auf -rath, -rod oder -scheid, die auf einen Zusammenhang mit mittelalterlichem Landesausbau und Rodung verweisen (Nieveler 2003).

Eine weitere wichtige Quelle zur Besiedlungsgeschichte des frühen Mittelalters sind archäologische Funde. Die Relikte der Siedlungen selbst haben in der Forschung lange Zeit nur geringes Interesse gefunden, da ihre Hinterlassenschaften wenig spektakulär sind.

28.4 Webstuhl in einem Grubenhaus.

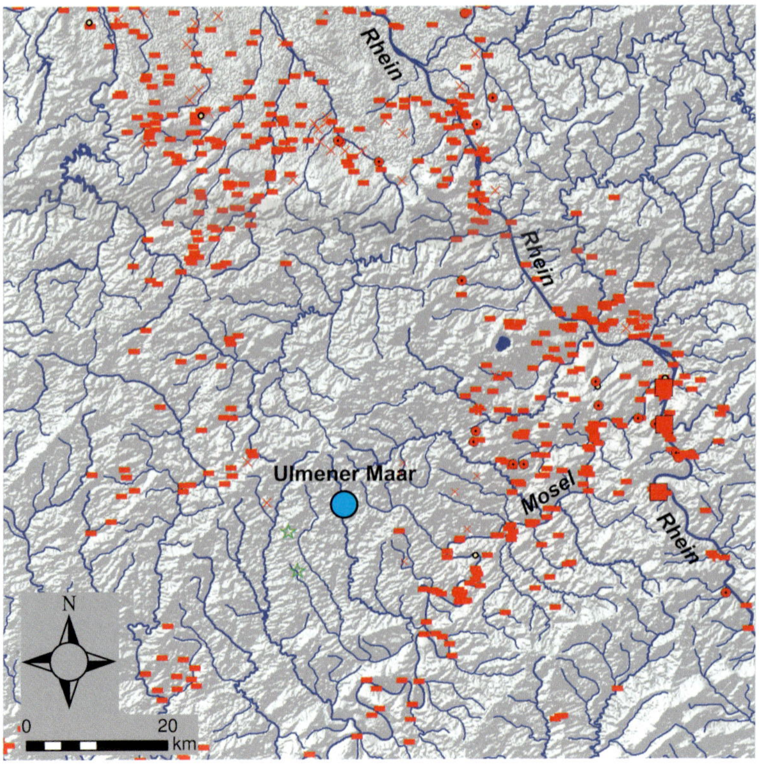

28.5 Karte der merowingerzeitlichen Bestattungsplätze.

Da man wertvolle Metallgegenstände einem Recycling zugeführt hat, sind Keramikscherben oft die einzigen Funde. Die Gebäude bestanden aus einfachen Holzkonstruktionen, die Dächer waren mit vergänglichen Materialien – Stroh oder Schindeln – gedeckt. Im frühen Mittelalter haben wir es vor allem mit Einzelgehöften oder kleinen Weilern zu tun, die zudem des Öfteren verlegt wurden. Als Reste der Bebauung finden sich meist nur Bodenverfärbungen, die durch das Verrotten von Holzpfosten oder das Verfüllen von Gruben zustande gekommen sind. Entsprechende Untersuchungen fehlen in Rheinland-Pfalz mit nur wenigen Ausnahmen. Eine davon ist die Grabung einer Siedlung bei Mayen-Hausen (von Berg 1995). Bei der Anlage einer Sandgrube wurden neben den Resten eines einfachen Pfostenbaues vor allem mehrere Grubenhäuser dokumentiert. Solche Grubenhäuser (Abb. 28.3) waren ein typischer Bestandteil damaliger Gehöfte. Annähernd rechteckig, etwa 2 × 3 m groß und bis zu 1 m in den Boden eingetieft, beherbergten sie vor allem kleine Werkstätten der Textilproduktion (Abb. 28.4).

Daher sind Grabfunde von größter Bedeutung, zumal Bestattungen der Merowingerzeit mit ihren Beigaben oft sehr auffällig sind (Abb. 28.5). Oftmals umfassen die Gräberfelder mehrere Hundert Bestattungen und erlauben weitgehende Rückschlüsse auf die Bevölkerung. So lassen sich einerseits demographische

Angaben gewinnen, andererseits auch Hinweise auf soziale Differenzierungen oder wirtschaftliche Kontakte. Das ist allerdings nur möglich, wenn es gelingt, solche Gräberfelder vollständig wissenschaftlich auszugraben und unter Einbeziehung der Anthropologie, die die Skelettreste als Quelle zur Rekonstruktion der Bevölkerungszusammensetzung nutzt, auszuwerten. In der Eifel und den angrenzenden Regionen an Mosel und Mittelrhein ist dies bisher nur bedingt gelungen (Back 1989, Böhner 1958). Aus Rübenach bei Koblenz, aus Saffig, aus Miesenheim, vom Kreuzerhof bei Mertloch oder aus Kobern-Gondorf beispielsweise liegen umfangreiche Beobachtungen vor, die im Gefolge von Baumaßnahmen oder Bimsabbau stattfanden. Sie zeigen zumindest die Struktur dieser Bestattungsplätze: Die Gräber wurden Ost-West-orientiert in Reihen angelegt, meist als einfache Erdgräber, bisweilen aber auch mit ausgemauerten Grabgruben. Männer wurden häufig mit ihren Waffen als Krieger beigesetzt, was einiges über das Selbstverständnis und Wertesystem der Menschen verrät. Auffallenderweise ist diese Sitte im Moselland weniger deutlich ausgeprägt als am Mittel- und Oberrhein oder in den rechtsrheinischen Gebieten. Dies mag der Einfluss des Christentums sein, das im Rheinland schon in der Spätantike Fuß gefasst hatte und nun auch von den in der Völkerwanderungszeit eingewanderten Germanen übernommen wurde. Grabsteine finden sich in der Regel nur in den ehemaligen römischen Städten, wie etwa Trier, wo diese Tradition während des frühen Mittelalters fortgeführt wurde. Auffällig ist daher die große Zahl von Grabmalen, die auf dem Gräberfeld von Saffig gefunden wurden und die als Indiz einer Durchmischung romanischer und fränkischer Bevölkerung gewertet werden (Melzer 1993).

Nur etwa 150 m vom Ulmener Maar entfernt lässt sich im Bereich der Fluren „Hinter der Burg“ beziehungsweise „Großer Garten“ ein solches Gräberfeld der Merowingerzeit lokalisieren. Mehrfach – vor 1900, um 1921 und 1958 – wurden hier bei Bauarbeiten Gräber mit Beigaben entdeckt. Leider wurde damals keine Dokumentation angefertigt und die Funde haben sich nicht erhalten – teils wurden sie verkauft, teils erst gar nicht aufgehoben (Back 1989). Damit sind heute keine näheren Aussagen über Datierung und Bevölkerungsstruktur dieses interessanten Bestattungsplatzes möglich.

Im Ulmener Maar spiegelt sich diese merowingerzeitliche Besiedlung in der Getreidekurve wieder. Die Ortschaft Ulmen war offensichtlich kontinuierlich besiedelt, allerdings sind einige Einbrüche nachweisbar, die gut in die Zeit der Wikingerplünderungen 879 – 892 gehören könnten. Auch diese Krisenphase fällt wiederum exakt mit einer Zeit sehr schwacher Sonnenaktivität zusammen (Abb. 28.6). Der starke Anstieg der Getreidepollen bei 3,30 m zeigt die Erschließung neuer Flächen im Bereich des Jungferweihers, vermutlich in der Zeit um 900 nach den Wikingerplünderungen (28.7).

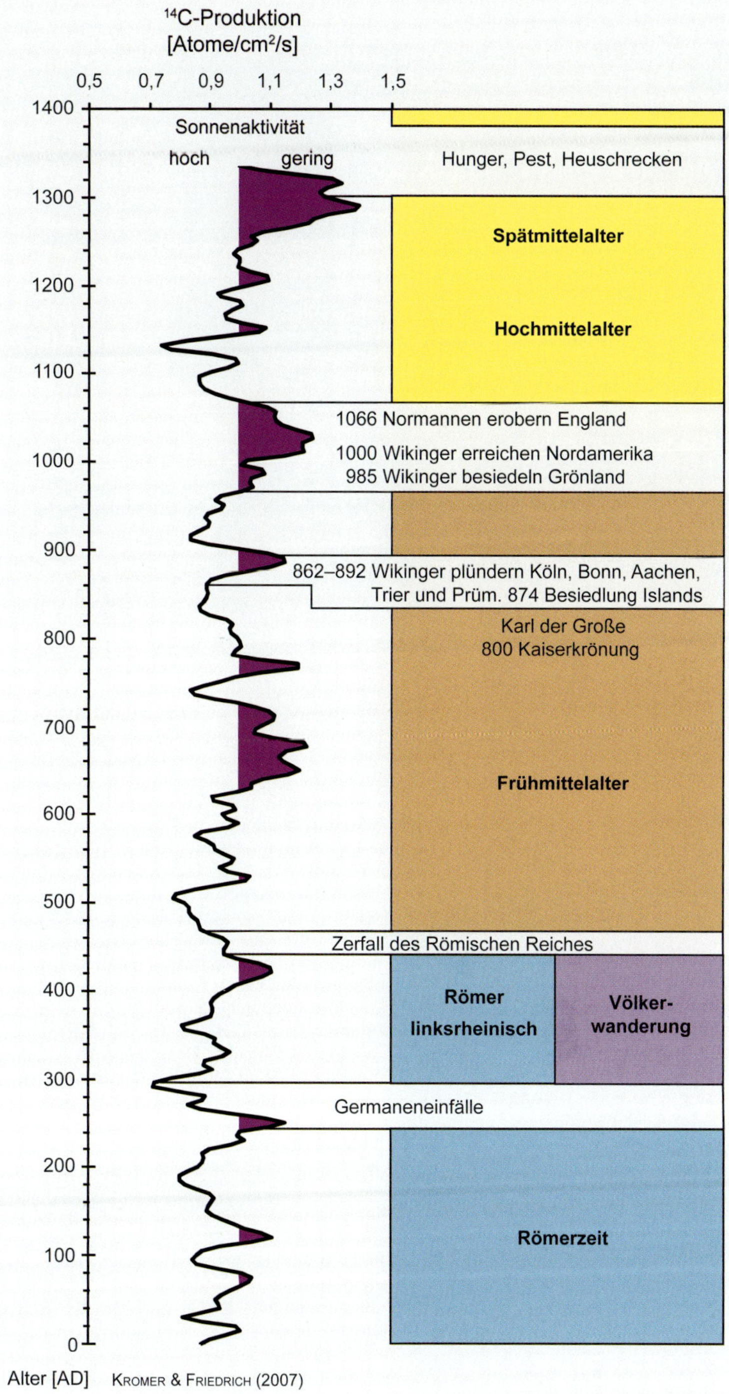

28.6 ^{14}C-Produktion und historische Zeitmarken.

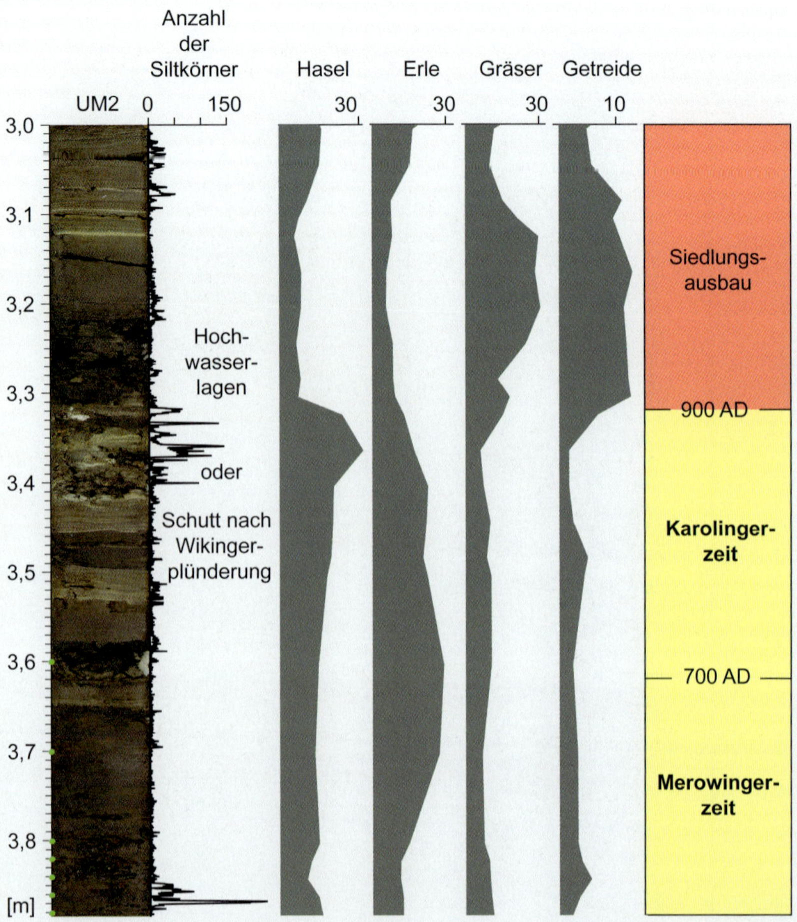

28.7 Foto des Kernes UM2 (3 – 4 m Tiefe) aus dem Ulmener Maar, mit Korngrößenkurve, geglättetem Pollenprofil und Zeitmarken.

Die sedimentologischen Ergebnisse aus dem Ulmener Maar zeigen den mittelalterlichen Landesausbau, der im Frühmittelalter beginnend immer weitere Flächen erschloss. Der Ulmener Befund ist möglicherweise jedoch nicht für die gesamte Eifel repräsentativ, da hier einer der wenigen Punkte vorliegt, an denen bereits aufgrund merowingerzeitlicher Grabfunde von einer frühen Besiedlung auszugehen ist. In der Zeit von 470 – 700 waren allerdings weite Gebiete der Eifel vermutlich unbewohnt. Geoarchäologische Untersuchungen an Schwemmfächern in der Region Trier zeigen eine zunehmende agrarische Landnutzung erst wieder ab dem 8./9. Jahrhundert (Kausch 2006), das heißt nach der Kaiserkrönung Karls des Großen im Jahr 800.

Ab etwa 900 begann ein rapider, schneller Landesausbau, der vermutlich auf politische Stabilität nach der Eindämmung der Wikingerüberfälle und auf eine sich zunehmend entwickelnde klimatische Gunstphase zurückzuführen ist.

Das Bevölkerungswachstum erforderte eine zunehmende Ausdehnung und Intensivierung des Ackerbaues. Bereits im Frühmittelalter könnte in einigen Gebieten das Ackerland kaum noch ausgereicht haben, um die wieder zunehmende Bevölkerung zu ernähren (Schreg 2008). Berglandschaften wie die Eifel wurden interessant, da sie Potenzial zur Viehwirtschaft und zu verschiedenen Waldgewerben boten. Der Bedarf an Bau- und Brennholz war im frühen Mittelalter – nachdem die städtischen Zentren während der Völkerwanderungszeit ihre Bedeutung verloren hatten – noch geringer als in späteren Jahrhunderten, als man in der sogenannten Hollandflößerei Holz aus dem Schwarzwald und dem Frankenwald über den Rhein bis in die Niederlande transportierte. Doch dürften etwa Köhler, Pechsieder und Glasmacher die Ressourcen des Waldes genutzt haben. Bei Kordel hat man schon in den 1930er-Jahren eine Glashütte freigelegt, die aufgrund von Keramikfunden ins Hochmittelalter zu datieren ist. Der Bedarf an Sand, Asche und Brennholz machte die Glasproduktion im Mittelalter zu einem typischen Waldgewerbe, das in manchen Mittelgebirgslandschaften zum Vorreiter der Besiedlung wurde. Auch andere Rohstoffe – etwa Eisenerze – mögen Anlass gegeben haben, im frühen und verstärkt im hohen Mittelalter Siedlungen in der Eifel anzulegen – gezielte archäologische Forschungen dazu stehen jedoch noch aus.

Fragen der Kulturlandschaftsentwicklung und Umgestaltung der Siedlungslandschaft sind daher bislang kaum zu beantworten. Generell ist zu beobachten, dass die Verhältnisse späterer Zeit nicht ohne Weiteres in das frühe und hohe Mittelalter zurückprojiziert werden dürfen (Schreg 2006). Im Hochmittelalter kam es zu vielfältigen neuen Entwicklungen in der Siedlungslandschaft. Erst nach der Jahrtausendwende entstanden – mit regionalen Unterschieden – die heutigen Ortslagen und typischen Dörfer. Die Siedlung von Mayen-Hausen kann als Indiz gewertet werden, dass solche Prozesse der Dorfgenese, die eine völlige Neustrukturierung der Landschaft zur Folge hatten, auch in der Eifel abgelaufen sind. Hintergrund dürften steigende Bevölkerungszahlen und eine zunehmende Agrarisierung beziehungsweise „Vergetreidung“ der Landwirtschaft gewesen sein. Gleichzeitig kam es zu sozialen Umwälzungen, in deren Verlauf die Klosterreform und die Ausbildung des Rittertums zu nennen sind. Klöster und Burgen ergänzten zunehmend die Siedlungslandschaft. Dies zeigt die Situation am Laacher See anschaulich (Resmini 1993). Heinrich, Pfalzgraf bei Rhein und Herr von Laach, stiftet 1093 seinen Besitz am Laacher See samt einigen umliegenden Orten zur Gründung eines Klosters. Es dauerte einige Jahre, bis sich das Kloster tatsächlich etablieren

28.8
a) Bruchstück des Udler Mühlrades;
b) Rekonstruktion einer frühmittelalterlichen Mühle aus Dasing.

konnte. Dabei wurde die Landschaft nach den Bedürfnissen des Klosters umgestaltet. Die gräfliche Burg am Südufer des Sees wurde verlassen – jedenfalls erfolgte kein Ausbau zur typischen spätmittelalterlichen Burg – einen Markt, der am Ufer des Sees abgehalten worden war, verlegte man nach Andernach, und schließlich wurde 1164 mit der Anlage des Fulbert-Stollens (Grewe 1979) der Seespiegel abgesenkt, um den Baugrund zu verbessern – und wohl auch, um Land zu gewinnen.

Eine ähnlich bewusste Umgestaltung der Umwelt zeichnet sich auch am Ulmener Maar ab. Um 1000 erfolgten massive Eingriffe in die Gewässerlandschaft: In den Sedimenten tritt bei 2,90 m ein deutlicher Farbwechsel auf. Die Schichten enthalten deutlich weniger vulkanische Mineralkörner, sind dagegen reich an Quarzkörnern und Pflanzenhäcksel, die aus dem Bereich des Jungferweihers und des nördlich anschließenden Weiherbuschs stammen dürften. Damals ist wohl auch ein Stollen zwischen Jungferweiher und Ulmener Maar entstanden – die technische Meisterleistung des Fulbert-Stollens steht in der Region also nicht allein. Die Einleitung von Wasser in das Ulmener Maar und eine Regulierung des Ausflusses stabilisierten den Seespiegel auch bei lang andauernder Trockenheit oder Hochwasser. Ein weiterer Vorteil ist die kontinuierliche Wasserzufuhr zu den Mühlen, die es am Dellbach und auch talabwärts zur Mosel hin vermutlich gegeben hat. Der archäologische Nachweis dieser Mühlen fehlt bisher, doch illustriert der Fund einer dendrochronologisch um 960 datierbaren Mühlradschaufel in der Udler Talaue den früh- und hochmittelalterlichen Mühlenbau in der Region (Löhr & Neyses 1997; Abb. 28.8). Es ist anzunehmen, dass diese Maßnahmen eng mit dem Ausbau der Ulmer Burg zusammenhingen und als begleitende „Infrastrukturmaßnahme" zu sehen sind. Die Erwähnung der Burg 1074 zeigt, dass sie damals bereits existierte, doch sind keine Aussagen über frühere Phasen möglich. Hier könnte nur systematische archäologische Geländearbeit klären, ob es möglicherweise schon im hohen Mittelalter eine Burganlage gegeben hat. Früh- und hochmittelalterliche Befestigungen in Holz-Erde-Konstruktion boten in vielen Regionen der Bevölkerung in Unruhezeiten Schutz (Abb. 28.9) und wurden nicht selten Ansatzpunkt für die Entwicklung späterer Adelsburgen. Entsprechende Anlagen waren aber besonders in den Randbereichen des entstehenden Deutschen Reiches verbreitet – in der Eifel fehlen sie.

28.9 Rekonstruktion einer früh- bis hochmittelalterlichen Burg (mit Bauholz).

29 Bevölkerungswachstum und künstlerische Entfaltung zur Zeit des mittelalterlichen Wärmeoptimums

Karen David-Sirocko und Frank Sirocko

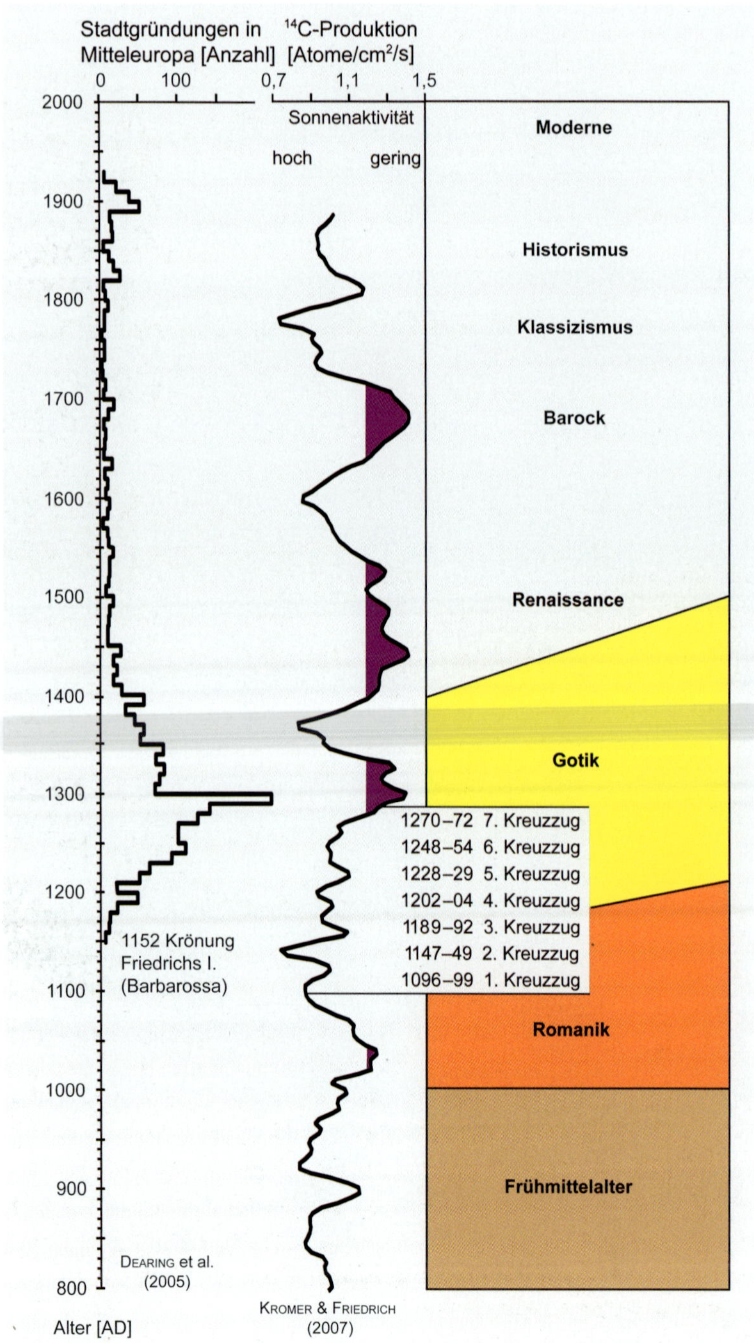

29.1 Kurve mit Stadtgründungen in Mitteleuropa und ^{14}C-Produktion (aus Dearing et al. 2007, nach Daten von Stoob 1956).

Die Eifel war zur Zeit des Hoch- und beginnenden Spätmittelalters seit etwa 1000 eine landwirtschaftlich bestimmte, mit Weilern, Dörfern, Burgen, später auch kleinen Städten besiedelte Region. Höhere Lagen erschlossen sich die Bauern zunehmend durch Rodungen. An verkehrsgünstig gelegenen Orten begannen die ersten Stadtgründungen in der Eifel. Die Zahl der jährlich gegründeten Städte stieg seit 1150 in gesamt Mitteleuropa rasant um ein Vielfaches an (Abb. 29.1). In Deutschland begann die Phase der Städtegründung unter der Herrschaft des Kaisers Friedrich I. Barbarossa, der von 1152 – 1190 regierte und der die notwendigen gesellschaftlichen Strukturen schuf. Unter seiner Herrschaft vollzog sich die politische Konsolidierung des Reiches, die für diese Blütephase eine wesentliche Voraussetzung darstellte.

Hinzu kommt, dass auch das Klima während dieser Zeit kontinuierlich hohe Ernteerträge ermöglichte. Der beste Beweis für diese Klimagunst ist vermutlich der Anbau von qualitativ gutem Wein in England (Lamb 1989). Weinbau war damals wie heute auch bis nach Norwegen möglich (Abb. 29.2). Nach Lamb gab es in England von 1050 – 1250 keine Nachtfröste und die Sommertemperaturen lagen um etwa 1 °C höher als heute. Landwirtschaftlich genutzte Flächen haben damals bis 200 m höher in die Berge hinauf gereicht als zu unserer Zeit. Allerdings waren viele Sommer im 12. Jahrhundert extrem trocken (Glaser 2001, 2008), sodass beispielsweise der Rhein im Jahr 1130 vollständig ausgetrocknet war und sich Wälder selbst entzündeten, zum Beispiel im Jahr 1135. Die Klimabedingungen waren im Hochmittelalter also recht heterogen, die Sommer aber wohl generell mindestens genauso warm wie heute zu Beginn des 21. Jahrhunderts.

Da die im frühen Mittelalter üblichen Naturalabgaben im Laufe des 12. und 13. Jahrhunderts durch

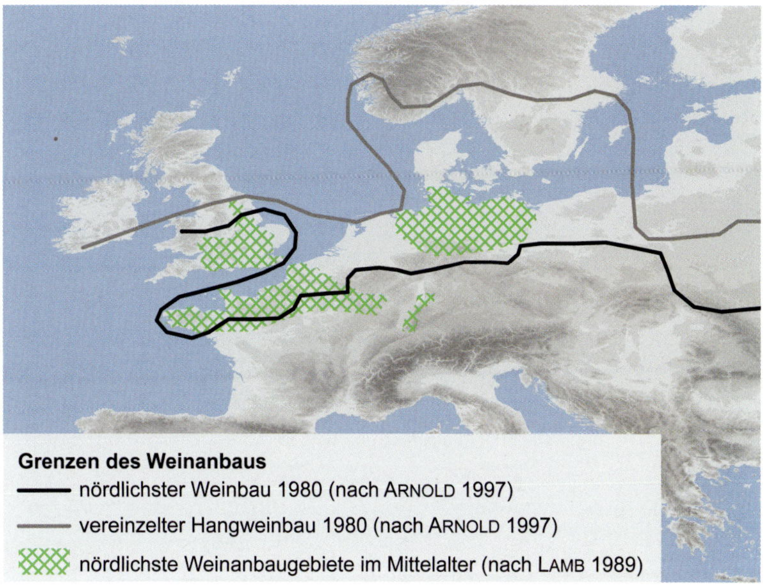

29.2 Grenzen des Weinanbaus im Mittelalter und heute. Offensichtlich reichte der Weinanbau in beiden klimatischen Gunstphasen bis nach Skandinavien. In der Völkerwanderungszeit oder der Kleinen Eiszeit gab es allerdings in England und Norddeutschland keinen Weinbau.

Geldzahlungen abgelöst wurden, waren die Bauern auf Märkte in nahe gelegenen Siedlungen angewiesen, um ihre Erzeugnisse verkaufen zu können. Märkte wiederum ermöglichten erst die Entstehung einer Stadt im Rechtssinn während des 12. Jahrhunderts (GOETZ 1986). Diese Verflochtenheit von Adelsherrschaft und Stadtbildung konnte sich in einer gemeinsamen Befestigung von Burg und umgebender Siedlung ausdrücken, wie es beispielsweise in Ulmen der Fall war.

Die erhebliche Anzahl solcher Burgen – 140 entstanden allein vom 11.–13. Jahrhundert – weist auf eine starke territoriale Zersplitterung in lokale Adelssitze hin – eine Beobachtung, die auch für andere Teile des Deutschen Reiches gilt. Vor allem Angehörige des niederen Adels errichteten eigene Stammburgen, nach denen sie sich benannten. Eine der wenigen unzerstört erhaltenen Burgen ist die malerisch auf einem Felssporn gelegene Burg Eltz (1157 als Reichslehen derer von Eltz genannt; Abb. 29.3). Die meisten Burgen wurden in der Stauferzeit errichtet (1138 – 1254). Das Leben auf solchen Burgen wurde in der sogenannten „höfischen Kultur“ als Ideal entfaltet. Dem Alltag, der oft durch Krieg, Krankheit und Hunger getrübt war, wurden verschiedene Idealentwürfe gegenübergestellt. Ein bekanntes Beispiel der hochmittelalterlichen Literatur, die im volkssprachlichen Epos und in volkssprach-

29.3 Ansicht der Burg Eltz, eine der wenigen unzerstörten Burgen aus der Mitte des 12. Jahrhunderts bis zum 15. Jahrhundert.

29.4 Tafel 47 aus dem *Codex Manesse*: Wolfram von Eschenbach als Beispiel mittelalterlicher Buchmalerei (Codex Manesse, Heidelberg).

licher Lyrik bestand, ist die in Heidelberg befindliche Manessische Liederhandschrift aus der Zeit um 1315 – 1330 (Abb. 29.4). In der höfischen Literatur wurden etwa Menschlichkeit und Toleranz als ritterliche Tugenden formuliert (Wolfram von Eschenbach um 1195 bis um 1210), die aber der Realität der Kreuzzüge oft nicht standhielten. Das Rittertum entwickelte sich aus dem Stand der unfreien Ministerialen, die das Reichsgut verwalteten. Religiöse Grundlage war die Reformbewegung von Cluny, in der unter anderem der Schutz der Schwachen als Aufgabe formuliert wurde.

Im Hochmittelalter wuchs insgesamt die Bevölkerung europaweit von 40 Mio. auf 60 Mio. Menschen an. Die Ursachen hierfür sind vielschichtig und stehen sowohl mit klimatischen wie kulturhistorischen Prozessen in Verbindung. Die Zeit von 1100 – 1250 war durch eine starke Sonnenaktivität gekennzeichnet, verbunden mit einem warmen Nordatlantik und mäßiger vulkanischer Aktivität (Abb. 29.1 und 30.1). Ohne starke Wetteranomalien konnte sich die Landwirtschaft über fast 150 Jahre kontinuierlich weiterentwickeln. Zusätzlich

29.5 Kölner Stadtgrundriss mit mittelalterlichen Wachstumsstufen und Kirchen (nach Jansen et al. 2003).

stützten die Einführung der Dreifelderwirtschaft, neue Geschirre, Windmühlenbau und gute Infrastruktur (Marktplätze) diesen Wachstumsprozess.

Vom Ende des 11. bis in das ausgehende 13. Jahrhundert fanden sieben Kreuzzüge statt, die zwar meist nach Jerusalem zielten, aber nicht immer auch tatsächlich dort endeten: Der 4. Kreuzzug von 1202 – 1204 erreichte beispielsweise stattdessen letztlich Konstantinopel (Abb. 29.1). Den Kreuzzügen lagen strategische, religiöse und wirtschaftliche Motive zugrunde; auf die Kunst wirkten sie von der Kleinkunst bis zum Kirchen- und Burgenbau anregend.

Gegen Ende des 13. Jahrhunderts lösten sich Rittertum und Lehnswesen als ordnende Strukturen auf. Das Interregnum nach dem Tod Friedrichs II. im Jahr 1250 bedeutete eine Schwächung des Kaisertums, es entstanden sukzessive die Territorial- und Beamtenstaaten des späten Mittelalters und der beginnenden Neuzeit. Das päpstliche Exil in Avignon 1309 – 1377 markierte zugleich eine Spaltung der geistlichen Führung. Stadtgründungen setzten seit dem letzten Jahrzehnt des 13. Jahrhunderts auch in der Eifel vermehrt ein: zum Beispiel 1291 Mayen und Wittlich oder 1337 Daun, Ulmen und Gerolstein. Oft war die Erhebung zur Stadt Anlass für Befestigungen, die dann wie im Falle Mayens zuvor (um 1180) gegründete Burgen einschließen konnten. Im übrigen Mitteleuropa stieg die Zahl der Stadtgründungen seit Mitte des 13. Jahrhunderts deutlich an, bevor sie nach 1300 dramatisch absank (Abb. 29.1). Die Situation auf dem Land war dabei nicht mit der in den zentralen Städten wie Köln, Trier oder Mainz vergleichbar. Köln als eine der größten nordalpinen Städte verdoppelte seine von der Stadtmauer umgebene Fläche zwischen 1100 und 1180, was nicht zuletzt durch erhebliche Zuwanderungen aus dem Umland bedingt war (Abb. 29.5).

Die Eifel stellte wie schon im frühen Mittelalter weiterhin eine Vermittlerlandschaft dar, in der mehrere Herrscher miteinander konkurrierten: Die Erzbischöfe von Trier und Köln, ebenso wie die Herzöge von Jülich und Luxemburg grenzten ihre Territorien mit rasch wechselnden Verläufen gegeneinander ab. Beispielsweise waren Burg und Ort Daun nach 1352 Sitz eines kurtrierischen Amtmannes, kirchlich gehörten sie dagegen weiterhin zu Köln und spiegelten somit eine auch für andere Orte gültige Herrschaftsteilung wider.

Erwerbszweige in der Eifel waren schon seit der Römerzeit außer der Landwirtschaft vor allem die Produktion von Mühlsteinen sowie die Blei- und Eisenausbeutung in den Flusstälern (Kap. 26). Lokale Tuffsteinbrüche lieferten neben Mühlsteinen unter anderem Baumaterial, etwa für das um 1093 als letzte der großen rheinischen Benediktinerabteien gegründete Kloster Maria Laach, später auch noch für den Kölner Dom. Die Anlage in Maria Laach zeichnet sich wie keine andere durch Verwendung lokaler Materialien in ihren verschiedenen Farben mit großer Variation in den Blendbögen und Friesen aus (von Winterfeld 2004; Abb. 29.6). Aus Steinbrüchen am Laacher See und dem Brohltal stammt der helle Tuff für die Mauern, daneben weißlicher Trass von Aschenströmen des Laacher-See-Vulkans (Kap. 31). Schwarze Säulen und Lisenen bestehen aus poröser Basaltlava Mayens und Niedermendigs. Eine genaue Darstellung findet sich bei Schumacher (1994). Am Laacher See ließ Abt Fulbert (1152 – 1177) einen 750 m langen, 2 m hohen gewölbten Stollen errichten, der den Seespiegel um etwa 5 m absenkte. Einen vergleichbaren Stollen hatte man kurz zuvor in Salzburg gebaut. Durch diese beachtliche technische Leistung konnten landwirtschaftlich nutzbare Flächen hinzugewonnen und gleichzeitig der Hochwassergefahr vorgebeugt werden (Avenarius 1974). Auch der Stollen in das Ulmener Maar datiert vermutlich in diese Zeit. Die Abbildung 5.2 zeigt den Freeze-Kern mit mittelalterlichem Schutt bei etwa 1,30 m Tiefe, vermutlich stammen diese Überreste aus der Zeit des Burgbaues oder direkt aus dem Stollen.

Das geistige Leben der mittelalterlichen Bevölkerung wurde von der christlichen Religion bestimmt. Sie band alle gesellschaftlichen Gruppen an gemeinsame Werte und Überzeugungen; soziale Unterschiede

29.6 Die Abtei Maria Laach wurde ab 1093 errichtet.

29.7 Der gotische Kölner Dom wurde ab 1248 erbaut.

wurden als gottgegeben akzeptiert. Die Kunst war im Laufe des Mittelalters epochalen Wandlungen unterlegen: von der Romanik zur Gotik, wie die Gegenüberstellung der Abtei Maria Laach (1093 – 1230) mit dem 1248 hochgotisch neu begonnenen Kölner Dom zeigt (Abb. 29.6 und 29.7). In Köln sind beispielsweise Strebepfeiler, Spitzbögen und Maßwerk als Kennzeichen der Gotik zu sehen.

Das Naturerlebnis des Mittelalters war durchaus ambivalent: Die Natur galt zwar als von Gott geschaffen und somit gut, gleichzeitig aber als ein mit bösen Geistern, wilden Tieren und Räubern gefüllter ungeschützter Raum (Goetz 1986). Für die mittelalterliche Landbevölkerung dürfte das bedrohliche Element überwogen haben, insbesondere die Abhängigkeit vom Wetter. Regelmäßig vermerkten die Chronisten, wie sehr der Mensch den Naturgewalten ausgeliefert war. In den Quellen wurden oft Naturkatastrophen erwähnt, exemplarisch seien die sogenannten Pöhlder Annalen (Chronicon Palidense) genannt, eine von der Schöpfung bis 1182 reichende Weltchronik. 1151 herrschten große Hungersnot und Seuchen, 1158 dann Stürme und Unwetter, 1164 wurden Sturm und Unwetter mit berghohen Wellen verglichen, die Sintflut und Untergang erwarten ließen. Diese Aufzeichnungen belegen, dass auch die Gunstphase des Hochmittelalters durchaus mit Wetterextremen zu kämpfen hatte. Meistens zeigen die Wetteranomalien aber eine übernormale Ausprägung der Jahreszeiten, das heißt sehr kalte Winter oder sehr heiße trockene Sommer. Die typischen Anomalien des 14. Jahrhunderts (feuchtkalte Sommer) traten in dieser Phase der aktiven Sonne kaum auf.

Auch vermeintliche Satanserscheinungen unter Windgeheul oder Gotteserscheinungen mit Feuer, Donner und so weiter bezogen die Naturgewalten mit ein (Schreiner 2002). Wenn ein Unwetter Opfer forderte, wurde dies als eine Strafe Gottes oder ein Dämonenangriff gesehen und nicht als meteorologisches Ereignis; ebenso interpretierte man den vom Blitz erschlagenen Gegner als göttliches Wunder. Selbst die Raumerfahrung war von Über- und Unterweltpolen gekennzeichnet, glaubte man doch, durch Vulkane unter die Erdoberfläche zu Hölle und Fegefeuer gelangen zu können (Dinzelbacher 2003). Da hinsichtlich der Ursachen veränderter Witterungsbedingungen oder Krankheiten oft Kenntnisse fehlten, suchten die Menschen Trost und Hilfe in der Kirchenlehre mit ihren zahlreichen Heiligen. Schon 873 zogen Priester mit Reliquien und Kreuzen einem Heuschreckenschwarm entgegen (Annales Xantenses et Annales Vedastini). Immer wieder äußerte sich die kollektive Frömmigkeit in Prozessionen. Die Religionsausübung steht hierbei in dem klaren Funktionszusammenhang, die politische und soziale Stabilität zu sichern. Im 13. Jahrhundert wurden die Bittprozessionen in der Feldflur vermehrt zu Wetterprozessionen, deren Tradition bis in die vorchristliche Zeit zurückreicht. Es gab entsprechende Feiertage, die oft bis in das 19. Jahrhundert hinein geachtet wurden. Flurkreuze – oft als Hagel-, Schauer- oder Donnerkreuze bezeichnet – dienten als Stationen für die Prozessionen. Erhalten hat sich etwa ein Hagelkreuz in Kottenheim von 1582. In diesen Zusammenhang gehören auch bildliche Gegenüberstellungen der „Zehn Gebote" und der „Zehn Ägyptischen Plagen" (2. Buch Mose, unter anderem Mücken, Viehpest, Geschwüre, Heuschrecken, Hagel) – schön restauriert im Chorgewölbe der katholischen Pfarrkirche Mariä Himmelfahrt in Bleialf von 1496.

Das nasskalte 14. Jahrhundert – Hunger, Pest und Tod

30

Frank Sirocko, Kurt W. Alt und Karen David-Sirocko

Nach dem Klimaoptimum des Mittelalters setzte bereits vor der Wende zum 14. Jahrhundert eine spürbare Klimaverschlechterung ein. Sie geht unter anderem mit dem Ende des hochmittelalterlichen Weinbaues einher, der in England schon gegen 1250 aufgegeben wurde (Lamb 1989). Das Wetter in den folgenden Jahrzehnten war gekennzeichnet durch ständige Extreme. So musste in Köln im Jahrhundertsommer 1304 die Schifffahrt wegen Trockenheit eingestellt werden. Zwischen 1315 und 1317 fiel dann allerdings so viel Regen, dass man eine neue Sintflut befürchtete und am 30. 6. 1318 schneite es sogar (Hoffmann 2006).

Die Häufung extremer Wetteranomalien fiel mit dem stärksten Rückgang der Sonnenaktivität im gesamten Holozän zusammen (Abb. 30.1). Nach 1250 verringerte sich die Sonnenstärke und erreichte ab 1310 ein ausgeprägtes Minimum der Sonnenaktivität, genannt „Wolf-Minimum". Zeitgleich veränderten sich auch andere von der Sonneneinstrahlung abhängige Teile des globalen Klimasystems. In Asien waren im Hochmittelalter die Monsunregen immer wieder periodisch weit nach Norden vorgestoßen (Kaspari et al. 2007). Diese Vorstöße endeten um 1310. Zur gleichen Zeit erstarkte im äquatorialen Pazifik das El-Niño-Phänomen nach 500 Jahren Ruhephase (Rein et al. 2004) und führte im Jahre 1300 in Südamerika zur katastrophalen „Miraflores-Flut" (Kosok 1965).

Fügt man diese Informationen zu einem Muster zusammen, so zeigt sich für das Mittelalter von etwa 800 bis etwa 1300 folgende Struktur: Der Pazifik vor Peru war kalt, da der Humboldt-Strom kalte Wasser aus dem antarktischen Zirkumpolarstrom nach Norden transportierte und den äquatorialen Pazifik kühlte. Dadurch baute sich im äquatorialen Pazifik zwischen einem kalten Ostpazifik und einem warmen Westpazifik vor Australien ein starkes Druckgefälle auf, das zu kräftigen Passatwinden führte. Kräftige Passatwinde waren und sind immer mit einem kräftigen Monsun in Asien verbunden, wodurch feuchte Winde vom Ozean bis weit nach Norden in den asiatischen Kontinent eindringen und dort zu ergiebigen Monsunregen in den Sommermonaten führen. Das System – kalter Ostpazifik, starke Passate, starke Monsunwinde – ist damit ein extrem effektiver Mechanismus für einen Energietransport aus den niederen Breiten in die mittleren nördlichen Breiten des asiatischen Kontinentes. Das alternative System – warmer Ostpazifik, warmer Westpazifik, schwache Passate, schwacher Monsun – ist dagegen ein Modus der tropischen Zirkulation, der die Energie in den Tropen hält, das heißt keinen atmosphärischen Energieexport nach Asien verursacht, aber zum Beispiel extreme Hitzewellen in Australien.

Ab dem ersten Jahrzehnt des 14. Jahrhunderts blieben auch in Mitteleuropa die Sommer sehr kühl, wodurch das Getreide kaum reifen konnte. Die zeitliche Koinzidenz zu den Änderungen im pazifisch-asiatischen Raum ist nahezu perfekt. Wie diese „Telekonnektionen" über Luft- und Meeresströmungen global miteinander verbunden sind, ist heute noch zum Teil offen. In jedem Fall steckt hier eine der möglichen Ursachen für die feuchtkühlen Sommer des 14. Jahrhunderts, denn die große Warmwassermasse des Pazifiks wurde direkt von der im 14. Jahrhundert zurückgehenden Sonnenstrahlung gesteuert.

Bis 1310 lag auch die Anzahl mittelalterlicher Stadtgründungen pro Jahr auf einem sehr hohen Niveau; danach setzten die Stadtgründungen abrupt aus. Mehrere nasskalte Sommer mit Missernten hintereinander ließen die Bevölkerung darben und führten 1315 zur ersten großen, weiträumigen Hungerkatastrophe und einem deutlichen Bevölkerungsrückgang (Kap. 32). Im Nordatlantik zeigte sich vor Island erstmals Meereis (Abb. 31.2), das heißt, der Golfstrom wurde schwächer.

Daraufhin ging bis 1318 in weiten Teilen Mitteleuropas die Getreideernte dramatisch zurück und der Hunger beherrschte von 1315 – 1320 fast ganz Europa (Lamb 1989, Grove 1988). Durch das starke Bevölkerungswachstum im Hochmittelalter war es in Mitteleu-

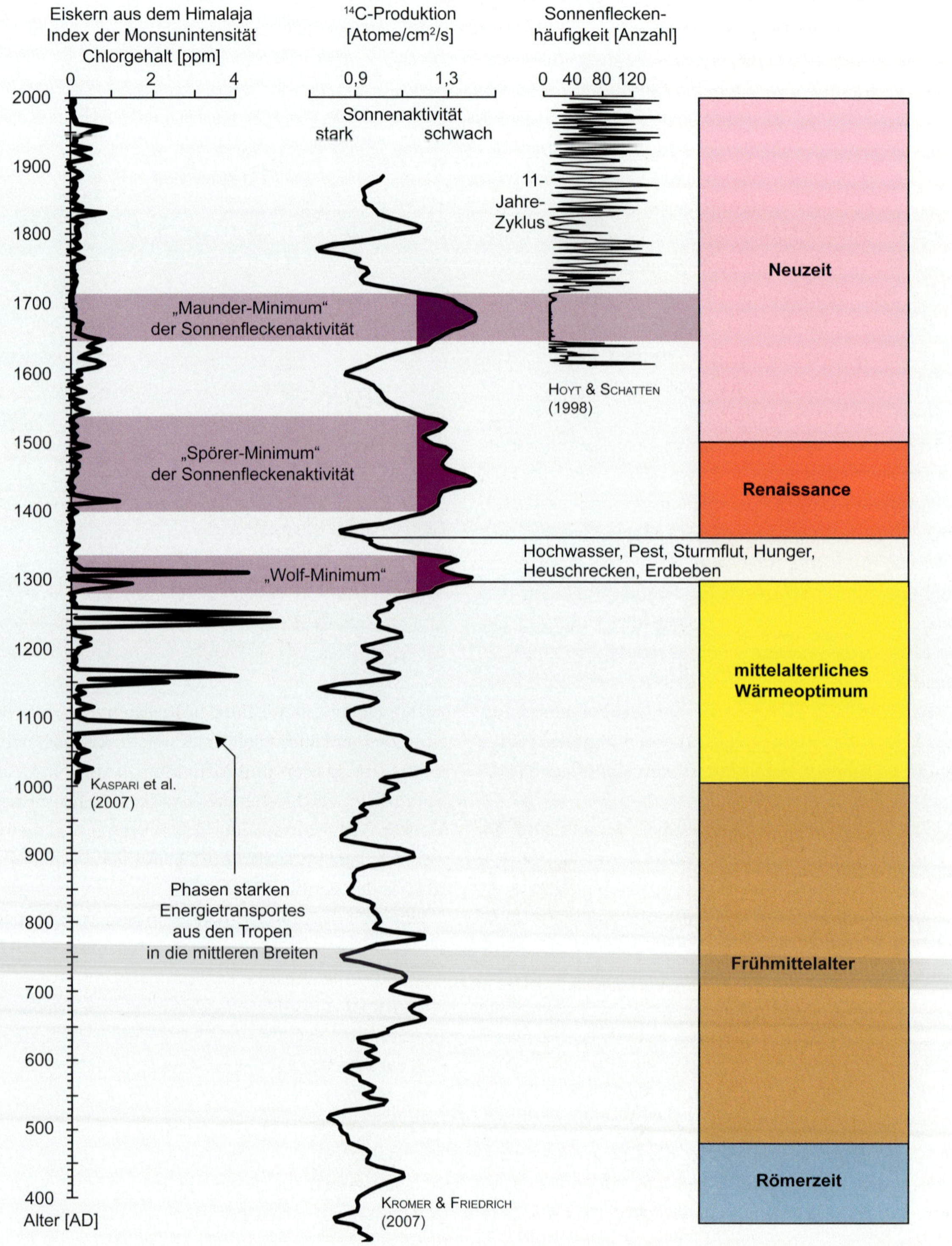

30.1 Zeitreihe ^{14}C-Produktion, El-Niño-Aktivität im Ostpazifik und Monsunintensität in China.

ropa zu einem Raubbau an den Böden gekommen und die Kornziffern (Menge der geernteten Getreidekörner pro ausgesätem Getreidekorn), die im Mittelalter bei maximal 7 : 1 (gegenüber heute 250 : 1) lagen, sank in manchen Jahren bis auf 3 : 1. Grove (1988) sah diese für Europa verheerende Klimaperiode als das herausragende klimatische Ereignis des 2. Jahrtausends an. Die Kleine Eiszeit hatte begonnen. In den 20er-Jahren des 14. Jahrhunderts erholte sich Europa zwar noch einmal langsam von dem schlimmen Schlag, das Wetter blieb aber kühl, wenn auch ohne extreme Anomalien (Glaser 2001, 2008). In den 1330er-Jahren häuften sich dann in China und dem Mittelmeerraum Berichte über starke Erdbebenaktivität und zunehmende Trockenheit (Hsü 2000). 1336 – 1338 zogen riesige Heuschreckenschwärme aus Asien über Ungarn bis nach Mitteleuropa und erreichten schließlich sogar den Rhein (Abb. 30.2; Glaser 2001, 2008).

In den Maarsedimenten des Freeze-Kernes SMf finden sich in 1,48 cm Tiefe zahlreiche Insektenreste. Leider konnte bislang nicht identifiziert werden, ob es sich dabei um Heuschrecken handelt. In jedem Fall muss es erheblich mehr Insekten gegeben haben als in anderen Jahren. Mit den Heuschrecken fühlten sich die Menschen, die den großen Hunger gerade erst durchlitten hatten, oft wie unter dem Bann der biblischen Plagen.

Naturkatastrophen, Kriege, Geldentwertung und Seuchen „haben zwischen 1280 und 1350 auch das Antlitz der Kunst verdunkelt" (von Simson 1984). Dies zeigen nicht zuletzt neue Themen der spätmittelalterlichen Skulptur und Malerei: Schmerzensbild und Vesperbild. Der Schmerzensmann (Bild des Gekreuzigten mit seinen Wunden als Inbegriff der Passion Christi) bezeichnet einen schon seit dem 12. Jahrhundert bekannten Typus, dessen Körperauffassung sich jedoch wandelte. Ein besonders ausdrucksstarkes Beispiel für die sogenannten *Crucifixi dolorosi* ist das Gabelkreuz in St. Maria im Kapitol in Köln (bisher datiert 1304; Abb. 30.3; Hoffmann 2006). Die Darstellung des Schmerzes in den Gesichtszügen des Gekreuzigten wie etwa auch die aufgerissenen Handflächen zeigen eine Lebensnähe, die den Betrachter unmittelbar emotional anrühren soll. Dies war durchaus bewusst intendiert: Leiden und Mitleiden (*passio* und *compassio*) kennzeichneten die Mystik, die zum Beispiel Meister Eckhart (um 1260 – 1328) vertrat und die sich vielleicht nur im Kontext des krisengeschüttelten 14. Jahrhunderts entwickeln konnte.

Vom 2. 7.– 8. 7. 1342 regnete es im gesamten Mittelgebirgsgebiet unaufhörlich. Bork et al. (1998) haben aus Erosions- und Umlagerungsraten rekonstruiert, dass 50 % des Jahresniederschlages in nur einer Woche fielen. Der Porenraum des Bodens war schnell vollständig gesättigt, die Hänge begannen zu rutschen und Quellaustritte verlagerten sich an den Hängen aufwärts. An den Hängen entstanden dadurch tiefe Runsen; entwurzelte Bäume und Schlammmassen wurden in die Täler gespült und die Mittelgebirgstäler in nur wenigen Tagen vollständig verwüstet. In vielen Auesedimenten der Mittelgebirge findet sich eine Lage mit Holzresten, die man mit ^{14}C in die Zeit des 14. Jahrhunderts datieren kann. Auch in den Freeze-Kernen der Maare wird diese Lage immer wieder optisch sichtbar

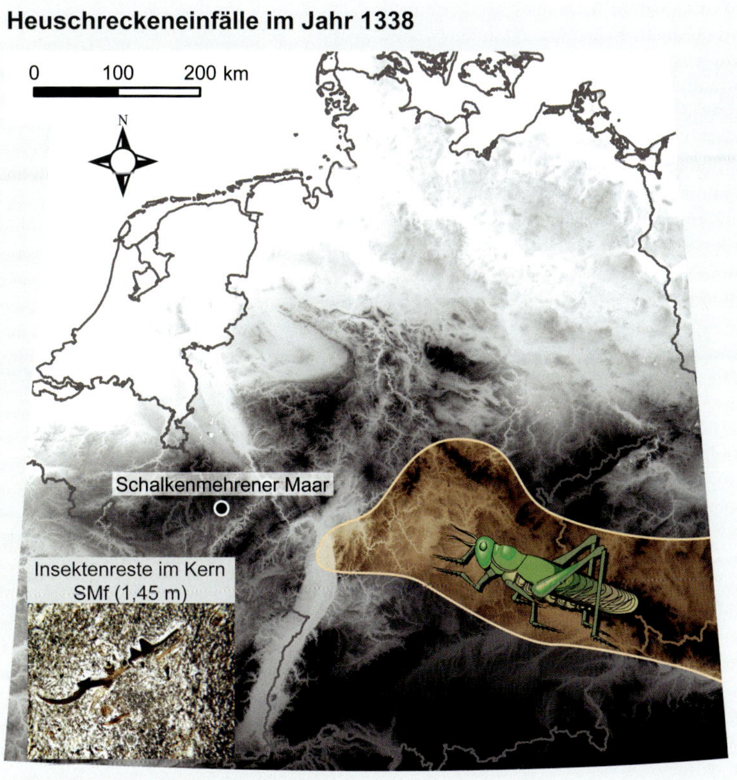

30.2 Verbreitung der Heuschrecken im Jahr 1338 in Mitteleuropa (nach Glaser 2001, 2008) und Foto von Insektenresten im Sedimentkern des Schalkenmehrener Maares aus derselben Zeit.

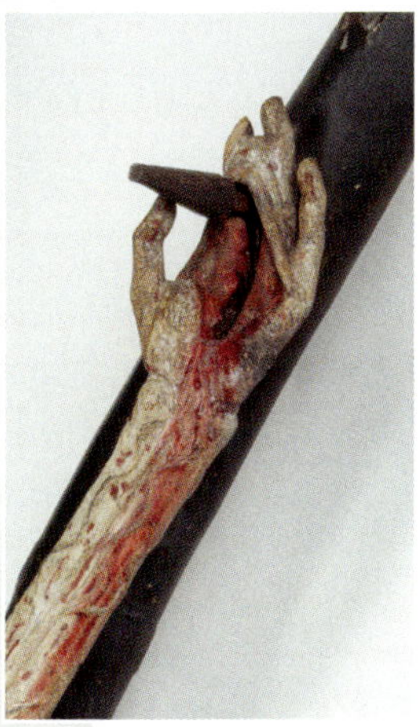

30.3 Gabelkreuz (*Crucifixus dolorosus*) in St. Maria im Kapitol in Köln (aus Hoffmann 2006).

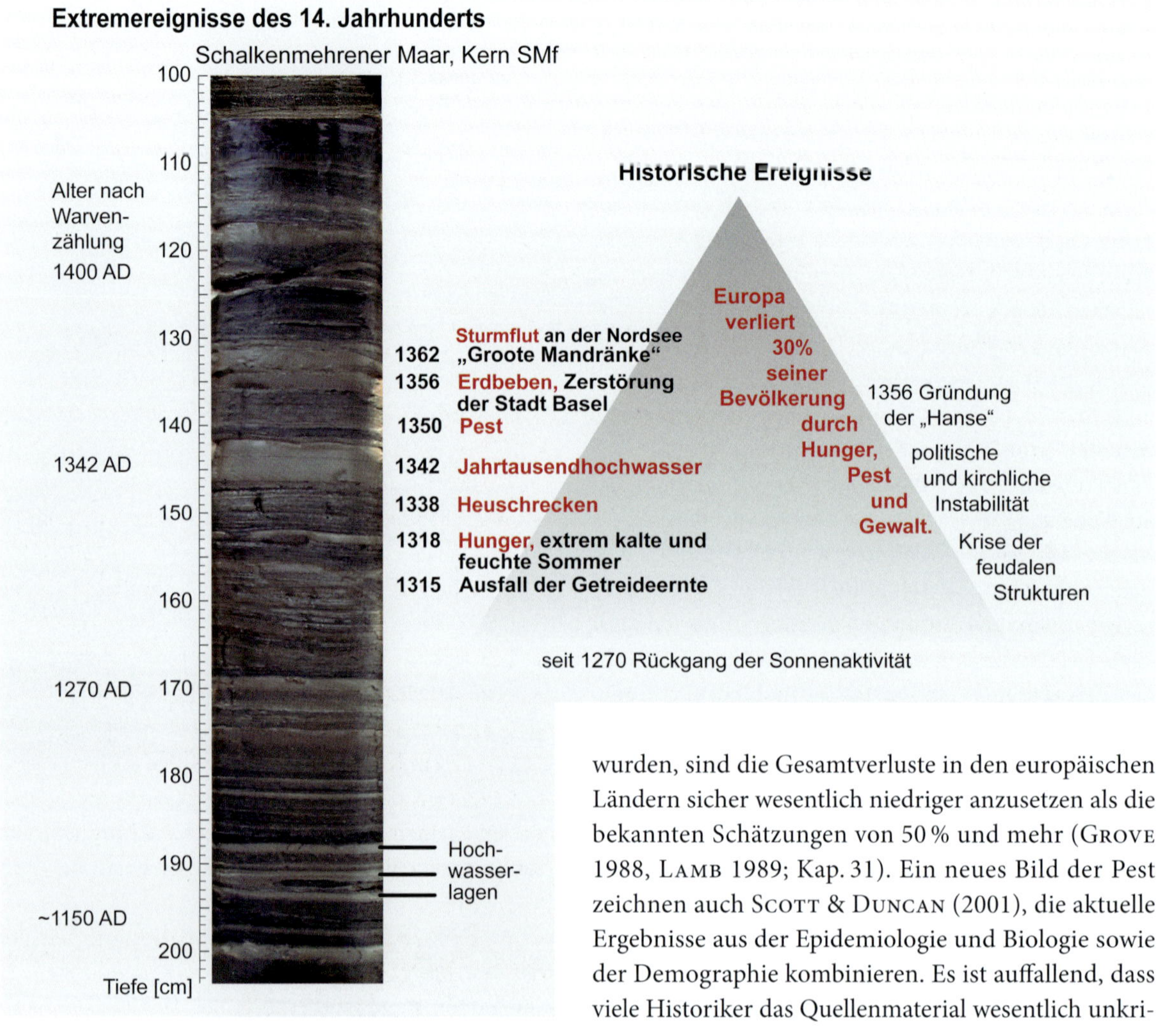

30.4 Freeze-Kern aus dem Schalkenmehrener Maar mit hellen Hochwasserlagen.

(Abb. 30.4), insbesondere durch die starken Gehalte an Holzstücken und Pflanzenresten.

In der Folge wurden viele kleine Waldhöfe zu Wüstungen und die vom Wetter gebeutelten Menschen sammelten sich in den Städten (Behringer 2007). Die hygienischen Bedingungen müssen schlimm gewesen sein.

1348 folgte die nächste Plage. Die Pest wurde zum ersten Mal wieder seit der „Julianischen Pest“ während der Mitte des 6. Jahrhunderts von Schiffen aus Asien in die europäischen Hafenstädte eingeschleppt. Der „Schwarze Tod“ breitete sich von 1348 – 1355 in Wellen über ganz Europa aus (Abb. 30.5). Mit dem Ausbrechen der ersten großen Pestepidemie stieg in Europa die Sterblichkeit insgesamt deutlich an, bewegte sich nach neuesten Forschungen jedoch weit unterhalb der Größenordnungen, die von der Geschichtsschreibung bisher für diese Epidemie publiziert wurden (Vasold 2003). Da die Pest nicht alle Gebiete gleichmäßig heimsuchte, die Schätzungen für die betroffenen Regionen aber meist auf die gesamte Bevölkerung umgelegt wurden, sind die Gesamtverluste in den europäischen Ländern sicher wesentlich niedriger anzusetzen als die bekannten Schätzungen von 50 % und mehr (Grove 1988, Lamb 1989; Kap. 31). Ein neues Bild der Pest zeichnen auch Scott & Duncan (2001), die aktuelle Ergebnisse aus der Epidemiologie und Biologie sowie der Demographie kombinieren. Es ist auffallend, dass viele Historiker das Quellenmaterial wesentlich unkritischer beurteilen als Epidemiologen oder Demographen. Allerdings scheint es gesichert, dass gleichzeitig mit der Pest auch andere Seuchen wie zum Beispiel Milzbrand auftraten (Vasold 2003). Offensichtlich machte die Pest keinen Unterschied zwischen Stadt und Land, zeigte aber eine Abhängigkeit von der Siedlungsdichte, der Dichte der bei den Menschen lebenden Ratten und der Dichte der Flöhe.

Großen Schrecken soll nach Vasold (2003) ein Erdbeben des Jahres 1348 am Südrand der Alpen mit Epizentrum im Friaul in weiten Teilen Europas ausgelöst haben. 1356 gab es dann auch im Oberrheingraben ein starkes Erdbeben, das die Stadt Basel weitestgehend zerstörte. Häuser, die das Erdbeben überstanden, wurden von einem Großbrand zerstört. Diese Tragödie geht wohl nicht auf das Wetter zurück, obwohl es auch Überlegungen zu einer Kopplung von Bodenerosion in den Alpen und Grundwassergehalten, die die Druckbelastung in der Oberkruste sehr wohl beeinflussen können, gibt. Die letzte große Wetterkatastrophe war dann die „Große Mandränke“, als bei einem schweren

Sturm im November 1362 in Nordfriesland die Deiche brachen und ein ganzer Landstrich im Meer versank (Abb. 30.6).

Die zunehmende Häufung von Katastrophen ließ die Menschen verzweifelt umherirren und hungrige Bauern begannen zu plündern (BEHRINGER 2007). Streitigkeiten zwischen Landesherren um die wenigen Ressourcen führten zu kleinräumigen Fehden und Überfällen auf Burgen und Dörfer, die das feudale, mittelalterliche Reichsgefüge ins Wanken brachten. Durch das päpstliche Exil in Avignon (1309 – 1377) verlor auch die Kirche ihre Funktion als stabiles Leitbild. 1337 brach der Hundertjährige Krieg zwischen Frankreich und England aus.

Die unendlichen Nöte ließen aber auch neue Strukturen entstehen. Schon beim Hunger von 1315 – 1320 zeigte sich, dass die regional, fast schon lokal organisierte Subsistenzwirtschaft nicht in der Lage war, genügend Nahrungsmittel in Notzeiten bereitzustellen, insbesondere deshalb, weil die neu gegründeten Städte versorgt werden mussten. Schon in der ersten Veröffentlichung zur Kleinen Eiszeit (GROVE 1988, BEHRINGER et al. 2005) findet sich die Vermutung, dass die Krise des 14. Jahrhunderts neben den Wetteranomalien auch Ergebnis von Überbevölkerung und mangelnden Handelsverbindungen war.

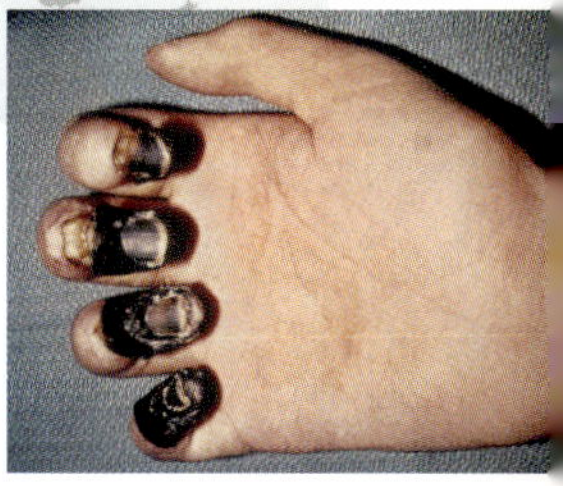

30.5 Gewebsnekrose der Pest – auch heute noch in einzelnen Regionen der Welt verbreitet.

Im Norden Deutschlands verbündeten sich in der Mitte des Jahrhunderts deshalb verschiedene, schon im Hochmittelalter erstarkte Hafenstädte zur Hanse (formal 1356 beurkundet). Aufgabe war die Erschließung und Sicherung von Handelsverbindungen in Regionen, die gerade in klimatisch anders strukturierten Gebieten lagen, insbesondere Skandinavien, Baltikum und Russland. Der Weg aus der Krise war damals eine Art „Globalisierung“ und eine weitere Erstarkung des städtischen Bürgertums ebenso wie des überregionalen Handels – ein Konzept, das in der Folge die Grundlage dafür lieferte, dass trotz aller Krisen der weiter anhaltenden Kleinen Eiszeit die Bevölkerung Mitteleuropas kontinuierlich wachsen konnte (Kap. 31).

30.6 Karte des Landverlustes in Nordfriesland durch die beiden Großen Mandränken 1362 und 1632 (Original im Wikingermuseum Haithabu, Schleswig, Schloss Gottorf).

31 Die Kleine Eiszeit – Leben und Sterben im Schatten klimatischer Extremereignisse

Kurt W. Alt und Frank Sirocko

Der in den 1930er-Jahren von F. Matthes (USA) geprägte Begriff „*The Little Ice Age*“ (Kleine Eiszeit) umfasst die Zeit von etwa 1300–1850 und kennzeichnet eine Epoche besonders starker klimatischer Extreme mit häufigen außergewöhnlichen Kälteeinbrüchen. Diese Abkühlung war global zu beobachten (Grove 1988, Lamb 1989, Hsü 2000, Fagan 2000, Flannery 2007, Behringer 2007). Sie begann nach dem Wärmeoptimum des Hochmittelalters (Kap. 29) und dauerte mehr als ein halbes Jahrtausend an. Neben schneereichen kalten Wintern und feuchtkalten Sommern gab es jedoch Phasen, in denen das Wetter fast „normal“ war oder sogar regelrechte Hitzesommer vorkamen. Insgesamt gesehen ist die Kleine Eiszeit also durch klimatische Wellenbewegungen unterschiedlicher Amplituden zu charakterisieren. In den Alpen traten gehäuft Schneefälle bis in den Sommer hinein auf, sodass insbesondere die Gletscher seit 1300 kräftige Vorstöße zeigten und Bilder bis in die Täler reichender Eisdecken zu einer Ikone dieser Zeit geworden sind (Abb. 31.1).

Beschränkt man sich weitgehend auf Europa, so wurden von den Zeitzeugen vor allem kurzfristige Veränderungen des Wetters während der Kleinen Eiszeit registriert: die langen, nicht endenden Winter mit ihrer eisigen Kälte, das Übermaß an Schnee, das häufige Zufrieren von Flüssen, Seen und Meeren. Doch nicht nur die Winter waren außerordentlich kalt, sondern es traten gleichzeitig sehr kalte Sommer auf. Zusätzlich zu den niedrigen Temperaturen, die sich im Mittel etwa 2 °C unter dem heutigen Jahresdurchschnitt bewegten, war ein erhöhter Niederschlag zu verzeichnen, der deutlich über dem heutigen Jahresmittel lag (Pfister 1999; Glaser 2001, 2008). Kaltfeuchte Sommer waren neben den schneereichen Wintern damit das zweite Kennzeichen der Kleinen Eiszeit.

Charakteristisch war darüber hinaus eine Änderung der saisonalen klimatischen Jahresrhythmen. Der erste Frost setzte im Oktober – mehr als einen Monat früher als heute – ein, entsprechend blieb der Schnee bis März oder sogar April liegen. Für das Jahr 1318 gibt es

Grindelwald-Gletscher (Schweizer Alpen) 1826

Grindelwald-Gletscher (Schweizer Alpen) 2002

31.1 Grindelwald-Gletscher im Jahr 1826 (Samuel Birmann: Eistor des Unteren Grindelwaldgletschers [Ausschnitt], Bleistift, Feder, Aquarell und Deckweiß, Kunstmuseum Basel, Kupferstichkabinett) und 2002 (Fotos: H. J. Zumbühl [Geographisches Institut Universität Bern]).

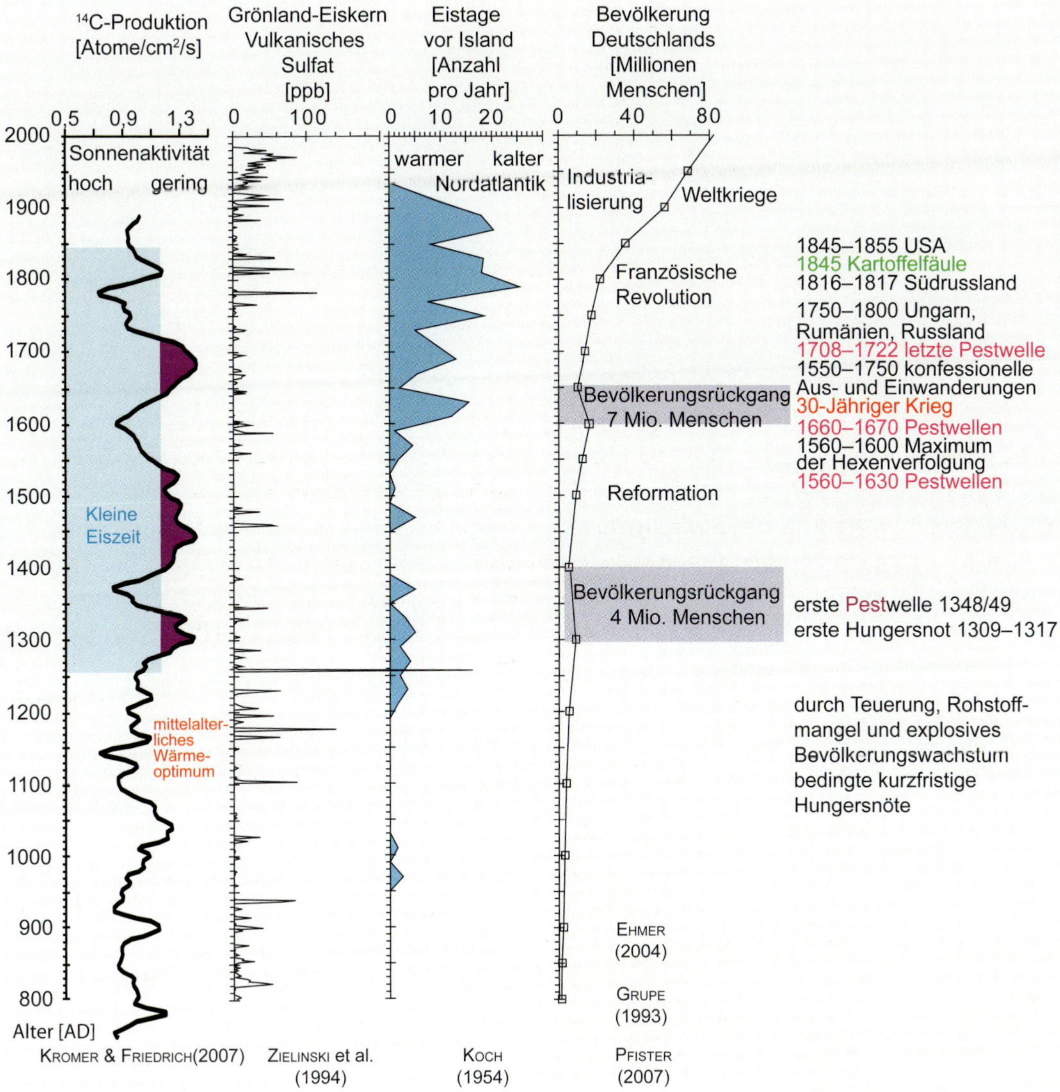

31.2 Bevölkerungszahlen für Mitteleuropa (Pfister 2007, Ehmer 2004, Grupe 1993), Meereis vor Island erfasst aus Schiffsbeobachtungen (Koch 1954), Sonnenaktivität berechnet aus ¹⁴C-Aktivität der Atmosphäre (Kromer & Friedrich 2007) und Zeitreihe der globalen Vulkanaktivität berechnet aus dem SO_4 in einem Eiskern aus Grönland (Zielinski 1997).

Berichte über Schneefälle selbst im Juni (Glaser 2001, 2008). Für die weitgehend landwirtschaftlich geprägte Bevölkerung jener Zeit stellten diese Schwankungen in Temperatur und Niederschlägen ein die Existenz bedrohendes Problem dar. Wegen der Abhängigkeit von der Landwirtschaft (Subsistenzwirtschaft) hatte man den ersten Ernteausfällen Anfang des 14. Jahrhunderts als Folge zunehmender Witterungsextreme und Klimaanomalien kaum etwas entgegenzusetzen gehabt.

Die Kleine Eiszeit folgte unmittelbar auf das Klimaoptimum des Mittelalters zwischen etwa 1000 und 1300 (Abb. 31.2). Die Klimagunst während des mittelalterlichen Klimaoptimums lässt sich auf eine erhöhte Häufigkeit von Hochdruckgebieten zwischen 45 und 65° N zurückführen (Glaser 2001, 2008; Pfister 1988). Diese Hochdruckgebiete hatten ihren Ursprung zwar südlich der Westwindzone, sie konnten sich aber in die Westwindzone hineinverlagern und dort jeweils über Zeitperioden von bis zu mehreren Wochen den klimatischen Einfluss des Westwindes blockieren. Das gehäufte Auftreten solcher Hochdruckgebiete – auch Antizyklonen genannt – kann zu heißen Sommern mit geringen Niederschlägen führen. Es wird vermutet, dass sich nach 1300 über dem westlichen Europa häufig eine Warmluftrinne bildete (Abb. 7.5), die für die auf das mittelalterliche Optimum folgende Dürreperiode verantwortlich war.

Das mittelalterliche Temperaturoptimum fiel mit einer Phase starker Sonnenaktivität zusammen, die von 1100 – 1260 reichte (Abb. 31.2). Ab 1250 ging die Aktivität der Sonne dann aber kräftig zurück und erreichte ein erstes Minimum um 1300, etwa zeitgleich mit einer Abkühlung des Nordatlantiks. Für den Beginn dieser Übergangsphase dokumentiert der Schwefelgehalt im grönländischen Eis eine kräftige Vulkaneruption um 1250, die eventuell mit einem Ausbruch des Ätna in

31.3 „Winterlandschaft". Gemälde von Pieter Breughel d. Ä. aus dem Jahr 1565. Original im Kunsthistorischen Museum Wien.

Verbindung stehen könnte, von dem im 13. Jahrhundert insgesamt drei größere Eruptionen überliefert sind.

Der Klimaumschwung war in Mitteleuropa von häufigen Hochwasserereignissen und nasskalten Sommern gekennzeichnet und markiert zweifellos den Beginn der Kleinen Eiszeit. Konsequenz dieser länger andauernden extremen Wetterlagen nach dem mittelalterlichen Wärmoptimum waren zunächst vereinzelte Hungerkatastrophen, die schließlich zwischen 1315 und 1318 zu einer europaweiten Hungersnot führten (Abb. 31.2; Kap. 30). Das Ausmaß des Hungers aufgrund von Ernteausfällen – bedingt durch feuchtkalte Sommer – war beträchtlich. Bei zu niedrigen Temperaturen und lang anhaltender Kälte im Frühjahr konnte die Aussaat nicht erfolgen oder kam in nasskalten Sommern nicht zur Reife beziehungsweise verfaulte auf dem Halm. Selbst wenn das Getreide geerntet werden konnte, führten Pilzinfektionen, zum Beispiel Mutterkorn (Abb. 31.4), zu einer minderen Qualität der Nahrung. Diese ständige Mangelsituation äußerte sich beispielsweise in geringer Körpergröße und häufigen Entwicklungsstörungen der Menschen (Hoppa & Fitzgerald 1999).

31.4 Dauerform des Mutterkornpilzes *Claviceps purpurea* (auch Hungerkorn, Tollkorn genannt), der auf Ähren verschiedener Getreide und auf Gräsern wächst. Mutterkorn – auf der Abbildung an Weizen – produziert giftige Alkaloide, die bei Verzehr unter anderem zu Ergotismus (Antoniusfeuer) führen können. Typische Symptome sind zum Beispiel Darmkrämpfe, absterbende Finger und Zehen und Halluzinationen.

Mangelernährung und Hunger begünstigten zudem das Auftreten von Infektionskrankheiten, zum Beispiel von Tuberkulose, und die Verbreitung von Seuchen beziehungsweise Epidemien, wie Pest, Cholera, Typhus und Fleckfieber. Die höhere Krankheitsanfälligkeit und der damit einhergehende Anstieg der Mortalität zeitigten während der gesamten Kleinen Eiszeit weitreichende demographische Auswirkungen auf die Dynamik der Bevölkerungsentwicklung (Abb. 31.2). Allein die Auswirkungen der Pest führten im 14. Jahrhundert zu einer Verringerung der Bevölkerung Europas um etwa 40 % (Vasold 2003). Nach dem ersten großen Sterben blieb die Pest über 400 Jahre hinweg ein periodisch wiederkehrender Begleiter der Menschen.

Nach einer klimatisch relativ unauffälligen Periode von 1500 – 1550 begann dann um etwa 1560 – 1630 die zweite große Kältephase der Kleinen Eiszeit. Um 1565 wurden die Winter von einem auf das andere Jahr extrem kalt (Glaser 2001, 2008; Pfister 2007).

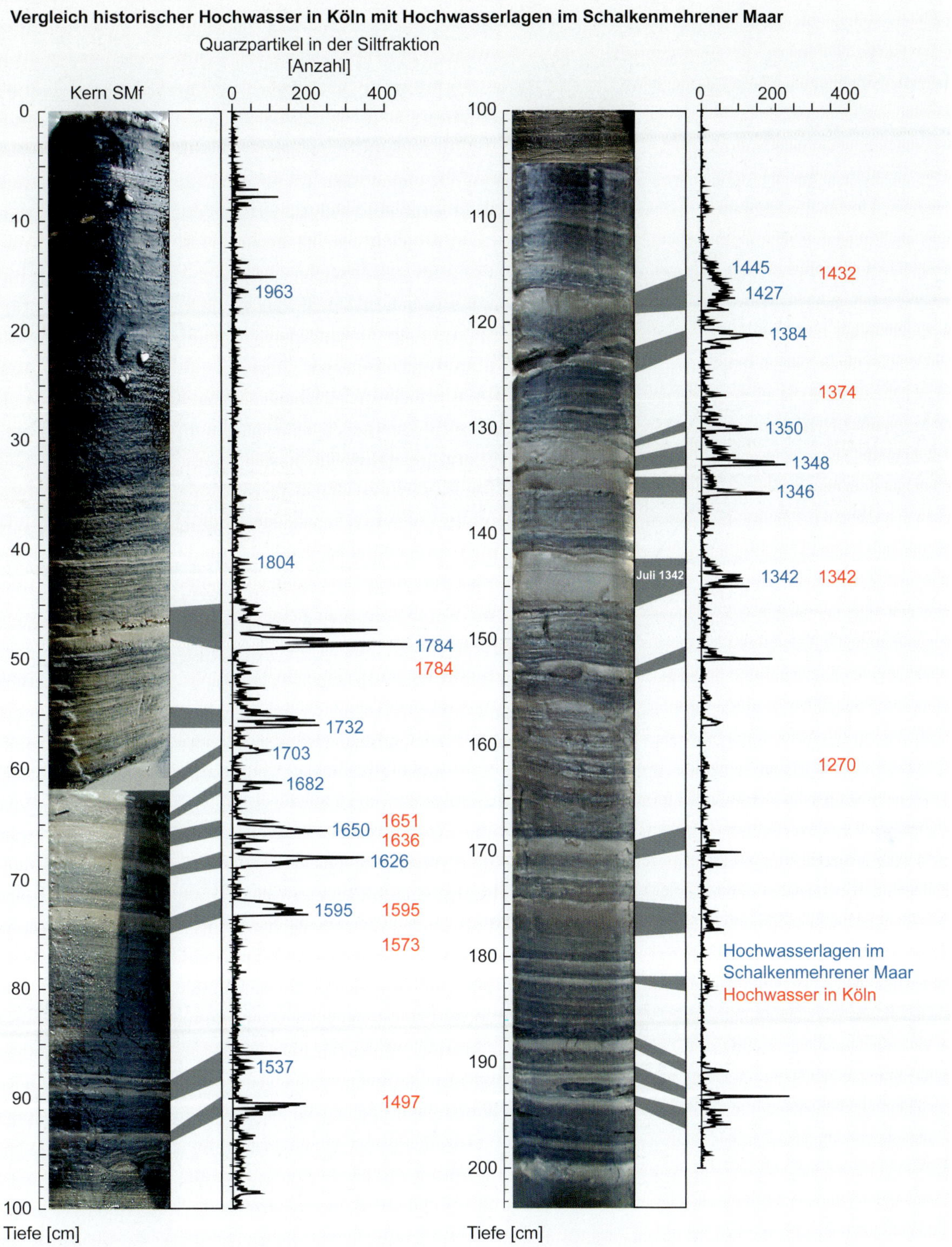

31.5 Foto des Freeze-Kernes SMf aus dem Schalkenmehrener Maar mit Hochwasserlagen und einer Auflistung historisch dokumentierter Hochwasser am Rhein bei Köln und Düsseldorf (rot) sowie am Schalkenmehrener Maar (blau).

Eine solche Reihe nicht nur bitterkalter, sondern auch schneereicher Winter kennzeichnete die letzten Jahrzehnte des 16. Jahrhunderts und inspirierte nicht zuletzt unter anderem den Maler Pieter Breughel d. Ä. zu seinen Winterlandschaften (Abb. 31.3). Den kalten schneereichen Wintern folgten auf großräumige Warmlufteinbrüche im Frühjahr oftmals starke Schneeschmelzen und nachfolgend Hochwasser, die als helle Lagen im Kern SMf aus dem Schalkenmehrener Maar dokumentiert sind (Abb. 31.5).

Zu Beginn der zweiten Kaltphase konnte man – nach einer vorausgehenden Ruhephase – wiederum zugleich eine erhöhte vulkanische Tätigkeit beobachten, die erneut mit einer schwachen Sonnenaktivität zusammenfiel. Innerhalb von nur zwei Jahrzehnten brachen 1580 der Billy Mitchell auf Bougainville (Melanesien), 1586 der Kelut und 1593 der Raung auf Java, 1593 der Nevado del Ruiz in Kolumbien und 1600 der Huaynaputina in Peru aus. Zeitgleich sanken die Meeresoberflächentemperaturen im Nordatlantik.

Gegen Ende der Kleinen Eiszeit war ab dem ausgehenden 18. Jahrhundert eine weitere Häufung schwerer Vulkanausbrüche innerhalb weniger Jahrzehnte zu verzeichnen. Diese Phase begann 1783 mit dem Ausbruch des Laki (Island) und setzte sich 1812 mit dem Soufriere on Saint Vincent (Guadeloupe), 1814 dem Mayon (Phillipinen) und 1815 dem Tambora (Sumbawa) fort (Kap. 8). In diesen Zeitraum fiel auch die letzte dramatische Kältephase zwischen 1805 und 1820 (Fagan 2000). Historisch bedeutsame Auswirkung dieser unerwartet kalten Winter war der Hunger- und Kältetod der napoleonischen Armee (Abb. 31.6) im Winter 1812 in Russland (Signoli et al. 2004). Die weltweit zu beobachtenden Auswirkungen der Tambora-Eruption von 1815 sind in die Geschichte als das „Jahr ohne Sommer" eingegangen (Kap. 8).

Die Folgen der Kleinen Eiszeit für die Menschen sind – anders als für ältere Zeiten der Menschheitsgeschichte – durch eine ausgezeichnete allgemeine Quellenlage gekennzeichnet. In der Forschung zur Kleinen Eiszeit dominiert die Beschäftigung mit den „gravierenden sozioökonomischen Folgen" für den Menschen (Schönwiese 1992) beziehungsweise die Betonung der „gesellschaftlichen Krisenaspekte" (Behringer et al. 2005).

Wenn es an natürlichen Erklärungen fehlt, tritt häufig „das archaische Paradigma der Sündenökonomie" in Kraft (Behringer et al. 2005). In diesem Kontext werden Katastrophen als Fingerzeige Gottes aufgefasst, wofür Buße geleistet oder ein Schuldiger gesucht werden muss. In einer Welt, die noch keine wissenschaftlichen Erklärungen für Wetterphänomene hatte und in der die Einflussfaktoren auf das Klima erst noch entdeckt werden mussten, waren die Schuldigen für Wetterextreme, Missernten, Seuchen und Tod schnell gefunden: Hexen und Hexenmeister. Dies waren nicht nur ältere Frauen, sondern sozial Schwache, gesellschaftliche Außenseiter, Fremde, Landstreicher und so weiter. Die Gründe für solche Hexenverfolgungen sind sehr komplex, zielen aber meist auf die Abstellung von Schadenszaubern gegen Menschen, Tiere oder die Ernte. Traurige Berühmtheit erlangte im Zusammenhang mit dem Klima der Fall von Kaspar Haintz, der 1653 in Gmünd in Österreich als Wettermacher hingerichtet wurde.

Andererseits bleibt in solchen Phasen der Geschichte erstaunlicherweise jedoch auch Raum für Innovationen. Wendland & Bryson (1974) demonstrieren anhand der Auswertung von ^{14}C-Daten, wie relativ zeitgleich kulturelle Veränderungen denen der Umwelt folgten. Im Verlauf der Kleinen Eiszeit waren es unübersehbar die Abkehr vom allgemeinen, bis dato von der Religion bestimmten Weltbild und vom Ständewesen des Mittelalters sowie die Hinwendung zur Antike. Die neue Weltsicht stellte den Menschen in den Mittelpunkt und beflügelte Wissenschaft, Politik, Religion und Kunst. Ausgangspunkt war vor allem der Süden Europas, der durch zunehmenden Handel immer stärker mit dem Norden in Kontakt trat. Was die Politik angeht, lassen sich zum Beispiel die Ereignisse der Französischen Revolution mit Sicherheit nicht allein auf Missernten oder Wetterextreme zurückführen. Aber es erscheint fraglich, ob das Ende der Monarchie in Frankreich ohne den Hintergrund akuter Versorgungs- und Hungerkrisen den gleichen Ausgang genommen hätte. Die anhaltenden Missernten führten jedenfalls zu immer wieder aufflammenden Hungerunruhen in der Bevölkerung und zu Protesten für eine bessere Versorgung mit Grundnahrungsmitteln. Daher war die wirtschaftliche Lage des Landes sicher entscheidend mit dafür verantwortlich, dass sich breite Bevölkerungsschichten so leicht mobilisieren ließen (Behringer et al. 2005).

Die Zeit des Klimaoptimums im deutschen Mittelalter (850 – 1300) ist durch ein expansives Bevölkerungswachstum gekennzeichnet und ließ die Einwohnerzahlen von etwa 1,6 Mio. zu Beginn auf etwa knapp 9 Mio. um etwa 1300 ansteigen. Die demographische Entwicklung während der darauf folgenden Kleinen Eiszeit ist durch zwei tiefe Einschnitte gekennzeichnet: Im 14. Jahrhundert waren es vor allem durch Klimaextreme bedingte Hungersnöte und das massive Auftreten der Pest, welche die erste demographische Krise dieser Zeitepoche auslösten und die Einwohnerzahlen auf etwa 5 Mio. am Ende des 14. Jahrhunderts sinken ließen. Zu den Versorgungskrisen oder auch den periodisch wiederkehrenden Seuchenzügen, welche die Bevölkerung dezimierten, kamen die Landflucht sowie in der zweiten Phase der Kleinen Eiszeit kriegerische Auseinandersetzungen und zunehmend Auswanderungen. Zuletzt gab es auch Verzweifelte, die keinen Ausweg aus der Misere sahen und ihrem Leben ein Ende setzten.

Zum Ende des 30-Jährigen Krieges war die Bevölkerung Deutschlands von etwa 16 Mio. auf 10 Mio. zurückgegangen (zweite demographische Krise). Verließen die ersten Auswanderer zwischen 1550 und 1750 primär aus konfessionellen Gründen das Land, waren es ab 1760 dann vor allem wirtschaftliche Gründe, die noch vor Beginn der Französischen Revolution viele Auswanderer zunächst in den Osten nach Russland, Ungarn und Rumänien führten. Diese erste Auswanderungswelle dauerte bis etwa 1820 und entspricht der Zeit häufiger Vulkaneruptionen, eingeleitet durch die Eruption des Laki 1783. Die eigentliche große Auswanderungswelle nach Nordamerika lag allerdings erst am Ende der Kleinen Eiszeit und reichte von 1840 bis zum Ende des Jahrhunderts.

Der Höhepunkt der Auswanderungswelle um die Mitte des 19. Jahrhunderts folgte unmittelbar auf die Jahre der Kartoffelfäule, die zwischen 1845 und 1849 in ganz Europa die Kartoffelernte stark schädigte und vor allem in Irland zum völligen Ausfall der wichtigsten Nahrungsgrundlage, gefolgt von extremer Hungersnot führte (Lamb 1989). Der Erreger der Kartoffelfäule ist ein Algenpilz *(Phytophthora infestans)*, der etwa um 1840 aus Nordamerika nach Europa eingeschleppt wurde. In feuchten Sommern findet der Erreger beste Bedingungen für seine Verbreitung.

Die Zeit um 1845 – 1849 ist weder in der Zeitreihe der Vulkaneruptionen besonders sichtbar, noch zeigt sich eine Änderung in der Sonnenaktivität. Die beiden Hauptanfachungsmechanismen für die Kleine Eiszeit können hier also nicht gewirkt haben. Auffällig ist aber die extreme Ausbreitung von Meereis über dem Nordatlantik bis in die Golfstromregion hinein. Da der Nordatlantik die „Wetterküche Europas“ ist, muss der Fluss fühlbarer und latenter Wärme vom Ozean auf den Kontinent zur Zeit der Meereisbedeckung stark verringert gewesen sein. Auch verlagerte sich die Zugbahn von Tiefdruckgebieten weiter nach Süden und über Nordeuropa und Nordatlantik dominierten Hochdrucklagen, die mit kalten Wintern und heißen Sommern einhergingen. Aller Wahrscheinlichkeit nach war es also der Nordatlantik, der in dieser Endphase der Kleinen Eiszeit die Wetteranomalien verursachte.

Die Bedeutung und die Rolle des Klimas für die biologische und kulturelle Evolution des Menschen werden oft unterschätzt. Zweifellos sind Einzelereignisse, zum Beispiel Hochwasser, wie auch langfristige Klimaänderungen nicht direkt als Auslöser für alle Krisen der Vergangenheit verantwortlich zu machen, aber sie gelten prinzipiell als essenzielle Einflussfaktoren auf den Verlauf der Geschichte (Behringer 2007). Ebenso wie kriegerische Auseinandersetzungen, Seuchen und Epidemien können sie weitreichende soziale und politische Veränderungen mit sich bringen (McNeill 1978). Betrachtet man die demographische Entwicklung Deutschlands während der Kleinen Eiszeit, scheint zumindest das Klima keine Auswirkungen darauf genommen zu haben. Die Bevölkerungszahlen blieben bis auf zwei gut begründbare Einbrüche konstant oder stiegen sogar trotz Wetterextremen – wenn nicht Seuchen und Kriege, Landflucht und Auswanderung letztlich eine Bevölkerungsdepression und das Wüstwerden ganzer Landstriche erzwangen. Es liegt nahe, dass Hochwasser, kalte und verregnete Sommer und Extremwinter nicht grundsätzlich als unvermeidbare Schicksale des Lebens hingenommen wurden. Wenn sich die allgemeine wirtschaftliche Lage zum Beispiel durch Nahrungsknappheit, Teuerungen und Hungerperioden dramatisch verschlechterte und dafür unerklärliche Klimaanomalien verantwortlich gemacht wurden, schien Auswanderung oftmals den einzigen Weg aus der Misere zu bieten.

31.6 Napoleons Armee auf dem Rückzug aus Russland im Winter 1812 (Gemälde von Adolf Northern).

32

Das „Jahr ohne Sommer" – preußische Aufforstung und Industrialisierung

Karen David-Sirocko, Heini Wernli und Frank Sirocko

Der Raubbau an den Wäldern der Eifel hatte schon im Mittelalter begonnen und insbesondere im Verlaufe der französischen Besetzungen seit 1794 hatten Rodungen für die Eisenindustrie zu einer flächenhaften Wüstung geführt. Ein Freeze-Kern aus dem Ulmener Maar und das zugehörige Pollendiagramm belegen diese ausgebeutete Landschaft durch hohe Anteile von Heide und dem Unkraut Beifuß (Abb. 32.1) Mit der Niederlage der französischen Revolutionstruppen im Jahr 1814 begann ein neues Zeitalter. Die Eifel wurde nach ihrer Übernahme durch Preußen im Jahre 1815 zunächst als „preußisch Sibirien" bezeichnet (Avenarius 1974). Die neue Regierung begann aber sofort mit einer Wiederaufforstung, wobei man allerdings statt der einheimischen Laubgehölze schnellwüchsige Fichten und Kiefern anpflanzte (Abb. 32.1). Die Fichte diente nun als „Brotbaum" der Eifel. Das Landschaftsbild wurde jedoch noch lange durch karge Heideflächen bestimmt.

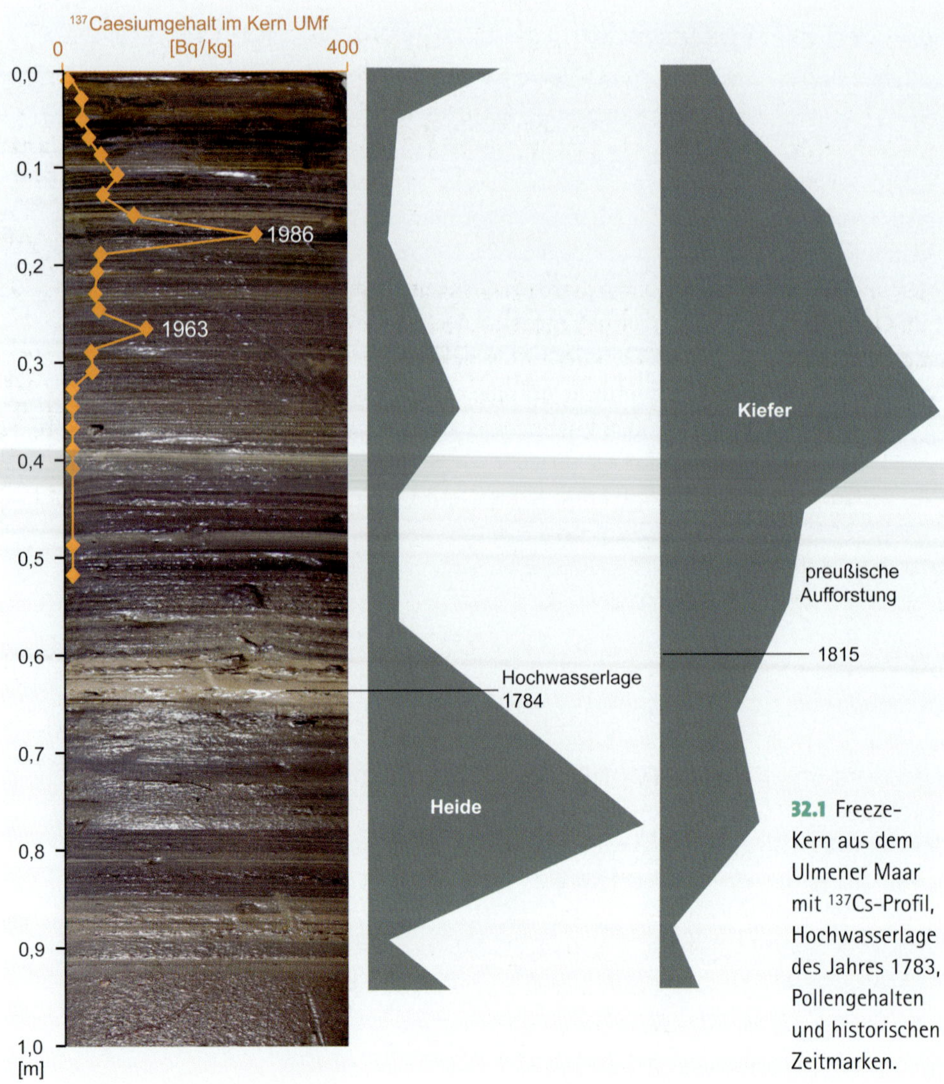

32.1 Freeze-Kern aus dem Ulmener Maar mit ^{137}Cs-Profil, Hochwasserlage des Jahres 1783, Pollengehalten und historischen Zeitmarken.

Die Jahre der Franzosenherrschaft waren zudem durch klimatische Extreme geprägt. Lang anhaltende Dürre, ein kalter Winter und heftige Schmelzwasser kennzeichneten die Jahre 1783/84. In das Jahr 1783 fällt der Ausbruch des Vulkans Laki auf Island – der stärkste Vulkanausbruch, der aus den hohen Breiten der Nordhemisphäre bekannt ist (Highwood & Stevenson 2003, Oman et al. 2006). Die Eruption im Süden Islands begann am 8. 6. 1783 und dauerte acht Monate mit zehn intensiven, ein- bis dreitägigen Ausstoßphasen. Der größte Anteil von insgesamt 14,7 km³ basaltischer Lava wurde allerdings schon in der ersten Phase ausgestoßen. Es wird geschätzt, dass durch die Laki-Eruption (Abb. 32.2) 122 Mio. Tonnen Schwefeldioxid in die Atmosphäre gelangt sind, dies ist etwa das Zehnfache vom Ausbruch des El Chichón (1982) und das Hundertfache von dem des Mount St. Helens (1980). Umstritten ist, wie groß der Anteil des Schwefeldioxids ist, der bis in die untere Stratosphäre, also in Höhen von mehr als etwa 10 km, emittiert wurde. Ebenfalls umstritten ist, wie viele Schwefelsäureaerosole (H_2SO_4), das heißt flüssige Schwebeteilchen, aus dem gasförmigen Schwefeldioxid gebildet wurden. Durch Deposition von Schwefeldioxid in den Tagen nach der Eruption, zum Teil in Form von saurem Regen, entstanden erhebliche Umweltschäden (Thordarson & Self 2003). In Island starb der größte Teil des Viehs durch kontaminiertes Gras und als Folge der Ernteausfälle. Nach Schätzungen wurde die Einwohnerzahl der Insel in den folgenden Monaten aufgrund von Hungersnöten um etwa ein Viertel reduziert.

Dass solch starke Vulkaneruptionen einen erheblichen Einfluss auf das Klima haben können, wurde schon in Kapitel 8 erklärt. Entsprechend war bereits der Sommer 1783 in Europa außergewöhnlich warm. Offensichtlich hat er zu ungewöhnlichen Druckverhältnissen über dem Nordatlantik geführt. Die Julitemperaturen in Deutschland lagen 1 – 3 °C über dem 30-jährigen Mittel (Pfister 1999, Glaser 2001, 2008). Im Zentrum Englands war 1783 der wärmste Sommer in der bis zum Jahr 1981 reichenden Messzeitreihe. Der anschließende Winter 1783/84 war dagegen an vielen Orten der Nordhemisphäre anomal kalt. Im Osten der USA lag die durchschnittliche Wintertemperatur immerhin 4,8 °C unter dem 200-jährigen Mittel. In Mitteleuropa fiel während dieses relativ kalten Winters vermehrt Schnee (Glaser 2001, 2008). Ein mit heftigem Regen verbundener Warmlufteinbruch Ende Februar führte zu einer abrupten Schneeschmelze mit starken Hochwassern an einer Vielzahl von Flüssen. So wurden zum Beispiel in Prag große Teile der Stadt überflutet und dabei viele Häuser zerstört, in Heidelberg kam es – in Verbindung mit einem Eisstau auf dem Neckar – zum Einsturz der „Alten Brücke". Hochwassermarken an Häusern entlang vieler Flüsse Mitteleuropas belegen, dass das Winterhochwasser von 1784 eines der extremsten der frühen Neuzeit war (Glaser 2001, 2008).

Die historisch gut dokumentierten extremen winterlichen Hochwasser im Januar und März 1784 lassen sich in den Maarsedimenten nachweisen. Die Abbildung 32.1 zeigt für das Ulmener Maar am Ende der Wüstungsphase (Heidepollen) eine zentimeterdicke auffällige zweigegliederte Lage von Silt und Feinsand, die auf die Januar- und Märzhochwasser des Winters 1783/84 zurückgehen dürften. Charakteristisch ist, dass die beiden klastischen Lagen durch eine Lage mit Holzpartikeln getrennt sind. Da der Warmlufteinbruch im Januar den gesamten Schnee des Winters zum Schmelzen brachte, ist offensichtlich bis in den anstehenden Boden hinein durch das erste Schmelzwasser Material erodiert worden. Im Februar fiel dann Neuschnee, der im März bei einem zweiten Warmlufteinbruch wiederum schmolz; diese Folge von Wetterextremen entspricht genau dem Aufbau der Doppellage.

Ein noch stärkerer Vulkanausbruch fand im April 1815 auf der Insel Sumbawa in Indonesien statt, das heißt in den Tropen. Die Eruption des Tambora war mit 1,4 Gigatonnen Lava die größte historisch bekannte Vulkaneruption überhaupt (Oppenheimer 2003; Abb. 32.2). Die Höhe des Vulkankegels verringerte sich durch den Ausbruch von etwa 4300 auf 2851 m. Aschenniederschläge erstreckten sich bis zu einer Entfernung von 1300 km. Bei der Katastrophe verlor fast die gesamte Inselbevölkerung (ungefähr 10.000 Einwohner) ihr Leben. Zusätzlich starben mehr als 50.000 Menschen in Indonesien durch die dem Ausbruch folgenden Flutwellen und Hungersnöte. Auch in Europa verursachte diese Eruption deutliche Signale. Der europäische Sommer 1816 war der kälteste seit Beginn

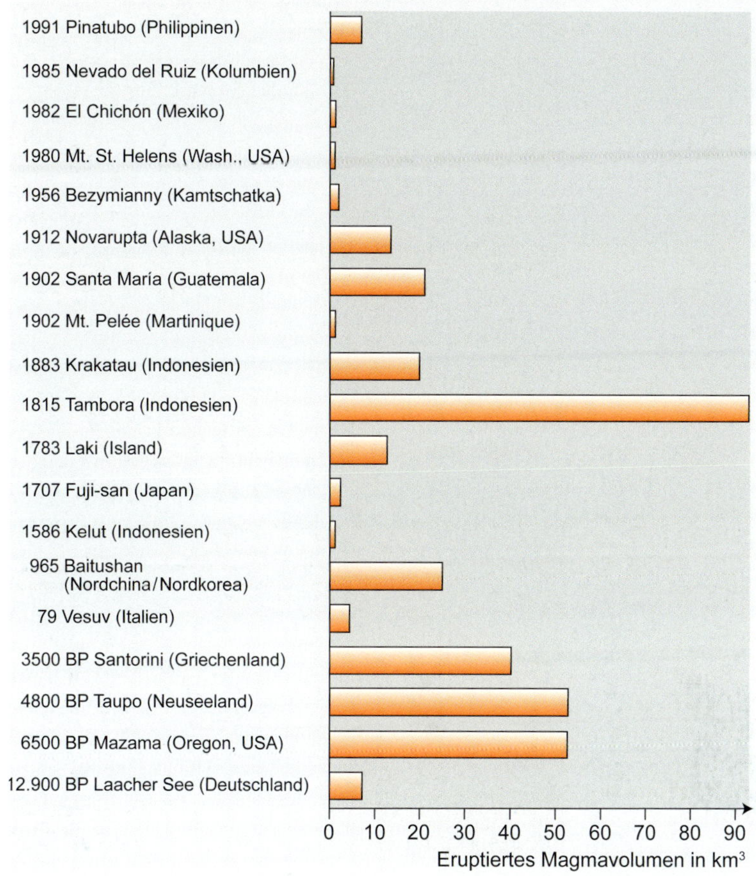

32.2 Zusammenstellung der größten Vulkanexplosionen der letzten 13.000 Jahre (nach Schmincke 2000).

32.3 „Frau vor untergehender Sonne“ auf einem Gemälde von Caspar David Friedrich (1818) aus dem Museum Folkwang Essen.

der meteorologischen Aufzeichnungen und wurde im Volksmund das „Jahr ohne Sommer“ genannt. Neben einem weitgehenden Ausfall der Ernte waren Hungersnöte, Emigrationswellen und Typhusepidemien Konsequenzen dieses sehr kalten und feuchten Sommers.

Interessanterweise fanden starke Vulkanausbrüche wie die des Laki und Tambora auch in der Kunst ihren Niederschlag. Die große Aerosolbelastung in den Wochen nach den Eruptionen führte häufig zu einer charakteristischen Rotverfärbung des Himmels. Diese wurde von Künstlern der Zeit in ihre Gemälde aufgenommen, sodass die Himmelsfarbe in Gemälden der Periode 1500 – 1900 als Index für starke vulkanische Aktivität interpretiert wurde (Zerefos et al. 2007). Gemälde mit stark rot gefärbtem Himmel entstanden sowohl nach dem Laki-Ausbruch als auch nach der Tambora-Eruption, zum Beispiel von Caspar David Friedrich (Abb. 32.3).

Der Sommer 1831 war wieder außerordentlich heiß, wobei nach einem sehr trockenen Frühjahr im Spätsommer die Stadt Ulmen zu großen Teilen nieder-

32.4 Schloss, Eisenhütte und Park in Sayn bei Neuwied. Kolorierter Stahlstich von G. Zickl und J. Tanner, um 1850 (Quelle: Archiv Schloss Sayn).

32.5 Postkartenansicht des Schalkenmehrener Maares im Jahr 1900.

32.6 Foto eines pflügenden Bauern am Hang des Schalkenmehrener Maares.

brannte. In den Kernen aus dem Ulmener Maar findet sich eine Lage mit vielen Holzkohleresten, die dies dokumentiert. Missernten, Teuerungen und eine Mäuseplage kennzeichneten die Jahre 1842, 1843, 1845 und 1846. Im Jahre 1849 wurde dann auch die Eifel von der Kartoffelfäule heimgesucht (Kap. 31). Im selben Jahr herrschte strenge Kälte bis Ostern mitsamt einer Wolfsplage im Winter. Eine Choleraepidemie dezimierte die Bevölkerung 1866 abermals.

Neben Veränderungen in der Forst- und Landwirtschaft wurden ab Mitte des 19. Jahrhunderts Industrien beziehungsweise Manufakturen für die Eisengewinnung, den Steinabbau oder die Wollproduktion aufgebaut. 1830 entstand in Sayn (Hessen) die drittgrößte Eisenhütte Preußens (Abb. 32.4). Seit etwa 1850 blühte die Schwemmsteinindustrie auf, zuvor waren Tuffe und Bimse als Baumaterialien abgebaut worden. Erst nach der Reichsgründung, im letzten Drittel des 19. Jahrhunderts, wurde die Eifel über Schienennetze an überregionale Verkehrsadern angebunden, zum Beispiel 1871 mit der Strecke von Köln nach Trier. Selbst Kaiser Wilhelm II. kam mehrfach in die Eifel; so nahm er im Jahr 1913 an einem Festgottesdienst in der gerade fertiggestellten Gerolsteiner Kirche teil. Gerolstein erlebte mit der Mineralwasserförderung einen wirtschaftlichen Aufschwung.

Zur Verbesserung der infrastrukturellen Situation wurden mit zunehmender Industrialisierung und Technisierung einschneidende Veränderungen der Landschaft vorgenommen. Seespiegelabsenkungen führten zu einem Flächenzugewinn für Wiesen und Ackerland; in der Landwirtschaft wurde seit der Mitte des 19. Jahrhunderts Kunstdünger verwendet, und in den Maarseen dokumentiert sich schon ab 1860 eine Eutrophie-

32.7 Ölgemälde von Wilhelm Degode: „Eifel im Frühling“, 1912.

32.8 Luftbild des Lava-Steinbruches am Wartgesberg.

rung. Die Sedimente zeigen nunmehr schwarze Farbe durch hohe Fixierung von organischem Kohlenstoff und es blühten Diatomeenarten, die nur in nährstoffreichen Gewässern gedeihen können (Abb. 2.5).

Am Beginn des 20. Jahrhunderts war die Landschaft rund um das Schalkenmehrener Maar immer noch sehr offen (Abb. 32.5) und intensiv bewirtschaftet. Insbesondere Regenfälle, die im März auf die frisch umgebrochene Ackerscholle niedergingen, müssen die Bodenerosion kräftig beeinflusst haben. Vermutlich ist es die Kombination von Bodenerosion nach starker landwirtschaftlicher Nutzung und kräftigen Schneeschmelzen, die für die vielen hellen Sedimentlagen verantwortlich ist (Abb. 32.6).

Gegen Ende des 19. Jahrhunderts entdeckten Künstler der sogenannten Düsseldorfer Malerschule die Eifellandschaft als Motiv; unter ihnen wurde Fritz von Wille (1860 – 1941) besonders bekannt, aber auch Wilhelm Degode (1862 – 1931), der viele Felsformationen im Raum Gerolstein und die Landschaft der Vulkaneifel malte (Abb. 32.7). Den Malern galt um 1900 die Eifel gerade in ihrer herben, vom Menschen wenig überformten Gestalt als reizvolles Thema.

Die heutige Eifel dagegen zeigt ein völlig anderes Gepräge und lässt nur selten noch Anklänge an die alte Kargheit erkennen. Im Verlauf des 20. Jahrhunderts aufgeforstete Fichten und Tannen prägen die Landschaft. Der Abbau der natürlichen Ressourcen (Lava und Tuff als Baumaterial, Mineralwasser, Kalk für die Zementherstellung) ist über die letzten 3000 Jahre seit Beginn der Hallstattzeit immer ein wichtiger ökonomischer Faktor für die Region gewesen (Abb. 32.8), in seiner wirtschaftlichen Bedeutung heute nur noch vom Tourismus übertroffen.

Zusammenfassung und Bewertung des Einflusses von Klima und Wetter auf die Menschheitsentwicklung

33

Frank Sirocko

Zusammenfassung

Am Ende dieses Buches sollen nun die wesentlichen Klimaprozesse und Entwicklungsschritte noch einmal zusammengefasst werden, um herauszuarbeiten, welche Prozesse im Klimasystem die Menschen in der Vergangenheit wirklich beeinflusst haben. War es überhaupt das Klima, das auf die Kulturentwicklung gewirkt hat, oder waren es nicht eher die Vegetation, die allerdings abhängig vom Klima ist, und die Ertragshöhe in der Landwirtschaft, die ihrerseits wiederum vom Wetter abhängig ist, welche über den Jagd- und Ernteerfolg entschieden und damit die Versorgung mit Nahrungsmitteln direkt kontrollierten? Auch herrschaftsstrukturelle, religiöse oder ökonomische Veränderungen stabilisieren oder destabilisieren eine Gesellschaft. Ob diese gesellschaftlichen Größen wiederum mit klimatischen Randbedingungen in Zusammenhang stehen oder sich völlig unabhängig davon entwickeln, ist die nächste Frage.

In diesem Buch haben 23 Autoren – Geowissenschaftler, Physiker, Meteorologen, Archäologen, Anthropologen und Kunsthistoriker – versucht, jede Wertung in der Beschreibung der Entwicklungen zu vermeiden, sondern sie haben einfach Zeitreihen von naturwissenschaftlichen Prozessen und archäologisch erfassten gesellschaftlichen Krisen nebeneinandergestellt, um zu prüfen, welche zeitlichen Übereinstimmungen es dabei gegeben hat. Nachfolgend werden die wesentlichen Entwicklungsschritte chronologisch geordnet noch einmal zusammengefasst.

Das frühe Quartär

Am Beginn des Eiszeitalters vor etwa 2,6 Mio. Jahren gab es in Mitteleuropa keine Hominiden (Abb. 10.1a). Sie entwickelten sich wahrscheinlich vor 2 Mio. bis 3 Mio. Jahren in Ostafrika. Die ältesten im Mittelrheingebiet gefundenen noch sehr groben Faustkeile der frühesten Menschen finden sich in den Sedimenten der Hauptterrasse des Rheins und datieren damit in die Zeit zwischen 800.000 – 600.000 BP. In diese Zeit fällt eines der wichtigsten globalen Umweltereignisse, nämlich der Ausbruch der großen Yellowstone Caldera im Nordwesten der USA um 640.000 BP, die heute als die weltweit größte Vulkaneruption des Quartärs angesehen wird. Etwa zeitgleich wurde auch die Eifel nach langer Ruhephase seit dem mittleren Tertiär wieder vulkanisch aktiv. In der Folge wuchsen die Inlandgletscher auf der Nordhemisphäre und es entwickelten sich Eiszeiten, in denen Inlandgletscher die nördlichen Gebiete Amerikas und Eurasiens bedeckten. Die erste kräftige Vereisungsphase erreichte ihre Maximalausdehnung um 450.000 BP. Seitdem kehren Eiszeiten mit einer Periode von etwa 100.000 Jahren rhythmisch wieder.

Das Paläolithikum

Die frühen Menschen in Mitteleuropa *(Homo heidelbergensis)* mussten damit von Beginn an auf extreme Kaltphasen reagieren. Ob sie sich anpassten, wegwanderten oder ausstarben und in den Warmzeiten wieder einwanderten, kann heute noch nicht rekonstruiert werden, da gut datierte terrestrische Geoarchive aus dieser Zeit in Mitteleuropa sehr selten sind. Auch über die sozialen Strukturen und die Nahrung dieser Menschen weiß man praktisch nichts.

Warmzeiten von mehreren Jahrtausenden Dauer, in denen Mitteleuropa von Wald bedeckt war, sind für die Zeit um 420.000 BP, 320.000 BP, 240.000 BP und 125.000 BP durch Pollenfunde nachgewiesen (Abb. 10.1 b). In den Wäldern dieser Warmzeiten lebten Waldelefanten, Hirsche, Wildschweine und Rehe, die von den seit etwa 300.000 BP in Mitteleuropa nachgewiesenen Neandertalern gejagt wurden. Eine wichtige Waffe des Neandertalers im unübersichtlichen Wald waren lange Lanzen aus Hartholz. Neben dem Großwild gehörten sicherlich aber auch die anderen Tiere und Früchte des Waldes zu seiner Nahrung. Auch in den Übergangszeiten zwischen Warm- und Kaltphasen, das heißt, als

Mitteleuropa von nordischen Wäldern mit Birken und Kiefern bedeckt war, ist der Neandertaler in der Region nachgewiesen. Er überdauerte selbst die starke Kaltphase von 70.000 – 60.000 BP.

Wie das in diesem Buch erstmals vorgestellte Pollenprofil aus dem Dehner Maar belegt (Abb. 11.3), gab es zumindest in Teilen von Mitteleuropa zwischen 55.000 BP und 45.000 BP eine letzte bewaldete Phase, in der sich in der Eifel – vermutlich eingewandert aus den warmen Hanglagen von Rhein und Mosel – Fichtenwälder, unter Umständen mit erheblichen Laubbaumanteilen, ausbildeten. In Norddeutschland dominierten Kiefern-Birken-Wälder; in der Schweiz sind dagegen ebenfalls ausgedehnte Fichtenwälder nachgewiesen. In den Eiskernen aus Grönland, die das Klima der Nordhemisphäre dieser Zeit extrem hochauflösend darstellen, findet sich zwischen 53.000 BP und 50.000 BP eine ausgeprägte Warmphase (Abb. 10.1). Veränderungen der Meeresoberflächentemperaturen des Nordatlantiks belegen für die gleiche Zeit Warmwasserzufuhr in den Norden durch das System „Golfstrom – Nordatlantikdrift – Tiefenwasserbildung“ (Abb. 11.1). Mitteleuropa erlebte also etwa vor 50.000 Jahren eine letzte kräftige Warmphase, die etwa um 46.000 BP zu Ende ging. Zu diesem Zeitpunkt am Ende des GI12 breiteten sich Gräser in der Eifelregion aus und die Wälder lichteten sich.

Ab etwa 45.000 BP änderten sich die Klimaverhältnisse auf der Nordhemisphäre dann schnell und nachhaltig. Zu dieser Zeit war der kontinentale Eisschild auf Nordamerika instabil geworden und zerbrach jetzt binnen weniger Jahrhunderte. Riesige Eisberge drifteten bis vor Portugal. Schmelzwasser kühlte den gesamten Nordatlantik ab und veränderte durch seine geringere Dichte im Vergleich zum salzigen Meerwasser die Strömungen im Nordatlantik. Der gesamte Nordatlantik wurde so von einem kalten Schmelzwasserdeckel überschichtet. Wichtigster Effekt dieser Überschichtung war die Unterbindung der Tiefenwasserbildung vor Grönland (Abb. 8.6). Solche Tiefenwasserbildung ist aber der wichtigste Motor für den Golfstrom, der wiederum warmes Meerwasser aus der Karibik bis vor die norwegische Küste transportiert und damit die „Zentralheizung“ für ganz Europa darstellt. Auf dem Weg nach Norden gibt das warme Karibikwasser seine Energie über Verdunstung und als fühlbare und latente Wärme an die Luft ab, die diese Energie dann in der Westwinddrift auf den euroasiatischen Kontinent führt, wo sie in Niederschlag und warmen Temperaturen resultiert. Dabei kühlt sich das Oberflächenwasser ab und wird durch die Verdunstung salzreicher, bis eine Dichte erreicht ist, die niedriger als die des atlantischen Tiefenwassers ist. Zu diesem Zeitpunkt muss das gealterte und schwer gewordene Golfstromwasser zwangsläufig in die Tiefe absinken, wo es dann zurück nach Süden strömt; mit der Folge, dass warmes Wasser an der Oberfläche nach Norden nachfließen kann (Abb. 8.6c).

Die nächste in den Sedimenten des Kernes D3 sichtbare Warmphase ist das GI10 von 43.000 – 41.000 BP. Auch am Ende dieser Warmphase strömten Schmelzwassereinbrüche aus dem nordamerikanischen Eisschild in den Nordatlantik. Für Europa hieß das: Ausbleiben der Niederschlag bringenden Tiefdruckfronten, kühle Nordwestwinde und der vermehrte Einfluss von extrem kalten Ostwinden aus einem kräftigen Hochdruckgebiet über Osteuropa.

Ab etwa 42.000 BP sieht man daher in den Sedimenten des Kernes D3 die ersten hellgelben Lagen (Abb. 11.2), die aus kräftigen Staubstürmen stammen, welche die Landschaft mit Lössablagerungen überzogen. Auch breitete sich die offene Graslandschaft weiter aus, durchsetzt nur noch mit einzelnen Gehölzinseln von Birken und Kiefern. Löss und Grassteppe weisen auf zumindest saisonal extreme Trockenheit. Diesen Klimabedingungen und dem offenen Charakter der Vegetation folgend, wanderten Steppentiere nach Mitteleuropa ein, Pferde, Rentiere, selbst das Mammut zeigte sich, vermutlich allerdings nur in den kältesten Phasen.

Ab 40.000 BP war nun auch der anatomisch moderne Mensch *(Homo sapiens sapiens)* in Mitteleuropa anzutreffen. Er muss aus den Steppen Südosteuropas gekommen sein, denn seine Wanderung *„Out of Africa“* hatte schon vor über 100.000 Jahren begonnen; um 70.000 BP zeigte er sich im östlichen Mittelmeerraum, dann ab 40.000 BP in Mitteleuropa. Es wird in der Forschung heftig gestritten, ob er dort auf den Neandertaler getroffen ist, sich mit ihm eventuell sogar vermischt beziehungsweise mit ihm koexistiert hat. Die oben beschriebenen Daten aus dem Kern D3 zeigen, dass der anatomisch moderne Mensch in eine sich schnell ändernde Landschaft vorgedrungen ist. Vor diesem Hintergrund der Vegetationsentwicklung könnte man sich vorstellen, dass der moderne Mensch, der aus den Steppen Ungarns nach Mitteleuropa zog, einfach seinem bevorzugten Jagdwild, dem Pferd, das sich in die jungen offenen Landschaften Mitteleuropas ausbreitete, folgte. Sobald in den Kaltphasen Rentiere aus Norden oder Osten heranzogen, wird er auch diesen nachgestellt haben. Schließlich lernte er sogar das Mammut zu bejagen, das vermutlich ab etwa 32.000 BP am Beginn der Hochphase der letzten Eiszeit in den mittleren Breiten immer häufiger wurde, da Bäume jetzt vollständig verschwunden waren und sich eine offene Tundrenlandschaft, in der häufig Staubstürme auftraten, etabliert hatte.

Die Lebensbedingungen in Mitteleuropa wurden in der nachfolgenden Zeit deutlich härter. Es war kälter, trockener, und es gab jedes Jahr im Frühjahr oder Sommer großräumige Löss-Stürme (Abb. 12.1). Die Menschen lebten in einer Grassteppe und fertigten sich aus Mammutzähnen und Fellen Hütten, die ihnen etwas Schutz gegen die harsche Witterung boten. Zogen die Mammuts auf ihren saisonalen Wanderungen in grasreichere Äsungsgründe, mussten die Menschen hinterherziehen. In diese letzten Jahrtausende, bevor Europa dann zur Hocheiszeit unbewohnbar wurde, datieren die vielen „Venusstatuetten" (Abb. 12.4, 12.5), die über ganz Mitteleuropa verbreitet vorkommen und damit belegen, dass die Menschen damals weiträumig wanderten, vermutlich immer auf der Spur der Tierherden. Die Deutung der „Venusstatuetten" erscheint aus dieser klimatischen Sicht in einem neuen Licht. Könnten sie nicht Ausdruck dafür sein, dass die Produktion von Nachkommen ein beherrschendes Problem in diesen kleinen Nomadengruppen war und damit der weiblichen Fruchtbarkeit auch rituelle Bedeutung zukam?

Etwa ab 23.000 BP hatte das Eiszeitklima dann Mitteleuropa vollständig erfasst. Selbst das letzte saisonale Graswachstum setzte aus, sodass auch die Mammuts ausblieben und die Menschen in Gunstregionen zurückweichen mussten. Die nördlichsten dieser Refugien lagen dabei in Südfrankreich. Hier sammelte sich das Wild, das im Norden keine Nahrung mehr fand und vom Menschen in den Höhlenzeichnungen des Magdalénien verehrt wurde. Es gab zwar um 20.000 BP noch eine kurze Warmphase, aber von 23.000 – 16.000 BP war Mitteleuropa hauptsächlich eine Kältewüste.

Die Eisbohrkerne aus der Antarktis zeigen, dass sich mit der Erhöhung der Sonneneinstrahlung ab 17.000 BP die Klimabedingungen auf der Südhemisphäre schon wieder verbesserten; die dies zeigenden Datenreihen aus den antarktischen Eiskernen sind allerdings in diesem Buch nicht dargestellt. Auf der Nordhemisphäre, dicht an den großen Eisschilden wurde diese Erwärmung zwar noch nicht sofort spürbar, aber man findet in den Sedimenten des Schalkenmehrener Maares ab etwa 17.000 BP wieder Gräserpollen und Hinweise auf eine Unterwasservegetation, hauptsächlich aus Armleuchteralgen bestehend. Damit gab es im Norden wieder Pflanzenbiomasse, worauf die Wildtiere und die Menschen sofort folgten, wie die Darstellungen von Mammut, Rentier und Pferd in Gönnersdorf um etwa 16.000 BP zeigen.

Um 14.700 BP gab es dann einen deutlichen Erwärmungssprung im Klimasystem (Abb. 12.1, 14.1, 15.1), da die Tiefenwasserbildung im Nordatlantik erneut einsetzte und binnen weniger Jahre das Golfstromsystem erstarkte, wodurch nun wieder warmes Wasser aus der Karibik bis vor Norwegen gelangte. In der Folge breiteten sich in Mitteleuropa vor allem Birken aus. Eigentlich wäre es wohl schon warm genug gewesen, dass auch Wärme liebende Pflanzen hätten überleben können, aber viele Pflanzen benötigten gut entwickelte Böden und Nährstoffe, andere mussten erst langsam aus ihren Refugien in Südeuropa wieder einwandern. Bei windblütigen Gewächsen ging das schnell, andere Pflanzen, die insektenbestäubt oder über Früchte und Samen verbreitet werden, benötigten viel Zeit, um sich schrittweise wieder nach Norden auszudehnen. Die Tanne beispielsweise ist heute noch dabei, nach Nordeuropa einzuwandern.

Unterbrochen wurden Bodenentwicklung und Einwanderung der Pflanzen durch mehrere Kälteeinbrüche (Abb. 15.1). Ursache waren wieder die Schmelzwasser aus Nordamerika. Der nordamerikanische Eisschild zerfiel in mehreren Phasen, in denen sich das Schmelzwasser erst vor der Eisbarriere staute, um dann plötzlich seinen Weg in den Nordatlantik zu finden. Die ersten Schmelzwasserausbrüche liefen dabei über den Mississippi in den Golf von Mexiko, spätere gingen über den Hudson und mündeten bei New York in den Atlantik. Der letzte Schmelzwasserausbruch um 8200 BP – 8,2-ka-Event genannt – ging dann direkt über die Hudson Bay in die Grönlandstraße (Abb. 17.7). Die Ursache für diese Schmelzwasserschüttungen waren nicht externe Faktoren, sondern diese „Events" folgten aus dem Eiszerfall des nordamerikanischen Eisschildes, wurden dann aber in Europa sehr schnell direkt spürbar, letztendlich über die Erniedrigung der Meeresoberflächentemperaturen des Nordatlantiks. Das bekannteste Schmelzwasserereignis war die Jüngere Dryas. Der Beginn dieser sehr abrupten Abkühlung ging allerdings auch einher mit einer Phase geringer primärer Sonnenaktivität (Abb. 14.1). In Kapitel 8 ist gezeigt worden, dass die Sonne in zweifacher Weise auf das Klimasystem der Erde wirkt. Zum einen führt die orbitale Konstellation von Sonne und Erde sowie die Orientierung der Erdachse zu Unterschieden in der Verteilung der Sonnenenergie auf die Hemisphären, zum anderen gibt es aber auch Änderungen in der Aktivität der Sonne selbst. Diese Phasen starker und schwacher Sonne dokumentieren sich in der ^{14}C-Produktion in der Erdatmosphäre. Im frühen Holozän, mit Schwinden der großen dominierenden Inlandgletscher, wurden diese primären Änderungen in der Sonnenaktivität erstmals im Klima Nordeuropas sichtbar. Der Beginn der Jüngeren Dryas war der erste Kälterückschlag, der auch mit einer Phase schwacher Sonnenaktivität zusammenfiel. Das Ende der Jüngeren Dryas um 11.600 BP war ebenfalls extrem abrupt – wiederum sichtbar in der Sonnenaktivitätskurve (Abb. 14.1). Binnen nur fünf Jahren sprangen die Temperaturen in Grönland, im Nordatlantik und damit auch in Mitteleuropa auf ein warmzeitliches Niveau. Aus der offenen Landschaft der Jüngeren Dryas entwickelte sich nun in wenigen Jahrzehnten ein von Birken und Kiefern dominierter nordischer Wald.

Mesolithikum

Die Entwicklung der menschlichen Kulturen in Mitteleuropa lief in der Zeit des Spätglazials (14.700 – 11.600 BP) vor dem Hintergrund der oben beschriebenen ständig wechselnden Abkühlungsevents und damit verbundenen Vegetationsänderungen ab. Insbesondere in Norddeutschland dominierten Jägerkulturen, die in den mit Bauminseln durchsetzten Steppenlandschaften Rentiere und Pferde erbeuteten und in dieser Zeit wohl noch die Speerschleuder nutzten, aber auch schon Pfeil und Bogen erfanden. Nach Ende der Jüngeren Dryas wurden in den Birken-Kiefern-Wäldern aber auch Rothirsch und Elch heimisch. Nun herrschten Pfeil und Bogen vor, mit denen in der Deckung des Waldes auf kurze Entfernung nicht wehrhaftes Wild gejagt wurde. Diese von Schmelzwasserausbrüchen dominierte Endphase der letzten Eiszeit endete mit dem 8,2-ka-Event, als zum letzten Mal große Schmelzwasserschüttungen über die Hudson Bay in den Nordatlantik gelangten, der um mehre Grade abkühlte, was in der Eifel zu einer erneuten Dominanz von Kiefern und Birken im Vegetationsbild führte, nachdem sich zuvor schon seit einigen Jahrhunderten auch die Hasel eingestellt hatte.

Die Hasel beansprucht neben einer gemäßigt warmen Temperatur auch eine gewisse Bodenqualität. Während Birke und Kiefer sich auf den eiszeitlichen Rohböden durchaus gut entwickeln konnten, brauchten die Laubbäume des frühen Holozäns aber vermehrt Nährstoffe, die entwickelte Böden mit Tonmineralen und guter Wasserhaltung voraussetzen. Die windblütige Hasel ist damit der erste Baum, der nach Birke und Kiefer nach Mitteleuropa einwanderte. Es folgten Ulme, Eiche, Esche und Linde, die nach dem 8,2-ka-Event die Nadelbäume schnell vollständig verdrängten (Kap. 3). In der Folge entstanden von 8000 – 6000 BP in Mitteleuropa dichte Eichenmischwälder mit Eiben als einzigem Nadelbaum.

Die Menschen hatten mit der Haselnuss eine neue proteinreiche und vorratsfähige Nahrungsquelle gewonnen. Zusammen mit dem reichen Wildvorkommen des Eichenmischwaldes und dem intensiv praktizierten Fischfang, nachgewiesen durch häufige Funde von Harpunen aus Knochenmaterial, standen nun verschiedene Nahrungsquellen am selben Ort ganzjährig zur Verfügung, sodass die nomadisierende spätglaziale Lebensweise aufgegeben werden konnte. Die Menschen ließen sich dauerhaft nieder, insbesondere da sich aus Südwesteuropa eine neue Form der Lebensweise mit Ackerbau und der Einführung von Haustieren verbreitete. Es ist nach wie vor eine offene Frage, ob die neue Ackerbauwirtschaft von neu einwandernden Menschen aus dem Südosten Europas eingeführt wurde (dort begann die Neolithisierung schon um 8000 BP), oder ob lokal schon ansässige Gruppe die neue Lebensform adaptierten. Die neue Wissenschaft der Paläogenetik kann über mögliche Wanderungsbewegungen in den kommenden Jahren viele Erkenntnisse erbringen; im Augenblick ist das Bild aber noch nicht eindeutig genug, um klare Schlussfolgerungen zu ziehen. Es hat wohl beides gegeben: Einwanderung und Anpassung. In jedem Fall begann mit der Ausbreitung der Linienbandkeramik (7600 – 7000 BP oder 5500 – 5000 BC) ein neuer Abschnitt der Kulturentwicklung in Mitteleuropa, der das Neolithikum einläutete.

Neolithikum

Die Linienbandkeramik entwickelte sich zu einer Zeit, als es in Mitteleuropa und vermutlich auf der gesamten Nordhemisphäre noch deutlich wärmer war als heute (Abb. 18.9). Bester Beweis hierfür ist die weltweit zu beobachtende Verschiebung der Schnee- und Baumgrenze in den Hochgebirgen. In den Alpen zum Beispiel reichten damals die Bäume bis zu 200 m höher als heute. Viele Täler der Hochgebirge waren unvergletschert. In der Sahara gab es zu dieser Zeit noch reiche Vegetation, Seen und Tiere; die Monsunregen Asiens waren stark und drangen weit nach Norden vor (Abb. 18.1). Ursache dafür war die um 10 % höhere Sonneneinstrahlung auf die Nordhemisphäre, da die Erde damals im Nordsommer eine andere Neigung der Erdachse aufwies (Abb. 8.1). Interpunktiert wurde diese warme Zeit durch die letzten Ausläufer der oben beschriebenen Schmelzwassereinbrüche in den Nordatlantik. Der nordamerikanische Eisschild war erst um 5000 BC vollständig weggeschmolzen. Danach lag der Weltmeeresspiegel etwa auf dem heutigen Niveau. Die letzte dieser Abschmelzphasen transportierte um 5000 BC noch einmal Drifteis in den Nordatlantik (Abb. 17.7, 18.9), was sicherlich nochmals zu einer Abkühlung der Temperaturen in Mitteleuropa geführt hat. Allerdings hat auch die Sonne zwischen 5000 und 5500 BC ein deutliches ^{14}C-Produktionsmaximum, was für eine geringe Sonnenaktivität steht. Am Ende der solar inaktiven Phasen und des Drifteismaximums brach die erste große Ackerbaukultur, die Linienbandkeramik, abrupt ab.

In der Folge entwickelten sich dann am Bodensee und in Südwestdeutschland neue Kulturen, die neben Brandrodung für den Ackerbau auch intensive Viehwirtschaft betrieben, allerdings nicht auf Grünland wie heute, sondern durch Laubheuwirtschaft. Das ständige Schneiteln der Bäume erhöhte die Anfälligkeit gegen Krankheiten, sodass Schädlingsbefall, zum Beispiel durch den Ulmensplintkäfer, und lokale Übernutzung die Urwälder schnell auflichteten. Zwischen 4400 und 3600 BC begann damit der Mensch erstmals intensiv in die natürliche Landschaft des frühen Holozäns einzugreifen. In diese Zeit fällt in der Oberrheinregion die Entwicklung der Michelsberger Kultur.

Auch das Ende der Michelsberger Kultur fällt um 3600 BC wiederum mit einem Drifteisevent zusammen (Abb. 18.9). Zu dieser Zeit gab es aber kein nordamerikanisches Eis mehr. Auffällig ist, dass sich genau zu dieser Zeit die Sonne wieder in einer sehr schwachen Phase befunden hat. Das Drifteis auf dem Nordatlantik wird also eher aus einer winterlichen Meereisdecke über der Hudson Bay und Nordkanada zu erklären sein. Um 3600 BC muss es zu einer kräftigen Abkühlung gekommen sein. Ob dies durch die Änderung der Meeresoberflächentemperaturen im Nordatlantik oder die verringerte Energieproduktion der Sonne verursacht war, kann man aus den bestehenden Daten noch nicht entscheiden, vermutlich ergänzen sich beide Prozesse. In jedem Fall kommt es um 3600 BC in Mitteleuropa in den jungsteinzeitlichen Kulturen zu einer grundlegenden Veränderung, die sich vom Bodensee bis nach Dänemark verfolgen lässt. Am auffälligsten ist der vollständige Zusammenbruch der Michelsberger Kultur im südwestdeutschen Raum, während im Norden die Menschen der Trichterbecherkultur gleichzeitig begannen, Großsteingräber zu errichten. Im Süden wurden die Erdwerke (große befestigte Wallanlagen) der Michelsberger Zeit aufgegeben, während in Dänemark entlang der gesamten Nord- und Ostseeküste Erdwerke neu geschaffen wurden. Verbunden mit der Einführung von Erdwerken und Großsteingräbern kommt es nach 3500 BC zu einem sprunghaften Anstieg bei Ackerbau und Viehwirtschaft, im Norden als „Landnam" bezeichnet. Aus dieser Zeit stammen auch die ältesten Räder Deutschlands. War die Einführung des Rades eine Reaktion auf schlechte Ernten oder war es die neu gewonnene Mobilität durch Ochsenkarren und von Ochsen gezogenen Pflügen, die zu einer Ausweitung des Ackerbaues führte? Wieder stößt man auf eine Koinzidenz, deren Kausalität nicht eindeutig ist.

Als klimabezogenes Ereignis in dieser Umbruchphase kann auch die Gletschermumie „Ötzi" angesehen werden. Dieser Mann der späten Jungsteinzeit brach um das Jahr 3200 BC nach einer gewalttätigen Auseinandersetzung auf der Flucht auf einem Gebirgsgrat der Alpen zusammen und wurde dort eingeschneit. Erst 5200 Jahre später gab der Gletscher, der durch die weltweite Klimaerwärmung derzeit kräftig schwindet, die Leiche wieder frei. Das bedeutet, dass heute im Rahmen der Erwärmung wieder Temperaturen erreicht werden, wie sie damals geherrscht haben müssen, als ja auch die Baumgrenze deutlich höher lag als heute. Der Ötzi vermittelt also nicht nur der Archäologie Einsichten in den Lebensalltag eines spätsteinzeitlichen Menschen, sondern dokumentiert auch die Klimaentwicklung der letzen 5000 Jahre, die deutlich kälter waren als die Jahrtausende des frühen Holozäns. Im Süden Europas war es aber sicher nicht nur kälter, sondern es wurde schon ab 3500 BC auch deutlich trockener, wie die schrittweise Aridifizierung der Sahara um 3500 BC und die Wanderung der Menschen in die fruchtbaren und noch wasserreichen Täler des Nils und des Zweistromlandes belegen (Abb. 18.1). Weitere Phasen schwacher Sonne um 3300 und 2850 BC kennzeichnen das späte Neolithikum, das in Nordeuropa von den Megalithkulturen dominiert wird. Ab 2900 BC enden die Kulturen der Großsteingräber und vor allem in Nord- und Osteuropa wird intensiv Viehzucht betrieben.

Die Endphase des Neolithikums und die nachfolgende Bronzezeit markieren eine Phase ohne große Änderungen in der Sonnenaktivität und ohne starke Drifteisphasen, vermutlich also eine Zeit klimatischer Stabilität und guter Erntebedingungen. Der Übergang von der Steinzeit in die Kupfer- und Bronzezeit ist graduell, da Stein und Bronze zum Teil gleichzeitig genutzt wurden, je nach Verfügbarkeit der Rohmaterialien. In die Mitte des 3. Jahrtausends BC fällt die Errichtung von kreisförmigen Kultanlagen (zum Beispiel Stonehenge), die vermutlich schon in Bezug zu astronomischen Beobachtungen stehen und Sommersonnenwende und Wintersonnenwende als wichtigste Zeitmarken des Jahres symbolisieren. Die älteste Ringanlage dieser Art (Goseck in Sachsen-Anhalt) ist allerdings schon auf 4900 BC datiert, das heißt über 2000 Jahre älter als Stonehenge, und zeigt die Bedeutung, die der Jahresgang der Sonne schon damals für die Menschen hatte. Deutlich sichtbar in den archäologischen Hinterlassenschaften wird der Sonnenkult dann aber erst wieder in der Zeit von 1800 – 1300 BC, als Sonnenwagen und Sonnensymbole ein weit verbreitetes Motiv, insbesondere auch in Skandinavien, wurden. In Deutschland ist das bekannteste Objekt dieses Sonnenkultes die Himmelsscheibe von Nebra, die um 1600 BC vergraben wurde.

Die Bronzezeit war zwar klimatisch ausgeglichen, zumindest gab es keine Phasen mit schwacher Sonnenaktivität, aber trotzdem muss es auch damals extreme Wettersituationen gegeben haben (Abb. 22.9). In verschiedenen Geoarchiven zeigt sich ein extremes Jahrtausendhochwasser um das Jahr 2140 BC. In vielen Flüssen der Mittelgebirge wurden in dieser Zeit verstärkt große Baumstämme eingeschottert. Selbst in den Maarsedimenten findet sich ein sehr großes Holzstück, das genau in diese Zeit datiert. Vermutlich hat ein schwerer Sturm mit einem nachfolgend extrem schweren Hochwasser die Bäume entwurzelt und in den Flüssen mitgerissen, das heißt, es gab damals eine Wetteranomalie, wie sie in jedem statistisch verteilten Prozess in unvorhersehbaren Abständen eintritt. Dieses überregionale Extremereignis einer Wetteranomalie in Mitteleuropa fällt allerdings zusammen mit einer Phase der Aridifizierung in Nordafrika und Arabien. Um 2170±150 BP brach mit dem Akkadischen Königreich die erste Blütephase Mesopotamiens ab und die Ablagerung von Staubsedimenten kennzeichnete extrem trockene Jahrzehnte über ganz Nordafrika und Arabien.

Ein anderes großes Hochwasserereignis, ebenfalls sichtbar in den Belegungsdichten der Baumringchronologien, liegt um 1600 BC (Abb. 22.9). In diese Zeit fällt der Ausbruch des Santorin-Vulkans im Mittelmeer, der zu den größten Vulkaneruptionen des gesamten Holozäns gehört. In Analogie zu anderen historisch dokumentierten großen Vulkanausbrüchen muss man bei einer Eruption dieser Stärke erwarten, dass in den ein bis zwei Jahren danach die Sonne durch Aschenwolken deutlich getrübt ist. Dadurch entwickeln sich auffällig rot gefärbte Sonnenauf- und -untergänge. Es häufen sich nach großen Vulkanausbrüchen aber auch Wetteranomalien: kalte Winter, starke Schneeschmelze, Dürre, feuchtkalte Sommer mit Starkregen und Schneefall im Sommer. Neben der unmittelbar möglichen Vernichtung der Ernte (zum Beispiel im „Jahr ohne Sommer", 1816, nach dem Tambora-Ausbruch) dürften solche Himmelserscheinungen auch Einfluss auf religiöse Vorstellungen gehabt haben, insbesondere wenn diese auf einem Sonnenkult basierten. Innerhalb der archäologischen und baumringchronologischen Datierungsgenauigkeit fällt die Niederlegung der Himmelsscheibe von Nebra genau mit dem Santorin-Ereignis zusammen. Um kausale Beziehungen zwischen diesen Ereignissen wirklich herauszuarbeiten, müssten beide Ereignisse auf das Jahr genau datiert sein. Im Augenblick liegt die Datierungsgenauigkeit aber nur bei ±20 Jahren. Die Verbindung von diesmal durch Vulkaneruptionen verursachten Wetterextremen und Umbrüchen in den prähistorischen Kulturen deutet sich also wiederum an – ein Beweis fehlt aber immer noch.

Eisenzeit

In der Eisenzeit gab es zwei herausragende Ereignisse, die eine kausale Verknüpfung von archäologischem Befund und Änderung der Sonnenintensität deutlich machen. Um 800 BC wurden viele Seeufersiedlungen der Hallstattkultur verlassen. Zeitgleich zeigt die ^{14}C-Produktion eine Phase mit sehr schwacher Sonne (Abb. 24.8). In den Maarsedimenten findet man eine extreme Umlagerung bei außerordentlich hohem Wasserspiegel. Einige Jahrhunderte später, nachdem die Sonne über eine lange Zeit sehr stark und ausgeglichen war, kam es zu einer zweiten Phase extrem geringer Sonnenaktivität, die um 380 BC begann. Diesmal ist die Reaktion der Menschen zum ersten Mal historisch belegt. Zahlreiche Gruppen der mitteleuropäischen Kelten zogen plötzlich nach Süden auf der Suche nach neuem Land. Offensichtlich reichte in ihren Stammgebieten die Nahrungsmittelmenge nicht mehr aus, um alle Menschen zu versorgen. In der Forschung zur keltischen Kultur haben diese Wanderungen einen festen Begriff: *„ver sacrum"* (Heiliger Frühling). Offensichtlich hat es öfter solch kontrollierte Auswanderung von Bevölkerungsteilen gegeben. Die Auswanderungswellen in der Zeit zwischen 380 und 270 BC sind allerdings besonders bekannt geworden, da diese Kelten nach einigen Jahren sogar bis nach Griechenland und Italien vordrangen, wobei sie Städte wie Delphi oder Rom plünderten. Die Koinzidenz der schwachen Sonnenaktivität mit Auswanderungen ist damit zeitlich zum ersten Mal exakt zu fassen.

Nach Cäsars Gallischem Krieg zeigten die Bäume über ganz Mitteleuropa eine sehr große Wuchshomogenität, das heißt, der Wachstumsverlauf in allen Bäumen war gleich, es gab keine lokalen Dürren oder Sturmereignisse, sondern es herrschte über etwa 200 Jahre ein ausgeglichenes Klima ohne starke Wetteranomalien (Abb. 26.8). In dieser Gunstphase entwickelte sich die Blüte des Römischen Reiches. Handel und Reichtum basierten auf kontinuierlich guten Ernten. Militärische Stärke und Expansion setzten die Verfügbarkeit von Männern voraus, das heißt einen gewissen Bevölkerungsüberschuss. Der Aufbau von Infrastruktur, stabile Herrschaftsverhältnisse und technische Fortschritte sind weitere Attribute, ohne die Rom nicht gewachsen wäre. Aber hätte sich das alles entwickeln können, wenn es nicht über zwei Jahrhunderte sichere Ernten und damit Reichtum und stetiges Wachstum gegeben hätte?

Völkerwanderung und Frühmittelalter

Auch die Stämme des Nordens, die man heute als Germanen zusammenfasst, müssten von den ausgeglichenen Witterungsbedingungen und guten Ernten profitiert haben, sodass mit den ersten klimatischen Ungunstphasen (schwache Sonnenaktivität in 110, 250, 420 AD) der Druck aus Germanien in das Römische Reich immer stärker werden musste. Gleiches gilt sinngemäß auch für die Hunnen, die ab 375 AD aus Zentralasien nach Europa vorstießen und ihre Expansion in das wohlhabende Römische Reich lenkten. Rom mit seiner guten Infrastruktur und Wirtschaftsmacht konnte in Notzeiten Nahrungsmittel aus Nordafrika heranschaffen; die Germanen und Hunnen hatten diese Versorgungsquellen nicht. Schaut man sich die zeitliche Abfolge der Germaneneinfälle an, so gibt es bis zum Untergang des römischen Westreiches im Jahr 476 AD eine gewisse Ähnlichkeit zu den Phasen schwacher Sonne; allerdings ohne die Eindeutigkeit wie im Fall der oben genannten keltischen Wanderungen.

Nach dem Zerfall des Römischen Reiches und der Einwanderung germanischer Stämme in den Mittelmeerraum breitete sich in dem weitgehend entvölkerten Mitteleuropa der Wald wieder aus. Ein lang andauerndes Minimum der Sonnenaktivität fällt in die Zeit 640 – 720 AD (Abb. 28.6), das heißt in die Phase der frühmittelalterlichen Waldausbreitung, in der es keine kulturelle Blüte in Mitteleuropa gab.

Es brauchte etwa 300 Jahre nach Zerfall des Römischen Reiches, bis sich unter der Herrschaft der Franken wieder kraftvolle gesellschaftliche Strukturen entwickelten, die unter Karl dem Großen (Kaiserkrönung im Jahr 800 AD) eine neue Blüte erreichten. Kirchen und Klöster sicherten die Grundherrschaft, während Ritter die Expansion des Reiches nach Norden und Osten trugen. Wie zur Zeit des Verfalles des Römischen Reiches kam die Bedrohung des neu gewonnenen Reichtums auch in dieser Zeit wieder aus dem Norden und dem Osten – diesmal in Gestalt der Ungarn und vor allem der Wikinger, die seit 793 AD die englische Küste heimsuchten und bis etwa 1000 AD die Klöster und ersten Städte in ganze Nordeuropa von der Atlantikküste bis nach Russland verheerten. Um 890 AD gab es kurzzeitig eine schwache Sonnenphase, wobei genau in diesen Jahrzehnten die Wikinger über den Rhein bis in den Eifelraum vordrangen und zwischen 862 und 892 AD die Städte Köln, Bonn, Trier, Aachen und Prüm plünderten. Auch die Besiedlung Islands um 874 AD lag genau in dieser kurzen Phase schwacher Sonnenaktivität. Der Atlantik war zu dieser Zeit allerdings weitgehend eisfrei.

In den folgenden Jahrzehnten wandten sich die Wikinger vermehrt nach Osten und stießen tief nach Russland bis an das Kaspische Meer vor. Mit dem Jahr 985 AD fällt die Besiedlung Grönlands wieder in eine solare Ungunstphase, allerdings nach einer langen Gunstphase, die auch in Skandinavien, wie in ganz Mitteleuropa, zu starkem Bevölkerungswachstum geführt hatte. In manchen Darstellungen werden die Wikingerzüge daher mit einem Bevölkerungsüberschuss begründet; die ausgeprägten Phasen schwacher Sonne sind aber auch offensichtlich.

Hochmittelalter

Mit dem Hochmittelalter beginnt die Zeit der schriftlichen Dokumentation von Veränderungen in Gesellschaft, Kultur und Natur. Damit entfällt das Problem der genauen naturwissenschaftlichen Datierung von Entwicklungen. Der Zusammenhang zwischen Klima- und Menschheitsentwicklung kann daher mit einer ganz anderen Qualität verfolgt werden.

Die Blüte des Mittelalters beginnt in der Mitte des 11. Jahrhunderts, als die Wikinger, die jetzt Normannen genannt werden, in der Normandie, in England (1066 AD) und im Mittelmeerraum anfingen, eigene Staaten zu gründen und mehr oder weniger in Frieden mit ihren Nachbarn zu koexistieren.

Unmittelbar nach Rückgang der Wikingerüberfälle festigte sich die Herrschaft im Deutschen Reich unter dem 1155 AD vom Papst gekrönten Kaiser Friedrich I. Barbarossa. Ähnlich verlief die Entwicklung in England und Frankreich. Trotz ständiger Auseinandersetzungen zwischen Kaisern, Königen und den Päpsten entwickelte sich eine wirtschaftliche Kraft, die ab etwa 1150 mit einem rasanten Bevölkerungswachstum und umfangreichen Stadtgründungen einherging (Abb. 29.1). In diese Wachstumszeit fallen auch die meisten der Kreuzzüge.

In der Architektur strebte die Gotik zu ungeahnten Höhen. Das für diese zwei Jahrhunderte dokumentierte Wachstum der Bevölkerung muss mit einer guten Verfügbarkeit von Nahrungsmitteln einhergegangen sein, denn Berichte über große Hungersnöte sind aus dieser Zeit fast unbekannt. In England wurde Wein angebaut, und Ackerbau wurde in Bergregionen betrieben, die heute unbewirtschaftet sind. Offensichtlich waren die

Sommer in ganz Mitteleuropa zum Teil sehr warm (vergleichbar den heutigen Bedingungen, unter denen es in England ebenfalls Weinbau gibt), allerdings gibt es auch Berichte über extreme Saisonalität, das heißt sehr kalte Winter mit lang andauerndem Frost. Der Entfaltung von Kultur und Wirtschaft haben die kalten Winter jedoch nicht geschadet, solange im Sommer genug Vorräte geerntet werden konnten. Die Sonne war in diesen zwei Jahrhunderten aktiv, ohne besondere Intensität zu erlangen. Auffällig ist aber, dass in diesen Jahrhunderten der asiatische Monsun extrem weit nach Norden reichte und somit aus den niederen subtropischen Breiten viel Energie in die höheren Breiten der Nordhemisphäre gelangte (Abb. 30.1), auch im Pazifik gab es von 700 – 1300 AD keine El-Niño-Wärmeanomalien. Der Nordatlantik war eisfrei und zeigte einen aktiven Golfstrom.

Bis etwa 1300 AD dauerte die Phase der zahlreichen Stadtgründungen, die aber in den ersten zwei Jahrzehnten des 14. Jahrhunderts ein abruptes Ende fand (Abb. 29.1). Ab 1310 waren die Sommer kalt und feucht und führten zu schlechten Ernten. Von 1315 – 1318 gab es in ganz Mitteleuropa so starke Ernteausfälle, dass eine extreme Hungersnot weite Teile Deutschlands und Englands überzog und zu starken Verlusten besonders in der armen ländlichen Bevölkerung führte. Die Sommer waren so kalt und regnerisch, dass das Getreide nicht reif wurde, sondern auf den Halmen verfaulte. Diese Situation wiederholte sich mehrere Jahre hintereinander, bis auch das letzte Saatgetreide verloren war und die Menschen vor dem Nichts standen. Handelsverbindungen, über die aus fernen Regionen Getreide hätte importiert werden können, gab es damals noch nicht.

Die nasskalten Jahre zwischen 1310 und 1320 fallen exakt zusammen mit einem ausgeprägten Minimum der Sonnenaktivität; gleichzeitig verlagerte sich aber auch in Asien das Monsunsystem nach Süden und entzog so der Nordhemisphäre weitere Energie (Abb. 30.1); in Südamerika gab es 1300 AD den ersten wirklich großen El Niño. Offensichtlich änderte sich in den ersten zwei Jahrzehnten des 14. Jahrhunderts das Wetter weltweit. Die etwa 50 Jahre zwischen 1310 und 1362 AD brachten Europa dann eine fortlaufende Serie von Unglück und Wetterkatastrophen. Nach dem großen Hunger wanderten 1338 Heuschrecken ein, kurz danach kam es zum schlimmsten Unwetter der letzten 1000 Jahre. Im Juli 1342 regnet es über eine Woche lang und Schlammströme füllten die Täler, wobei die Flüsse extremes Hochwasser führten. Nur sechs Jahre später 1348 kam die Pest aus Asien nach Europa und überzog binnen weniger Jahre den ganzen europäischen Kontinent. Einige Jahre später gab es im Oberrheingraben starke Erdbeben und 1362 versanken Teile Nordfrieslands in der Sturmflut der „Grooten Mandränke“. Die ersten dieser Katastrophen, die das Weltbild dieser Zeit stark prägten, liegen genau in den Jahrzehnten schwacher Sonnenaktivität. Pest, Erdbeben und Sturmflut fallen allerdings in die Phase nach der schwachen Sonne. Es sind also vor allem die nasskalten Sommer, die die Phase der schwachen Sonne kennzeichnen und zu Ernteausfällen und Hunger führten.

Neben diesen Wetteranomalien ist es aber auch offensichtlich, dass das hohe Bevölkerungswachstum des Hochmittelalters eine starke Umgestaltung der Landschaft mit sich brachte. Ackerbau, Bergbau und Holzeinschlag für den Städtebau hatten weite Teile der Landschaft der Bodenerosion exponiert und damit für Wetterextreme und Schädlingsbefall anfällig gemacht. Andererseits kann dies sicher nicht die nasskalten Sommer der Jahre 1315 – 1318 erklären. In jedem Fall endete zwischen 1310 und 1360 eine stabile Phase des Mittelalters in einer Zeit geringer Sonnenaktivität und nach einer langen Phase intensiver Übernutzung der natürlichen Landschaftsressourcen. Doch die Kaufleute, die schon im 13. Jahrhundert an Einfluss gewonnen hatten, gaben auf diese Misere die richtige Antwort. Gegen die Wetteranomalien waren sie machtlos, aber der Nahrungsmittelmangel war infrastrukturell bedingt, da unter der hochmittelalterlichen Subsistenzwirtschaft – jeder kleine Bauer sorgte für sich und seinen Lehnsherrn – überregionaler Ernteausfall nicht kompensiert werden konnte. 1362 gründeten die Städte des Nordens deshalb den Bund der „Hanse“ – auch damals also schon eine Globalisierung als Reaktion auf eine Nahrungsmittelkrise.

Kleine Eiszeit

Seit den kalten Sommern des frühen 14. Jahrhunderts nennt man in der Literatur diese Zeit die „Kleine Eiszeit“. Die heute damit assoziierten extrem kalten Winter mit verschneiten und zugefrorenen Landschaften gab es aber eigentlich erst nach 1560 – ein Motiv, das Pieter Breughel und viele andere Maler der Zeit aufnahmen. Nach Ende des Hundertjährigen Krieges zwischen Frankreich und England (1337 – 1453) hatte Europa kulturell eine Blütephase durchlebt. In die Renaissance, die in der ersten Hälfte des 15. Jahrhunderts in Italien begann und ebenfalls durch schwache Sonnenaktivität gekennzeichnet war, fallen die wunderschönen Gemälde von blumengeschmückten Frauen eines Botticelli ebenso wie die Horrorvisionen eines Hieronymus Bosch. Genau diese Polarität kennzeichnet auch schon die erste Hälfte des 14. Jahrhunderts, nur wird in der heutigen Sicht der Historiker dort auf das Katastrophale, in der Renaissance eher auf das Schöne abgehoben.

Auf die Zeit der großen Entdeckungen, zum Beispiel Amerikas, folgten in Europa Reformation, Bauernkriege und Hexenverbrennungen. Insbesondere die sogenannten Hexen werden immer wieder für Schadenswetter und Seuchenzüge verantwortlich gemacht. Es ist schwer, in den schnell aufeinanderfolgenden vielschichtigen Entwicklungen der Renaissance wirklich ein klimagesteuertes Grundmuster zu erkennen. Ab 1560 wurde es aber in jedem Fall extrem kalt und die Welt näherte sich der Zeit der geringsten Sonneneinstrahlung der letzten 10.000 Jahre. Von 1645 – 1715 AD (Maunder-Minimum der Sonnenfleckenaktivität) wurde von den ersten Astronomen beobachtet, dass es keine Sonnenflecken gab (Abb. 30.1). Für diese eine historisch und naturwissenschaftlich nachgewiesene Phase schwacher Sonnenaktivität ist also das Fehlen von Sonnenflecken das äußerlich sichtbare Muster. Vermutlich wird man diesen Zusammenhang „geringe Sonnenaktivität/Fehlen von Sonnenflecken" auf alle älteren Phasen der schwachen Sonne übertragen können; ein Nachweis dafür lässt sich aber heute nicht erbringen, da die Beobachtung der Sonnenflecken erst 1613 mit Galileo Galilei begann.

Auch in den Jahren des Maunder-Minimums häuften sich extreme Hochwasser durch starke Schneeschmelzen nach kalten Wintern und viele Sommer blieben kühl und feucht. Die Menschen darbten nicht nur zur Zeit des Dreißigjährigen Krieges von 1618 – 1648. Das 17. Jahrhundert ist überhaupt nach dem 14. Jahrhundert das einzige, in dem die Bevölkerungszahlen Europas deutlich zurückgingen (Abb. 31.2). Offensichtlich hat diese Klimaungunst der Kultur, die vom Barock gekennzeichnet ist, aber nicht geschadet. Selbst Könige ließen sich damals als „Sonnenkönige" – am bekanntesten Ludwig XIV. von Frankreich – verehren; wie und ob dies mit der schwachen Sonne in der zweiten Hälfte des 17. Jahrhunderts zusammenhängt, wäre eine spannende Frage für die historischen Wissenschaften.

Deutlichstes noch heute sichtbares Kennzeichen der Abkühlung während der Kleinen Eiszeit ist das Wachstum der Alpengletscher seit Mitte des 16. Jahrhunderts. Die Gletscher haben sich im Verlaufe der Erwärmung der letzten Jahrzehnte zwar wieder zurückgezogen, aber die Moränen der Gletscher der Kleinen Eiszeit liegen noch in allen Tälern der Alpen. Gletscherwachstum ist aber nicht nur an kalte Winter gebunden, sondern zu einem erheblichen Teil an Schneefall im Sommer, das heißt, auch die Gletscherstände zeigen, dass die Sommer dieser Zeit deutlich kühler und feuchter waren als heute oder im Mittelalter.

Dieser Ablauf zeigt sich so deutlich, dass es statthaft erscheint, dieses als Grundmuster auch auf vergangene Phasen geringer Sonnenaktivität anzuwenden, das heißt, dieses Szenario auch im Hinblick auf die Völkerwanderungszeit, die Keltenwanderungen und die Umbruchphase im späten Neolithikum um 3600 BC zu gebrauchen.

Auch die Realität eines anderen, in diesem Buch immer wieder diskutierten Elementes des *„climate forcing"* bestätigte sich am Ende der Kleinen Eiszeit: Im Sommer 1783 brechen der Vulkan Laki auf Island und weitere große Vulkane in Asien aus. In der Folge führt der schneereiche Winter des Jahres 1783/84 zu extremen Frühjahrshochwassern. Der Ausbruch des Tambora im Jahr 1815 ist ein weiteres historisch belegtes Beispiel für die Klimawirksamkeit von Vulkanausbrüchen und wird heute als sichere Ursache für das „Jahr ohne Sommer" 1816 angenommen. In diesem Jahr blieb der Sommer so kalt, dass in ganz Europa die Ernte extrem gering ausfiel. Beide Ereignisse zusammen belegen sehr anschaulich, dass nach heftigen Vulkanausbrüchen das globale Klimasystem aus dem Gleichgewicht geriet und sich regional sowohl kalte als auch heiße oder trockene Anomalien ausbildeten. Die Mittelwerte der Temperaturentwicklung nach großen Vulkanausbrüchen belegen aber eine Abkühlung, verursacht durch die Trübung der Atmosphäre. Meteorologische Messungen nach der Pinatubo-Explosion 1991 und auch die Auswertung von Experimenten mit atmosphärischen Zirkulationsmodellen bestätigen die erhebliche Bedeutung, die hoch explosive Vulkaneruptionen für das Wetter der Folgejahre haben können. Die historisch beschriebenen Wetterextreme der Kleinen Eiszeit können damit durch Minima der Sonneneinstrahlung und starke Vulkanexplosionen weitgehend erklärt werden. Auch diese Erkenntnis kann mit großer Wahrscheinlichkeit auf die Vergangenheit übertragen werden. Die Umbrüche in den Kulturen Mitteleuropas nach der Santorin-Explosion könnten ein Beispiel dafür sein.

Am Ende der Kleinen Eiszeit in der Mitte des 19. Jahrhunderts stand ein letztes Ereignis von herausragender Bedeutung. Schon im 17. Jahrhundert wurde die Kartoffel nach Europa eingeführt und wurde nach einer schleppenden Anfangsphase eines der wichtigsten Grundnahrungsmittel. Gegen 1840 gelangte aus Amerika aber auch das Virus der Kartoffelfäule nach Europa. Dieses Virus entwickelt sich gut in feuchtwarmen Sommern und verbreitete sich schnell von Jahr zu Jahr. Im Jahr 1848 wurden die Wetterbedingungen für die Ausbreitung dieses Virus optimal und in vielen Gegenden fiel die Kartoffelernte weitgehend aus. Am schlimmsten traf es Irland, da die Kartoffel hier das wichtigste, fast das einzige Grundnahrungsmittel darstellte und die Bevölkerung arm war, sodass keine Lebensmittel von außen eingeführt werden konnten. Allerdings soll die englische Besatzung der Insel auch Lieferungen direkt verhindert haben. In Irland kam es daher 1848 und 1849 zu einer schlimmen Hungersnot und einer nachfolgenden Auswanderungswelle nach Amerika (Abb. 32.2). Vermutlich ist der Hunger in Irland das beste Beispiel dafür, wie natürliche Klimavariabilität, Monokultur in der Agrarwirtschaft, Ausbreitung von Schädlingen/Viren, Armut, mangelnde Handelsstrukturen und bewusste politische Manipulation aus einer Krise in eine Katastrophe führen.

Das 20. Jahrhundert

Klima und Wetter im 19. und 20. Jahrhundert verliefen weitgehend gemäßigt ohne große Anomalien, wie man sie aus der Kleinen Eiszeit kennt. Die Sonne war seit 150 Jahren stark und ermöglichte eine hohe Nahrungsmittelproduktion, die als eine der Grundlagen der Industrialisierung angesehen werden kann. Andererseits führten die technischen Neuerungen der Industrialisierung auch zu Innovationen in der Landwirtschaft, die seit der Einführung von Chemiedünger (vor allem Kalium) in der zweiten Hälfte des 19. Jahrhunderts kontinuierlich wuchs. Selbst die Weltkriege konnten das stetige Ansteigen der Erdbevölkerungszahl nicht aufhalten. Grundlage auch dieses Wachstums war eine klimatisch stabile Phase, damit einhergehend die hohe Nahrungsmittelproduktion, klare Herrschaftsstrukturen und die technischen Innovationen. Es wäre sicher vermessen, diese Klimagunst als eine Ursache der Industrialisierung zu bezeichnen, allerdings stellt sich die berechtigte Frage, ob die rasante Entwicklung des 19. und 20. Jahrhunderts auch unter Klimabedingungen des 14. oder 17. Jahrhunderts so hätte ablaufen können. Klimagunst ist sicher nicht die Ursache von Blütezeiten (Römerzeit, Mittelalter, 19./20. Jahrhundert), aber eine der Voraussetzungen dafür, dass sich unter guter Verfügbarkeit von Nahrungsmitteln technische Innovationen und Kulturen entwickeln können.

Das 21. Jahrhundert

Die Menschen des 20. Jahrhunderts hatten sich an zuverlässiges Wetter und stetiges Wachstum gut gewöhnt. So glaubte natürlich auch niemand daran, als in den 1980er-Jahren die ersten Klimaforscher davor warnten, dass der CO_2-Gehalt der Atmosphäre schon bald bedrohliche Ausmaße annehmen könnte. Das vom Menschen bei der Verbrennung fossiler Energieträger freigesetzte Treibhausgas CO_2 hatte damals schon Konzentrationen von 350 ppm erreicht und lag weit über dem natürlichen Niveau von etwa 280 ppm, wie es für die Warmzeiten der letzten 450.000 Jahre normal war.

Nach den ungewohnt heftigen Stürmen Mitte der 1990er-Jahre und einigen spektakulären Hochwasserkatastrophen an Rhein, Oder und Elbe begann sich das Blatt zu wenden. Die Schlagworte „Treibhauskatastrophe“ oder *„Global Change“* wurden weltweit wahr-, aber noch nicht ernst genommen. Das änderte sich erst mit tropischen Wirbelstürmen wie „Katrina“ und einer Serie von „grünen Wintern“ ohne Schnee in Europa. Der Friedensnobelpreis für IPCC *(Intergovernmental Panel for Climate Change)* und Al Gore wendete die Wahrnehmung am Beginn des Jahres 2008 endgültig ins Gegenteil. Heute ist jedes Schulkind davon überzeugt, dass der Mensch das Klima beeinflusst.

Klimaskeptiker allerdings suchen dann schnell nach Beispielen, die zeigen, dass es auch in der Vergangenheit schon warm war, und vergleichen mit römischen oder mittelalterlichen Blütezeiten. Die Sonne war zwar damals wie heute stark, für die Römerzeit ist aber ein ausgeglichenes Klima ohne regionale Anomalien belegt, also genau das Gegenteil der heutigen Entwicklungen mit heftigen Stürmen und Hochwassern. Für die Zeit des Hochmittelalters sind dagegen extrem kalte Winter bekannt; wieder das genaue Gegenteil der heutigen Verhältnisse, in denen die Winter im Mitteleuropa zunehmend schneefrei bleiben. All diese Vergleiche zwischen dem heutigen Wetter und dem Wetter der Vergangenheit halten einer kritischen Überprüfung nicht stand.

Synthese

Die erste Erkenntnis nach Durchsicht verschiedenster Klimazeitreihen ist, dass das *„climate forcing“* in den letzten 45.000 Jahren durch ganz unterschiedliche Prozesse dominiert war. In der frühen Eiszeit war offensichtlich die interne Stabilität der Eisschilde eine wichtige Größe, da sie die Schmelzwasserflüsse in den Atlantik und damit die Golfstromintensität beeinflusste. Zum Höhepunkt der Eiszeit wurde in Mitteleuropa die Nähe zum großen, 3 km hohen Inlandgletscher entscheidend, da dieser in einer breiten Zone von 100 – 300 km im Vorfeld der Gletscherfront zu Permafrost und starken Staubstürmen führte. In der Gletscherzerfallsphase waren dann wieder die Schmelzwasser und die Golfstromstabilität entscheidend. All diese großräumigen Prozesse spiegeln sich direkt in der Vegetationsentwicklung wider. Die Vegetation ist aber der entscheidende Faktor für die Wilddichte und die Tierarten, die in einer bestimmen Region und Zeit vorkommen. Der frühe Mensch folgte offensichtlich vor allem seiner Jagdbeute und optimierte seine Jagdwaffen (Holzlanze, Speer, Pfeil und Bogen) für den jeweilige Vegetationstyp und die Größe und Wehrhaftigkeit des Wildes. Diese Koppelung von Klima/Vegetation und Menschheitsentwicklung gilt über den gesamten letzen Eiszeitzyklus bis zum Abschmelzen der letzten Inlandgletscher.

Sobald das Klima großräumig stabil war, begann dann die Neolithisierung, das heißt die Sesshaftigkeit, die dann schnell zu gezieltem Getreideanbau und zu Haustierhaltung führte. Nach Abschmelzen der Gletscher und Stabilisierung des Klimas etwa zur Mitte der Warmzeit werden dann kleinere Veränderungen in der primären Sonnenaktivität auch in Klimaarchiven sichtbar. Zeiten verringerter Sonnenaktivität führten dabei vor allem zu feuchtkalten Sommern und schneereichen Wintern. In ähnlicher Weise wirken auch starke Vulkaneruptionen, die nur in vermindertem Maße Sonnenlicht auf die Erdoberfläche lassen.

Die zweite Erkenntnis zeigt daher, dass der stärkste Einfluss von Klima und Wetteranomalien auf die Menschheitsentwicklung durch die nasskalten Sommer kam, das heißt nach starken Ernteverlusten, insbesondere wenn davon mehrere Jahre in Folge betroffen waren. Und das ist der zentrale Punkt: Eigentlich kann sich der Mensch Klimaveränderungen und Wetteranomalien gut anpassen; erst wenn die Ernte vernichtet wird und der Hunger um sich greift, wirkt das Klima bis in die gesellschaftlichen Strukturen. Die Verfügbarkeit von Nahrungsmitteln ist letztendlich viel wichtiger als die herrschenden Temperaturen.

Aus der Kombination der beiden obigen Erkenntnisse ergibt sich zwangsläufig die Frage, ob in der Sonnenaktivität oder der Häufigkeit von Vulkaneruptionen ein Grenzwert bestimmt werden kann, unter dem die Abkühlung für Kulturen bedrohlich wird. Einen solchen Grenzwert kann man in den Zeitreihen aber leider nicht sehen.

Eine wichtige Rolle spielt sicherlich auch die wirtschaftliche Stabilität in der Zeit vor der Änderung. Augenfällig ist, dass einige der offensichtlichsten Krisen auf Zeiten wirtschaftlicher und kultureller Blüte folgten: die Völkerwanderung nach der Römerzeit, die Plagen des 14. Jahrhunderts nach dem Hochmittelalter, der 30-Jährige Krieg nach der Renaissance. Die heutige Wahrnehmung der vergangenen Ereignisse lebt oftmals vom Kontrast. Andererseits schaffen Blütephasen aber auch ihre eigenen Probleme, insbesondere wenn sie mit militärischer Expansion und Überbevölkerung verbunden sind. Es kommt oftmals nur auf den Blickwinkel an, um eine Situation als Krise oder Blüte zu bewerten. Die militärische Expansion der Römer in einer Klimagunstphase zerstörte die keltische Kultur. Was heute als Blütezeit des römischen Imperiums gewertet wird, bedeutete für die Kelten die Vernichtung ihrer kulturellen Identität. Die Frage nach Krise oder Gunst ist also sehr subjektiv.

Klima und Wetter wurden in der Vergangenheit nur dann wichtig für die Menschheitsentwicklung, wenn der Abgrund zwischen reicher Ernte zur Hungersnot überschritten wurde. Ob die gesamte Mensch-Klima-Beziehung aber auf diese materialistische Schlussfolgerung reduziert werden kann, ist schwer zu glauben. Nicht umsonst ist die Verehrung des Lichtes und der Sonne von den frühesten Kulturen bis heute ein zentrales Element geistig-religiösen Lebens.

Perspektiven

Was kann man also aus der Klima- und Kulturgeschichte der Vergangenheit für das 21. Jahrhundert lernen? Lassen sich aus dieser Vergangenheit Grundmuster ableiten, die auch für eine Zukunft unter „*Global-Change*-Bedingungen“ gültig sind?

1.) Keine Warmphase in der Vergangenheit war vergleichbar der Temperaturentwicklung der letzten 30 Jahre, sondern die vergangenen Warmphasen waren verbunden mit höherer Einstrahlungsintensität auf die Nordhemisphäre (frühes Holozän) oder Phasen einer über lange Zeit aktiven Sonne (Bronzezeit, Römerzeit, Mittelalter, 19./20. Jahrhundert). Zu kultureller und gesellschaftlicher Blüte führten solche klimatischen Gunstphasen aber nur dort, wo auch klare Herrschaftsstrukturen und technische Innovationen zu wirtschaftlicher Stabilität führten.

2.) Die eigentliche Bedrohung für die Menschen war nie das Klima – abgesehen vielleicht vom Beginn der letzten Eiszeit –, sondern der Nahrungsmangel. Lediglich solche Wetteranomalien, die die Ernte beeinflussten, wurden zur Bedrohung, alles andere waren singuläre Katastrophen, nach denen schnell die Normalität zurückkehrte – wie nach den großen Hochwassern heute. Ein Vergleich der Krisenphasen mit der Aktivität der Sonne zeigt dabei, dass vermutlich nur die nasskalten Sommer bedrohlich wurden – vor allem wenn mehrere davon aufeinanderfolgten.

3.) Die prognostizierten Wetteranomalien für das kommende Jahrhundert gehen in eine ganz andere Richtung. Verursacht durch die CO_2-gesteuerte Erwärmung der Erde, wird es in Mitteleuropa zu einer Erhöhung der Temperaturen um einige Grad kommen. Damit verbunden sind Winter ohne Schnee und Sommer mit extremen Hitzewellen und Wassermangel. Entscheidend für die menschliche Entwicklung werden vermutlich die Sommer mit Wassermangel, in denen lange Dürren die Ernte vernichten könnten. Wenn es dann noch zu Problemen im Transportgewerbe kommt, das heißt, wenn Treibstoff auch nur vorübergehend knapp wird und Nahrungsmittel nicht von außen in eine Krisenregion geschafft werden können, kann man sich auch für das 21. Jahrhundert Szenarien vorstellen, die den Engpässen des 14. Jahrhunderts nicht unähnlich werden könnten.

4.) Die unbekannte Größe im Klima und Wetter der nächsten Jahrhunderte wird aber auch die Sonne selbst sein. Heute ist die Sonne stark, ob sie dies aber auch durch die kommenden Jahrhunderte bleiben wird, kann niemand voraussagen, denn die Phasen mit schwacher Sonne folgten in der Vergangenheit keinem regelhaften Muster. Irgendwann wird die Sonne wieder schwach werden. Wie sich dies unter Bedingungen der globalen CO_2-getriebenen Klimaerwärmung auswirken wird, ist schwer einzuschätzen.

5.) Entwicklungen, die in der Mitte oder gegen Ende des kommenden Jahrhunderts eintreten könnten, wenn der CO_2-Ausstoß ungebremst weiter fortgeführt werden sollte, könnten so aussehen: Verschiedene Computersimulationen haben vorausgesagt, dass bei einem CO_2-Gehalt von etwa 600 ppm in der Atmosphäre der grönländische Eisschild zu schmelzen beginnen würde. Ähnlich wie am Ende der letzten Eiszeit aus dem nordamerikanischen Eisschild, wären Schmelzwasserschüttungen in den Atlantik zu erwarten. Damals bedeutete dies für Mitteleuropa den mehrfachen Einbruch von einigen Jahrzehnten/Jahrhunderten Dauer mit sehr kalten Klimabedingungen, da der Nordatlantik von Eisbergen bedeckt war und der Golfstrom sich abschwächte. Sollte die Menschheit tatsächlich alle Warnungen in den Wind schlagen und mit dem CO_2-Ausstoß unvermindert fortfahren, wären die Konsequenzen einer Erwärmung im 21. Jahrhundert extreme Abkühlungsphasen – vermutlich mindestens über einige Jahre in Folge – verursacht durch Schmelzwasser aus dem grönländischen Eisschild, die in den Nordatlantik fließen würden. Für die Landwirtschaft Mitteleuropas wäre das sicherlich genauso verheerend wie die oben prognostizierten langen Dürren.

6.) Letztendlich wird die globale Erwärmung in jedem Fall für die Menschheit zu einer Herausforderung. Wenn der Nordatlantik aber in 50 oder 100 Jahren tatsächlich vom grönländischen Schmelzwasser beeinflusst werden sollte, lässt sich der Effekt der abrupten Abkühlung sicher nicht mehr zurückhalten. Es ist die Aufgabe der jetzt lebenden Generationen, die Weichen zu stellen, dass der Grenzwert von 600 ppm CO_2 in der Atmosphäre nie erreicht wird.

7.) Lange Dürren, Hitzewellen und Wassermangel, aber auch Extremniederschläge im Sommer werden von allen Computersimulationen für das 21. Jahrhundert vorhergesagt, und vermutlich haben sie schon längst begonnen. Der Mensch wird lernen müssen, mit solchen Wetteranomalien, die er als Umweltkatastrophen erfährt, umzugehen, das heißt Strukturen zu schaffen, die auch unter solchen Bedingungen einem drohenden Nahrungsmangel entgegenwirken. In der Vergangenheit war Auswanderung für die armen Bevölkerungsteile der hoffnungsvollste Weg aus solchen Krisen; und genauso verhalten sich heute die Menschen in Afrika, die in unser stabiles Wirtschaftssystem im klimatisch gemäßigten Mitteleuropa einwandern möchten. Die Unterschiede zwischen dem menschlichen Verhalten in der letzten Eiszeit und dem 21. Jahrhundert sind also gar nicht so groß; nur dass damals die Nordeuropäer nach Süden zogen, um Hunger und Kälte auszuweichen, während heute die Menschen nach Norden drängen. Zweifellos hat damit das Klima einen starken Einfluss auf die Menschheitsentwicklung.

Die Gegenüberstellung von Daten der Klimageschichte und Entwicklungen in der menschlichen Kultur zeichnet ein Bild, in dem Sonneneinstrahlung, Niederschlag und Vegetation die entscheidenden Größen für die Umwelt und die Blüte der Kulturen waren; in der Zukunft wird wohl auch das CO_2 eine bedeutende Rolle in diesem Ablauf übernehmen. Lediglich die Aktivität der Sonne selbst unterliegt im Klimasystem nicht dem Einfluss des Treibhausgases.

Anna, 9 Jahre

Literaturverzeichnis

Aalbersberg, G. & Litt, T. (1998): Multiproxy climate reconstructions for the Eemian and Early Weichselian. Journal of Quaternary Science 13, S. 367 – 390.

Abramova, Z. A. (1982): Zur Jagd im Jungpaläolithikum. Nach Beispielen des jungpaläolithischen Fundplatzes Kokorevo I in Sibirien. Archäologisches Korrespondenzblatt 12, S. 1 – 9.

Alley, R. B., Meese, D. A., Shuman, C. A., Gow, A. J., Taylor, K. C., Grootes, P. M., White, J. W. C., Ram, M., Waddington, E. D., Mayewski, P. A. & Zielinski, G. A. (1993): Abrupt increase in Greenland snow accumulation at the end of the Younger Dryas event. Nature 362, S. 527 – 529.

Annales Xantenses et Annales Vedastini (Nachdruck von 1909/1979): Monumenta Germaniae Historica, Scriptores rerum Germanicarum in usum scholarum separatim editi, Band 12. Hahnsche Buchhandlung, Hannover.

Arnold, A. (1997): Allgemeine Agrargeographie, Gotha und Stuttgart.

Avenarius, W. (1974): Mittelrhein mit Hunsrück, Eifel, Westerwald. Landschaft – Geschichte – Burgenkunde – Kultur – Kunst. Glock und Lutz, Nürnberg.

Baales, M. (1996): Umwelt und Jagdökonomie der Ahrensburger Rentierjäger im Mittelgebirge. Monographien des Römisch-Germanischen Zentralmuseums 38. Verlag des Römisch-Germanischen Zentralmuseums, Mainz u. Bonn.

Baales, M. (2001): From Lithics to Spatial and Social Organization. Interpreting the Lithic Distribution and Raw Material Composition at the Final Palaeolithic Site of Kettig (Central Rhineland, Germany). Journal of Archaeological Science 28, S. 127 – 141.

Baales, M. (2002): Der spätpaläolithische Fundplatz Kettig. Untersuchungen zur Siedlungsarchäologie der Federmesser-Gruppen am Mittelrhein. Monographien des Römisch-Germanischen Zentralmuseums 51. Verlag des Römisch-Germanischen Zentralmuseums, Mainz u. Bonn.

Baales, M. (2004): Final Palaeolithic Archaeology of the Northern Rhineland and the Belgian Ardenne: State of Research. In: Dewez, M., Noiret, P. & Teheux, E. (Hrsg.): Actes du XIVème Congrès UISPP, Université de Liège 2001/Acts of the XIVth UISPP Congress, University of Liège 2001, Sessions générales et posters/General Sessions and Posters. BAR International Series 1240, S. 63 – 71.

Baales, M. (2005): Archäologie des Eiszeitalters – Frühe Menschen an Mittelrhein und Mosel. Archäologie an Mittelrhein und Mosel 16. Koblenz.

Baales, M. & Jöris, O. (2002): Zwischen Nord und Süd. Ein allerødzeitlicher Rückenspitzen-Fundplatz bei Bad Breisig, Kr. Ahrweiler (Mittelrhein, Rheinland-Pfalz). Die Kunde N. F. 52, S. 275 – 291.

Baales, M. & Street, M. (1998): Late Palaeolithic Backed-Point assemblages in the northern Rhineland: current research and changing views. Notae Praehistoricae 18, S. 77 – 92.

Baales, M. & Vollbrecht, J. (1995): Kartstein. In: Bosinski, G., Street, M. & Baales, M. (Hrsg.): The Palaeolithic and Mesolithic of the Rhineland. Quaternary Field Trips in Central Europe 15, Band 2, INQUA-Kongress Berlin, S. 941 – 947.

Baales, M., Jöris, O., Street, M., Bittmann, F., Weninger, B. & Wiethold, J. (2002): Impact of the Late Glacial Eruption of the Laacher See Volcano, Central Rhineland, Germany. Quaternary Research 58, S. 237 – 288.

Back, U. (1989): Frühmittelalterliche Grabfunde beiderseits der unteren Mosel. British Archaeological Reports I. B.A.R., Oxford.

Baillie, M. G. L. (1995): A slice through time. Dendrochronology and precision dating. London.

Bakker, J. A. (2004): Die neolithischen Wagen im nördlichen Mitteleuropa. In: Fansa, M. & Burmeister, S. (Hrsg.): Rad und Wagen. Der Ursprung einer Innovation. Wagen im Vorderen Orient und Europa. Mainz, S. 283 – 294.

Banks, W. E., Peterson, A. T., Vanhaeren, M., Kageyama, M., Sepulchre, P., Ramstein, G., Jost, A. & Lunt, D. (2008): Human ecological niches and ranges during the LGM in Europe derived from an application of eco-cultural niche modelling. Journal of Archaeological Science 35, S. 481 – 491.

Becker, B. (1992): The history of dendrochronology and radiocarbon calibration. Radiocarbon after Four Decades. In: Taylor, R. E., Long, A. A. & Kra, R. S. (Hrsg.): Radiocarbon after Four Decades. Springer, New York, S. 34 – 49.

Behre, K.-E. (2001): Umwelt und Wirtschaftsweisen in Norddeutschland während der Trichterbecherzeit. In: Kelm, R. (Hrsg.): Zurück zur Steinzeitlandschaft. Archäobiologische und ökologische Forschung zur jungsteinzeitlichen Kulturlandschaft und ihrer Nutzung in Nordwestdeutschland. Drittes Albersdorfer Kolloquium vom 7. bis 9. Februar 2001 im Albersdorfer Bürgerhaus, Verlag Boyens & Co., Heide.

Behre, K.-E. (2003): Pollen, Samen, Früchte – Geschichte der Pflanzenwelt und der Ernährung. In: von Freeden, U. & von Schnurbein, S. (Hrsg.): Spuren der Jahrtausende. Konrad Theiss Verlag, Stuttgart.

Behre, K.-E. (2007): Evidence for Mesolithic agriculture in and around central Europe? Vegetation History and Archaeobotany 16, S. 203 – 219.

Behringer, W. (2007): Kulturgeschichte des Klimas. Von der Eiszeit bis zur globalen Erwärmung. C. H. Beck, München.

Behringer, W., Lehmann, H. & Pfister, C. (2005): Kulturelle Konsequenzen der „Kleinen Eiszeit“. MPI für Geschichte Band 212. Vandenhoeck & Ruprecht, Göttingen.

Bender, H. (2001): Bauliche Gestalt und Struktur römischer Landgüter in den nord-westlichen Provinzen des Imperium Romanum. In: Herz, P. & Waldherr, G. (Hrsg.): Landwirtschaft im Imperium Romanum. Scripta Mercaturae Verlag, St. Katharinen, S. 1 – 40.

Berger, A. & Loutre, M. F. (1991): Insolation Values for the Climate of the Last 10 Million of Years. Quaternary Science Reviews 10, S. 297 – 317.

Berger, T. D. & Trinkaus, E. (1995): Patterns of Trauma among the Neandertals. Journal of Archaeological Science 22, S. 841 – 852.

Bertemes, F. & Schlosser, W. (2008): Der Kreisgraben von Goseck und seine astronomischen Bezüge. In: Meller, H. (Hrsg.): Der geschmiedete Himmel. Konrad Theiss Verlag, Stuttgart.

Beug, H.-J. (2004): Leitfaden der Pollenbestimmung für Mitteleuropa und angrenzende Gebiete. Verlag Dr. Friedrich Pfeil, München.

BGR – Bundesanstalt für Geowissenschaften und Rohstoffe (2007): GK 1000. Geologische Karte der Bundesrepublik Deutschland 1:1 000 000.

Bibus, E. & Semmel, J. (1977): Stratigraphische Leithorizonte im Würmlöß des Mittelrheingebietes. Geologisches Jahrbuch Hessen 105, S. 141 – 147.

Biel, J. (1985): Der Keltenfürst von Hochdorf. Konrad Theiss Verlag, Stuttgart.

Biel, J., Schlichtherle, H., Strobel, M., Zeeb, A. (2000): Zentrale Orte – kleine Weiler. Archäologie in Deutschland 2, S. 6 – 11.

Billamboz, A. (2006): Dendroarchäologische Untersuchungen zur Besiedlungs- und Landschaftsentwicklung im Neolithikum des westlichen Bodenseegebietes. Akten des Kolloquiums Umwelt – Wirtschaft – Siedlungen im 3. vorchristlichen Jahrtausend Mitteleuropas.

Binding, G. (1996): Deutsche Königspfalzen. Von Karl dem Großen bis Friedrich II. (765 – 1240). Wissenschaftliche Buchgesellschaft, Darmstadt.

Bissolli, P., Göring, L. & Lefebvre, Ch. (2001): Extreme Wetter- und Witterungsereignisse im 20. Jahrhundert. Klimastatusbericht 2001. Deutscher Wetterdienst, Offenbach.

Bittmann, F. (2004): Vegetations- und Landschaftsgeschichte. In: Fansa, M., Both, F., Hassmann,

H. (Hrsg.): Archäologie/Land/Niedersachsen. Konrad Theiss Verlag, Stuttgart, S. 53 – 62.
Björck, S. & Wohlfarth, B. (2001): ^{14}C Chronostratigraphic techniques in paleolimnology. In: Last, W. M. & Smol, J. P. (Hrsg.): Tracking environmental change using lake sediments. Volume 1, Basin Analysis, coring, and chronological techniques. Kluwer Academic Publishers, Dordrecht.
Blaising, J.-M. (2002): Yutz (Moselle), l'occupation antique, le point après dix ans d'archéologie préventive (1989 – 1999). Les cahiers Lorrains, S. 233 – 254.
Bloemers, J. H. F., Louwe Kooijmans, L. P., Sarfatij, H. (1986): Verleden Land. Archeologische opgravingen in Nederland. Meulenhoff Informatief. Amsterdam.
Blunier, T. & Brook, E. (2001): Timing of Millennial-Scale Climate Change in Antarctica and Greenland During the Last Glacial Period. Science 291, S. 109 – 112.
Bodu, P. (1998): Magdalenians – early Azilians in the centre of the Paris Basin: a filiation? The example of Le Closeau (Rueil-Malmaison, France). In: Milliken, S. (Hrsg.): The organization of lithic technology in Late Glacial and Early Postglacial Europe. BAR International Series 700, Oxford, S. 131 – 147.
Boecking, H. (1979): Neue mittelpaläolithische Funde und Fundstellen aus dem Trier-Luxemburger Land. Trierer Zeitschrift 42, S. 5 – 61.
Boëda, E., Geneste, J. M. & Griggo, C. (1999): A Levallois Point Embedded in the Vertebra of a Wild Ass (Equus africanus): Hafting, Projectiles and Mousterian Hunting Weapons. Antiquity 73, S. 394 – 402.
Boenigk, W. & Frechen, M. (1998): Zur Geologie der Deckschichten von Kärlich/Mittelrhein. Eiszeitalter und Gegenwart 48, S. 38 – 49.
Böhner, K. (1958): Die fränkischen Altertümer des Trierer Landes, Germanische Denkmäler der Völkerwanderungszeit Band 1. Gebr. Mann, Berlin.
Bollongino, R. (2006): Die Herkunft der Hausrinder in Europa. Eine aDNA-Studie an neolithischen Knochenfunden. Universitätsforschungen zur Prähistorischen Archäologie 130, Dr. Rudolf Habelt, Bonn.
Bolus, M. (1992): Die Siedlungsbefunde des späteiszeitlichen Fundplatzes Niederbieber (Stadt Neuwied). Monographien des Römisch-Germanischen Zentralmuseums Mainz 22, Verlag des Römisch-Germanischen Zentralmuseums, Mainz u. Bonn.
Bond, G., Kromer, B., Beer, J., Muscheler, R., Evans, M. N., Showers, W., Hoffmann, S., Lotti-Bond, R., Hajdas, I. & Bonani, G. (2001): Persistent solar influence on north atlantic climate during the Holocene. Science 294, 5549, S. 2130 – 2136.
Bonsall, C. (2008): The Mesolithic of the Iron Gates. In: Bailey, G. & Spikins, P. (Hrsg.): Mesolithic Europe. Cambridge University Press, Cambridge, S. 238 – 279.
Bork, H. R., Bork, H., Dalchow, C., Faust, B., Piorr, H.-P. & Schatz, T. (1998): Landschaftsentwicklung in Mitteleuropa. Klett, Stuttgart.
Bosinski, G. (1967): Die mittelpaläolithischen Funde im westlichen Mitteleuropa. Fundamenta A/4. Köln u. Graz.
Bosinski, G. (1987): Die große Zeit der Eiszeitjäger. Europa zwischen 40 000 und 10 000 v. Chr. (5. Mommsen-Vorlesung). Jahrbuch des Römisch-Germanischen Zentralmuseums Mainz 34, S. 3 – 139.
Bosinski, G. (1990): Homo sapiens. L'histoire des chasseurs du paléolithique supérieur en Europe (40 000 – 10 000 av. J.-C.). Edition Errance, Paris.
Bosinski, G. (1991): The Representation of Female Figures in the Rhineland Magdalénien. Proceedings of the Prehistoric Society N. 57, S. 51 – 64.
Bosinski, G. (1992): Eiszeitjäger im Neuwieder Becken. Archäologie an Mittelrhein und Mosel 1. Koblenz.
Bosinski, G. (1995): Die ersten Menschen in Eurasien. Jahrbuch des Römisch-Germanischen Zentralmuseums Mainz 39, S. 131 – 181.
Bosinski, G. (1996a): Die Gravierungen des Magdalénien-Fundplatzes Andernach-Martinsberg. Jahrbuch des Römisch-Germanischen Zentralmuseums Mainz 41, S. 19 – 58.
Bosinski, G. (1996b): Die Nashorndarstellungen von Gönnersdorf. In: Campen, I., Hahn, J. & Uerpmann, M. (Hrsg.): Spuren der Jagd – Die Jagd nach Spuren. Festschrift für Hansjürgen Müller-Beck. Tübinger Monographien zur Urgeschichte 11, S. 177 – 189.
Bosinski, G. (2000): The Period 30 000 – 20 000 bp in the Rhineland. In: Roebroeks, W., Mussi, M., Svoboda, J. & Fennema, K. (Hrsg.): Hunters of the Golden Age. The Mid Upper Palaeolithic of Eurasia. Leiden, S. 271 – 280.
Bosinski, G. (2007): Gönnersdorf und Andernach-Martinsberg. Späteiszeitliche Siedlungsplätze am Mittelrhein. Archäologie an Mittelrhein und Mosel 19. Koblenz.
Bosinski, G. & Bosinski, H. (1991): Robbendarstellungen von Gönnersdorf. In: Aktas, A. & Boenigk, W. (Hrsg.): Festschrift Karl Brunnacker. Sonderveröffentlichungen des Geologischen Instituts Köln, S. 81 – 87.
Bosinski, G. & Fischer, G. (1980): Mammut- und Pferdedarstellungen von Gönnersdorf. Der Magdalénien-Fundplatz Gönnersdorf 5. Wiesbaden.
Bosinski, G., Kröger, K., Schäfer, J. & Turner, E. (1986): Altsteinzeitliche Siedlungsplätze auf den Osteifel-Vulkanen. Jahrbuch des Römisch-Germanischen Zentralmuseums Mainz 33, S. 97 – 130.
Bosinski, G., d'Errico, F. & Schiller, P. (2001): Die gravierten Frauendarstellungen von Gönnersdorf. Der Magdalénien-Fundplatz Gönnersdorf 8. Stuttgart.
Boyle, E. A. (2000): Is ocean thermohaline circulation linked to abrupt stadial/interstadial transitions? Quaternary Science Reviews 19, S. 255 – 272.
Brauer, A., (1994). Weichselzeitliche Sedimente des Holzmaares – Warvenchronologie des Hochglazials und Nachweis von Klimaschwankungen. Documenta Natura 85, S. 1 – 210.
Brauer, A., Endres, C. & Negendank, J. F. W. (1999): Lateglacial calendar year chronology based on annually laminated sediments from Lake Meerfelder Maar. Germany. Quaternary International 61, S. 17 – 25.
Broecker, W. S. & Denton, G. H. (1989): The Role of Ocean-atmosphere Reorganizations in Glacial Cycles. Geochimica et Cosmocimica Acta 53, S. 2465 – 2501.
Broecker, W. S. & Denton, G. H. (1990): Ursachen der Vereisungszyklen. In: Crutzen, P. J. (Hrsg.): Atmosphäre, Klima, Umwelt. Spektrum der Wissenschaft, Verständliche Forschung. Spektrum Akademischer Verlag, Heidelberg, S. 78 – 87.
Broecker, W. S., Kennett, J. P., Flower, B. P., Teller, J. T., Trumbore, S., Bonani, G. & Wolfli, W. (1989): Routing of meltwater from the Laurentide Ice Sheet during the Younger Dryas cold episode. Nature 341, S. 318 – 321.
Büchel, G. (1984): Die Maare im Vulkanfeld der Westeifel, ihr geophysikalischer Nachweis, ihr Alter und ihre Beziehung zur Tektonik der Erdkruste. Diss. Univ. Mainz, Mainz.
Büchel, G. (1994). Vulkanologische Karte der West- und Hocheifel 1 : 50.000. Landesvermessungsamt Rheinland-Pfalz, Koblenz.
Büchel, G. & Lorenz, V. (1982): Zum Alter des Maarvulkanismus der Westeifel. N. Jb. Geol. Paläont. 163: S. 1 – 22.
Buschkämper, T. (1993): Die Befunde im Südwestteil der Gönnersdorfer Grabungsfläche. Unveröffentlichte Magisterarbeit an der Universität zu Köln.

Capelle, T. (2008): Bilderwelten der Bronzezeit. Verlag Philipp von Zabern, Mainz.
Chronicon Palidense/Annales Palidenses auctore Theodoro monacho. In: Pertz, G. H. (Hrsg.): MGH SS 16. Hannover 1859.
Clarke, G., Leverington, D., Teller, J. und Dyke, A. (2003): Superlakes, megafloods and abrupt climate change. Science 301, S. 922 – 923.
CLIMAP Project Members (1981): Seasonal Reconstructions of the Earth's Surface at the Last Glacial Maximum. The Geological Society of America, Map and Chart Series, MC-36, S. 1 – 36.
Codex Manesse. Die Große Heidelberger Liederhandschrift. Vollständiges Faksimile des Codex Palatinus Germanicus 848 der Universitätsbibliothek Heidelberg. Frankfurt a. M., 1975 – 1981.
Conard, N. J. (2007a): De nouvelles sculptures en ivoire Aurignaciens de Jura Souabe et la naissance de l'art figurative/Neue Elfenbeinskulpturen aus dem Aurignacien der Schwäbischen Alb und die Entstehung der figürlichen Kunst. In: Floss, H. & Rouquerol, N. (Hrsg): Les Chemins de l'art Aurignacien en Europe/Das Aurignacien und die Anfänge der Kunst in Europa. Colloque International/Internationale Fachtagung, Aurignac, 16 – 18 Septembre 2005. Éditions Muséeforum Aurignac, Aurignac, S. 317 – 330.
Conard, N. J. (2007b): Les flutes aurignaciennes des grottes du Geißenklösterle et du Vogelherd (Jura souabe)/Flöten aus dem Aurignacien der Höhlen Geißenklösterle und Vogelherd auf der Schwäbischen Alb. In: Floss, H. & Rouquerol, N. (Hrsg): Les Chemins de l'art Aurignacien en Europe/Das Aurignacien und die Anfänge der Kunst in Europa. Colloque International/Internationale Fachtagung, Aurignac, 16 – 18 Sep-

tembre 2005. Éditions Musée-forum Aurignac, Aurignac, S. 353 – 362.
Conard, N. J. & Bolus, M. (2003): Radiocarbon dating the appearance of modern humans and timing of cultural innovations in Europe: new results and new challenges. Jour. Hum. Evol. 44, S. 331 – 371.
Conard, N. J. & Moreau, L. (2004): Current Research on the Gravettian of the Swabian Jura. Mitteilungen der Gesellschaft für Urgeschichte 13, S. 29 – 59.
Coope, G. R., Lemdahl, G., Lowe, J. J. & Walking, A. (1998): Temperature gradients in northern Europe during the last glacial-Holocene transition (14-9 ^{14}C kyr B. P.) interpreted from coleopteran assemblages. Journal of Quaternary Science 13, S. 419 – 433.
Cullen, H. C., DeMenocal, P. B., Hemming, S., Hemming, G., Brown, F. H., Guilderson, T., Sirocko, F. (2000): Climate change and the collapse of the Akkadian empire: Evidence from the deep sea. Geology 28, 4, S. 379 – 382.
Cüppers, H. (Hrsg.) (1990): Die Römer in Rheinland-Pfalz. Konrad Theiss Verlag, Stuttgart.

Dearing, J., Graumlich, L. J., Grove, R. H., Grübler, A., Haberl, H., Hole, F., Pfister, C. & van der Leeuw, S. E. (2007): Group Report: Integrating socioenvironmental interactions over Centennial Timescales. In: Constanza, R., Graumlich, L. J. & Steffen, W.: Sustainability of collapse? Report of Dahlem Conference 96, MIT Press, S. 243 – 274.
Deutsche Stratigraphische Kommission (Hrsg.) (2002): Stratigraphische Tabelle von Deutschland 2002. GeoForschungsZentrum, Potsdam, Forschungsinstitut Senckenberg, Frankfurt a. M.
Dinzelbacher, P. (2003): Europa im Hochmittelalter 1050 – 1250. Eine Kultur- und Mentalitätsgeschichte. Primus Verlag, Darmstadt.
Dörfler, W. (2001): Von der Parklandschaft zum Landschaftspark. Rekonstruktion der neolithischen Landschaft anhand von Pollenanalysen aus Schleswig-Holstein. In: Kelm, R. (Hrsg.): Zurück zur Steinzeitlandschaft. Archäobiologische und ökologische Forschung zur jungsteinzeitlichen Kulturlandschaft und ihrer Nutzung in Nordwestdeutschland. Drittes Albersdorfer Kolloquium vom 7. bis 9. Februar 2001 im Albersdorfer Bürgerhaus. Verlag Boyens & Co., Heide.
Dörfler, W., Evans, A. & Löhr, H. (1998): Trier Walramsneustraße – Untersuchungen zum römerzeitlichen Landschaftswandel im Hunsrück-Eifel-Raum an einem Beispiel aus der Trierer Talweite. In: Müller-Karpe, A. et al. (Hrsg.): Studien zur Archäologie der Kelten, Römer und Germanen in Mittel- und Westeuropa. Festschr. A. Haffner, Rahden/Westf., S. 119 – 152.
Dörfler, W., Evans, A., Nakoinz, O., Usinger, H. & Wolf, A. (2000): Wandel der Kulturlandschaft als Ausdruck kulturellen Wandels? Pollenanalytische und siedlungsarchäologische Untersuchungen zur Romanisierung in der Vulkaneifel. In: Haffner, A. & von Schnurbein, S. (Hrsg.): Kelten, Germanen, Römer im Mittelgebirgsraum zwischen Luxemburg und Thüringen. Akten des internationalen Kolloquiums zum DFG-Schwerpunktprogramm „Romanisierung“ in Trier vom 28. bis 30. September 1998, Kolloquien zur Vor- und Frühgeschichte 5, Bonn, S. 129 – 146.
Driehaus, J. (1965): Fürstengräber und Eisenerze zwischen Mittelrhein, Mosel und Saar. Germania 43, S. 32 – 49.
Dürrwächter, C., Craig, O. F., Taylor, G., Collins, M. J., Burger, J., Alt, K. W. (2003): Rekonstruktion der Ernährungsweise in den mittel- und frühneolithischen Bevölkerungen von Trebur/Hessen und Herxheim/Pfalz anhand der Analyse stabiler Isotope. Bull. Soc. Suisse d'Anthrop. 9., S. 1 – 16.
Dyke, A. S. (2004): An outline of North American Deglaciation with emphasis on central and northern Canada. Quaternary Glaciations-Extent and Chronology, Part II: North America, Vol. 2b. J. Ehlers and P. L. Gibbard, Eds., Elsevier Science and Technology Books, S. 373 – 424.

Ehmer, J. (2004): Bevölkerungsgeschichte und Historische Demographie 1800 – 2000. Enzyklopädie Deutscher Geschichte Band 71, Oldenbourg, München.
Eicher, U. & Siegenthaler, U. (1976): Palynological and oxygen isotope investigations on Late-Glacial sediment cores from Swiss lake. Boreas 5, S. 109 – 117.
Eickhoff, S. (1992): Wohnplatzstrukturen: Strukturierung eines Wohnplatzes. Zur Besiedlungsgeschichte des Magdalénien-Fundplatzes Andernach. Diss. an der Univ. zu Köln.
Eissmann, L. (1981): Periglaziäre Prozesse und Permafroststrukturen aus sechs Kaltzeiten des Quartärs. Ein Beitrag zur Periglazialgeologie aus der Sicht des Saale-Elbe-Gebietes. Altenburger Naturwissenschaftliche Forschungen, Band 1, Naturkundliches Museum, Altenburg.
Ellenberg, H., Weber, H. E., Düll, R., Wirth, V., Werner, W. & Paulissen, D. (1992): Zeigerwerte von Pflanzen in Mitteleuropa. Verlag Erich Goltze KG, Göttingen.

Faegri, K. (1993): Bestimmungsschlüssel für die nordwest-europäische Pollenflora. Gustav Fischer Verlag, Jena.
Fagan, B. (2000): The Little Ice Age. How climate made history 1300 – 1850. Basic Books, New York.
Fagnart, J.-P. (1997): La fin des temps glaciaires dans le Nord de la France. Approches archéologiques et environnementale des occupations humaines du Tardiglaciaire. Mémoires de la Société Préhistorique Française 24, Paris.
Fetzer, K. D., Larres, K., Sabel, K.-J., Spies, E. D., Weidenfeller, M. (1995): Hessen, Rheinland-Pfalz, Saarland. In: Benda, L.: Das Quartär Deutschlands. Gebrüder Bornträger, Berlin-Stuttgart, S. 220 – 254.
Findley, R. (2000): Mount St. Helens. Die Natur kehrt zurück. National Geographic Deutschland 5/2000, S. 178 – 197.
Finkel, R. C., Nishiizumi, K. (1997): Beryllium 10 concentration in the Geenland Ice Sheet Project 2 ice core from 3 – 40 ka. Journal of Geophysical Research, 102, C12, S. 26.699 – 26.706.
Firbas, F. (1949/1952): Spät- und nacheiszeitliche Waldgeschichte Mitteleuropas nördlich der Alpen. Band 1 und 2. Gustav Fischer Verlag, Jena.
Flannery, T. (2007): Wir Wettermacher. Wie die Menschen das Klima verändern und was das für unser Leben auf der Erde bedeutet. Fischer Taschenbuch Verlag, Frankfurt.
Fleming, K., Johnston, P., Zwartz, D., Yokoyama, Y., Lambeck, K. & Chappell, J. (1998): Refining the eustatic sea-level curve since the Last Glacial Maximum using far- and intermediate-field studies. Earth and Planetary Science Letters 163, S. 327 – 342.
Flemming, J. (1990): Dom und Domschatz zu Halberstadt. Koehler & Amelang, Leipzig.
Floss, H. & Rouquerol, N. (2007): Les chemins de l'art aurignacien en Europe. Das Aurignacien und die Anfänge der Kunst in Europa. Aurignac.
Foxworthy, B. L. & Hill, M. (1982): Volcanic eruptions of 1980 at Mount St. Helens. The first 100 days. Geological Survey Professional Paper 1249. Washington.
Frenzel, B. (1968): Grundzüge der pleistozänen Vegetationsgeschichte Nord-Eurasiens. Erdwissenschaftliche Forschung 1. Wiesbaden.
Frenzel, B. (1991): Die vormittelalterliche Besiedlungsgeschichte des westlichen Hunsrücks und der Westeifel nach paläobotanischen Funden. In: Haffner, A. & Miron, A. (Hrsg.): Studien zur Eisenzeit im Hunsrück-Nahe-Raum. Selbstverlag des Rheinischen Landesmuseums Trier, Trier.
Friedrich, M., Kromer, B., Spurk, M., Hofmann, J. & Kaiser, K. F. (1999): Paleo-environment and Radiocarbon Calibration as Derived from Lateglacial/Early Holocene Tree-ring Chronologies. Quaternary International 61, S. 27 – 39.
Friedrich, M., Remmele, S., Kromer, B., Hofmann, J., Spurk, M., Kaiser, K. F., Orcel, C. & Küppers, M. (2004): The 12 460-Year Hohenheim Oak and Pine Tree-Ring Chronology from Central Europe – a Unique Annual Record for Radiocarbon Calibration and Palaeoenvironment Reconstructions. Radiocarbon 46, S. 1111 – 1122.
Fries-Knobloch, J. (2002): Die Kelten. Kohlhammer Verlag, Stuttgart.
Füchtbauer, H. (1988): Sedimente und Sedimentgesteine (Sediment-Petrologie). Schweizerbart'sche Verlagsbuchhandlung, Stuttgart.

Gaudzinski, S. (1995): Wisentjäger in Wallertheim. Zur Taphonomie einer mittelpaläolithischen Fundstelle in Rheinhessen. Jahrbuch des Römisch-Germanischen Zentralmuseums Mainz 39, S. 245 – 423.
Gaudzinski, S. (1998): Kärlich-Seeufer. Untersuchungen zu einer altpaläolithischen Fundstelle im Neuwieder Becken (Rheinland, Deutschland). Jahrbuch des Römisch-Germanischen Zentralmuseums Mainz 43, S. 3 – 239.
Gaudzinski, S. (2002): Die israelische Fundstelle Ubeidiya im Kontext der Ausbreitungen des frühesten Menschen nach Eurasien. Jahrbuch des Römisch-Germanischen Zentralmuseums Mainz 47, S. 99 – 122.
Gaudzinski, S. & Roebroeks, W. (2000a): Adults only. Reindeer Hunting at the Middle Palaeolithic Site Salzgitter-Lebenstedt, Northern Germany. Journal of Human Evolution 38, S. 497 – 521.
Gaudzinski, S. & Roebroeks, W. (2000b): Zur systematischen Verwertung der Jagdbeute im

Mittelpaläolithikum. Ein Beitrag aus Salzgitter-Lebenstedt. Germania 78, S. 247 – 271.

Gaudzinski-Windheuser, S. & Jöris, O. (Hrsg.) (2006): 600 000 Jahre Menschheitsgeschichte in der Mitte Europas. Begleitbuch zur Ausstellung im Museum für die Archäologie des Eiszeitalters, Schloss Monrepos, Neuwied. Verlag des Römisch-Germanischen Zentralmuseums, Mainz.

Gechter, M. & Kunow, J. (1986): Zur ländlichen Besiedlung des Rheinlandes in römischer Zeit. Bonner Jahrbücher 186, S. 377 – 396.

Gelhausen, F. (2008): Die innere Struktur von Fundkonzentrationen und ihre Beziehung zueinander – Untersuchungen zum Siedlungsmuster der allerødzeitlichen Federmessergruppen in Niederbieber, Stadt Neuwied, Rheinland-Pfalz. Unveröffentlichte Diss. an der Univ. zu Köln, Köln.

Gelhausen, F., Kegler, J. & Wenzel, St. (2005): Latente Behausungsstrukturen im Spätpaläolithikum. Die Fundplätze Niederbieber I und IV, Andernach-Martinsberg 3, Berlin-Tegel IX. Die Kunde N. F. 56, S. 11 – 30.

Geuenich, D. (Hrsg.) (1998): Die Franken und die Alemannen bis zur „Schlacht bei Zülpich" (496/97). RGA Ergänzungsband 19, De Gruyter, Berlin.

Gilles, K.-J. (1994): Die spätrömische Weinkelter in Erden. Funde und Ausgrabungen im Bezirk Trier 26, S. 33 – 41.

Gilles, K.-J. (1995): Neuere Forschungen zum römischen Weinbau an Mosel und Rhein. Rheinisches Landesmuseum Trier, Trier.

Glaser, R. (2001): Klimageschichte Mitteleuropas. 1000 Jahre Wetter, Klima, Katastrophen. Wissenschaftliche Buchgesellschaft, Darmstadt.

Glaser, R. (2008): Klimageschichte Mitteleuropas. 1200 Jahre Wetter, Klima, Katastrophen. Mit Prognosen für das 21. Jahrhundert, Wissenschaftliche Buchgesellschaft, Darmstadt.

Goetz, H.-W. (1986): Leben im Mittelalter vom 7. – 13. Jahrhundert. Beck Verlag, München.

Goren-Inbar, N., Feibel, C. S., Verosub, K. L., Melamed, Y., Kislev, M. E., Tchernov, E. & Saragusti, I. (2000): Pleistocene Milestones on the Out-of-Africa Corridor at Gesher Benot Ya'aqov, Israel. Science 289, S. 944 – 947.

Green, R. E., Krause, J., Ptak, S. E., Briggs, A. W., Ronan, M. T., Simons, J. F., Du, L., Egholm, M., Rothberg, J. M., Paunovic, M. & Pääbo, S. (2006): Analysis of One Million Base Pairs of Neanderthal DANN. Nature 444, S. 330 – 336.

Grewe, K. (1979): Der Fulbert-Stollen am Laacher See. Rheinland-Verlag, Köln.

Grimm, S. B. (2008): Maps of late glacial NW-Europe. NW-EU 10 W – 20 E 45 – 60 N –120 m, Karte 5. http://web.rgzm.de/late-glacial-nw-europe.html, accessed 2008-01-01.

Gronenborn, D. (1999): A variation on a basic theme: The transition to farming in southern Central Europe. Journal of World Prehistory 13, S. 123 – 210.

Gronenborn, D. (2005): Freundliche Übernahme. Als Bauern Mitteleuropa besiedelten. Spektrum der Wissenschaft Februar 2005, S. 56 – 61.

Gronenborn, D. (2006): Letzte Jäger – erste Bauern (Thema: Die Anfänge des Neolithikums). Archäologie in Deutschland 3/2006, S. 18 – 23.

Gronenborn, D. (2007): Beyond the Models: 'Neolithization' in Central Europe. In: Whittle, A. & Cummings, V. (Hrsg.): Going Over: the Mesolithic-Neolithic Transition in North-West Europe. British Academy, Oxford, S. 73 – 98.

Grootes, P. M., Stuvier, M., White, J. W. C., Johnsen, S., Jouzel, J. (1993): Comparison of oxygen isotope records from the GISP2 and GRIP Greenland ice cores. Nature 366, S. 552 – 555.

Grove, J. M. (1988): The Little Ice Age. Routledge, London.

Grunwald, L. (2007): Postumus – Valentinian I. – Avitus und dann? Anmerkungen zur Geschichte des Moselmündungsgebietes vom 3. bis in das 5. Jahrhundert n. Chr. In: Wegner, H.-H. (Hrsg.): Berichte zur Archäologie an Mittelrhein und Mosel 11, Rheinisches Landesmuseum Trier, Trier, S. 361 – 373.

Grupe, G. (1993): Umwelt und Bevölkerungsentwicklung im Mittelalter. In: Herrmann, B. (Hrsg.): Mensch und Umwelt im Mittelalter, Fischer Taschenbuch Verlag, Frankfurt/M., S. 24 – 34.

Guilaine, J. (2007): Die Ausbreitung der neolithischen Lebensweise im Mittelmeerraum. In: Lichter, C. (Red.): Vor 12 000 Jahren in Anatolien. Die ältesten Monumente der Menschheit. Badisches Landesmuseum Karlsruhe. Konrad Theiss Verlag, Stuttgart, S. 166 – 176.

Günther, A. (1907): Paläolithische Fundstellen im Löß bei Coblenz. Bonner Jahrbücher 116, S. 344 – 362.

Günther, A. (1924a): Vulkantätigkeit und Eiszeit im östlichen Eifelvorland zwischen Mosel und Vinxtbach. Die Eiszeit 1, S. 46 – 59.

Günther, A. (1924b): Die Löß- und Bimssandablagerungen des Neuwieder Beckens und ihre Bedeutung für die Urgeschichtsforschung. Rheinische Heimatblätter 1924, S. 51 – 56.

Haase, D., Fink, J., Haase, G., Ruske, R., Pécsi, M., Richter, H., Altermann, M., Jäger, K.-D. (2007): Loess in Europe – its spatial distribution based on a European Loess Map, scale 1 : 2 500 000. Quaternary Science Reviews, 26, 9/10, S. 1301 – 1312.

Haffner, A. (1976): Die westliche Hunsrück-Eifel-Kultur. Römisch-Germanische Forschungen 36, De Gruyter Verlag, Berlin.

Haffner, A. (1989): Gräber – Spiegel des Lebens. Schriftenreihe des Rheinischen Landesmuseums Trier 2, Verlag Philipp von Zabern, Mainz.

Hahn, J. (1969): Gravettien-Freilandstationen im Rheinland: Mainz-Linsenberg, Koblenz-Metternich und Rhens, Bonner Jahrbücher 169, S. 44 – 87.

Hahn, J. (1977): Aurignacien. Das ältere Jungpaläolithikum in Mittel- und Osteuropa. Fundamenta A/9. Köln u. Graz.

Hahn, J. (1987): Die ältesten figürlichen Darstellungen im Aurignacien. In: Müller-Beck, H. & Albrecht, G. (Hrsg): Die Anfänge der Kunst vor 30 000 Jahren. Konrad Theiss Verlag, Stuttgart, S. 25 – 33.

Hahn, J. (1989): Genese und Funktion einer jungpaläolithischen Freilandstation: Lommersum im Rheinland. Rheinische Ausgrabungen 29, Köln u. Bonn.

Hahn, J. (1995): Neue Beschleuniger-^{14}C-Daten zum Jungpaläolithikum in Südwestdeutschland, Eiszeitalter und Gegenwart 45, S. 86 – 92.

Hajdas, I., Zolitschka, B., Ivy-Ochs, S. D., Beer, J., Bonani, G., Leroy, S. A. G., Negendank, J. W., Ramrath, M., Suter, M. (1995): AMS Radiocarbon Dating of Annualy Laminated Sediments from Lake Holzmaar, Germany. Quaternary Science Reviews, 14, S. 137 – 143.

Härdtle, W., Ewald, J. & Hölzel, N. (2004): Wälder des Tieflandes und der Mittelgebirge. Eugen Ulmer, Stuttgart.

Hartmann, D. L. (1994): Global physical climatology. International Geophysics Series, Volume 56. Academic Press, San Diego.

Heinze, W. & Schreiber, D. (1984): Eine neue Kartierung der Winterhärtezonen für Gehölze in Europa. Mitteilungen der Deutschen Dendrologischen Gesellschaft 75, S. 11 – 56.

Henke, W. (1986): Die magdalénienzeitlichen Menschenfunde von Oberkassel bei Bonn. Bonner Jahrbücher 186, S. 317 – 366.

Henrich, P. (2006): Die römische Besiedlung in der westlichen Vulkaneifel. Trierer Zeitschrift Beiheft 30, Rheinisches Landesmuseum Trier, Trier.

Herz, P. (2001): Holz und Holzwirtschaft. In: Herz, P. & Waldherr, G. (Hrsg.): Landwirtschaft im Imperium Romanum. Scripta Mercaturae Verlag, St. Katharinen, S. 101 – 117.

Highwood, E. J. & Stevenson, D. S. (2003): Atmospheric impact of the 1783 – 1784 Laki Eruption. Part II: Climatic effect of sulphate aerosol, Atmos. Chem. Phys. 3, S. 1177 – 1189.

Hilpert, J. S. (2005): Die paläolithischen Funde aus der Magdalena-Höhle bei Gerolstein (Eifel). Unveröffentlichte Magister-Arbeit an der Universität zu Köln, Köln.

Hoek, W. (1997): Palaeogeography of Lateglacial Vegetations. Aspects of Lateglacial and Early Holocene vegetation, abiotic landscape, and climate in The Netherlands. Nederlandse Geografische Studies 230, Utrecht u. Amsterdam.

Hoffmann G. (2006): Das Gabelkreuz in St. Maria im Kapitol zu Köln und das Phänomen der Crucifixi dolorosi in Europa. Arbeitsheft der rheinischen Denkmalpflege, Bd. 69, Worms.

Hoheussle, E. (2008): Eiskeilbildung. Internet: http://www.geographie.uni-stuttgart.de/userpages/elhohe02/

Hoppa, R. D. & Fitzgerald, C. M. (Hrsg.) (1999): Human growth in the past. Studies from bones and teeth. University Press, Cambridge.

Hornung, S. (2008): Die südöstliche Hunsrück-Eifel-Kultur. Studien zu Späthallstatt- und Frühlatènezeit in der deutschen Mittelgebirgsregion. Universitätsforschungen zur Prähistorischen Archäologie 153, Verlag Dr. Rudolf Habelt GmbH, Bonn.

Housley, R. A., Gamble, C. S., Street, M. & Pettitt, P. (1997): Radiocarbon Evidence for the Lateglacial Human Recolonisation of Northern Europe. Proceedings of the Prehistoric Society N. S., 63, S. 25 – 54.

HOYT, D. V., SCHATTEN, K. H. (1998): Group sunspot numbers: a new solar activity reconstruction. Sol. Phys. 179, S. 189 – 219

HSÜ, K. J. (2000): Klima macht Geschichte. Menschheitsgeschichte als Abbild der Klimaentwicklung. Orell Füssli Verlag, Zürich.

HUIJZER, B. & VANDENBERGHE, J. (1998): Climate reconstruction of the Weichselian Pleniglacial in north western and central Europe. Journal of Quaternary Science 13, S. 391 – 418.

HUNOLD, A. (2000): Der Katzenberg – Die spätantike Höhenbefestigung bei Mayen, In: Steinbruch und Bergwerk. Denkmäler römischer Technikgeschichte zwischen Eifel und Rhein. Vulkanpark-Forschungen 2, Verlag des Römisch-Germanischen Zentralmuseums Mainz, Mainz, S. 71 – 80.

HUNTLEY, B. & BIRKS, H. J. B. (1983): An atlas of past and present maps for Europe: 0 – 13 000 years ago. Cambridge University Press, Cambridge.

IMBRIE, J. & PALMER IMBRIE, K. (1981): Die Eiszeiten. Naturgewalten verändern unsere Welt. Knaur, München.

INDERMÜHLE, A., MONNIN, E., STAUFFER, B., STOCKER, T. F., WAHLEN, M. (2000): Atmospheric CO_2 concentration from 60 to 20 kyr BP from the Taylor Dome ice core, Antarctica Geophysical Research Letters, Vol. 27, No. 5, S. 735 – 738.

IPCC (Intergovernmental Panel on Climate Change) (2007): Climate Change 2007. The physical Science Basis.

ISARIN, R. F. B. (1997): The climate in north-western Europe during the Younger Dryas. A comparison of multi-proxy climate reconstructions with simulation experiments. Nederlandse. Geografische Studies 229, Utrecht u. Amsterdam.

ISARIN, R. F. B., RENSSEN, H. & VANDENBERGHE, J. (1998): The impact of the North Atlantic Ocean on the Younger Dryas climate in north western and central Europe. Journal of Quaternary Science 13, S. 447 – 454.

IVERSEN, J. (1944): Viscum, Hedera and Ilex as climate indicators, a contribution to the study of the postglacial temperature climate. Geological Society of Sweden 66, S. 463 – 483.

JANSEN, H., RITTER, G., WIKTORIN, D., GOHRBRANDT, E. & WEISS, G. (2003): Der historische Atlas Köln. Emons Verlag. 200 Seiten.

JARVIS, A., REUTER, H. I., NELSON, A. & GUEVARA, E. (2006): Hole-filled seamless SRTM data V3. International Centre for Tropical Agriculture (CIAT). Internet: http://srtm.csi.cgiar.org

JOACHIM, H. E. (1968): Die Hunsrück-Eifel-Kultur am Mittelrhein. Beiheft Bonner Jahrbücher 5, Rheinland-Verlag, Köln.

JOACHIM, H.-E. (1997): Bronze- und Eisenzeit. Geschichtlicher Atlas der Rheinlande, Beiheft II/3.1 – 4, Rheinland-Verlag, Köln.

JOHANSEN, D. C. & EDGAR, B. (1996): From Lucy to Language. Nevraumont Publishing New York, New York.

JOHNSEN, S. J., CLAUSEN, H. B., DANSGAARD, W., FUHRER, K., GUNDESTRUP, N., HAMMER, C. U., IVERSEN, P., JOUZEL, J., STAUFFER, B. & STEFFENSEN, J. P. (1992): Irregular glacial interstadials recorded in a new Greenland ice core. Nature 359, S. 311 – 313.

JÖRIS, O. (1990): Pointes de La Font-Robert. In: BOSINSKI, G. (Hrsg.): Homo sapiens. L'histoire des chasseurs du paléolithique supérieur en Europe (40 000 – 10 000 av. J.-C.). Editions Errance, Paris, S. 99 und S. 263 – 264.

JÖRIS, O. (2004): Zur chronostratigraphischen Stellung der spätmittelpaläolithischen Keilmessergruppen. Der Versuch einer kulturgeographischen Abgrenzung einer mittelpaläolithischen Formengruppe in ihrem europäischen Kontext. Bericht der Römisch-Germanischen Kommission 84, S. 49 – 153.

JÖRIS, O. (2005): Aus einer anderen Welt – Europa zur Zeit des Neandertalers. In: CONARD, N. J., KÖLBL, S. & SCHÜRLE, W. (Hrsg.): Vom Neandertaler zum modernen Menschen. Alb und Donau – Kunst und Kultur 46, S. 47 – 70 und S. 200.

JÖRIS, O. & BAALES, M. (2003): Zur Altersstellung der Schöninger Speere. In: BURDUKIEWICZ, J. M., FIEDLER, L., HEINRICH, W.-D., JUSTUS, A. & BRÜHL, E. (Hrsg.): Erkenntnisjäger – Kultur und Umwelt des frühen Menschen. Veröffentlichungen des Landesamtes für Archäologie Sachsen-Anhalt, Landesmuseum für Vorgeschichte 57 (Festschrift für Dietrich Mania), S. 281 – 288.

JÖRIS, O. & STREET, M. (2008): At the End of the ^{14}C Time Scale – The Middle to Upper Palaeolithic Record of Western Eurasia. In: ADLER, D. & JÖRIS, O. (Hrsg.): Setting the Record Straight. Toward a Systematic Chronological Understanding of the Middle to Upper Palaeolithic Boundary in Western Eurasia. Journal of Human Evolution.

JÖRIS, O. & WENINGER, B. (2000): ^{14}C-Alterskalibration und die absolute Chronologie des Spätglazials. Archäologisches Korrespondenzblatt 30, S. 461 – 471.

JUVIGNÉ, E. H. & WINTLE, A. G. (1988): A New Chronostratigraphy of the Late Weichselian Loess Units in Middle Europe Based on Thermoluminescence Dating. Eiszeitalter und Gegenwart 38, S. 94 – 105.

KALIS, A. & MEURERS-BALKE, J. (1997): Landnutzung im Neolithikum. Geschichtlicher Atlas der Rheinlande, Beiheft II/2.1 – II/2.2, S. 25 – 46.

KALIS, A. J., MEURERS-BALKE, J., VAN DER BORG, K., VON DEN DRIESCH, A., RÄHLE, W., TEGTMEIER, U., THIEMEYER, H. (2001): Der La-Hoguette-Fundhorizont in der Wilhelma von Stuttgart-Bad Cannstatt. Anthrakologische, archäopalynologische, bodenkundliche, malakozoologische, radiometrische und säugetierkundliche Untersuchungen. In: GEHLEN, B., HEINEN, M. & TILLMANN, A. (Hrsg.): Zeit-Räume. Gedenkschrift für Wolfgang Taute, Band 2, Deutsche Gesellschaft für Ur- und Frühgeschichte, Dr. Rudolf Habelt, Bonn, S. 649 – 672.

KASPARI, S., MAYEWSKI, P., KANG, S., SNEED, S., HOU, S., HOOKE, R., KREUTZ, K., INTRONE, D., HANDLEY, M., MAASCH, K., QIN, D. & REN, J. (2007): Reduction in northward incursions of the South Asian monsoon since ~1400 AD inferred from a Mt. Everest ice core, Geophysical Research Letters 34, doi 10.1029/2007GL030 440.

KAUL, F. (2008): Der Sonnenwagen von Trundholm. In: MELLER, H. (Hrsg.): Der geschmiedete Himmel. Konrad Theiss Verlag, Stuttgart, S. 54 – 57.

KAUSCH, B. (2006): Geoarchäologische Untersuchungen an Schwemmfächern als korrelate Sedimentkörper holozäner Bodenerosion zur Erfassung morphodynamischer Prozessphasen in der Region Trier, Trier.

KIEHL, J. T. & TRENBERTH, K. E. (1997): Earth's annual global mean energy budget. Bulletin American Meteorological Society 78 (2), S. 197 – 208.

KLÍMA, B. (1987): Die Kunst des Gravettien. In: MÜLLER-BECK, H. & ALBRECHT, G. (Hrsg.): Die Anfänge der Kunst vor 30.000 Jahren. Konrad Theiss Verlag, Stuttgart, S. 34 – 42.

KNAUT, M., QUAST, D. (2005). Die Völkerwanderung – Europa zwischen Antike und Mittelalter. Wissenschaftliche Buchgesellschaft, Konrad Theiss Verlag, Stuttgart, S. 103.

KOCH, L. (1945): The East Greenland Ice. Meddeleser om Grønland. 130, 3.

KÖNINGER, J. & SCHLICHTHERLE, H. (Hrsg.) (2004): Ökonomischer und ökologischer Wandel am vorgeschichtlichen Federsee. Archäologische und naturwissenschaftliche Untersuchungen. Hemmenhofener Skripte 4, Landesdenkmalamt Baden-Württemberg, Gaienhofen-Hemmenhofen.

KOSOK, P. (1965): Life, land and water in ancient Peru. Long Island University Press, New York.

KRAUSSE, D. (Hrsg.) (2005): Die Kelten – Auf den Spuren der Keltenfürsten. Staatsanzeiger-Verlag, Stuttgart.

KRAUSSE, D. (2006): Eisenzeitlicher Kulturwandel und Romanisierung im Mosel-Eifel-Raum. Römisch-Germanische Forschungen 63, Verlag Philipp von Zabern, Mainz.

KREUZ, A. (2001): Römische Landwirtschaft – eine Entwicklung zum Besseren? Einige Aspekte aus dem Mittelgebirgsraum. In: HERZ, P. & WALDHERR, G. (Hrsg.): Landwirtschaft im Imperium Romanum. Scripta Mercaturae Verlag, St. Katharinen, S. 119 – 133.

KROMER, B. & FRIEDRICH, M. (2007): Jahrringchronologien und Radiokohlenstoff. Geographische Rundschau 59 (4), S. 50 – 55.

KUBITZ, B. (2000): Die holozäne Vegetations- und Siedlungsgeschichte in der Westeifel am Beispiel eines hochauflösenden Pollendiagrammes aus dem Meerfelder Maar. Dissertationes Botanicae 339.

KÜHL, N. & LITT, T. (2007): Quantitative Time-Series Reconstructions of Holsteinian and Eemian Temperatures Using Botanical Data. In: SIROCKO, F., CLAUSSEN, M., SÁNCHEZ GOÑI, M. F. & LITT, T. (Hrsg.): The climate of past interglacials. Elsevier, Amsterdam, S. 239 – 254.

KUHNEN, H.-P. (2005): Landschafts- und Umweltgeschichte am Oberrhein zwischen Römern und Alamannen. In: BADISCHES LANDESMUSEUM (Hrsg.): Imperium Romanum. Römer, Christen, Alamannen – Die Spätantike am Oberrhein. Konrad Theiss Verlag, Stuttgart, S. 52 – 61.

KUNOW, J. & WEGNER H.-H. (Hrsg.) (2006): Urgeschichte im Rheinland. Jahrbuch des Rheinischen Vereins für Denkmalpflege und Landschaftsschutz 2005, Verlag des Rheinischen Vereins für Denkmalpflege und Landschaftsschutz, Köln.

KUPER, R. & KRÖPELIN, S. (2006): Climate-Controlled Holocene Occupation in the Sahara:

Motor of Africa's Evolution. Science 313, S. 803 – 807.

Küster, H. (1997): The role of farming in the postglacial expansion of beech and hornbeam in the oak woodlands of central Europe. The Holocene 7, 2, S. 239 – 242.

Lamb, H. H. (1989): Klima und Kulturgeschichte – Der Einfluss des Wetters auf den Gang der Geschichte. Rowohlts Enzyklopädie, Hamburg.

Landesamt für Geologie und Bergbau Rheinland-Pfalz (2005): Geologie von Rheinland-Pfalz. E. Schweizerbart'sche Verlagsbuchhandlung, Stuttgart.

Lang, G. (1994): Quartäre Vegetationsgeschichte Europas. Gustav Fischer Verlag, Jena.

Le Brun-Ricalens, F. (1994): Le paléolithique ancien du Grand-Duiché de Luxembourg. Essai de synthèse. Bulletin de la Société Préhistorique Luxembourgeoise 16, S. 17 – 31.

Lehman, S. J. & Keigwin, L. D. (1992): Sudden changes in North Atlantic circulation during the last deglaciation. Nature 356, S. 757 – 762.

Leuzinger, U. (2002): Holzartefakte. In: de Capitani, A., Deschler-Erb, S., Leuzinger, U., Marti-Grädel, E., Schibler, J. (Hrsg.): Die jungsteinzeitliche Seeufersiedlung Arbon Bleiche 3. Funde, Archäologie im Thurgau 11, S. 76 – 114.

Leverington, D. W., Mann, J. D. & Teller, J. T. (2000): Changes in the Bathymetry and Volume of Glacial Lake Agassiz between 11,000 and 9300 ^{14}C yr B.P. Quaternary Research 54, S. 174 – 181.

Lisiecki, L. E. & Raymo, E. (2005): A Pliocene-Pleistocene stack of 57 globally distributed benthic $d^{18}O$ records. Paleoceanography, 20, PA1003, doi: 10,1029/2004PA001071.

Litt, T. (2007): Special issue: Stratigraphie von Deutschland – Quartär. E & G, Quaternary Science Journal 56, E. Schweizerbart'sche Verlagsbuchhandlung, Stuttgart.

Litt, T. & Stebich, M. (1999): Bio- and Chronostratigraphy of the Lateglacial in the Eifel Region, Germany. Quaternary International 61, S. 5 – 16.

Litt, T., Brauer, A., Goslar, T., Merkt, J., Balaga, K., Müller, H., Ralska-Jasiewiczowa, M., Stebich, M. & Negendank, J. F. W. (2001): Correlation and synchronisation of Lateglacial continental sequences in northern central Europe based on annually laminated lacustrine sediments. Quaternary Science Reviews 20, S. 1233 – 1249.

Litt, T., Schmincke, H.-U. & Kromer, B. (2003): Environmental Response to Climatic and Volcanic Events in Central Europe during the Weichselian Lateglacial. Quaternary Science Reviews 22, S. 7 – 32.

Löhr, H. (1978): Vom Altpaläolithikum bis zum Mittelalter: Die Grabungen des Jahres 1977 am Kartstein, Gemeinde Mechernich, Kreis Euskirchen, Ausgrabungen im Rheinland, 77. In: Das Rheinische Landesmuseum Bonn (Hrsg.): Sonderheft August 1978. Rheinisches Landesmuseum Bonn, Rheinland-Verlag, Köln u. Bonn, S. 40 – 46.

Löhr, H. (1987): Feldbeobachtungen zu Würmlößstratigraphie und Eltviller Tuff an der Mittelmosel sowie an der Munterley bei Gerolstein, Trierer Zeitschrift 50, S. 9 – 30.

Löhr, H. (1994): Linksflügler und Rechtsflügler in Mittel- und Westeuropa. Der Fortbestand der Verbreitungsgebiete asymmetrischer Pfeilspitzenformen als Kontinuitätsbeleg zwischen Meso- und Neolithikum. Trierer Zeitschrift 57, S. 9 – 127.

Löhr, H. (2000): Intensivierte Bodenerosion als Folge römischer Landnutzung in der Trierer Talweite und ihrem Umfeld. In: Haffner, A. & von Schnurbein, S. (Hrsg.): Kelten, Germanen, Römer im Mittelgebirgsraum zwischen Luxemburg und Thüringen. Kolloquien zur Vor- u. Frühgeschichte 5, Dr. Rudolf Habelt Verlag, Bonn, S. 119 – 152.

Löhr, H. (2008): Beiträge. In: Rheinisches Landesmuseum Trier (Hrsg.): Führer zu Archäologischen Denkmälern des Trierer Landes. Schriftenreihe des Rheinischen Landesmuseums Trier 35

Löhr, H. & Koch, I. (2003): Types de sol, conservation differentielle et fréquence du Mésolithique ancien et récent aux environs de Trèves. In: Crotti, P. (Hrsg.): Méso '97. Actes de la table ronde „Epipaléolithique et Mésolithique, Lausanne, 21 – 23 novembre 1997. Cahiers d'achéologie Romande 81, S. 151 – 154.

Löhr, H. & Neyses, M. (1997): Späteiszeitliche bis mittelalterliche Ablagerungen im Alfbachtal zwischen Udler und Saxler (Kreis Daun) und ihre dendrochronologische Datierung. Funde und Ausgrabungen im Bezirk Trier 29, S. 51 – 66.

Löhr, H. & Neyses-Eiden, M. (2001): Dendrochronologisch datierte Auenhölzer aus Trier und Umgebung als Indikatoren verstärkter Flussaktivität und menschlicher Landnutzung in historischer Zeit. In: Monheim, H., Müller, P. & Rumpf, S. (Hrsg.): Umwelt und Region – Umweltanalyse und Umweltmanagementstrategien für eine nachhaltige Entwicklung im ländlichen Raum. Veröffentlichungen aus den Teilprojekten des SFB 522 Umwelt und Region, S. 235 – 244.

Luik, M. (1999): Gewerbliche Produktionsstätten in Villen des römischen Rheinlandes. In: Polfer, M. (Hrsg.): Artisanat et productions artisanales en milieu rural dans les provinces du nord-ouest de l'Empire romain. Editions Monique Mergoil, Montagnac, S. 209 – 216.

Luik, M. (2001): Römische Wirtschaftsmetropole Trier. Trierer Zeitschrift 64, S. 245 – 282.

Lüning, J. (1968): Die Michelsberger Kultur. Ihre Funde in zeitlicher und räumlicher Gliederung. Ber. RGK 48, S. 1 – 350.

Lüning, J. (1998): Betrachtungen über die Michelsberger Kultur. In: Biel, J., Schlichtherle, H., Strobel, M. & Zeeb, A. (Hrsg.): Die Michelsberger Kultur und ihre Randgebiete – Probleme der Entstehung, Chronologie und des Siedlungswesens. Kolloquium Hemmenhofen, 21. – 23. 2. 1997 (Festschr. Lüning), Konrad Theiss Verlag, Stuttgart, S. 277 – 289.

Lüning, J. (2002): Grundlagen sesshaften Lebens. In: von Freeden, U. & von Schnurbein, S. (Hrsg.): Spuren der Jahrtausende. Archäologie und Geschichte in Deutschland, Konrad Theiss Verlag, Stuttgart, S. 110 – 140.

Lüning, J. (2007): Bandkeramiker und Vor-Bandkeramiker. In: Lichter, C. (Hrsg.): Vor 12.000 Jahren in Anatolien. Die ältesten Monumente der Menschheit. Badisches Landesmuseum Karlsruhe, Konrad Theiss Verlag, Stuttgart, S. 177 – 191.

Machalett, B., Oches, E. A., Frechen, M., Zöller, L., Hambach, U., Mavlyanova, N. G., Marcović, S. B. & Endlicher, W. (2008): Aeolian dust dynamics in central Asia during the Pleistocene: Driven by the long term migration, seasonality, and permanency of the Asiatic polar front, Geochem. Geophys. Geosyst., 9, Q08Q09, doi: 10.1029/2007GC001938.

Mai, D. H. (1995): Tertiäre Vegetationsgeschichte Europas. Gustav Fischer Verlag, Jena.

Maise, C. (1998): Archäoklimatologie – Vom Einfluss nacheiszeitlicher Klimavariabilität in der Ur- und Frühgeschichte. Jahrb. SGU 81, S. 197 – 235.

Mangartz, F. (2008): Römischer Basaltlava-Abbau zwischen Eifel und Rhein. Vulkanpark-Forschungen 7, Verlag des Römisch-Germanischen Zentralmuseums Mainz, Mainz.

Marshall, S. J. & Clarke, G. K. C. (1999): Modelling North American Freshwater Runoff through the Last Glacial Cycle. Quaternary Research 52, S. 300 – 315.

Mauvilly, M., Jeunesse, C., Doppler, T. (2008): Ein Tonstempel aus der spätmesolithischen Fundstelle Arconciel/La Souche (Kanton Freiburg/Schweiz). Quartär 55, S. 151 – 157.

Mauz, J. (1939): Die Mammut-Jagdstelle bei Polch, Kreis Mayen (Eifel). Senckenbergiana 21, Frankfurt/M.

McNeill, W. H. (1978): Seuchen machen Geschichte. Geißeln der Völker. Pfriemer, München.

Meier-Arendt, W. (1975): Die Hinkelstein-Gruppe. Der Übergang vom Früh- zum Mittelneolithikum in Südwestdeutschland. Römisch-Germanische Forschungen 35. De Gruyter. Berlin.

Meijs, E., Mücher, H., Ouwerkerk, G., Romein, A. & Stoltenberg, H. (1983): Evidence of the Presence of the Eltville Tuff Layer in Dutch and Belgian Limbourg and the Consequences for the Loess Stratigraphy. Eiszeitalter und Gegenwart 33, S. 59 – 78.

Meller H. (Hrsg.) (2008): Der geschmiedete Himmel. Konrad Theiss Verlag, Stuttgart.

Melzer, W. (1993): Das fränkische Gräberfeld von Saffig, Kreis Mayen-Koblenz, Internationale Archäologie 17. VML, Buch am Erlbach.

Merkt, J. & Müller, H. (1999): Varve chronology and palynology of the Lateglacial in Northwest Germany from lacustrine sediments of Hämelsee in Lower Saxony. Quaternary International 61, S. 41 – 59.

Meschede, D. (Hrsg.) (2006): Gerthsen Physik. Springer-Lehrbuch 23, Berlin.

Meyer, W. (1986): Geologie der Eifel. E. Schweizerbart'sche Verlagsbuchhandlung, Stuttgart.

Meyer, M. & Raetzel-Fabian, D. (2006): Neolithische Erdwerke im Überblick. Internet: www.jungsteinsite.de

Meyer, W. & Stets, J. (2007): Quaternary Uplift in the Eifel Area. In: Ritter, J. R. R. & Christensen, U. R. (Hrsg.): Mantle Plumes – A Multidisciplinary Approach. Springer Verlag, Heidelberg, S. 369 – 378.

MIKS, C. (2007): Villae Rusticae der Provinz Germania Superior. Villae Rusticae im Südteil der Provinz Germania Inferior, Transformation. Internet: www.rgzm.de/Transformation

MILANKOVIC, M. (1941): Kanon der Erdbestrahlung und seine Anwendung auf das Eiszeitproblem. Royal Serb. Acad. Spec. Publ. 133, Belgrad.

MIRON, A. (1986): Das Gräberfeld von Horath. Untersuchungen zur Mittel- und Spätlatènezeit im Saar-Mosel-Raum. Trierer Zeitschrift 49, S. 7 – 198.

MONNIN, E., INDERMÜHLE, A., DÄLLENBACH, A., FLÜCKINGER, J., STAUFFER, B., STOCKER, T. F., RAYNAUD, D., BARNOLA, J.-M. (2001): Atmospheric CO_2 Concentrations over the Last Glacial Termination. Science 291, S. 112 – 114.

MOORE, P. D., WEBB, J. A. & COLLINSON, M. E. (1991): Pollen Analysis. Blackwell Scientific Publications, Oxford.

MORTENSEN, A. K., BIGLER, M., GRÖNVOLD, K., STEFFENSEN, J. P. & JOHNSEN, S. J. (2005): Volcanic Ash Layers from the Last Glacial Termination in the NGRIP Ice Core. Journal of Quaternary Science 20, S. 209 – 219.

MÜLLER, J. (2004): Zur Innovationsbereitschaft mitteleuropäischer Gesellschaften im 4. vorchristlichen Jahrtausend. In: FANSA, M. & BURMEISTER, S. (Hrsg.): Rad und Wagen. Der Ursprung einer Innovation. Wagen im Vorderen Orient und Europa. Mainz, S. 255 – 264.

MUSCHELER, R., JOOS, F. et al. (2006): Solar activity during the last 1000 yr inferred from radionuclide records. Quaternary Science Reviews 26, S. 82 – 97.

NAKOINZ, O. (2001): Die Siedlungsgeschichte der südlichen Vulkaneifel. Trierer Zeitschrift 64, S. 9 – 48.

NENNINGER, M. (2001): Die Römer und der Wald. Geographica Historica 16, Franz Steiner Verlag, Stuttgart.

NGRIP MEMBERS (2004): High resolution Climate Record of the Northern Hemisphere reaching into the last Glacial Interglacial Period. Nature 431, S. 147 – 151

NICOLUSSI, K. & PATZELT, G. (2006): Klimawandel und Veränderungen an der alpinen Waldgrenze – aktuelle Entwicklungen im Vergleich zur Nacheiszeit. BFW Praxisinformationen 10.

NIEVELER, E. (2003): Die merowingerzeitliche Besiedlung des Erftkreises und des Kreises Euskirchen. Rheinische Ausgrabungen 48, Verlag Philipp von Zabern, Mainz.

NOONAN, J. P., COOP, G., KUDARAVALLI, S., SMITH, D., KRAUSE, J., ALESSI, J., CHEN, F., PLATT, D., PÄÄBO, S., JONATHAN, K., PRITCHARD, J. K. & RUBIN, E. M. (2006): Sequencing and Analysis of Neanderthal Genomic DANN. Science 314, S. 1113 – 1118.

NORTMANN, H. (2000): Voreisenzeitliche Höhensiedlungen im Trierer Land. In: Studia Antiquaria, Festschrift für Niels Bantelmann zum 60. Geburtstag – dargebracht von Kollegen und Schülern, UPA 63, S. 59 – 66.

NORTMANN, H. (2002): Modell eines Herrschaftssystems – Frühkeltische Prunkgräber der Hunsrück-Eifel-Kultur. In: Das Rätsel der Kelten vom Glauberg, Konrad Theiss Verlag, Stuttgart, S. 33 – 46.

OMAN, L., ROBOCK, A., STENCHIKOV, G. L., THORDARSON, T., KOCH, D., SHINDELL, D. T. & GAO, C. (2006): Modeling the distribution of the volcanic aerosol cloud from the 1783 – 1784 Laki eruption. Journal of Geophysical Research 111, D12209, doi:10.1029/2005JD006899.

OPPENHEIMER, C. (2003): Climatic, environmental and human consequences of the largest known historic erupition: Tambora volcano (Indonesia) 1815. Progress in Physical Geography 27, 230, doi:10.1191/0309133303pp379ra.

ORTSGEMEINDE ULMEN (Hrsg.) (2000): Chronik Ulmen. Offsetdruck Knopp, Wittlich.

OVERBECK, F. (1975): Botanisch-geologische Moorkunde unter besonderer Berücksichtigung der Moore Nordwestdeutschlands als Quellen zur Vegetations-, Klima- und Siedlungsgeschichte. Wachholtz, Neumünster.

OVERBECK, J. T., WEBB, T. & PRENTICE, I. C. (1985): Quantitative Interpretation of Fossil Pollen Spectra: Dissimilarity Coefficients and the Method of Modern Analogs, Quaternary Research 23, S. 87 – 108.

PACHUR, H.-J. & ALTMANN, N. (2006): Die Ostsahara im Spätquartär. Ökosystemwandel im größten hyperariden Raum der Erde. Springer-Verlag, Berlin.

PARZINGER, H., NEKVASIL, J. & BARTH, F. E. (1995): Die Býčí-skála-Höhle – ein hallstattzeitlicher Höhlenopferplatz in Mähren. Röm.-Germ. Forsch. 54.

PASTOORS, A. (2002): Mittelpaläolithische Funde von den Schlackenkegeln des Brohltals und des Laacher-See-Gebietes. Jahrbuch des Römisch-Germanischen Zentralmuseums Mainz 47, S. 123 – 154.

PATZELT, G. (1994): Die klimatischen Verhältnisse im südlichen Mitteleuropa zur Römerzeit. In: BENDER, H. & WOLFF, H. (Hrsg.): Ländliche Besiedlung und Landwirtschaft in den Rhein-Donau-Provinzen des römischen Reiches. Passauer Universitätsschriften zur Archäologie 2, Leidorf, Espelkamp, S. 7 – 20.

PAULI, L. (1980): Das keltische Mitteleuropa vom 6. bis zum 2. Jahrhundert v. Chr. In: Die Kelten in Mitteleuropa. Amt der Salzburger Landesregierung, Kulturabteilung, Salzburg, S. 25 – 36.

PAULSEN, H. (1990): Untersuchung und Restaurierung des Langbettes von Karlsminde, Gemeinde Waabs, Kr. Rendsburg-Eckernförde. Archäologische Nachrichten aus Schleswig-Holstein, Heft 1, S. 18 – 60.

PERLÈS, C. (2001): The Early Neolithic in Greece. The First Farming Communities in Europe. Cambridge University Press, Cambridge.

PETIT, J. R., JOUZEL, J., RAYNAUD, D., BARKOV, N. I., BARNOLA, J.-M., BASILE, I., BENDER, M., CHAPPELLAZ, J., DAVIS, M., DELAYGUE, G., DELMOTTE, M., KOTLYAKOV, V. M., LEGRAND, M., LIPENKOV, V. Y., LORIUS, C., PÉPIN, L., RITZ, C., SALTZMANN, E., STIEVENARD, M. (1999): Climate and atmospheric history of the past 420 000 years from the Vostok ice core, Antarctica. Nature 399, S. 429 – 436.

PFISTER, C. (1988): Klimageschichte der Schweiz 1525 – 1860. Academica Helvetica 6, Haupt, Bern.

PFISTER, C. (1999): Wetternachhersage, 500 Jahre Klimavariationen und Naturkatastrophen. Verlag Paul Haupt, Bern.

PFISTER, C. (2007): Bevölkerungsgeschichte und historische Demographie 1500 – 1800. Oldenbourg, München.

PFISTER, C., WEINGARTNER, R. & LUTERBACHER, J. (2006): Hydrological winter droughts over the last 450 years in the Upper Rhine basin: a methodological approach. Hydrological Sciences Journal – Journal des Sciences Hydrologiques 51 (5), S. 966 – 985.

PIRRUNG, M. (1998): Zur Entstehung isolierter alttertiärer Seesedimente in zentraleuropäischen Vulkanfeldern. Mainzer Naturwissenschaftliches Archiv, Beiheft 20, S. 118.

PIRRUNG, M., FISCHER, C., BÜCHEL, G., GAUPP, R., LUTZ, H. & NEUFFER, F. O. (2003): Lithofacies succession of maar crater deposits in the Eifel area (Germany). Terra Nova 15, S. 125 – 132.

POPLIN, F. (1976): Les grands vertébrés de Gönnersdorf. Fouilles 1968. Der Magdalénien-Fundplatz Gönnersdorf 2. Wiesbaden.

PRENTICE, I. C., GUIOT, J., HUNTLEY, B., JOLLY, D. & CHEDDADI, R. (1996): Reconstructing biomes from palaeoecological data: A general method and its application to European pollen data at 0 and 6 ka. Climate Dynamics 12, S. 185 – 194.

PROBST, E. (1991): Deutschland in der Steinzeit. Jäger, Fischer und Bauern zwischen Nordseeküste und Alpenraum. Bertelsmann, München.

PROSS, J., KLOTZ, S. & MOSBRUGGER, V. (2000): Reconstructing palaeotemperatures for the early and Middle Pleistocene using the mutal climatic range method based on plant fossils. Quaternary Science Reviews 19, S. 1785 – 1799.

PYE, K. (1989): Aeolian dust and dust deposits. Academic Press, London.

RABINOVICH, R., GAUDZINSKI-WINDHEUSER, S. & GOREN-INBAR, N. (2008): Systematic Butchering of Fallow Deer (Dama) at the Early Middle Pleistocene Acheulian Site of Gesher Benot Ya'aqov (Israel). Journal of Human Evolution 54, S. 134 – 149.

RADOVANOVIC, I. (1997): The Lepenski Vir Culture: a contribution to interpretation of its ideological aspects. In: LASIC, M. (Hrsg.): ANTIΔORON. Completis LXV annis ab amicis collegis discipulis oblatum. Centre for Archaeological Research Verlag, Belgrade, S. 85 – 94.

RAETZEL-FABIAN, D. (2000): Die ersten Bauernkulturen. Jungsteinzeit in Nordhessen. 2., erweiterte und überarbeitete Auflage. Vor- und Frühgeschichte im Hessischen Landesmuseum in Kassel Heft 2. Staatliche Museen Kassel.

REDKNAP, M. (1999): Die römischen und mittelalterlichen Töpfereien in Mayen, Kreis Mayen-Koblenz. In: WEGNER, H.-H. (Hrsg.): Berichte zur Archäologie an Mittelrhein und Mosel 6, Beihefte der Trierer Zeitschrift 24, Rheinisches Landesmuseum Trier, Koblenz, S. 11 – 401.

REIN, B., LÜCKGE, A. & SIROCKO, F. (2004): A major Holocene ENSO anomaly during the Medieval period, Geophysical Research Letters 31, L17211, doi: 10.101029/2004GL020161.

RESMINI, B. (Hrsg.) (1993): Die Benediktinerabtei Laach, Germania sacra N.F. 31, Das Erzbistum Trier 7, De Gruyter, Berlin.

RICHARDS, M. P., PETTITT, P. B., TRINKAUS, E., SMITH, F. H., PAUNOVIC, M. & KARAVANIC, I. (2000): Neanderthal Diet at Vindija and Neanderthal Predation: The Evidence from Stable Isotopes. PNAS 97, S. 7663 – 7666.

RICHTER, J. (1997): Neolithikum. Geschichtlicher Atlas der Rheinlande Beiheft II/2.1 – II/2.2, S. 3 – 25.

RIECKHOFF, S. & BIEL, J. (2002): Die Kelten in Deutschland. Konrad Theiss Verlag, Stuttgart.

RITTER, J. R. R. & CHRISTENSEN, U. R. (Hrsg.) (2007): Mantle Plumes – A Multidisciplinary Approach. Springer Verlag Berlin, Heidelberg.

ROTHE, P. (2005): Die Geologie Deutschlands. 48 Landschaften im Portrait. Primus Verlag, Darmstadt.

ROTHENHÖFER, P. (2007): Verborgen an der Mosel – Ein ungewöhnlicher Metalldepotfund aus dem 5. Jahrhundert n. Chr. Archäologisches Korrespondenzblatt 37, S. 549 – 561.

ROUSSEAU, D.-D., KUKLA, G. & MCMANUS, J. (2006): What is what in the ice and the ocean? Quaternary Science Reviews 25, 2025 – 2030.

RUDDIMAN, W. F. & MCINTYRE, A. (1981): The North Atlantic Ocean during the Last Deglaciation. Palaeogeography, Palaeoclimatology, Palaeoecology 35, S. 145 – 214.

RUST, A. (1943): Die alt- und mittelsteinzeitlichen Funde von Stellmoor. Karl Wachtholz-Verlag, Neumünster in Holstein.

SAGEMAN, B. B., LYONS, T. W. (2005): Geochemistry of Fine-grained Sediments and Sedimentary Rocks. In: MACKENZIE, F. T. (Hrsg.): Sediments, diagenesis, and sedimentary rocks. Elsevier Pergamon (Treatise on geochemistry), Amsterdam, S. 115 – 158.

SALVIANUS VON MARSEILLE (um 450): De gubernatione Dei – Die Regierung Gottes: Die moralische Dekadenz des Römertums führt zu seinem verdienten Untergang. Buch VI. In: SALVIANUS MASSILIENSIS & VINCENTIUS LIRINENSIS: Opera. Stephanus Baluzius Tutelensis ad fidem veterum codicum MSS emendavit, notisque illustravit. Venedig, Antonio Bortoli, 1738.

SCHAAFF, H. (2000): Antike Tuffbergwerke in der Pellenz. In: Steinbruch und Bergwerk. Denkmäler römischer Technikgeschichte zwischen Eifel und Rhein. Vulkanpark-Forschungen 2, Verlag des Römisch-Germanischen Zentralmuseums Mainz, Mainz, S. 17 – 30.

SCHABER, K. & SIROCKO, F. (2005): Lithologie und Stratigraphie der spätpleistozänen Trockenmaare der Eifel. Mainzer Geowissenschaftliche Mitteilungen 33, S. 295 – 340.

SCHÄR, C., LÜTHI, D., BEYERLE, U. & HEISE, E. (1999): The soil-precipitation feedback: a process study with a regional climate model, Journal of Climate 12 (3), S. 722 – 741.

SCHARF, B. W. & OEHMS, M. (1992): Physical and chemical characteristics. In: SCHARF, B. W., BJÖRK, S. (Hrsg.): Limnology of Eifel Maar Lakes, Ergebnisse der Limnologie 38, S. 63 – 83.

SCHIBLER, J., HÜSTER-PLOGMANN, H., JACOMET, S., BROMBACHER, C., GROSS-KLEE, E. & RAST-EICHER, A. (1997): Ökonomie und Ökologie neolithischer und bronzezeitlicher Ufersiedlungen am Zürichsee. Ergebnisse der Ausgrabungen Mozartstraße, Kanalisationssanierung Seefeld. AKAD/Pressehaus und Mythenschloss in Zürich, Zürich.

SCHLICHTHERLE, H. (2004a): Große Häuser – kleine Häuser. Archäologische Befunde zum Siedlungswandel am neolithischen Federsee. In: KÖNINGER, J. & SCHLICHTHERLE, H. (Hrsg.): Ökonomischer und ökologischer Wandel am vorgeschichtlichen Federsee. Archäologische und naturwissenschaftliche Untersuchungen. Hemmenhofener Skripte 5, S. 13 – 56, Landesdenkmalamt Baden-Württemberg, Gaienhofen-Hemmenhofen.

SCHLICHTHERLE, H. (2004b): Wagenfunde aus den Seeufersiedlungen im zirkumalpinen Raum. In: FANSA, M. & BURMEISTER, S. (Hrsg.): Rad und Wagen. Der Ursprung einer Innovation. Wagen im Vorderen Orient und Europa, S. 295 – 314.

SCHLOSSER, W. (2008): Die Himmelsscheibe von Nebra – Astronomische Untersuchungen. In: MELLER, H. (Hrsg.): Der geschmiedete Himmel. Konrad Theiss Verlag, Stuttgart, S. 44 – 47.

SCHMIDT, B. & GRUHLE, W. (2003): Niederschlagsschwankungen in Westeuropa während der letzten 8000 Jahre. Archäologisches Korrespondenzblatt 33, 2, S. 281 – 300.

SCHMIDT, B. & GRUHLE, W. (2006): Globales Auftreten ähnlicher Wuchsmuster von Bäumen – Homogenitätsanalyse als neues Verfahren für die Dendrochronologie und Klimaforschung. Germania 84, S. 431 – 465.

SCHMINCKE, H.-U. (2000): Vulkanismus. Wissenschaftliche Buchgesellschaft, Darmstadt.

SCHMINCKE, H.-U. (2007): The Quaternary Volcanic Fields of the East and West Eifel (Germany). In: RITTER, J. R. R. & CHRISTENSEN, U. R. (Hrsg.): Mantle Plumes – A Multidisciplinary Approach. Springer Verlag Heidelberg, S. 241 – 322.

SCHMINCKE, H. U., PARK, C. & HARMS, E. (1999): Evolution and environmental impacts of the eruption of Laacher See Volcano (Germany) 12 900 a B. P. Quaternary International 61, S. 61 – 72.

SCHOETENSACK, O. (1908): Der Unterkiefer des *Homo heidelbergensis* aus den Sanden von Mauer bei Heidelberg. Leipzig.

SCHÖNWIESE, C. D. (1992): Klima im Wandel: Tatsachen, Irrtümer, Risiken. Stuttgart.

SCHREG, R. (2006): Dorfgenese in Südwestdeutschland. Materialhefte zur Archäologie in Baden-Württemberg 76, Konrad Theiss Verlag, Stuttgart.

SCHREG, R. (2008): Before Colonization: Early Medieval Land-Use of Mountainous Regions in Southern and Western Germany. In: BARTELS, C. & KÜPPER-EICHAS, C. (Hrsg.): Cultural heritage and Landscapes in Europe. Deutsches Bergbau-Museum Bochum 161, Bochum, S. 293 – 312.

SCHREINER, K. (Hrsg.) (2002): Frömmigkeit im Mittelalter. Politisch-soziale Kontexte, visuelle Praxis, körperliche Ausdrucksformen. Wilhelm Fink Verlag, München.

SCHUMACHER, K.-H. (1994): Natursteinverwendung im Laacher-See-Gebiet. Jahrbuch für Hausforschung 42, S. 57 – 78.

SCHWEIZER, A. (2001): Archäopalynologische Untersuchungen zur Neolithisierung der nördlichen Wetterau/Hessen. Dissertationes Botanicae 350, Cramer, Berlin u. Stuttgart.

SCHWÖRBEL, J. & BRENDELBERGER, H. (2005): Einführung in die Limnologie. Spektrum Akademischer Verlag, Heidelberg.

SCOTT, S. & DUNCAN, C. J. (2001): Biology of Plagues. Evidence from historical populations. Cambridge University Press, Cambridge.

SEELOS, K. & SIROCKO, F. (2005): RADIUS – rapid particle analysis of digital images by ultra-high-resolution scanning of thin sections, Sedimentology 52, S. 669 – 681.

SHERIDAN, A. (2007): From Picardie to Pickering and Pencraig Hill? New information on the 'Carinated Bowl Neolithic' in northern Britain. In: WHITTLE, A. & CUMMINGS, V. (Hrsg.): Going Over: the Mesolithic-Neolithic Transition in North-West Europe, Proceedings of the British Academy 144, S. 441 – 492.

SIGNOLI, M., ARDAGNA, Y., ADALIAN, P., DEVRIENDT, W., LALYS, L., RIGEADE, C., VETTE, T., KUNCEVICIUS, A., POSKIENE, J., BARKUS, A., PALUBECKAITÉ, Z., GARMUS, A., PUGACIAUSKAS, V., JANKAUSKAS, R. & DUTOUR, O. (2004): Discovery of a mass grave of Napoleonic period in Lithuania (1812, Vilnius). Comptes Rendus Palevol 3, S. 219 – 227.

SIROCKO, F. (2003): What Drove Past Teleconnections? Science 301, S. 1336 – 1337.

SIROCKO, F. & RASCHKE, E. (1993): Present Means to Define and Estimate Atmospheric "Turbidity" and Its Effects on Radiation Fields at Ground Level: Possible Projections into the Past. In: EDDY, J. A. & OESCHGER, H. (Hrsg.): Global Changes of the Past. John Wiley & Sons Ltd., New York.

SIROCKO, F., SARNTHEIN, M. & ERLENKEUSER, H. (1993): Century-scale events in monsoonal climate over the past 24 000 years. Nature 364, S. 322 – 324.

SIROCKO, F., GARBE-SCHÖNBERG, D., MCINTYRE, A. & MOLFINO, B. (1996): Teleconnections Between the Subtropical Monsoons and High-Latitude Climates During the Last Deglaciation. Science 272, S. 526 – 529.

SIROCKO, F., SEELOS, K., SCHABER, K., REIN, B., DREHER, F., DIEHL, M., LÈHNE, R., JÄGER, K., KRBETSCHEK, M., DEGERING, D. (2005): A Late Eemian Aridity Pulse in central Europe during the last glacial inception. Nature 436, S. 833 – 836.

SIROCKO, F., CLAUSSEN, M., SÁNCHEZ GOÑI, M. F. & LITT, T. (2007): The climate of past interglacials. Developments in Quaternary Science 7. Elsevier, 622 Seiten.

SÖLTER, W. (1974): Archäologische Untersuchungen zur antiken Wirtschaft und Technik in der Nordeifel. In: Nordöstliches Eifelvorland. Führer zu vor- und frühgeschichtlichen Denkmälern 25, Verlag Philipp von Zabern, Mainz, S. 50 – 68.

SOMMER, R. S., ZACHOS, F. E., STREET, M., JÖRIS, O., SKOG, A. & BENECKE, N. (2008): Late Quaternary distribution dynamics and phylogeography of the red deer (Cervus elaphus) in Europe. Quaternary Science Reviews 27, S. 714 – 733.

SPATZ, H. (2003): Hinkelstein: Eine Sekte als Initiator des Mittelneolithikums. In: ECKERT, J., EISENHAUER, U. & ZIMMERMANN, A. (Hrsg.): Archäologische Perspektiven. Analysen und Interpretationen im Wandel. Festschrift für Jens Lüning zum 65. Geburtstag, Marie Leidorf, Rahden/Westfalen, S. 575 – 587.

SREJOVIĆ, D. (1973): Lepenski Vir. Eine vorgeschichtliche Geburtsstätte europäischer Kultur. Lübbe Verlag Bergisch Gladbach 1970.

STOMMEL, H. & STOMMEL, E. (1990): 1816: Das Jahr ohne Sommer. In: Atmosphäre, Klima, Umwelt. Spektrum der Wissenschaft, Verständliche Forschung, Heidelberg, S. 98 – 105.

STOOB, H. (1956): Kartographische Möglichkeiten zur Darstellung der Stadtentstehung in Mitteleuropa, besonders zwischen 1450 und 1800. Akademie für Raumforschung und Landesplanung, Bremen. Historische Raumforschung 1, 6, S. 21 – 76.

STRAKA, H. (1975): Die spätquartäre Vegetationsgeschichte der Vulkaneifel. Beiträge zur Landespflege in Rheinland-Pfalz 3, S. 1 – 163.

STREET, M. (1989): Jäger und Schamanen. Bedburg-Königshoven – Ein Wohnplatz am Niederrhein vor 10 000 Jahren. Kleine Reihe, Mainz.

STREET, M. & BAALES, M. (1997): Les groupes à Federmesser de l'Allerød en Rhénanie centrale (Allemagne). Bulletin de la Société Préhistorique Française 94, S. 373 – 386.

STREET, M. & BAALES, M. (1999): Pleistocene/Holocene changes in the Rhineland fauna in a northwest European context. In: BENECKE, N. (Hrsg.): The Holocene History of the European Vertebrate Fauna. Modern Aspects of Research. Workshop Berlin 1998, Archäologie in Eurasien 6, S. 9 – 38.

STREET, M. & TERBERGER, T. (2000): The German Upper Palaeolithic 35 000 – 15 000 BP. In: ROEBROEKS, W., MUSSI, M., SVOBODA, J. & FENNEMA, K. (Hrsg.): Hunters of the Golden Age. The Mid Upper Palaeolithic of Eurasia 30 000 – 20 000 BP. Leiden, S. 281 – 297.

STREET, M., BAALES, M. & WENINGER, B. (1994): Absolute Chronologie des späten Paläolithikums und Frühmesolithikums im nördlichen Rheinland. Archäologisches Korrespondenzblatt 24, S. 1 – 28.

STREET, M., BAALES M. & JÖRIS, O. (1999): Beiträge zur Chronologie archäologischer Fundstellen des letzten Glazials im nördlichen Rheinland. In: BECKER-HAUMANN, R. & FRECHEN, M. (Hrsg.): Terrestrische Quartärgeologie (Boenigk-Festschrift), S. 426 – 465.

STREET, M., GELHAUSEN, F., GRIMM, S., MOSELER, F., NIVEN, L., SENSBURG, M., TURNER, E., WENZEL, St. & JÖRIS, O. (2006): L'occupation du bassin de Neuwied (Rhénanie centrale, Allemagne) par les Magdaléniens et les groupes à Federmesser (aziliens). Bulletin de la Société préhistorique française 103, S. 753 – 780.

STRINGER, C. (2007): The origin and dispersal of Homo sapiens: Our current state of knowledge. In: MELLARS, P., BOYLE, K., BAR-YOSEF, O. & STRINGER, C. (Hrsg.): Rethinking the human revolution. New behavioural and biological perspectives on the origin and dispersal of modern humans. McDonald Institute Monographs, Cambridge, S. 15 – 20.

SUTER, P. J., HAFNER, A., GLAUSER, K. & LENK, K. (2005): Schnidejoch, Funde aus dem Eis – ein vor- und frühgeschichtlicher Passübergang. Archäologie im Kanton Bern 6B, S. 499 – 522.

SVENSSON, A., ANDERSEN, K. K., BIGLER, M., CLAUSEN, H.B., DAHL-JENSEN, D., DAVIES, S. M., JOHNSEN, S. J., MUSCHELER, R., PARRENIN, F., RASMUSSEN, S. O., RÖTHLISBERGER, R., SEIERSTAD, J., STEFFENSEN, J. P. & VINTHER, B. M. (2008): A 60 000 year Greenland stratigraphic ice core chronology. Climate of the Past 4, S. 47 – 57.

SZOMBATHY, J. (1909): Die Aurignacienschichten im Löß von Willendorf. Correspondenz-Blatt der Deutschen Gesellschaft für Anthropologie, Ethnologie und Urgeschichte 40, S. 85 – 88.

TAINTER, J. A. & CRUMLEY, C. L. (2007): Climate, Complexity and Problem Solving in the Roman Empire. In: CONSTANZA, R., GRAUMLICH, L. J., STEFEN, W. (Hrsg.): Sustainability or Collapse? An Integrated History and Future of People on Earth. Dahlem Workshop Reports, The MIT Press, Cambridge, Mass., S. 61 – 75.

TAUTE, W. (1968): Die Stielspitzen-Gruppen im nördlichen Europa. Ein Beitrag zur Kenntnis der späten Altsteinzeit. Fundamenta A/5. Köln u. Graz.

TERBERGER, T. (1998): Siedlungsspuren zwischen 20 000 und 16 000 B.P. am Mittelrhein? Vorbericht zu den Ausgrabungen an der jungpaläolithischen Freilandstation Wiesbaden-Igstadt, Hessen. Germania 76, S. 403 – 437.

TERBERGER, T. & STREET, M. (2002): Hiatus or Continuity? New Results for the Questions of Pleniglacial Settlement in Central Europe. Antiquity 76, S. 691 – 698.

TERBERGER, T. & STREET, M. (2003): New Evidence for the Chronology of the Aurignacian and the Question of Pleniglacial Settlement in Western Central Europe. In: ZILHÃO, J. & D'ERRICO, F. (Hrsg.): The Chronology of the Aurignacian and of the Transitional Technocomplexes. Dating, Stratigraphies, Cultural Implications. Proceedings of the Symposium 6.1 of the XIVth Congress of the UISPP (University of Liège, Belgium, September 2 – 8, 2001), Trabalhos de Arqueologia 33, S. 213 – 221.

TEXTOR, C., GRAF, H. F., LONGO, A., NERI, A., ONGARO, T. E., PAPALE, P., TIMMRECK, C. & ERNST, G. G. (2005): Numerical simulation of explosive volcanic eruptions from the conduit flow to global atmospheric scales, Annals of Geophysics 48, S. 817 – 842.

THIEME, H. (Hrsg.) (2007): Die Schöninger Speere. Mensch und Jagd vor 400.000 Jahren. Stuttgart.

THIEME, H. & VEIL, S. (Hrsg.) (1985): Neue Untersuchungen zum eemzeitlichen Elefanten-Jagdplatz Lehringen, Ldkr. Verden. Die Kunde N. F. 36, S. 11 – 58.

THOMA, M. (2000): Der gallo-römische Kultbezirk auf dem Martberg bei Pommern an der Mosel, Kr. Cochem-Zell. In: HAFFNER, A. (Hrsg.): Kelten, Germanen, Römer im Mittelgebirgsraum zwischen Luxemburg und Thüringen. Kolloquien zur Vor- und Frühgeschichte 5, Dr. Rudolf Habelt GmbH, Bonn, S. 447 – 483.

THOMAS, E. R., WOLFF, E. W., MULVANEY, R., STEFFENSEN, J. P., JOHNSEN, S. J., ARROWSMITH, C., WHITE, J. W. C., VAUGHN, B., POPP, T. (2007): The 8.2ka event from Greenland ice cores. Quaternary Science Reviews 26, Issues 1 – 2, S. 70 – 81.

THOMPSON, L. G., MOSLEY-THOMPSON, E., DAVIS, M. E., HENDERSON, K. A., BRECHER, H. H., ZAGORODNOV, V. S., MASHIOTTA, T. A., LIN, P.-N., MIKHALENKO, V. N., HARDY, D. R. & BEER, J. (2002): Kilimanjaro ice core records: Evidence of Holocene climate change in tropical Africa. Science, 298, S. 589 – 593.

THORDARSON, T. & SELF, S. (2003): Atmospheric and environmental effects of the 1783 – 1784 Laki eruption: A review and reassessment. J. Geophys. Res. 108, 4011, doi:10.1029/2001JD002042.

TINNER, W. N., EBBE, H., LOTTER, A. F. (2007): Mesolithic agriculture in Switzerland? A critical review of the evidence. Quaternary Science Reviews 26, 9 – 10, S. 1416 – 1431.

TURNER, E. (2000): Miesenheim I. Excavations at a Lower Palaeolithic Site in the Central Rhineland of Germany. Monographien des Römisch-Germanischen Zentralmuseums Mainz 44, Verlag des Römisch-Germanischen Zentralmuseums, Mainz u. Bonn.

UERPMANN, H.-P. (1983): Die Anfänge von Tierhaltung und Pflanzenanbau. In: MÜLLER-BECK (Hrsg.): Urgeschichte in Baden-Württemberg. Konrad Theiss Verlag Stuttgart, S. 405 – 428.

VAN ANDEL, T. & DAVIES, W. (Hrsg.) (2003): Neanderthals and Modern Humans in the European landscape during the last glaciation. Archaeological results of the Stage 3 project. Oxbow Monographs 104.

VANDENBERGHE, J. (2003): Climate forcing of fluvial system development: an evolution of ideas. Quaternary Science Reviews 22, S. 2053 – 2060.

VAN DEN BOGAARD, P. & SCHMINCKE, H.-U. (1985): Laacher See Tephra – a Widespread Isochronous Late Quaternary Tephra Layer in Central and Northern Europe. Geological Society of America Bulletin 96, S. 1554 – 1571.

VAN DEN BOGAARD, P. (1995): 40Ar/39Ar ages of sanidine phenocrysts from Laacher See Tephra (12 900 yr BP): chronostratigraphic and petrological significance. Earth and Planetary Science Letters 133, S. 163 – 174.

VAN DEN BOGAARD, P., HALL, C. M., SCHMINCKE, H.-U. & YORK, D. (1989). Precise single grain 40Ar/39Ar dating of a cold to warm climate transition in Central Europe. Nature 342, S. 523 – 525.

VAN GEEL, B., RASPOPOV, O. M., RENSSEN, H., VAN DER PFLICHT, J., DERGACHEV, V. A. & MEIJER, H. A. J. (1999): The role of solar firing upon climate change. Quaternary Science Reviews 18, S. 331 – 338

VAN GEEL, B., BUURMANN, J. & WATERBOLK, H. T. (1996): Archaeological and palaeoecological indications of an abrupt climate change in The Netherlands, and evidence for climatological teleconnections around 2650 BP. Journal of Quaternary Science 11, S. 451 – 460.

VAN KREVELD, S., SARNTHEIN, M., ERLENKEUSER, H., GROOTES, P., JUNG, S., NADEAU, M. J., PFLAUMANN, U. & VOELKER, A. (2000): Potential links between surging ice sheets, circulation changes, and the Dansgaard-Oeschger cycles in the Irminger Sea. Paleoceanography15, S. 425 – 442.

VANNIÈRE, B. & MARTINEAU, R. (2005): Histoire des feux et pratiques agraires du néolithique à l'âge du fer en région Centre. Gallia Préhistoire 47, S. 167 – 186.

Vasold, M. (2003): Die Pest. Ende eines Mythos. Konrad Theiss Verlag, Stuttgart.

Verworn, M., Bonnet, R. & Steinmann, G. (1919): Der diluviale Menschenfund von Obercassel bei Bonn. Wiesbaden.

Vollbrecht, J. (1997): Untersuchungen zum Altpaläolithikum im Rheinland. Universitätsforschungen zur prähistorischen Archäologie 38.

von Berg, A. (1994): Allerödzeitliche Feuerstellen unter dem Bims im Neuwieder Becken. Archäologisches Korrespondenzblatt 24, S. 355 – 365.

von Berg, A. (1995): Eine Siedlung des frühen Mittelalters bei Mayen-Hausen. Mayener Beiträge zur Heimatgeschichte 7, S. 3 – 28.

von Berg, A. (1997): Ein Hominidenrest aus dem Wannenvulkan bei Ochtendung, Kreis Mayen-Koblenz. Archäologisches Korrespondenzblatt 27, S. 531 – 538.

von Berg, A., Condemi, S. & Frechen, M. (2000): Die Schädelkalotte des Neanderthalers von Ochtendung/Osteifel. Archäologie, Paläoanthropologie und Geologie. Eiszeitalter und Gegenwart 50, S. 56 – 68.

von Eschenbach, W. (um 1195 bis um 1210): Parzifal. Nachdruck von 2003. Walter de Gruyter, Berlin.

von Grafenstein, U., Erlenkeuser, H., Muller, J., Jouzel, J. & Johnsen, S. (1998): The cold event 8200 years ago documented in oxygen isotope records of precipitation in Europe and Greenland. Climate Dynamics 14, S. 73 – 81.

von Koenigswald, W. (1989): Das Mammut von Polch bei Mayen (Eifel). Eiszeitalter und Gegenwart 39, S. 87 – 97.

von Koenigswald, W. (1999): Hat der Mensch das Aussterben der großen pleistozänen Pflanzenfresser verursacht? In: Schrenk, F. & Gruber, G. (Hrsg.): Current Research 2 (Plio-Pleistocene Mammalian Evolution). Kaupia 9, S. 193 – 201.

von Koenigswald, W. (2002): Lebendige Eiszeit. Klima und Tierwelt im Wandel. Konrad Theiss Verlag, Stuttgart.

von Koenigswald, W. & Heinrich, W.-D. (1996): Kurze Charakterisierung der Veränderungen in der Säugetierfauna des Jungquartärs in Mitteleuropa. In: Campen, I., Hahn, J. & Uerpmann, M. (Hrsg.): Spuren der Jagd – Die Jagd nach Spuren. Festschrift für Hansjürgen Müller-Beck. Tübinger Monographien zur Urgeschichte 11, S. 437 – 448

von Simson, O. (1984): Das Mittelalter II. Propyläen Kunstgeschichte Bd. 6. Propyläen Verlag, Berlin.

von Winterfeld, D. (2004): Die Abteikirche Maria Laach. Geschichte – Architektur – Kunst – Bedeutung. Schnell & Steiner, Regensburg.

Wagner, G. A. (1995): Altersbestimmung von jungen Gesteinen und Artefakten. Enke Verlag, Stuttgart.

Wallace, J. M. & Hobbs, P. V. (2006): Atmospheric science – an introductory survey. Academic Press, Burlington.

Walter, R. (1992): Geologie von Mitteleuropa. E. Schweizerbart'sche Verlagsbuchhandlung, Stuttgart.

Wehrberger, K. (2007): Der Löwenmensch vom Hohlenstein-Stadel/L'homme-lion de la grotte du Hohlenstein-Stadel. In: Floss, H. & Rouquerol, N. (Hrsg.): Les Chemins de l'art Aurignacien en Europe/Das Aurignacien und die Anfänge der Kunst in Europa. Colloque International/Internationale Fachtagung, Aurignac, 16 – 18 Septembre 2005. Éditions Musée-forum Aurignac, Aurignac, S. 331 – 344.

Weidenfeller, M., Löhr, H. & Zöller, L. (1994): Das Lößprofil Issel und seine Bedeutung für die Stratigraphie des jüngeren Quartärs der Mittelmosel. Mainzer geowissenschaftliche Mitteilungen 23, S. 139 – 152.

Wendland, W. M. & Bryson, R. A. (1974): Dating climatic episodes of the Holocene. Quaternary Research 4, S. 9 – 24.

Weninger, B., Alram-Stern, E., Bauer, E., Clare, L., Danzeglocke, U., Jöris, O., Kubatzki, C., Rollefson, G., Todorova, H., van Andel, T. (2006): Climate forcing due to the 8200 cal yr B. P. event observed at Early Neolithic sites in the eastern Mediterranean. Quaternary Research 66/3, S. 401 – 420.

Whittle, A. (2007): The temporality of transformation: dating the early development of the southern British Neolithic. In: Whittle, A. & Cummings, V. (Hrsg.): Going Over: the Meso-lithic-Neolithic Transition in North-West Europe. Proceedings of the British Academy 144, S. 377 – 398.

Whittle, A., Bartosiewicz, L., Boric, D., Pettitt, P., Richards, M. (2002): In the beginning: New radiocarbon dates for the Early Neolithic in Northern Serbia and South-East Hungary. Antaeus 25, S. 63 – 117.

Wiethold, J. (2000): Kontinuität und Wandel in der landwirtschaftlichen Produktion und Nahrungsmittelversorgung zwischen Spätlatènezeit und gallo-römischer Epoche. Archäobotanische Analysen in der römischen Großvillenanlage von Borg, Kr. Merzig-Wadern. In: Haffner, A. (Hrsg.): Kelten, Germanen, Römer im Mittelgebirgsraum zwischen Luxemburg und Thüringen. Kolloquien zur Vor- und Frühgeschichte 5, Dr. Rudolf Habelt GmbH, Bonn, S. 147 – 159.

Wolfram, H. (1998): Das Reich und die Germanen. Zwischen Antike und Mittelalter, Siedler Deutsche Geschichte Band 1. Siedler, Berlin.

Wolpoff, M. H. & Caspari, R. (1997): Race and Human Evolution. A Fatal Attraction. Westview Press, Boulder, Colorado.

Yokoyama, Y., De Deckker, P., Lambeck, K., Johnston, P. & Fifield, L. K. (2000): Sea-level at the Last Glacial Maximum: Evidence from Northwestern Australia to Constrain Ice Volumes for Oxygen Isotope Stage 2. Palaeogeography, Palaeoclimatology, Palaeoecology 165, S. 281 – 297.

Zerefos, C. S., Gerogiannis, V. T., Balis, D., Zerefos, S. C. & Kazantzidis, A. (2007): Atmospheric effects of volcanic eruptions as seen by famous artists and depicted in their paintings. Atmos. Chem. Phys. 7, S. 4027 – 4042.

Zielinski, G. A., Mayewski, P. A., Meeker, L. D., Withlow, S., Twickler, M. S. (1995): A 110 000-Yr Record of Explosive Volcanism from the GISP2 (Greenland) Ice Core. Quaternary Research 45, S. 109 – 118.

Ziesaire, P. (1998): Der Aurignacien-Fundplatz Altwies-Laangen Aker in Luxemburg. Luxemburg.

Zimmermann, A. (1995): Austauschsysteme von Silexartefakten in der Bandkeramik Mitteleuropas. Universitätsforschungen zur Prähistorischen Archäologie 26. Dr. Rudolf Habelt, Bonn.

Zimmermann, A., Meurers-Balke, J., Kalis, A. J. (2006): Das Neolithikum. In: Kunow, J. & Wegner, H.-H. (Hrsg.): Urgeschichte im Rheinland. Rheinischer Verein für Denkmalpflege und Landschaftsschutz, Köln, S. 159 – 202.

Zolitschka, B. (1998): Paläoklimatische Bedeutung laminierter Sedimente. Gebrüder Bornträger, Berlin, Stuttgart.

Zolitschka, B. & Löhr, H. (1999): Geomorphologie der Mosel-Niederterrassen und Ablagerungen eines ehemaligen Altarmsees (Trier, Rheinland-Pfalz): Indikatoren für jungquartäre Umweltveränderungen and anthropogene Schwermetallbelastungen. Petermanns Geographische Mitteilungen 143, S. 401 – 416.

Zolitschka, B., Negendank, J. F. W., Lottermoser, B. G. (1995): Sedimentological proof and dating of the Early Holocene volcanic eruption of Ulmener Maar (Vulkaneifel, Germany). Geologische Rundschau 84, S. 213 – 219.

Zolitschka, B., Behre, K.-E. & Schneider, J. (2003): Human and climatic impact on the environment as derived from colluvial, fluvial and lacustrine archives – Examples from the Bronze Age to the Migration period, Germany. Quaternary Science Reviews 22, S. 81 – 100.

Kurzvita der Autoren

Prof. Dr. Kurt W. Alt unterrichtet im Fachbereich „Biologie“ der Johannes Gutenberg-Universität Mainz das Fach „Anthropologie“ und hat seinen Forschungsschwerpunkt in der Historischen Anthropologie und Bioarchäometrie. In engster Kooperation mit der Archäologie stehen derzeit Forschungsprojekte zum Kultur- und Bevölkerungswandel und zum Nachweis von Mobilität und historischen Wanderungen im Fokus der Forschung. Er ist Hauptautor des Kapitels 31.

Dr. Dr. Axel von Berg, Leiter der Außenstelle Koblenz der Landesarchäologie Rheinland-Pfalz, Generaldirektion Kulturelles Erbe, ist Prähistoriker und Anthropologe. Schwerpunkt seiner Arbeit ist die archäologische Denkmalpflege mit Erforschung und Sicherung archäologischer Denkmäler und Funde im nördlichen Rheinland-Pfalz. Das Ulmener Maar und die umliegenden Regionen gehören zum Arbeitsgebiet seines Koblenzer Amtes. Er ist Hauptautor des Kapitels 22.

Dr. Niels Bleicher arbeitet in der Denkmalpflege der Stadt Zürich im Bereich Unterwasserarchäologie und Dendrochronologie. Zuvor hat er für das Landesamt für Denkmalpflege in Baden-Württemberg, das Römisch-Germanische Zentralmuseum Mainz und das Landesexzellenzcluster „Geocycles“ ebenfalls in Mainz an deutschen Feuchtbodensiedlungen geforscht. Sein Forschungsschwerpunkt ist die Verknüpfung von Kultur-, Vegetations-, Klima- und Wirtschaftsgeschichte. Er ist Hauptautor des Kapitels 21.

Dr. Karen David-Sirocko studierte Kunstgeschichte, Germanistik und Neuere Deutsche Literaturwissenschaft in Kiel, New York und London. 1992 war sie mit der Organisation und wissenschaftlichen Leitung einer Ausstellung auf der Blomenburg in Schleswig-Holstein betraut und promovierte 1995 in Kiel. Sie veröffentlichte Schriften zur Neugotik, zu historischen Gärten sowie zur Architektur und Architekturtheorie des Historismus. Als Hauptautorin der Kapitel 30 und 32 hat sie außerdem die Textredaktion für das gesamte Buch übernommen.

Dr. Markus Diehl promovierte am Institut für Geowissenschaften der Johannes Gutenberg-Universität Mainz zum Themenkomplex quartärer Interglaziale. Zurzeit ist er am Institut für Angewandte Geowissenschaften der Technischen Universität Darmstadt tätig und arbeitet dort in enger Kooperation mit dem Hessischen Landesamt für Umwelt und Geologie an der stratigraphischen Erfassung tertiär- und quartärzeitlicher Sedimente des Oberrheingrabens und der Hanau-Seligenstädter Senke. Er ist Hauptautor von Kapitel 3.

Stephan Dietrich promoviert am Institut für Geowissenschaften der Johannes Gutenberg-Universität Mainz über das Auftreten von Staubstürmen während des letzten Eiszeitzyklus. Sein Forschungsschwerpunkt ist die Untersuchung von Sedimentationsprozessen mittels geochemischer Analytik und Korngrößenuntersuchungen. Er ist Hauptautor von Kapitel 4.

Dipl.-Geol. Frank Dreher ist als technischer Mitarbeiter am Institut für Geowissenschaften der Johannes Gutenberg-Universität Mainz tätig und hat für alle Bohrkerne des Projektes ELSA *(Eifel Laminated Sediment Archive)* die Pollenzählungen durchgeführt.

Ao. Univ.-Prof. Dr. Markus Egg leitet seit 2003 die vorgeschichtliche Abteilung und die Restaurierungswerkstätten und Laboratorien des Römisch-Germanischen Zentralmuseums Mainz. Außerdem lehrt er seit 1987 am Institut für Archäologien der Leopold-Franzens-Universität in Innsbruck. Sein Forschungsschwerpunkt liegt auf der älteren Eisenzeit nördlich sowie südlich der Alpen, wobei sein Fokus auf die Frage nach Genese und Struktur von mächtigen Eliten in dieser Epoche gerichtet ist. Er ist Hauptautor des Kapitels 24.

Prof. Dr. Sabine Gaudzinski-Windheuser lehrt am Institut für Vor- und Frühgeschichte der Johannes Gutenberg-Universität Mainz zum Schwerpunkt Alt- und Mittelsteinzeit. Sie leitet zudem den Forschungsbereich „Altsteinzeit“ des Römisch-Germanischen Zentralmuseums Mainz sowie das Museum für die Archäologie des Eiszeitalters – beide mit Sitz im Schloss Monrepos bei Neuwied. Sie arbeitet in verschiedenen internationalen Forschungsprojekten in engen Kooperationen in Israel und leitet zusammen mit der Universität Leiden sowie dem Landesamt für Denkmalpflege und Archäologie in Sachsen-Anhalt das groß angelegte Projekt „Neumark-Nord“. Sie ist Hauptautorin des Kapitels 10.

Prof. Dr. Detlef Gronenborn forscht am Römisch-Germanischen Zentralmuseum Mainz zur klimaabhängigen sozio-politischen Dynamik prähistorischer Gesellschaften in Mitteleuropa und Afrika. Außerdem lehrt er am Institut für Vor- und Frühgeschichte der Johannes Gutenberg-Universität Mainz zum Thema „Neolithikum“. Er ist Hauptautor der Kapitel 18, 19 und 20.

Dr. Angelika Hunold ist Archäologin im Forschungsbereich „Vulkanologie, Archäologie und Technikgeschichte“ des Römisch-Germanischen Zentralmuseums Mainz. Ihr Forschungsschwerpunkt ist die römische Archäologie und dort vor allem die Spätantike. Sie ist am Forschungsschwerpunkt „Entstehung einer Industrielandschaft – das antike Steinbruch- und Bergwerksrevier zwischen Eifel und Rhein“ des Römisch-Germanischen Zentralmuseums Mainz und darüber hinaus an der Konzipierung und wissenschaftlichen Betreuung des Projektes „Vulkanpark Osteifel“ beteiligt. Sie ist Hauptautorin des Kapitels 26.

Dr. Olaf Jöris ist wissenschaftlicher Mitarbeiter im Forschungsbereich „Altsteinzeit“ des Römisch-Germanischen Zentralmuseums Mainz im Schloss Monrepos bei Neuwied. Seine Forschungen beschäftigen sich mit der chronologischen Gliederung der Altsteinzeit und gehen damit Problemstellungen der Populationsdynamik nach. Ein Schwerpunkt liegt auf der Frage, wie der Mensch der Altsteinzeit den Veränderungen von Klima und Umwelt begegnete. Er lehrt am Institut für Vor- und Frühgeschichte der Johannes Gutenberg-Universität Mainz, hat an den Kapiteln 10 – 17 mitgearbeitet und ist Hauptautor der Kapitel 11 – 13 und 15 – 16.

Dr. Bernd Kromer ist Leiter des Radiokohlenstofflabors der Heidelberger Akademie der Wissenschaften am Institut für Umweltphysik der Universität Heidelberg. Sein Hauptarbeitsgebiet ist die Verknüpfung von ^{14}C-Datierung und Dendrochronologie in Kooperation mit Jahrringlaboren in Deutschland, der Schweiz und Frankreich. Schwerpunkt ist unter anderem die Rekonstruktion der Sonnenaktivität mithilfe von ^{14}C und die Untersuchung von schnellen Klimaschwankungen. Er hat an Kapitel 8 mitgewirkt.

Dr. Rouwen Lehné ist Hochschulassistent am Institut für Angewandte Geowissenschaften im Fachgebiet Geo-Ressourcen & Geo-Risiken der Technischen Universität Darmstadt und hat seinen Forschungsschwerpunkt im Bereich der Lokalisierung und Quantifizierung von rezenten vertikalen Krustenbewegungen beziehungsweise von rezenten geodynamischen Prozessen. Er ist Hauptautor des Kapitels 1.

Dr. Hartwig Löhr ist seit 1980 als Kustos am Rheinischen Landesmuseum Trier für die Archäologie der Stein- und Bronzezeit zuständig und verfolgt darüber hinaus Aspekte der Geoarchäologie – einerseits zur Rekonstruktion ur- und frühgeschichtlicher Umwelten, andererseits zum quellenkritischen Verständnis von Verlust- oder Erhaltungsbedingungen unterschiedlicher archäologischer Funde und Befunde zum Zweck ihrer gezielten Suche und Auffindung. In diesem Sinne hat er verschiedene naturwissenschaftliche

Untersuchungen im Großraum Trier und darüber hinaus auch in Luxemburg angeregt und begleitet. Er ist Hauptautor der Kapitel 9, 17 und 22.

Dr. Hans Nortmann ist Archäologe am Rheinischen Landesmuseum Trier und hat seinen Forschungsschwerpunkt im Bereich der Eisenzeit des rheinischen Mittelgebirges. Er hat an den Kapiteln 24 und 25 zur Eisenzeit (Hallstattzeit, Latènezeit) mitgewirkt.

Univ.-Prof. Dr. Christopher Pare hat nach dem Studium an den Universitäten Edinburgh und Oxford am Römisch-Germanischen Zentralmuseum Mainz und an der Universität Birmingham gearbeitet. Seit 2002 leitet er das Institut für Vor- und Frühgeschichte der Johannes Gutenberg-Universität Mainz. Seine Forschungsschwerpunkte liegen in der europäischen Bronze- und Eisenzeit. Er hat am Kapitel 24 zur älteren Eisenzeit mitgewirkt.

Stephan Pfahl ist Doktorand am Institut für Physik der Atmosphäre an der Johannes Gutenberg-Universität Mainz. Er beschäftigt sich mit physikalischen Prozessen in der Atmosphäre, die mit Klima-Proxydaten in Verbindung stehen. Er ist Hauptautor des Kapitels 7 und hat an den Kapiteln 4, 8 und 32 mitgewirkt.

Dr. Martin Schönfelder ist am Römisch-Germanischen Zentralmuseum Mainz mit der Herausgabe des Archäologischen Korrespondenzblattes beschäftigt und forscht zu Eliten und Deponierungen in der Latènekultur. Er hat am Kapitel 25 mitgewirkt.

Dr. Rainer Schreg arbeitet am Römisch-Germanischen Zentralmuseum Mainz. Im Mittelpunkt seiner Forschungen stehen die historischen Mensch-Umwelt-Beziehungen und Fragen des Kulturwandels. Methodisch arbeitet Rainer Schreg vor allem im Bereich der historischen Archäologie, wo die Verdichtung archäologischer und schriftlicher Quellen detaillierte Analysen ermöglicht. Er ist Hauptautor der Kapitel 27 und 28.

Dr. Klemens Seelos ist Hochschulassistent am Institut für Geowissenschaften der Johannes Gutenberg-Universität Mainz. Seine Forschungsschwerpunkte sind Paläoklimarekonstruktionen und numerische Partikelanalytik. Er ist Hauptautor des Kapitels 2.

Prof. Dr. Frank Sirocko lehrt am Institut für Geowissenschaften der Johannes Gutenberg-Universität Mainz das Fach „Sedimentologie" und hat seinen Forschungsschwerpunkt im Bereich der Paläoklimarekonstruktion. Er ist Koordinator des Bohrprojektes ELSA *(Eifel Laminated Sediment Archive)* und Initiator dieses Buches. Er hat an allen Kapiteln mitgewirkt, insbesondere an denen zum Thema Klimainterpretation, und ist Hauptautor der Kapitel 5, 6, 30 und 33.

Dr. Martin Street ist wissenschaftlicher Mitarbeiter im Forschungsbereich „Altsteinzeit" des Römisch-Germanischen Zentralmuseums Mainz im Schloss Monrepos bei Neuwied. Sein Forschungsschwerpunkt liegt im Bereich der Archäologie beziehungsweise der Archäozoologie des Jung- und Spätpaläolithikums. Ein besonderer Schwerpunkt liegt hierbei in Fragen der absoluten Datierung dieser Zeitabschnitte. Er hat einen Lehrauftrag am Institut für Vor- und Frühgeschichte der Johannes Gutenberg-Universität Mainz. Er ist Hauptautor des Kapitels 14 und hat an den Kapiteln 11 – 17 mitgearbeitet.

Prof. Dr. Heini Wernli leitet am Institut für Physik der Atmosphäre der Johannes Gutenberg-Universität Mainz die Arbeitsgruppe „Atmosphärische Strömungssysteme". Er beschäftigt sich mit dem physikalischen Verständnis, der numerischen Modellierung und der Vorhersagbarkeit von Wettersystemen und den damit einhergehenden atmosphärischen Transportprozessen. Er ist Hauptautor der Kapitel 7 und 8 und hat zum Kapitel 32 beigetragen.

Fotonachweis

Angegeben sind jeweils die Abbildungsnummern.

2.1: T. Hartmann
2.5: S. Illig
3.1: M. Diehl
3.3a, c–f: dpa Picture Alliance GmbH
3.3b: Tom O'Neil, Cory Langhoff, http://www.nhwi.org
4.1: T. Hartmann
4.4: S. Dietrich
4.6 – 4.9: T. Hartmann
5.1, 5.2: F. Sirocko
5.3: Stiftung Rheinland-Pfalz für Innovation
6.1, 6.3, 6.5: T. Hartmann
7.1: nach http:// www.climateprediction.net
8.3: NASA (http://www.solarscience.msfc.nasa.gov/index.html)
9.1: A. von Berg
9.3: Ch. Credner
9.4: T. Hartmann
9.5: Rheinisches Landesmuseum Trier
10.3: O. Jöris
10.4: V. Iserhard
10.5, 12.3: Hellebrand – Kosche
11.2: T. Hartmann
11.5: T. Stephan
11.6: H. Löhr
12.5: D. Brill
12.8: P. Jugie
12.9: J. Hilpert
13.2: Per Möller
13.5: P. Bostrom
13.8a: J. Schmalz, NASA
13.9: N. Aujoulat
14.3: T. Hartmann
14.5b, c: G. Fischer, Bildarchiv des Forschungsbereiches Altsteinzeit des RGZM
15.3, 15.4: Landesmuseum Bonn
15.5, 15.6: M. Street
16.3: H. Löhr
17.1: B. Kromer
17.2 – 17.4, 17.6: H. Löhr
18.5: R. Müller, Bildarchiv des RGZM
19.2: V. Iserhardt
19.5: T. Hartmann
20.1: R. Müller, Bildarchiv des RGZM
21.1: Archäologisches Landesmuseum Schleswig
21.4: T. Hartmann
21.5: Bildarchiv des RGZM
22.1 – 22.6: Rheinisches Landesmuseum Trier
22.7: T. Hartmann
23.5: M. Neumann, Landesarchäologie Koblenz
23.6: A. Schmickler, Ahrweiler
23.6: A. Schmidler 2001
24.6a, 24.7, 25.2 – 25.6: Rheinisches Landesmuseum Trier
25.7: Landesmedienzentrum Koblenz/ Rheinisches Landesmuseum Trier
25.8: T. Hartmann
26.4: T. Hartmann
26.5, 26.6, 26.9: Forschungsbereich Vulkanologie, Archäologie und Technikgeschichte des RGZM, Mainz/Mayen
27.4: T. Hartmann
28.3: R. Schreg
28.4: R. Schreg
28.7: T. Hartmann
28.8, 28.9: R. Schreg
29.3: Burgverwaltung Burg Eltz
29.6: K. T. Weber, Kunsthistorisches Institut Univ. Mainz
29.7: Rheinisches Amt für Denkmalpflege
30.4: T. Hartmann
30.5: Centers for Disease Control and Prevention, USA
30.6: D. C. Dannenberg
31.1: H. J. Zumbühl
31.4: D. Lübnitz
31.5: T. Hartmann
32.1: T. Hartmann
32.3: Museum Folkwang, Essen
32.4: Privatbesitz
32.5: Postkartenvorlage
32.6: Webereimuseum Schalkenmehren
32.7: W. Hosfeld-Degode
32.8: T. Hartmann

Register